아산재단 연구총서 제434집

산림공유자원관리로서 금송계 연구

公有와 私有를 넘어서 共有의 지혜로

산림공유자원관리로서 금송계 연구: 公有와 私有를 넘어서 共有의 지혜로

This Edition was published by Jipmoondang Publishing Co. in 2018, Seoul, Korea.

아산재단 연구총서 제434집

산림공유자원관리로서 금송계 연구

公有와 私有를 넘어서 共有의 지혜로

배 수 호
이 명 석

집문당

배수호(裵壽鎬) The University of North Carolina at Chapel Hill 정책학 박사
현재 성균관대학교 행정학과/국정전문대학원 교수
이명석(李明奭) Indiana University at Bloomington 정치학 박사
현재 성균관대학교 사회과학대학 학장 및 행정학과/국정전문대학원 교수

아산재단 연구총서 제434집

산림공유자원관리로서 금송계 연구

公有와 私有를 넘어서 共有의 지혜로

2018년 12월 10일 1판 1쇄

저 자 | 배수호 · 이명석
발행인 | 임동규
발행처 | **집문당**
등 록 | 1971. 3. 23. 제300-2012-69호
주 소 | 03134 서울시 종로구 돈화문로 82 집문당빌딩 5층
영업부 | (02)743-3192~3 팩스(02)742-4657
sale@jipmoon.co.kr
편집부 | (02)743-3096~7 팩스(02)743-0227
edit@jipmoon.co.kr
홈페이지 | www.jipmoon.co.kr

편 집 | 장이지
디자인 | 임용우

ISBN 978-89-303-1798-6 94330
978-89-303-1500-5(세트)

가격 30,000원

이 도서의 국립중앙도서관 출판시도서목록(CIP)은 e-CIP홈페이지(http://www.nl.go.kr/ecip)와 국가자료공동목록시스템(http://www.nl.go.kr/kolisnet)에서 이용하실 수 있습니다.
(CIP제어번호: CIP2018034861)

머리말

'나'라는 개인이나 개인의 총합인 사회는 과거와 전통으로부터 결코 자유로울 수 없는 존재입니다. 우리는 오랜 과거에서부터 축적되어 전달·전승된 문화적 유전자인 밈(meme)을 소유하고 있습니다. 그런 이유로 현재 우리의 모습을 이해하고 우리가 안고 있는 문제들을 제대로 진단·해결하기 위해서는 우리의 과거와 전통을 되짚어보아야 합니다. 격동의 근현대사를 거치면서, 그리고 산업화와 도시화가 급격하게 진행되면서, 우리는 전통과 지혜를 애써 지우려고 노력하였습니다.

금송계(禁松契)도 그중 하나라고 생각합니다. 조선 초기에 산림자원은 누구에게도 사적소유권이 인정되지 않았고 신분 차별 없이 누구나 향유할 수 있는 공유자원으로 취급되었습니다. 하지만 조선 후기에 들어서면서 금산(禁山), 봉산(封山), 송전(松田) 등 국가 공용지가 확장되고 아문, 왕실, 재지사족이 주도하여 산림공유자원의 사점화가 광범위하게 진행되면서, 기층민들이 자유롭게 접근하고 이용할 수 있는 산림자원은 더욱 분할·축소되었습니다. 기층민들은 자신의 생존과 직결되는 퇴비, 땔감, 목재, 식량 등을 확보하기 위해 자치적·자율적 관리 조직인 금송계를 결성하기에 이릅니다. 과거 전통사회에서는 전국의 마을과 지역공동체에서 금송계를 결성하여 산림공유자원을 이용하고 자체적으로 보호·관리하였습니다. 금송계의 결성과 운영으로 산림공유자원은 기층민과 지역공동체의 생존과 번영에 긴요하게 사용되었으며, 산림공유자원을 지속가능하게 보호·관리할 수 있었습니다.

현재 우리는 심각한 생태 위기에 직면하고 있습니다. 산림자원, 어장 자원, 수자원 등 공유자원은 축소·파괴되고 있습니다. 정부는 강력한 규제와 통제 방식을 활용하거나 시장기제를 활용한 정책적 처방을 내놓고 있지만 그리 실질적 효과를 거두고 있지 못합니다. 이제는 금송계와 같은 전통적인 지혜와 관행에 관심을 기울여야 할 시점에 왔다고 봅니다.

이 책은 산림공유자원의 전통적 관리 방식인 금송계에 대한 연구의 결과물입니다. 이 책에서는 기존문헌 검토, 관찬사료, 현장방문 등을 통해 252개 금송계 목록을 작성하였습니다. 그리고 금송계의 결성 배경, 산림 감시와 보호 활동, 운영 및 관리 방식 등에 대한 체계적이고 깊이 있는 이해를 위해 25개 금송계규약에 대한 내용분석, 8개 금송계의 심층사례연구, 3명의 전문가 심층면담과 서면조사 등 다각적으로 분석을 실시하였습니다. 이 책으로 독자 여러분께서 과거 금송계의 전통과 지혜를 생각하는 계기가 되었으면 좋겠습니다. 더불어, 어촌계, 수리계, 목장계 등 우리 전통 속에 풍부하게 남아있는 공유자원의 보호와 관리에 대한 통찰력과 지혜를 얻는 디딤돌이 되었으면 하는 바람입니다.

이 책을 완성하는 데 많은 분들에게 감사의 마음을 표하고 싶습니다. 무엇보다도 아산사회복지재단의 지원이 없었으면 감히 이 연구를 시작하지도 못하였을 것입니다. 아산사회복지재단의 아낌없는 지원으로 금송계 관련 사료와 자료를 직접 발굴·수집하고 연구할 수 있었습니다. 김재영 박사, 최지민 조교, 이선호 조교, 김선균 조교, 정도효 조교는 서울대 규장각을 비롯하여 여러 곳에 흩어져 있는 금송계 관련 사료와 자료를 수집하고, 금송계 현장방문과 전문가 면담에 참여하였습니다. 나대용 교수와 박재현 박사께서는 고문서 번역, 자문 제공 등 이 연구의 진행에 큰 도움을 주셨습니다. 김남희 조교는 이 책에 수록된 한자를 고문서 원문과 꼼꼼하게 대조하여 정확성을 높여 주었습니다. 강국진 박사, 정성영 박사와 김도영 조교는 여러 차례 원고를 읽어주며 책의 구성, 내용, 논리, 오탈자 등을 꼼꼼하게 지적하여 주었습니다. 모두에게 아낌없는 감사를 드립니다.

금송계 지역 현장을 방문하였을 때 저희 연구진을 따뜻하게 맞아주시고 재미있는 이야기를 들려주신 여러 어르신들께도 진심으로 감사를 드립니다. 어르신들의 열정과 표정 하나하나가 지금도 선명합니다. 끝으로 치밀한 교열과 편집으로 책 출판을 도와주신 집문당 임동규 대표님과 장이지 선생님께도 감사드립니다. 늘 아낌없는 격려와 후원을 해주시는 성균관대학교 행정학과/국정전문대학원 동료 교수들께도 감사의 말씀을 드립니다. 여기서 모두 밝힐 수는 없지만, 금송계 연구에 깊은 관심과 아낌없는 응원을 해주신 분들께도 모두 감사드립니다.

이 책은 전통적인 공유자원 관리 연구의 첫 결과물입니다. 앞으로 이 분야의 연구를 지속적으로 진행할 계획입니다. 저자가 이 책을 집필하는 데 상당한 노력과 심혈을 기울였는데도, 여전히 글의 구성이나 내용이 엉성하고 서투릅니다. 아무쪼록 독자 여러분의 따뜻하고 엄한 질정을 부탁드립니다.

2018년 맹하지절에 저자 드림

| 차 례 |

제3장 연구방법과 자료수집방법 · 63

제4장 금송계규약 내용분석 · 79

제5장 금송계 심층사례분석 · 199

| 표/그림 차례 |

제 1 장

들어가며

제 1 장 들어가며

제1절 연구의 배경 및 목적

전통농경사회에서 건축 자재, 농기구 자재, 퇴비, 땔감, 열매, 음식 재료 등 개인의 삶과 지역공동체의 공존공생에 직결되는 중요한 자원을 얻는 통로는 산림과 임야였다. 산림자원의 고갈과 파괴는 개인과 지역공동체의 위기를 의미하는 것이었다. 따라서 산림자원의 지속적인 보호·유지·관리는 개인을 넘어 공동체 전체 구성원의 책임이자 의무였다. 산림은 통상 개인 소유가 아니라 지역공동체가 공유(共有)했기 때문에 자칫 구성원 각자의 시간과 노력을 응집시키지 못하거나 무임승차의 유혹에 빠져 '공유지의 비극(tragedy of the commons)'으로 치달을 가능성을 늘 가지고 있다. 그렇다면 전통사회에서는 어떻게 구성원 각자의 시간과 노력을 이끌어내면서 산림공유자원을 지속 가능한 방식으로 보호·관리할 수 있었을까?

전통사회에서 소나무는 가장 중요하게 취급되던 산림공유자원이었다. 한국인의 정서 속 소나무는 늘 푸르고 늠름한 자태로 동네 어귀, 뒷산, 밭두둑 등 어디서나 쉽게 접할 수 있는 존재이다. 그렇지만 과거 소나무를 지속 가능하게 이용·보호·관리하기 위하여 국가, 지역 공동체, 그리고 개인 차원에서 우리 조상들이 얼마나 많은 노력을 기울였는지, 때로는 얼마나 힘든 고충을 겪었는지 오늘날 많은 한국인들은 제대로 알지 못한다. 충청남도 태안군 안면도 소나무숲과 같이 아직까지 전국 각처에 남아있는 울창한 소나무숲은 전통시대 산림공유자원의 보호·관리를 위해 우리 조상들이 힘써 가꾸었던 노력의 결과이다.

조선시대 소나무의 쓰임은 매우 다양했는데, 관청과 궁궐의 건축자재, 해안 방어를 위한 병선 선재, 관곽용 목재 등 국용목재로서 소나무는 매우 중요하게 취급됐다. 조선조 500여 년 동안 국가 차원에서 '금송(禁松)'이라는 이름 아래 소나무를 보호하고 관리하는 정책을 철저하고 강력하게 시행했다. 소설가 김훈의 작품 『흑산(黑山)』에 나오는 대목은 국가 차원에서 강력하게 추진했던 금송정책을 일반 백성들이 어떻게 받아들였는지를 잘 보여준다.

> 흑산 수군진은 국금으로 소나무 벌채를 단속했고 소나무를 살릴 책임을 섬사람들에게 떠넘겼다. 공산(公山)에 저절로 생겨난 소나무거나 개인 집 마당에 심은 소나무거나, 소나무를 베어내지 못했다. 공산의 소나무는 그루 수를 헤아리고 번호를 매겨서 나무에서 가까운 민가에 관리 책임을 지웠다. 소나무가 벌레 먹거나 병들어 죽거나 태풍에 쓰러져서 죽으면 나뭇값을 받아냈다. 섬사람들은 초상이 나도 관을 짤 수 없어서 초장(草葬)을 지냈고 서까래가 썩어도 잡목으로 이어 붙였다. 집에 나무기둥을 쓸 수가 없어서 돌과 흙만으로 제비집처럼 짓기도 했다. 모든 소나무는 수군의 것이었고, 몇 년에 한 번씩 소나무 징발령이 내리면 섬사람들은 소나무를 베어내서 뗏목을 엮는 신역에 동원됐다. 흑산 수군진은 소나무를 감시하는 감관(監官)을 따로 두어 섬마다 돌면

> 서 산과 마을을 살폈다. 소나무를 자른 자는 수군진으로 끌려가서 매를 맞고 감옥에 갇혔다가 벌금을 물고 풀려났다.
>
> (김훈, 『흑산(黑山)』, 192~193).

> 바람이 불어서 바다에 나가지 못하는 날, 장팔수는 집 근처의 야산을 돌면서 땅을 뚫고 나오기 시작하는 어린 소나무를 뽑아버렸다. 소나무가 자라면 무서운 일들이 기다리고 있을 것이었다. 장팔수뿐 아니라, 다른 어부들도 뱃일이 없는 날에는 어린 소나무를 뿌리째 캐내서 아궁이에 던졌다. 사람들은 그 일을 서로 말하지 않으면서 다들 알고 있었다.
>
> (김훈, 『흑산(黑山)』, 196).

국가 차원에서 실시하던 금송정책은 백성들에게 큰 부담이었다. 백성들의 고충은 이만저만 큰 게 아니었다. 백성들은 함부로 소나무를 벨 수도 없었다. 그리고 백성들은 관의 엄격한 통제 아래 소나무의 보호와 관리에 자주 동원됐다. 소설의 등장인물인 장팔수가 집 주변에 자라나는 어린 소나무[稚松]를 뽑아버리는 행위에서 당시 백성들에게 금송은 얼마나 큰 고역이었고 부담으로 작용했는지 짐작할 수 있다.

한편 소나무는 백성의 삶과 너무도 밀접하게 연계되어 있었다. "기둥・서까래・대들보・창틀・문짝 등에 쓰이는 건축재, 상자・옷장・병풍틀・말・되・벼룻집 등의 가구재, 소반・주걱・목기・제상・떡판 등의 식생활 용구, 지게・절구・절구공이・쟁기・풍구・가래・멍에・가마니틀・자리틀・물레・벌통・풀무・물방아공이・사다리 등의 농기구재, 관재・장구・나막신재 등"의 원자재로 쓰이던 소나무는 민중의 생존과 번영에 있어 매우 중요했다(박종채, 2000: 13). 즉 소나무는 백성의 삶 일부라고 할 수 있었다.

이 책은 조선 후기 소나무를 비롯한 산림공유자원의 체계적이고 지속 가능한 보호·관리를 위한 제도적 장치였던 금송계(禁松契)를 심층적으로 분석하고 이해하기 위한 시도이다. 왜 우리는 이 시점에서 전통사회 산림공유자원의 자치적인 운영과 관리 방식인 금송계를 연구해야 하는가? 한마디로 말하면, 금송계 연구를 통해 우리는 공유(公有)와 사유(私有)에서 비롯되는 여러 가지 문제점을 극복할 수 있는 공유(共有)의 지혜를 얻을 수 있기 때문이다. 지역공동체에서 오랜 세월 동안 축적되어 온 공유자원(common pool resources) 관리에 대한 경험지(經驗智)는 공유자원의 고갈과 파괴를 방지하고 지속 가능한 보호와 관리를 위한 대안으로 주목받고 있다. 과거에는 공유자원의 고갈과 파괴를 방지하기 위한 정책으로 국가의 적극적인 개입과 강력한 통제를 행하거나 사적소유권(private property rights)의 설정과 보호를 추진하는 두 방식만을 고려했다. 하지만 오스트롬(Ostrom, 1990)이 제시한 여러 사례에서 볼 수 있듯이, 공유자원의 접근과 이용이 지역공동체 구성원에게 절실한 삶의 터전이고 생존수단인 경우 공유자원은 지역공동체 차원에서 오랜 세월 동안 지속 가능하게 보호·관리되어 왔다.

이제는 전통사회의 지혜, 관행 및 제도에 눈을 돌려야 할 시점에서 있다. 빅데이터(big data)와 사물인터넷, 인공지능(artificial intelligence, AI), 우주탐험, 유전공학 등으로 대변되는 21세기에 과거 전통사회의 삶을 들여다보자는 게 언뜻 생뚱맞아 보일 수도 있다. 더구나 사대주의(事大主義), 삼전도(三田渡) 굴욕, 일제 식민지배 등 부정적인 기억으로만 남아있는 조선시대의 지역공동체 연구에 대한 거부감도 혹여 있을 수 있겠다. 그럼에도 조선 후기 지역공동체의 생생한 모습을 재현해 보려는 것은, 이러한 노력이 단순한 지적 유희가 아니라 오늘날을 살아가는 우리에게 의미 있는 교훈과 메시지를 안겨줄 수 있으리라는 기대가 있기 때문이다. 과거 지역공동체의 모습에서 오늘날 우리가 겪고 있는 사회문제의 발단과 시초를 발견하고 해결방안을 제시할 수 있을 것이며, 미래를 향한 발전상을 보여줄 수 있을 것이다. 긍정적이든 부정적이든 우리는 모두 전통과 과거로부터 자유로울 수 없다. '나'라는 개인은 오랜 과거로부터 축적되어 전달·전승된 문화적 유전자인 밈(meme)[1)]을 소유하고 있다. 그런 이유로 오늘날 우리의 모습을 제대로 이해하고 우리의 문제를 제대로 진단하기 위해서는 과거를 짚어봐야 한다. 지역공동체도 예외일 수 없다. 켜켜이 쌓여 있는 먼지를 닦아 내어 오늘날 우리가 살아가고 있는 공동체의 원류와 특성을 찾아가는 여정은 미래를 설계하는 우리에게 무엇보다도 소중하고 절실한 지적 노력이라고 할 수 있다.

이 책은 이러한 큰 그림 속에서 시작하고자 한다. 조선 초기에는 누구나 접근·이용할 수 있던 공리지(共利地)인 산림과 임야가 조선 후기에 들어오면서 사점화·광점화되거나 '국가직속지(國家直屬地)'로 바뀌면서 공리지는 더더욱 분할되고 축소됐다. 설상가상으로 그나마 남아 있던 공리지 또한 갖은 불법적인 벌목과 남벌로 파괴되어 갔다. 개인과 지역공동체의 생존을 위협하는 절체절명의 위기를 타개하기 위한 집단적 노력의 결과로 금송계가 탄생하게 된 것이다. 이제까지 금송계에 관한 연구는 민속학, 역사학, 산림자원학 등의 분야에서 주로 이루어져 왔다. 하지만 금송계를 통해서 지역공동체가 산림이라는 공유재를 어떻게 지속 가능하게 유지·관리하여 왔는지에 대해 행정

1) 리처드 도킨스(Clinton Richard Dawkins, 1976)는 사회적 진화과정을 설명하기 위한 개념으로 밈(meme)을 활용한다. 유전자의 자기복제과정을 통해 생물정보가 전달되듯이, 문화적 유전자인 밈은 모방을 통해 개인이나 집단의 뇌에서 뇌로 이념, 사상, 종교, 관습 등 다양한 문화적 요인들을 전승한다.

학과 정책학 분야 연구는 거의 전무하다고 할 수 있다.

이 책은 조선 후기 혹은 일제강점기 동안 지역공동체에서 송계산(松契山)이라는 공리지를 기반으로 자발적 자치조직인 금송계가 탄생하게 된 사회경제적 배경, 금송계의 운영 규칙과 원리, 금송계를 통해 산림의 지속 가능한 보호관리가 가능하게 된 요인 등을 다각적으로 분석하고자 한다. 이를 위해 금송계 관련 자료를 적극적으로 발굴·수집했다. 규장각 소장 고문서 자료, 조선왕조실록 등 금송계 관련 1차 사료를 수집하고, 1차 사료를 보완하기 위하여 연구진이 현장조사를 통해 지역공동체가 소장하고 있는 사료와 고문서를 직접 발굴·수집했다. 또한 역사학, 민속학 등 금송계에 관한 기존 연구에서 축적된 성과물을 수집해 우리 연구에 맞게끔 적극 활용했다. 그리고 금송계 연구를 오랫동안 수행한 3명의 전문가를 대상으로 심층면담과 서면조사를 실시하고, 현장방문에서 마을 주민과 계임들에 대한 심층면담을 실시했다.

제2절 연구의 구성

이 책의 구성은 다음과 같다. 제2장은 공유자원관리 이론 및 선행연구, 조선시대 산림정책 및 금송계의 결성 배경, 금송계의 현황·유형별 특성 및 기존 금송계 연구의 한계 등 크게 세 부분으로 구성된다. 우선 우리 연구는 엘리너 오스트롬(Elinor Ostrom)의 공유자원관리 연구에 많이 의존했음을 밝혀둔다. 오스트롬의 제도분석틀(institutional analysis and development framework: IAD framework), 제도설계원리(institutional design principles), 그리고 공유재 관리모형을 적극 활용한다. 그럼에도 오스트롬의 제도분석 형식과 틀에 매몰되지 않고 전통사회의 맥락과 특수성을 찾으려고 시도한다. 전통사회 지역공동체의 특수하고 고유한 기제들이 시대적 맥락과 배경 속에서 어떻게 발현됐는가는 우리에게 귀중한 정보이자 자산이기 때문이다. 다음으로 조선시대 산림정책의 내용과 변화를 조망하고, 금송계의 결성 배경을 중심으로 살펴본다. 그리고 금송계의 현황, 유형별 특성, 지역별 분포, 기존 연구의 한계 등을 짚어본다.

제3장에서는 연구방법론과 자료수집방법을 소개한다. 과거 전통사회에서 산림공유자원에 대한 이용과 보호를 위한 계 조직으로서 금송계의 결성 배경, 조직 체계 및 구성, 운영 및 관리 방식 등에 대한 연구를 충실하게 수행하기 위해 한 가지 연구방법론에 의존하기보다 여러 가지 방법론을 활용하는 '다각화(triangulation)'의 접근이 필요하다. 따라서 심층사례연구와 더불어, 금송계규약에 대한 내용분석, 금송계 현장방문과 면담조사, 그리고 전문가 심층면담과 서면조사를 진행한다. 심층사례연구 대상의 선정과 함께 사례분석 사항 및 요소, 내용분석을 위한 질문사항, 심층면담과 서면조사를 위한 질문사항 등을 설명하고, 금송계에 관한 1차 사료 수집, 2차 문헌 수집, 심층면담과 서면조사 등 자료수집방법에 대해 구체적으로 소개한다.

제4장에서는 26개의 금송계규약을 대상으로 내용분석을 실시한다. 과거 전통사회에서 많은 금송계들이 주로 불문율과 관습에 따라 운영됐으며, 비록 규약이 있더라도 조항의 수는 많지 않았다. 금송계규약의 내용분석에서는 창계되던 당시의 시대적 배경, 송계원의 구성, 각 지역공동체 구성원이 공동으로 직면했던 쟁점과 문제점, 결성의 주체세력, 조직 체계와 구성, 운영 방식, 처벌 수위, 점증적 제재 조치 여

부, 관(官)과의 관계, 금송계의 역할과 기능, 금송계가 지역공동체에서 가지는 위상 등을 중심으로 분석한다.

제5장에서는 8개의 금송계를 대상으로 심층사례분석을 실시한다. 각 사례분석에서는 지역사회의 특성, 사회경제적 배경 등 개괄적인 현황을 소개하고, 오스트롬이 제시한 제도설계원리의 8개 항목에 대해 보다 구체적인 분석과 설명을 시도한다. 각 사례분석에서는 금송계 관련 규약, 재정출납내역, 소장(訴狀), 계원 명단 등 각종 사료에 대한 소개와 분석을 실시한다. 나아가 각 금송계 사례의 고유한 특성과 특수성에 대한 분석과 설명을 시도한다.

제6장에서는 3명의 전문가를 대상으로 한 심층면담과 서면조사 결과를 바탕으로 분석을 실시하는데, 금송계에 관한 일반적인 사항, 제도설계원리와 함께 추가 질문문항에 대한 응답 내용이 포함된다. 여기에서는 전문가의 응답 내용을 '직접' 인용하는 방식으로 금송계의 결성 배경, 인적 구성, 조직 체계와 구성, 운영 방식 등을 상세하게 살펴볼 것이다.

제7장에서는 금송계규약의 내용분석, 심층사례연구, 전문가 면담분석을 바탕으로 금송계 연구의 결과에 대해 요약한다. 특히 오스트롬(1990)의 제도설계원칙의 부합 여부와 정도, 공동체 원리의 중요성, 과거 지역공동체에서 금송계의 위치와 중요성 등을 점검한다. 그런 다음, 금송계 연구를 통해 도출되는 몇 가지 잠정적 가설들을 제안하고자 한다. 이들 가설은 금송계를 비롯한 지역공동체 조직에 대한 추후 연구들에서 검증되어야 할 것이다.

마지막으로 제8장에서는 앞으로 금송계의 사례 발굴・수집과 심층사례연구가 지속적으로 추진되어야 함을 강조한다. 특히 금송계규약 분석뿐만 아니라 금송계 관련 산송(山訟), 재정 수입 및 지출 내역, 개인 소장 문서 및 문집 등 다차원적·다각적인 접근의 필요성을 지적한다. 또한 시대적 변화에 따라 금송계의 조직과 운영이 어떻게 변천했는지를 체계적으로 파악하기 위해 통시적(通時的) 관점에서 장래 연구가 진행되어야 함을 언급한다. 과거 전통사회에서는 산림자원뿐만 아니라 저수지, 제방, 관개수로, 어장, 목장 등 공유자원의 관리가 지속 가능한 방식으로 이뤄졌다. 앞으로 이들 공유자원 분야까지 확장하여 심층적인 연구가 진행되어야 함을 언급할 것이다.

제 2 장

공유자원 관리와 금송계

제2장 공유자원 관리와 금송계

제1절 자치적 공유자원 관리

1. 자치적 공유자원 관리의 가능성

오늘날 인류는 기후변화, 생물다양성 감소, 수질오염, 물 부족, 해수면 상승, 토양오염 등 다양한 환경파괴 및 환경오염에 따른 생태위기에 직면하고 있다. 레이첼 카슨(Rachel Carson, 1962)이 『침묵의 봄(Silent Spring)』에서 DDT를 비롯한 각종 농약 살포 및 화학물질 사용에 따른 환경 파괴와 생태계 파괴를 경고한 이래로 인류는 환경문제 해결 및 완화를 위해 꾸준히 노력을 경주하여 왔다. 하지만 우리는 더 많은 위험과 피해의 불안 속에서 살고 있다. 울리히 벡(Ulrich Beck, 1986)이 지적한 것처럼 인간의 이성에 대한 맹신과 과학기술의 발달에 따라 오늘날 인류는 끊임없이 위험에 노출되는 '위험사회(risk society)'에 살고 있다. 산업시대에서 "계급지위"는 불공평하게 배분됐지만, 위험사회에서 "위험지위"는 모든 사람에게 공평하게 배분된다. 이는 위험 노출에 따른 피해가 인류 모두에게 골고루 미치게 되기 때문이라고 벡은 지적한다.

일반적으로 우리가 겪고 있는 환경문제와 생태위기는 대부분의 자연자원이 지닌 공유재(common pool resources)적 특성에 기인한다고 할 수 있다. 공유재는 잠재적 수혜자의 사용을 배제하기가 어렵고, 사용자들의 사용량 증가로 공유재의 총량이 감소하거나 상당한 비용을 초래하게 되는 재화를 말한다. 이러한 비배제성(非排除性, non-excludability)과 편익감소성(便益減少性, subtractability)으로 인한 환경 파괴를 생물학자인 개릿 하딘(Garrett Hardin, 1968)은 "공유지의 비극(tragedy of the commons)"이라고 명명한 바 있다. 공유지의 비극과 관련된 '집합행동문제(collective action problem)'[1]는 자치적인 방법으로는 해결될 수 없으며, 정부 또는 시장에 의해서만 해결될 수 있다는 것이 전통적인 공유재 이론의 처방이다(Ostrom, 1999).

먼저 국가중심적 접근 방식은 토마스 홉스(Thomas Hobbes)가 말하는 '리바이어던(Leviathan)'적인 해결 방식으로만 공유재의 비극을 방지할 수 있다고 주장한다. 자치적인 집합행동이 불가능한 공유재의 비극을 극복하기 위해서는 국가의 적극적인 개입과 강제력이 요청된다는 것이다(Ehrenfeld, 1972; Hardin, 1968; Heilbroner, 1974; Ophuls, 1973). 달리 말하면, 공유재 문제를 해결하기 위해서는 반드시 국가가 적극적으로 개입하여 개인이나 기업의 행위를 강력하게 규제하는 명령·통제(command and control) 방식을 강제적으로 추진하고 집행할

---

1) '집합행동문제(collective action problem)'란 한 공동체에서 개인적 합리성을 추구하는 구성원의 상호작용의 결과가 공동체 전체의 이익과 상충되는 문제를 말한다(Olson, 1971). 이처럼 개인적 합리성과 사회적 합리성의 불일치가 나타나는 경우를 '사회적 딜레마(social dilemma)'라고 부르기도 한다.

필요가 있다는 것이다.

이에 반해, 시장중심적 접근방법은 자연자원에 대해 사적 재산권(private property rights)을 설정하거나 시장기제(market mechanism)를 활용하여 환경문제와 같은 공유재 문제를 해결하거나 완화해 나갈 수 있다는 입장이다. 즉 공유재에 사적 재산권을 설정하여 시장을 통한 자유롭고 자율적인 협상과 거래를 허용하면, 공유재의 비극을 피할 수 있다는 것이다(Coase, 1960; Demsetz, 1967; Sinn, 1984; Smith, 1981; Welch, 1983).

하지만 공유재의 비극을 극복하기 위한 방법으로 국가 또는 시장만 고려하는 이분법적 사고에서 탈피할 필요가 있다는 논의 또한 활발하다. 국가도 시장도 아닌 제3의 방법을 통한 공유재 문제 해결이 가능할 수 있다(Ostrom, 1990). 전통 이론의 예측과는 달리, 공유재 사용자들의 자치적인 관리를 통한 공유재 문제 해결이 가능하다는 연구결과가 다수 보고되고 있다(이명석, 1995; Hayes and Ostrom, 2005; Ostrom, 1990, 1999, 2009, 2010; Ostrom et al., 1999; Poteet and Ostrom, 2004). 하딘(Hardin, 1968)이 우려했던 것과 달리, 사용자들이 집합행동의 문제를 외부의 강제 없이도 자발적으로 해결할 수 있다는 경험적인 증거들이 지속적으로 제시되고 있다. 일반적으로 공동소유와 공동사용을 특징으로 하는 공유재는 정부의 중앙집권적 통제나 소유권 분할 등의 접근방법만으로는 적절하게 관리하기 어려운 경우가 많다. 일정한 조건이 충족된다면 공유재는 지역공동체 단위에서 자발적이고 자율적인 운영과 관리를 통해 지속 가능하게 유지·관리될 수 있다는 것이다(김민주, 2015; 윤순진, 2003; 이명석, 1995; Ostrom, 1990).

이 책은 조선 후기와 일제강점기 금송계를 연구대상으로 하여 신제도주의적 관점에서 금송계가 성립되던 당시 시대 배경, 행위자들의 역동성, 제도의 변화과정에 주목하고자 한다. 공유재 문제를 극복하기 위해 공유재 사용자들은 자치적으로 운영되는 제도와 규칙을 스스로 만들고 사용하는 경우가 많다. 베츠(Bates, 1988)에 따르면, 공유재의 비극을 해결하거나 완화하기 위한 새로운 제도와 규칙을 만드는 과정에서도 합리적인 개인들은 필요한 대가를 지불하지 않고 제도와 규칙의 도입에 따른 혜택만을 향유하려는 새로운 유형의 무임승차 현상이 나타날 수 있다고 지적한다. 그는 이를 "제2의 사회적 딜레마(second order social dilemma)"라고 명명한다. 하지만 오스트롬은 일정한 조건이 충족되는 경우 제2의 사회적 딜레마에 대한 우려 없이 공유재 사용자들은 새로운 제도와 규칙을 성공적으로 도입하고 정착시킬 수 있다고 주장한다(Ostrom, 1990). 오스트롬은 공유재 사용자들이 공유재를 지속적으로 유지하고 사용할 수 있는 제도적 장치를 정교하게 고안하고 집행하는 데 성공했던 사례와 실패했던 사례들을 분석하여, 자치적이고 지속적인 공유재 관리 조건을 제시한다(Ostrom, 1990, 1999, 2009, 2010).

2. 자치적 공유자원 관리의 조건

먼저 오스트롬은 제도분석틀(IAD framework)을 사용하여 다양한 공유재 관리 사례를 메타분석했다.2) 오스트롬에 따르면, 제도의 선택 상황에서 합리적 개인들은 자신의 기대편익과 기대비용을 비교하여 기

2) 오스트롬(Ostrom, 1990)은 관개시설, 공동어장, 산림자원 등 다양한 공유재 관리의 성공 사례뿐만 아니라, 실패 사례에 대한 메타분석을 통해 성공적인 공유재 자치관리 제도의 공통요소를 도출하고 이를 제도설계원칙으로 정리했다. 자세한 내용은 오스트롬(Ostrom, 1990)을 참조하기 바란다.

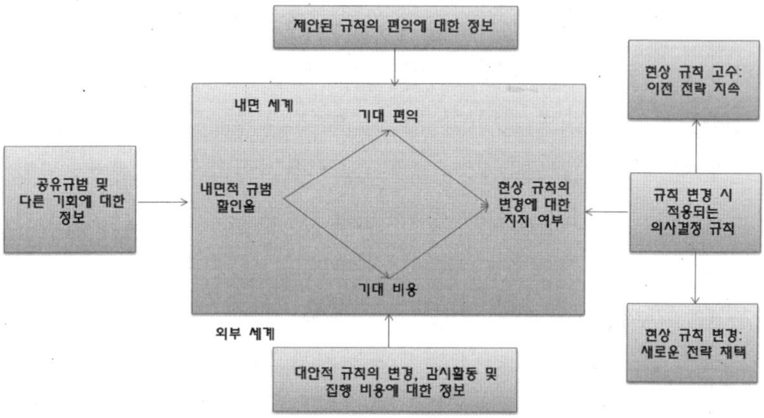

출처: Ostrom(1990).

〈그림 2-1〉 제도선택의 영향변수들

대편익이 기대비용보다 클 경우 제도를 변경하게 된다. 〈그림 2-1〉에서 보는 바와 같이, 기대편익과 기대비용은 다시 내면적 규범과 할인율(discount rates)에 의해 영향을 받는다. 한 조직 혹은 공동체에 소속된 구성원 간에 공유하는 규범은 다시 내면적 규범과 할인율에 영향을 미치게 된다. 제도 선택에 따른 기대편익을 평가하는 데 여러 상황변수가 고려된다. 특히 오스트롬은 ① 사용자의 수, ② 자원체계 규모, ③ 시기별・장소별 자원 유량의 가변성, ④ 자원체계의 현 여건, ⑤ 시장조건, ⑥ 과거에 존재해 왔던 갈등의 정도와 유형, ⑦ 자원체계에 대한 역사적 이용패턴이나 현 여건에 대한 기록 자료의 가용 여부, ⑧ 현행 규칙의 특성, ⑨ 제안된 규칙의 특징 등을 중요한 상황변수로 들고 있다(Ostrom, 1990).

제도 선택에 따른 기대비용은, "규칙의 변화를 고려하는 과정에서 투입되는 자원"인 변경비용과 "새로운 규칙을 집행하고 감시하는 데

드는" 감시 활동과 집행 비용으로 나누어 볼 수 있다(Ostrom, 1990). 여기에서, 변경비용에 영향을 미치는 상황변수로는 ① 의사결정자의 수, ② 이해관계의 이질성, ③ 규칙 변경 시 사용되는 규칙, ④ 지도자의 수완과 자질, ⑤ 제안된 규칙의 유형, ⑥ 사용자들의 이전 전략, ⑦ 규칙을 변경할 수 있는 자율권 등이 있다(Ostrom, 1990). 또한 감시 활동과 집행 비용에 영향을 미치는 상황변수로는 ① 공유자원의 규모 및 구조, ② 외부인 접근 배제 기술, ③ 사용화 기술, ④ 시장 판매 장치, ⑤ 제안된 규칙, ⑥ 사용 중인 규칙의 합법성 등이 있다(Ostrom, 1990).

오스트롬에 의하면, 일반적으로 공유자원의 공동소유와 공동사용에 관한 의사결정자의 수가 작을수록, 공유자원의 관리에서 집합적 편익을 달성하기 위한 최소인원의 수가 작을수록, 구성원 각자가 규칙 위배에 따른 죄의식, 불안 등을 강하게 가질수록, 규칙 위배에 대해 집단 구성원으로부터 오는 비난, 불쾌감 등이 클수록, 집단 구성원 간의 이해관계가 유사하고 동질성이 높을수록, 집단 구성원이 단기간보다는 미래 등 장기적인 안목과 비전을 가지고 있을수록, 지도력과 기타 유용한 자질을 갖춘 구성원이 많을수록, 공유자원 관리가 성공할 가능성이 높아진다(최재송 · 이명석 · 배인명, 2001; Ostrom, 1990).

오스트롬은 제도분석틀(IAD framework)을 활용하여 스페인의 우에르타(Huerta) 관개제도 사례, 필리핀의 잔제라(Zanjera) 관개 공동체 사례, 터기 연안어장 사례, 캘리포니아 지하수분지 사례, 캐나다의 노바스코샤(Nova Scotia)와 뉴펀들랜드(Newfoundland)의 연안 어장관리 사례 등 여러 성공 사례와 실패 사례를 분석하여 다음과 같은 성공적인 제도설계원리를 제시하고 있다.

1. 공유자원 자체의 경계와 공유자원의 이용자에 대해 명확히 정의

해야 한다.

2. 공유자원의 사용, 유지, 관리를 위한 규칙은 현지 조건에 부합해야 한다.
3. 공유자원을 사용하는 구성원들이 운영규칙을 결정, 수정하는 집합적 선택과정에 참여할 수 있는 제도적 장치(collective choice mechanism)가 마련되어야 한다.
4. 공유자원의 사용 활동 및 현황을 감시, 단속할 수 있는 감시 장치가 적절하게 정착되어야 한다.
5. 운영규칙을 위반할 시 점증적으로 제재할 수 있는 장치가 마련되어야 한다.
6. 공유자원의 사용자들 간에 발생할 수 있는 갈등을 해결할 수 있는 제도적 장치가 마련되어야 한다.
7. 공유자원의 사용자 집단들은 스스로 공동체를 구성하고 제도를 설립할 수 있는 자치조직권을 공식적으로 보장받아야 한다.
8. 공유자원의 복잡성이 높은 경우, 감시 및 단속, 제재, 갈등해결 등을 위한 중층적(multi-layer) 사업단위로 조직화되어야 한다.

이상의 내용을 종합하여 오스트롬(Ostrom, 2009)은 〈그림 2-2〉와 같은 공유재 관리모형을 제시한다.

〈그림 2-2〉에 의하면, 자원 체계, 자원 단위, 거버넌스 체계, 그리고 사용자들 사이의 상호작용에 의해 공유재의 지속 가능한 유지·관리 여부가 결정된다. 이들 체계의 특징을 결정하는 구성요소를 정리하면 다음과 같다.

- 자원 체계(resource system: RS)에는 ① 자원의 종류, ② 자원 경계의 명확성, ③ 자원의 크기, ④ 자원의 인공성/자연성, ⑤ 자원의

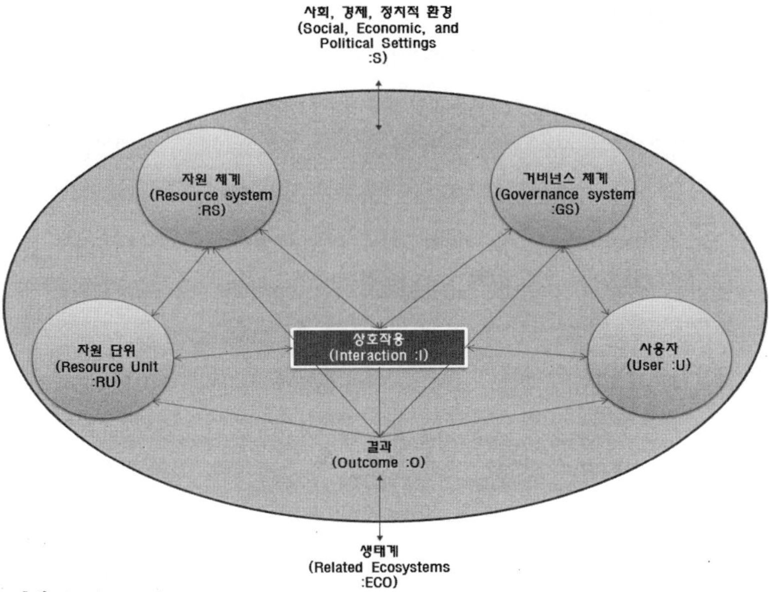

출처: Ostrom(2009).

〈그림 2-2〉 공유재 관리 모형

생산성, ⑥균형 특성, ⑦저장성, ⑧동태적 변화의 예측가능성, ⑨위치 등의 요소가 포함된다.

- 자원 단위(resource unit: RU)에는 ①자원 단위 이동성, ②성장/대체율, ③자원 단위 간 상호작용, ④경제적 가치, ⑤자원 단위 수, ⑥차별적 표시(markings), ⑦시공간적 분포 등의 요소가 포함된다.
- 거버넌스 체계(governance system: GS)에는 ①정부조직, ②비정부조직, ③네트워크 구조, ④재산권 체계, ⑤운영규칙, ⑥집합적 선택 규칙, ⑦감시 및 제재/처벌 절차 등의 요소가 포함된다.
- 사용자(user: U)에는 ①사용자 수, ②사용자의 사회경제적 특성, ③공유재 사용 역사, ④위치, ⑤리더십/기업가 정신, ⑥규범/사

회적 자본, ⑦공유재 관련 지식, ⑧자원의 중요성, ⑨활용되는 기술 등의 요소가 포함된다.

3. 실제 사용되는 자치적 공유자원 관리제도의 중요성

공유자원에 대한 지역공동체 중심의 지속 가능한 관리를 강조하는 오스트롬을 비롯한 많은 학자들이 제시하는 제도적 해결책이 우리 상황에 얼마나 적절하게 도입될 수 있는지를 촘촘하게 연구할 필요가 있다. 즉 이들의 제안사항이 우리 상황에 맞게끔 어떻게 수정・보완・추가되어야 하는지를 점검할 필요가 있는 것이다. 외국의 사례를 토대로 발전된 이론과 개념들이 우리의 공유자원 관리에 적용될 경우 현실 적용상에 여러 부작용을 낳을 수 있기 때문이다. 전통적인 공유자원 관리에 대한 근본적인 이해를 바탕으로 하지 않고는 외국의 이론과 개념을 우리 상황에 적실하게 적용하기는 어렵다. 더 나아가 우리의 공유자원 관리에 적합한 중범위적(middle-range) 개념과 이론을 적극적으로 개발・발전시키기 위해서는 전통적인 공유자원 관리에 대한 깊이 있는 이해가 선행되어야 할 것이다.

요컨대, 환경문제와 생태위기는 일반적으로 자원의 공유재적 특성으로 인해 야기된다. 공유재에는 자연적 자원뿐만 아니라 인공적 시설물까지도 포함된다(최재송・이명석・배인명, 2001). 전통적인 공유재 이론에 의하면, 한 사회의 특정 자원이 공유재적 특성을 지닌 경우, 개인의 합리적인 행위는 궁극적으로 공유재의 감소와 파괴를 가져온다. 잠재적 사용자를 배제하기 어렵기 때문에 각각의 사용자가 자신의 이익극대화를 위해 최대한 많은 양의 공유재를 사용하게 되면, 편익감소성에 따라 공유재의 총량은 점점 감소하고, 결국에는 공유재에 대한 지속 가능한 관리가 불가능하게 된다는 것이다.

그러나 최근 들어, 공유재 문제가 자치적으로 해결될 수 있다는 연구보고가 크게 증가하고 있다. 대표적인 예로, 하딘(Hardin, 1968)을 재조명하는 오스트롬 외(Ostrom et al., 1999)는 공유재가 언제나 파괴되는 것은 아니라는 사실을 강조하면서, 일정한 조건이 갖추어지는 경우 공유재 사용자들이 정부의 통제 없이도 성공적으로 공유재를 관리하는 사례를 다수 보고하고 있다. 오스트롬은 자치적인 공유재 관리의 조건과 가능성을 연구한 업적을 인정받아 2009년 노벨 경제학상을 수상하기도 했다. 특히 공유재의 자치적인 관리의 성공조건은 제도적 장치(institutional arrangements)이다(Ostrom, 1990). 이러한 맥락에서, '금송계'는 전통사회에서 산림이라는 공유자원을 자치적으로 관리하던 제도적 장치라고 할 수 있다.

참고로, 신제도주의(new institutionalism)는 제도(institution)를 균형점(equilibrium)을 이루는 공유된 전략, 규칙 그리고 규범에 의하여 구조화된 상호작용 상황에서 나타나는 인간 행태의 안정된 규칙성(regularities) 또는 '실제로 사용되는 규칙(rules-in-use)'으로 정의한다(이명석, 2006: 250). 여기에서 실제로 사용되는 규칙은 '법적(de jure) 규칙'과 '실제적(de facto) 규칙'의 구분 없이 실질적으로 상호작용을 하는 개인 등의 행동에 영향을 주는 규칙을 의미한다.

공식적인 권한을 가진 정부나 공공기관에 의해 법적으로 명시되고 채택된 규칙이라도 현실의 상호작용에서 아무도 준수하지 않는다면 제도라고 할 수 없다. 정부나 공공기관 등 법적 권한을 가진 기관에 의해 공식적으로 규정된 법적 규칙 중에서도 개인의 행동에 아무런 영향을 주지 못하는 '사문화(死文化)된' 제도가 있을 수 있다. 이러한 법적 규칙은 실제로 사용되는 규칙, 즉 제도라고 할 수 없다. 반면에,

법적인 권한을 가진 기관에 의해 공식적으로 규정되거나 명문화되지는 않았지만 많은 사람들이 준수하는 규칙, 즉 실제적 규칙이 있을 수 있다. 이처럼 법적인 근거는 없더라도 실제로 준수되는 규칙은 신제도주의에서 말하는 제도, 즉 인간행태의 안정된 규칙성 또는 '실제로 사용되는 규칙'이라고 할 수 있다.

따라서 자치적 공유자원 관리의 경우에도, 실제로 사용되는 공유자원 관리규칙 또는 관리제도의 분석에서 중요한 것은 법적 근거나 명문화된 규정의 존재 여부가 아니라, 공유자원 사용자들의 상호작용에 미치는 실질적인 영향의 존재 여부라고 할 수 있다. 현실에서 자치적 공유자원 관리를 가능하게 하는 제도는 다양한 '법적 규칙'과 '실제적 규칙'의 혼합으로 이루어진다. 그리고 법적 규칙과 실제적 규칙의 혼합 비율 또는 중요성은 공유자원의 종류와 공동체의 특성 등에 따라서 달라질 것이라고 예상할 수 있다.

일반적으로 전통사회에서 이뤄진 지역공동체 중심의 자치적인 공유자원 관리의 경우, 명문화되지 않은 지역공동체의 관습이나 규범 등이 구성원들의 행동을 통제하는 '실제로 사용되는 규칙'인 경우가 많다. 그러나 경우에 따라서는 구체적으로 명문화된 법적 규정을 통하여 공유자원 관리가 이루어지는 것이 더 적절할 수도 있다. 한국 전통사회에서 많은 금송계들이 명문화된 '송계규약'에 의해 관리되고 유지되어 온 것으로 알려져 있다. 그러나 송계규약에 산림자원이라는 공유자원의 사용과 관리를 규정하는 모든 제도적 장치가 규정되지 않고, 실제로 사용되는 제도는 공동체의 관습이나 규범에 의해 이루어지는 경우도 있을 수 있다. 따라서 송계규약 등 명문화된 공유자원 관리제도뿐만 아니라, 공동체 구성원들에 의해 준수된 '실제 사용되는 자치적 공유자원 관리제도'를 모두 탐색할 필요가 있다.

제2절 조선시대 산림정책과 금송계

1. 조선시대 산림정책 개관

조선시대는 "산장수량 일국인민공리자야(山場水梁 一國人民共利者也)"[3] 라고 하여 산림천택(山林川澤)에 대한 사점(私占)과 사적소유권을 인정하지 않았고, 조선 인민이면 누구나가 산림천택을 자유롭게 이용하고 향유할 수 있도록 했다. 이것은 산림천택이 공유자원(common pool resources) 혹은 공리지(共利地)였음을 의미한다. 그럼에도 국가 차원에서 일부 산림과 임야를 공용지(公用地)[4]로 지정하여 "병선(兵船)의 제조나 개보수, 궁궐이나 관아의 신개축, 강무장(講武場), 목장(牧場), 관용시장(官用柴場), 왕실의 관곽수요 등" 국가 수요의 목재를 충당하고자 했다(박종채, 2000: 12).

조선은 초기부터 소나무를 보호하기 위한 각종 법적 규정과 조치를 마련하고 실행했는데, 가장 대표적인 사례들을 살펴보면 다음과 같다.

- 「송목양성병선수호조례(松木養成兵船守護條例)」(세종 6년, 1424년)
- 「송목금벌지법(松木禁伐之法)」(세종 23년, 1441년)
- '의송지지(宜松之地)' 지정(세종 30년, 1448년)
- 「도성내외송목금벌사목(都城內外松木禁伐事目)」(예종 1년, 1469년)
- 「사산송목금벌사목(四山松木禁伐事目)」(명종 3년, 1548년)

3) 「太祖實錄」 卷11, 太祖 6年 4月 25日 丁未條.

4) 박종채(2000: 각주 6)는 국가 수요를 충당하기 위해 설정된 토지를 '공용지'라는 용어를 사용하는 반면, 심희기(1992: 197)는 '국가직속지(國家直屬地)'라는 용어를 사용한다.

송금(松禁)은 우금(牛禁), 주금(酒禁)과 함께 국초부터 매우 중요한 정책적 사안으로 다루어져 왔다. 조선시대 국가 수요의 산림자원을 확보하기 위해 국가 차원에서 지정한 공용지 내의 금송(禁松)과 금양(禁養)은 조선 전기에는 금산(禁山), 조선 후기에는 봉산(封山)으로 대별된다고 할 수 있다. 조선 전기에 한양도성 내의 사산(四山)[5]뿐만 아니라 전국 각처에 금산을 지정하여 특별히 수호·금양했다. 이것을 각각 '한양금산(漢陽禁山)'과 '외방금산(外方禁山)'이라고 한다(권순구, 2007: 82). 도성 내의 사산은 지맥 보호, 산림 경관, 산사태 방지 등을 목적으로 사산 내의 접근이 금지됐고, 개간, 화전, 사냥, 땔감 채취, 돌과 흙 채취 등을 일절 허용하지 않았다.

조선 후기에 들어오면서 병선용 선재, 관곽용 자재, 관청 및 궁궐의 건축자재 등 국용목재의 확보가 절실하게 요구되면서 금송정책을 더욱 강화하기에 이른다. 특히 이러한 경향은 숙종조에 이르면 더더욱 증가하게 된다. 이 시기에 제정된 주요 사목(事目)과 절목(節目)을 간략히 살펴보면 다음과 같다.

- 「제도연해송금사목(諸道沿海松禁事目)」(숙종 10년 2월, 1684년). 19개 조목으로 구성.
- 「황해도연해금송사목(黃海道沿海禁松事目)」(숙종 10년 11월, 1684년). 13개 조목으로 구성.
- 「변산금송절목(邊山禁松節目)」(숙종 17년 8월, 1691년)
- 「파주금산수호절목(坡州禁山守護節目)」(영조 7년 8월, 1731년)
- 「식목실총(植木實總)」(정조 6년, 1782년)

---

5) 한양도성 사산은 백악산(白岳山 혹은 北岳山), 인왕산(仁旺山), 목멱산(木覓山 혹은 南山), 낙산(駱山)을 지칭한다.

• 「제도금송사목(諸道禁松事目)」(정조 12년, 1788년). 전국에 봉산, 황장목봉산, 송전 지정.

조선 전기 세종 30년(1448년)에 전국 연해지역에 '의송지지(宜松之地)'라 하여 금산을 지정하고 소나무를 적극 보호하고자 했다. 〈표 2-1〉에서 보는 바와 같이, 당시 전국에 328곶에 금산을 지정했는데, 팔도 중에서 전라도 93곶(28.4%), 경상도 76곶(23.2%), 황해도 51곶(15.5%)으로 전체 약 67%를 차지했음을 알 수 있다.

조선 후기 숙종조 이후부터는 국가 수요의 산림자원을 충당하기 위한 공용지로서 봉산제도를 적극 활용했다.[6] 봉산은 금산과 마찬가지로 봉산 내의 접근 및 이용을 엄격하게 금지했지만, 왕실 관곽에 쓰일 황장목(黃腸木)을 충당하고 선재(船材)를 마련할 목적으로 특별 지정됐다. 봉산은 용도에 따라 선재봉산(船材封山), 황장봉산(黃腸封山), 율목봉산(栗木封山), 진목봉산(眞木封山), 향탄봉산(香炭封山), 삼산봉산(蔘山封山) 등으로 구분된다(권순구, 2007: 83).

또한 정조 12년(1788년) 「제도금송사목」을 반포하고 전국 635곶에 봉산, 황장목봉산, 송전을 지정하여 보호·관리하고자 했다. 〈표 2-2〉는 「만기요람(萬機要覽)」에 실린 전국 봉산 지정 현황을 보여준다. 전국 635곶 중에서 봉산 282곶(44.4%), 황장목봉산 60곶(9.4%), 송전 293곶(46.1%)으로 지정됐다. 도별 분포를 살펴보면, 경상도 343곶(54%), 전라도 145곶(22.8%), 충청도 73곶(11.5%) 등 삼남지방이 561곶으로 88.3%를 점유했다. 반면 평안도와 경기도에는 봉산, 황장목봉산, 송전이 지정되지 않았다. 이 가운데 봉산은 전라도 142곶, 충청도 73곶,

6) 봉산에 관한 최초 기록은 숙종 10년(1684년)에 반포된 「제도연해송금사목(諸道沿海松禁事目)」이다(권순구, 2007).

〈표 2-1〉 '의송지지(宜松之地)' 지정 현황(세종 30년, 1448년)

구분	합계(곳)	비율(%)
함길도	23	7.0
평안도	28	8.5
황해도	51	15.5
경기도	26	7.9
강원도	6	1.8
전라도	93	28.4
충청도	25	7.6
경상도	76	23.2
합계	328	100

출처: 박종채(2000) "<표 10> 세종 30년(1448년) 宜松之地" 재구성.

〈표 2-2〉 봉산(封山) 지정 현황(정조 12년, 1788년)

구분	봉산		황장목봉산		송전		합계	
	곳	비율(%)	곳	비율(%)	곳	비율(%)	곳	비율(%)
함길도					29	9.9	29	4.6
평안도								
황해도	2	0.7					2	0.3
경기도								
강원도			43	71.7			43	6.8
전라도	142	50.4	3	5.0			145	22.8
충청도	73	25.9					73	11.5
경상도	65	23.0	14	23.3	264	90.1	343	54.0
합계	282	100	60	100	293	100	635	100

출처: 박종채(2000) "<표 12> 정조 12년(1788년) 各道 禁松處 現況" 재구성.

경상도 65곳으로 삼남지방에 고루 분포했던 반면, 황장목봉산은 전체 60곳 중에서 강원도 43곳(71.7%), 경상도 14곳(23.3%)으로 집중 분포되어 있었다. 송전은 전체 293곳 중 함길도 29곳을 제외한 나머지 264곳(90.1%)이 경상도에 분포했다.

앞의 두 표에서 조선 전기에는 '의송지지(宜松之地)'가 전라도, 경상도 및 황해도에 집중 분포하긴 했으나 전국적으로 골고루 분포했음을 알 수 있다. 이에 반해, 조선 후기에는 경상도, 전라도, 충청도 등 삼남지방에 집중 분포됐고 평안도와 경기도에는 어느 곳도 지정되지 않았다.

조선시대를 통틀어 중앙정부가 시행했던 금송정책은 다음과 같은 주요 특징을 가진다. 우선 지나치게 규제 중심적이고 강력한 처벌 위주의 정책 방향을 줄곧 유지했다. 한 예로, 조선 전기 예종 1년(1469년)에 반포된 「도성내외송목금벌사목」에 따르면, 소나무를 벤 자는 곤장 100대를 때리고 만일 그 가장이 출사한 관원이면 파직시키며, 한관(閑官)이나 산직(散職)이면 타지에 보내도록[付處] 했다. 소나무를 벤 자가 평민이면 곤장 80대를 때리고 속전(贖錢)을 징수토록 했다. 사산 내 구역을 잘 점검하지 못한 사산감역관 및 병조와 한성부의 해당 낭관(郎官)은 자급(資級)을 강등시키고 산지기[山直]는 곤장 100대를 때리고 충군(充軍)하도록 했다. 이러한 처벌 중심의 규정들은 조선 후기로 갈수록 점점 강화되는데, 특히 17세기 후반 이후에는 범금(犯禁)에 대한 형벌을 더욱 강화했다. 아래에 보는 바와 같이, 조선 후기 임금이 내린 수교(受敎)를 살펴보면, 금송정책이 강력한 처벌 위주의 정책이었음이 잘 드러난다.[7)]

- 선재(船材)를 장양(長養)하는 곳에 형화(衡火)하는 자는 참형(斬刑)(1667년 수교).
- 송전(松田)에 형화하는 자는 일죄(一罪)(1670년 수교).

---

7) 17세기 후반 범금(犯禁)에 대한 처벌 사례들은 박종채(2000: 36~39)를 재인용 혹은 정리했다.

- 금제(禁制)를 범하여 목재를 월채(越採)하는 자는 효시(梟示)(1670년 수교).
- 변산(邊山)에 실화(失火)한 자는 일죄(一罪)(1699년 수교).
- 경성(京城) 내외에서 송목(松木)을 작벌한 자(1666년 수교), 산지기가 무뢰배와 작계(作契)하여 생송(生松)을 투작(偸斫)한 자(1678년 수교), 황장목 관리를 잘못한 감관(監官)(1689년 수교), 봉산 실화에 대한 책임 있는 전주(田主)(1699년 수교)는 변원정배(邊遠定配).
- 초도(椒島)의 모민(募民)이 실화한 경우(1701년 수교), 능침(陵寢)의 송목을 범작한 자(1701년 수교), 함춘원(含春園)의 수목을 도벌한 자(1701년 수교), 봉산에 실화한 자(1702년 수교), 봉산에서 대송(大松) 범작(犯斫)이 10주 이하인 자(1717년 수교), 대중소송(大中小松)을 작벌하여 자염(煮鹽)한 자(1718년 수교), 상전(上典)이 범금인(犯禁人)인 노자(奴子)를 은닉한 경우(1725년 수교), 파주(坡州) 구릉(舊陵) 내에서 송목 5주 잡목 10주 이상 작벌한 자(1731년 수교)는 정배(定配).
- 전선(戰船) 송목 1관 이하를 훔친 경우 곤장 80대, 관이 증가할수록 곤장 대수를 늘리다가 훔친 송목이 40관에 이르면 참형(1703년 수교).
- 전선 송목의 장물을 받은 양이 1관 이하이면 곤장 70대, 관이 증가할수록 곤장 대수를 늘리다가 80관에 이르면 교형(絞刑)(1703년 수교).
- 봉산에서 대송(大松) 범작이 10주 이상이면 효시(1717년 수교)
- 평안도・함경도 금표내(禁標內) 방화에 대해 해당 감색(監色)과 산지기는 일율(一律)(1718년 수교).
- 봉산에서 중송(中松) 10주 작벌자와 대송(大松) 범작자는 효시(1729년 수교).
- 파주(坡州) 구릉(舊陵) 화소내(火巢內) 송회(松檜) 10주 이상 작벌자는 효시(1731년 수교).

이렇게 조선 후기로 갈수록 더욱 강력해진 처벌 위주 정책은 조선 정부의 금송정책이 지속적으로 실패하고 있었음을 역설적으로 보여준다. 조선시대에는 소나무 보호·관리, 식림 등을 자발적으로 유인하기 위한 제도적 장치들이 적어도 국가 차원에서는 제대로 마련되어 있지 않았음을 뜻한다.

두 번째로 조선 초기부터 금송정책은 소나무를 소극적으로 보호하는데 그쳤다는 점이다. 조선시대를 통틀어 중앙정부 차원에서 몇 차례 식림사업을 추진했으나, 금송정책의 핵심은 어디까지나 자생하는 소나무에 대한 소극적인 보호 차원에만 머물러 있었다. 즉 벌채, 화전, 방화 등에 대한 법적 규정은 반복하여 제정되어 왔지만, 소나무를 직접 심어 기르도록 법적 규정을 마련하려는 노력은 적극적으로 추진되지 않았다(강판권, 2013: 103~136; 박종채, 2000). 그렇다고 소나무 식림노력이 전혀 없었던 것은 아니다. 특히 조선 초기 임금인 태종, 세종, 문종, 단종, 세조, 성종은 식목, 양송, 송충으로부터 소나무 보호 등에 열성을 가지고 적극적으로 추진했다. 조선왕조실록에 등장한 산림조성 사료 10건 중 9건이 이 시기에 집중되어 있었다(전영우, 1997). 조선 후기에는 정조 13년(1789년)부터 순조 2년(1802년)까지 14년 동안 경기도 수원부(水原府) 관할의 화산(華山)에 소나무, 잣나무, 상수리나무, 가래나무, 단풍나무, 밤나무 등을 식재했다는 기록이 유일하다(전영우, 1997). 태종조에는 여러 차례(태종 7년, 9년, 10년, 11년)에 걸쳐 소나무를 심도록 조치를 내렸다. 예를 들어, 태종 7년(1407년)에는 충청도 경차관 한옹(韓雍)[8]의 건의를 받아들여 각 도의 수령

8) 한옹(韓雍, 1352~1425)은 고려 말에서 조선 초의 문신이다. 본관은 곡산(谷山)으로 자(字)는 백희(百熙), 호(號)는 정포(靜浦)이다. 출처: 한국민족문화대백과사전 (http://encykorea.aks.ac.kr/Contents/Index?contents_id=E0061848)(자료접근:

들에게 초봄에 소나무를 심고 감독하도록 했다(강판권, 2013: 103~136). 세종 6년(1424년)에는 「송목양성병선수호조례」를 제정하여 양송(養松)의 구체적인 규정을 마련하고, 연해지역에서 식재된 소나무 그루 수와 상태를 매년 말 보고하도록 했다(김무진, 2011: 259). 그 외에도 세종 10년(1428년), 문종 1년(1451년), 단종 1년(1453년), 단종 3년(1455년) 등 조선 전기 동안 간헐적으로 소나무를 심고 보호하려는 움직임이 있었다(강판권, 2013: 103~136). 조선 후기 정조 6년(1782년)에는 「식목실총」을 편찬하여 식목 관련 사항들을 규정하고 양송에 힘쓰도록 했다(박종채, 2000: 40). 그럼에도 조선시기 내내 금송정책은 식목, 식림 및 양송보다는 금벌(禁伐)과 같은 소극적인 보호・관리에만 머물러 있었다(박종채, 2001: 15~16).[9)]

이와 더불어, 조선시대 산림정책은 다양한 수종에 대한 보호・관리보다는 소나무 한 종에만 지나치게 편중되어 있었다는 사실이다. 앞에서 살펴보았듯이, 소나무는 해안 방어, 왕실의 관곽용 자재, 건축

2017년 5월 2일).

9) 이에 대한 반론도 있다. 중앙정부 차원에서 도성내 사산, 능침에 적극적인 식목활동이 있었다는 것이다(김무진, 2011). 지방의 송전, 봉산 등에서는 중앙정부(병조)와 지방수령의 협력 하에 식목활동이 이뤄졌다고 한다. 특히 조선 후기에는 개간(開墾), 입장(入葬) 등을 통한 사양산(私養山)에 대한 국가의 인정으로 불완전하더라도 사적소유권을 인정받게 되면서 재지사족, 문중, 향교, 서원, 사찰, 송계 등에서 소나무를 비롯한 전나무, 상수리나무, 밤나무, 오동나무 등 다양한 수종의 식목활동이 촉발됐다는 것이다. 조선 후기에 반포된 「대전통편(大典通編)」(1785년)에 "개인적으로 나무를 심고 가꾼 자에 대한 논상(論賞)" 규정과 「제도송금사목(諸道松禁事目)」(1788년)에 "산림조성에 성공한 산직(山直)・감관(監官)의 신역(身役) 면제와 승진 규정" 등 인센티브제도를 도입・활용했고(권순구, 2007: 87~88 재인용; 배재수 외, 2002: 64) 적극적인 식목활동이 이뤄졌다는 것이다. 그렇다고 하더라도 조선 후기에 식목과 조림활동이 적극적이고 체계적으로 추진됐다고 할 수 있을지에 대해서는 여전히 의구심이 든다. 보다 사세한 설명은 권순구(2007)와 김무진(2011)을 참조하기 바란다.

자재 등 다양하게 활용됐던 점을 감안하더라도 소나무에만 지나치게 치중된 산림정책은 그 자체로 한계를 가질 수밖에 없었다.

2. 조선시대 산림정책의 폐해와 대안 모색

조선 후기에 들어오면서 강력한 처벌 위주로 추진되던 금송정책은 과연 얼마나 성과를 거뒀을까. 금산, 봉산, 황장목봉산, 송전에 대한 정책적 성과는 매우 미미했고 소나무를 비롯한 산림자원에 대한 도벌과 남벌은 더욱 심각해지고 있었다. 조선 후기에 계속하여 반포됐던 사목이나 절목의 내용들이 대동소이했던 것으로 보아 조선 후기 금송정책은 성공적이지 못했음을 알 수 있다(김대길, 2006: 189~201). 이는 조선 후기 다양한 목재 수요 증가에 따른 도벌·남벌의 횡행과 함께, 봉산 내 입장, 방화, 화전 개간, 관리자의 기강해이 및 관리감독의 소홀 등에 기인한 것이다.

안정복(安鼎福, 1712~1791)은 〈금송작계절목(禁松作契節目)〉(영조 14년, 1738년)에서 중앙정부가 강력한 처벌과 규제 중심으로 추진하던 당시 금송정책을 비판하면서 백성들이 자치적으로 금송계를 결성하여 각자가 금양하도록 하는 방안을 제시했다.

> 모든 금령은 느슨하거나 급하게 서두르는 데에서 폐단이 생기기 마련이다. [중략] 금송(禁松)에 대한 정사는 곧 이용후생(利用厚生)에 관한 하나의 중대한 정사이어서 관에서 엄하게 금지하고자 한다면 반드시 자세하게 살핀[摘奸] 연후에 범작(犯斫) 여부를 알 수 있는 것이다. 자세하게 살피는 데에는 반드시 소요(騷擾)와 작폐(作弊)의 걱정이 있기 마련이다. 그러므로 각 동에서 경계를 분정하고 금송계(禁松契)를

> 결성하게 하여 각 리, 각 동으로 하여금 각자 금양(禁養)에 노력하도록 해야 한다.10)

또한 정약전(丁若銓, 1758~1816)은 〈송정사의(松政私議)〉(순조 4년, 1804년)에서 중앙정부의 강압적인 처벌 위주로 추진되던 금송정책의 실패와 폐단을 적나라하게 고발하고 있다. 중앙정부의 정책은 소나무를 심고 기르고자 하는 백성의 의지를 꺾어버린다는 것이다. 정약전은 "국토의 열에 예닐곱을 차지하는 산이 있고, 산은 또 소나무가 자라기에 알맞은데 소나무의 귀함이 이런 지경이 될 수 있단 말인가"라고 탄식하면서, 가옥, 배, 수레, 관재 등에 쓰일 재목에 대한 수요 급증과 함께, 세 가지 환난(患難)을 언급하고 있다. 즉 "나무를 심지 않는 것", "저절로 자라는 나무를 꺾어서 땔나무로 쓰는 것", "화전민(火田民)에 의해 불태워지는 것"이다. 이 세 가지 환난을 일으키는 근본적인 원인으로 나라의 법이 제대로 완비되어 있지 않는 점, 법 자체와 법의 적용이 지나치게 엄격하고 가혹한 점, 그리고 수영(水營)이나 관청에 근무하는 탐관오리의 횡포 등을 들고 있다. 정약전은 자신의 글에서 이를 직접 언급하고 있다.

> 공산(公山)의 경계는 광활하다고 이를 만하다. 황장목(黃腸木)이 잘 자라는 산이 깊은 산골짜기에 자리잡고 있을 뿐만 아니라, 소나무에 알맞은 밭이 바닷가에 널려 있다. 바닷가 연안의 몇 리에 걸친 산은 대개 국가에 속해 있으므로 이것들만 해도 이루 다 쓸 수가 없을 지경인데

---

10) 安鼎福. 「臨官政要」〈禁松作契節目〉. "凡于禁令 緩急疾徐 弊隨而生 [中略] 禁松之政 卽係利用厚生之一端 而自官若欲嚴禁 則必行摘奸然後 可知其犯斫有無 而有摘奸則必有騷擾作弊之患 故不可不以各洞內良中 分定界限 結爲禁松契 俾各里各洞各自努力禁養是齊." 박종채(2000: 41)의 번역을 참조 혹은 재인용했다.

> 그 위에다 바닷가로부터 30리 떨어진 이내의 산은 국가 소유와 개인 소유를 가릴 것 없이 일체 (소나무 벌목을) 금단하는 법까지 있다. 대저 나무가 있기 때문에 금지한다면 그래도 이로운 것이 있겠지만, 나무도 없으면서 금지한다면 백성들은 나무를 심지 않을 것이다. 그렇다면 금하는 것이 무슨 도움이 되겠는가?[11)]

> 주먹크기의 산을 소유한 백성이 소나무 수십 그루를 길러 가옥과 배·수레나 관재의 재목으로 베어 쓰고자 한다면 탐관오리가 이 법조문을 빙자하여 차꼬에 채워 감옥에 가두고 고문하는 등 죽을 죄를 다스리듯 하고, 심지어는 유배를 보내기까지 한다. 그러므로 백성들이 소나무 보기를 독충과 전염병처럼 여겨서 몰래 없애고 비밀리에 베어서 반드시 제거한 다음에야 그만둔다. 어쩌다가 소나무 싹이라도 트면 독사를 죽이듯 한다. 백성들이 나무가 없기를 바라는 것이 아니다. 자신이 편안한 길이 나무가 없는데 있기 때문이다. 그리하여 개인 소유의 산에는 소나무가 한 그루도 없게 됐다.[12)]

당시 소나무가 자라기에 적합한 산들은 수영에서 관할했고 봉산 주변 백성은 수영에 소속되어 있었다. 당시 극심했던 수영의 횡포에 대해 "봉산(封山)의 백성들이 상의하기를, '오로지 소나무로 인하여 우리들이 이런 지경에 이르렀다. 소나무만 없다면 아무 일이 없으리라.'

---

11) 丁若鏞. 〈松政私議〉. 公山之界亦云大矣 黃腸之山 旣據深峽 宜松之田又遍沿海 沿海之地 數里之山 擧屬於公 此已不可勝用而 又有沿邊三十里 毋論公私山一體禁斷之法 夫有木而禁之 猶有利焉 無木而禁之 民將不植矣 禁之何益. 안대회(2002)의 번역을 재인용했다.

12) 丁若鏞. 〈松政私議〉. 民有一拳之山 養松數十株 伐之爲宮室舟車之材 則貪官虐吏馮籍此法 枷囚栲掠如始死罪 甚者竄流 於是民之視松如荼毒癘疾 潛除暗剔必去乃已 一有萌芽如殺毒蛇 民非欲無木 自安之道 在於無木 於是乎私山無一枝松矣. 안대회(2002)의 번역을 재인용했다.

라고 한다. 그래서 몰래 없애고 비밀리에 베어 온갖 꾀를 내어 제거하고자 한다. 심지어는 천 명의 사람이 힘을 합쳐 수많은 도끼가 소리를 함께 하여 나무를 베어 몇 리에 걸친 푸른 산을 하룻밤 사이에 벌거숭이산으로 만들고, 돈을 모아 뇌물을 후하게 주어 후환을 없애는 일도 발생한다. 그리하여 작고 작은 공산조차도 소나무 한 그루가 없게 됐다."13)

금송정책의 병폐에 대한 해결방안으로 정약전은 엄격하게 적용되던 당시 법을 완화시켜야 한다고 주장한다. 즉 "백성들이 소나무를 미워하는 것은 소나무 자체를 미워하는 것이 아니라 그에 관한 법을 미워하는 것이다"라고 주장하며, 이와 관련하여 정약전은 네 가지 구체적인 방책을 제시한다. 첫째, 개인 소유의 산이든 봉산이든 "스스로 나무를 심어 길러서 스스로 사용"하는 것을 허락하도록 한다. 또한 개인 소유의 산에 나무가 없는 경우 주인을 처벌하며, 식림과 조림에 성공한 자에게는 품계를 올려 포상하도록 한다. 둘째, 산허리 이상에서 화전 경작을 엄격하게 금한다. 셋째, 주인이 없는 산을 마을 주민들이 조림에 힘써 성공하면 마을 단위로 세금을 면제시켜 주도록 한다. 넷째, 소나무 관련 정책은 지방관청에 맡기고 수영은 간섭하지 못하도록 한다.

---

13) 丁若鏞. 〈松政私議〉. 封山之民相與議曰 維松之故 吾屬至此 無松則可無事矣 於是潛除暗剔百計圖去 甚則千人竝力衆斧齊聲數里 蒼ㅁ一夜赭成聚錢重賂而免於後患者有之於是乎 小小公山無一枝松矣. 안대회(2002)의 번역을 재인용했다.

3. 조선 후기 산림자원의 현황과 금송계 결성 배경

조선 후기로 접어들면서 중앙정부의 강력한 의지와 정책 추진에도 불구하고, 불완전하던 금송정책은 제대로 효과를 발휘하지 못했다. 금산과 봉산을 비롯한 모든 산림에서 도벌과 남벌이 성행하면서 산림자원은 급격하게 고갈됐다. 많은 산이 민둥산이 되면서 중앙정부 차원에서 적절한 시기에 적정량의 목재를 확보하는 것이 더더욱 어렵게 됐다. 특히 전선, 병선, 사후선(伺候船) 등 관선의 건조와 보수에 필요한 목재의 확보와 조달에 상당한 차질을 빚게 됐다. 이것은 무엇보다 조선 후기에 관이나 중앙정부의 목재 수요뿐만 아니라 민간의 목재 수요도 크게 증가한 데 기인했다. 김대길(2006: 149~204)은 목재 수요의 증가요인으로 세곡 운송과 상품 운반을 위한 선박 수요 증가, 염장(鹽場) 설치 확대, 도시로의 인구 유입 등 크게 세 가지를 들고 있다.

조선 후기에 조운제도가 축소되고 사선에 의한 세곡 운송이 크게 활성화되면서 선재에 대한 수요가 급증하게 됐다. 이와 더불어, 상품경제가 발달하면서 상품 운반을 위한 선박 수가 급증했다. 숙종조에는 경강지역에서 활동하던 미곡 1천석을 실을 수 있는 대형 선박수가 300여 척에 달했고, 작은 선박까지 포함하면 2,000척에 달했던 것으로 추정된다(김대길, 2006: 159). 소금은 일상생활에 없어서는 안될 필수품이며, 관이나 중앙정부 차원에서 흉년에 백성들을 진휼하기 위한 재원으로 중요하게 취급됐다. 우리나라는 전통적으로 바닷물을 불로 증발시켜 소금을 생산하는 자염(煮鹽) 방식을 사용했다(김대길, 2006: 164~172). 천일염(天日鹽) 방식과는 달리 자염 방식으로 소금을 생산할 경우 상당량의 땔감을 필요로 하는데, 이것은 특히 봉산 내 산림자원에 대한 도벌과 남벌로 이어졌다. 또한 조선 후기에 들어서면서 농촌인구의 도시로의 집중은 주택문제, 땔감 등에 대한 수요 증가를 초래해 산림자원의 무분별한 도벌과 남벌을 가중시켰다.

이외에도 조선 후기 화전 개간, 분묘 등을 통한 산림자원의 사점화(私占化)와 광점화(廣占化)가 진행되면서 산림자원은 급격하게 고갈되기에 이르렀다. 조선시대에는 강력한 처벌 중심의 금송정책과 함께, 개간과 분묘에 따른 임야와 산림의 사점을 허용하는 정책적 모순을 안고 있었다. 특히 화전 개간은 수백 년 동안 보존되어 온 소나무, 참나무를 비롯한 귀중한 산림자원을 일거에 파괴하기 때문에 심각한 문제였으며, 조선 후기에 들어서면 아문(衙門), 궁가(宮家), 재지사족(在地士族), 유민(流民)에 의해 화전 개간이 활발하게 진행되면서 산림자원은 빠른 속도로 파괴되어 갔다. 또한 분묘 설치에 따른 산림자원의 사점화와 광점화는 18세기와 19세기에 산송(山訟)의 급증으로 이어졌다.

산림자원의 도벌과 남벌에 대한 억제책의 하나로 마련된 속전(贖錢) 징수는 실제로 도벌과 남벌을 오히려 부추기는 기제로 작동했다. 속전을 납부하더라도 벌목에 따른 이익이 이를 초과할 경우에는 속전 징수는 아무런 효과를 발휘할 수 없었기 때문이다. 게다가 수령, 아전, 산지기 등의 농간은 속전 징수에 따른 벌목의 폐해를 가중시키고 있었다(김대길, 2006: 184~189). 앞서 살펴보았듯이, 조선 후기 목재 수요가 급증하면서 목재 상인들의 활동이 활발하게 전개됐다. 목재 상인들은 수본(手本)이나 관문(關文)을 받아 봉산 내에서 합법적으로 벌채를 했으나 허가받은 수량보다 남벌하는 경우가 허다했다. 또한 이들은 권세가, 수령, 아전, 산지기 등과 결탁하여 봉산 내에서 도벌과 남벌을 행했는데, 이에 따른 산림 황폐화는 더더욱 심각한 지경으로 치닫고 있었다(김대길, 2006: 175~184).

이렇게 조선 후기에 들어오면 일반 백성들이 자유롭게 접근·이용할 수 있는 공리지는 더더욱 분할·축소됐다. 이로써 일반 백성들은 건축재, 땔감, 퇴비 등의 확보에 많은 고충을 겪었는데, 이는 그들의 삶과 직결되는 문제가 아닐 수 없었다. 조선 후기 가속화되던 공리지의 분할·축소에는 여러 가지 요인이 복합적으로 작용했기 때문이다. 우선 조선 전기부터 지정된 금산과 함께, 조선 후기에 봉산, 황장목 봉산, 송전 등이 국가 수요를 충당하기 위해 국가 공용지로 지정되면서 공리지 축소가 가속화됐다. 결국 봉산 주변에 거주하는 백성들은 봉산의 보호·관리 의무를 지게 되고 이들에게 각종 부세와 요역이 부과되어 공리지 축소와 함께 이중고를 겪게 됐다. 또한 아문과 왕실에 의한 시장 절수와 입안을 통한 개간, 재지사족의 입장과 개간 등 광범위한 사점화 경향은 공리지의 분할과 축소를 가속하기에 이르렀다. 이렇게 조선 후기 산림자원의 사점화가 빠르게 진행되면서 산림과 임야의 이용과 산지의 소유를 둘러싼 산송(山訟)이 폭증했는데, 18세기를 거쳐 19세기에 이르러 산송은 전국에 걸쳐 광범위하게 진행됐다(김선경, 1993).[14] 이러한 시대 배경 속에서 금송계가 탄생하게 된 것이다(박종채, 2000; 심희기, 1992).

금송계는 조선 후기 국가 공용지의 확대, 산림자원의 사점화·광점화, 공리지 면적 축소에 따른 산림 이용의 급격한 변화로 인해 파생된 역사적 산물이다. 공리지의 급격한 분할과 축소는 백성들이 이용할 수 있는 산림자원의 제한을 의미하는 것이었고, 이는 땔감과 퇴비의 수급 불균형으로 이어지고 있었다. 조선 초기까지도 산림천택(山

---

14) "共利地分割의 경쟁"인 산송(山訟)은 노비송(奴婢訟), 전택송(田宅訟)과 함께 조선시대 3대 민사분쟁이었다(심희기, 1992: 206). 다른 민사분쟁과 달리, 산송은 조선 후기에 공리지의 침해와 사점이 광범위하게 진행되면서 촉발됐다.

林川澤)은 온 나라의 백성들이 이익을 나누는 땅, 곧 '일국인민공리지(一國人民共利地)', '여민공리지(與民共利地)'의 개념으로 표방되어 누구나 일정한 금제 하에 자유롭게 이용할 수 있었다. 하지만, 이러한 토지 이용관계는 16~17세기 기간에 권세가들에 의한 공리지 분할이 가속화되면서 사실상 와해됐고, 이는 필연적으로 시초(柴草)와 비료의 수급 불균형을 초래했던 것이다. 기층민들은 이를 해결하기 위하여 재지사족이 주도하던 동계(洞契)에 하계원(下契員)으로 편입되거나 관으로부터 산림의 점유권을 입안(立案)받는 방법으로 산림자원을 확보하지 않을 수 없었다. 후자의 방법이 바로 송계(松契) 혹은 금송계(禁松契)이었던 것이다. 특히 힘없는 백성들에게 금송계는 배타적인 산림이용권을 보장받을 수 있는 가장 유력한 방편이 됐다. 마을 소유의 송계산을 갖는다는 것은 비단 시초뿐만 아니라 목재 공급, 산전(山田)의 개간, 입장(入葬), 보민(補民)에도 상당한 도움이 됐기 때문이다.

제3절 금송계의 현황과 유형별 특성

1. 금송계의 현황

일정 규모의 송계산을 대상으로 산림공유자원의 이용・보호・관리를 위한 조직 체계였던 금송계의 성과는 매우 양호했던 것으로 보인다. 여러 문헌에서 이를 확인할 수 있는데, 임학사 전첨원(田添元, 1924, 24호: 27)이 강원도 양양군을 현장답사(1923년 9월로 추정)한 후 기록한 내용을 직접 살펴보기로 하자. 이는 민간에서 금송계를 조직하여 운영하던 지역에서는 공유산림이 잘 보호되고 울창했음을 말해준다.

> 해안지원민유지(海岸地元民有地)에 근접(近接)할사록 국유림(國有林)에 비(比)하야 수령(樹齡)이 감소(減少)되야 최노대목(最老大木)이 육십여년생(六十餘年生)을 함유(含有)한 적송(赤松)의 단순림(單純林)으로 화(化)하야 시등적송림(是等赤松林)이 원(遠)히 해빈(海濱)까지 연속(連續)함은 미관(美觀)이엿다. 여사(如斯)한 미목(美林)은 기후토질(氣候土質)이 양호(良好)하고 화・충해(火・蟲害)와 여(如)한 자연적재해(自然的災害)에 불리(不罹)한 등(等) 다양(多樣)의 원인(原因)이 유(有)할지나 기외(其外)에 확실(確實)한 원인(原因)이 민간(民間)에 여행(勵行)되고 우(又)난 현재(現在)까지 여행(勵行)하난 송계(松契)의 사물(賜物)인줄 노사(思)하니 우송계(又松契)난 애림적(愛林的) 사상(思想)을 민중(民衆)에 보급(普及)함이 불선(不尠)할지로다.

또한 일제강점기 조선토지조사사업에 참여했던 저곡선일(猪谷善一, 1928)은 "노목이 생육하여 창창했던 지방은 으레 송계가 발달했던 사실이 명백하다"(전문가 B의 서면 답변, 2015년 6월 30일)고 하여, 공유지 내 산림보호에 금송계의 역할과 기여가 컸음을 언급했다. 전첨원(田添元, 1924, 24호: 27)이나 저곡선일(猪谷善一, 1928)보다 앞선 시기인 1917년 4월 말 강원도 양양군을 현지 답사한 천야력(淺野力, 1918) 역시 양양군의 공유산림 상태가 매우 양호하다고 하면서, 주된 원인 중 하나는 바로 민간에서 시행되던 금송계 때문이라고 기술하고 있다.

> [중략] 해양지방의 민유지에 갈수록 국유림에 비해 젊은 소나무로 되어 있고, 그러한 소나무숲이 연이어 멀리 해변까지 연결되는 양상은 아름답고, [중략] 특히 이런 현상은 본 군 중에서도 군내면, 손양면 등

인구밀도가 높은 면에 소재한 임야에 현저하게 남아있는 이유는 수목을 애호하기 때문이라고 생각되지만 동일한 풍습을 가진 주변의 다른 군들에 비해서도 우수한 것은 다른 원인이 있을 것이라고 상상하는 것은 어렵지 않다. [중략] 이러한 현상은 그 원인이 여러 가지가 있지만, [중략] 원인의 일부분은 본 지역 민간에서 행하고 왔던 송계에서 비롯된 것이라고 믿으며, 송계가 민중에게 애림적 사상을 보급시켰다고 생각되어진다.

〈표 2-3〉은 천야력(淺野力, 1918)이 1917년 4월 말 강원도 양양군을 현지 답사한 자료이다. 당시 양양군에서 확인된 금송계 수는 90개

〈표 2-3〉 강원도 양양군 금송계 현황(1917년 4월 조사 당시)

면	금양 정도	인구 밀도	송계산 면적(町)	송계 수	면내 가구 수	송계 가구 수	송계 가입 비율(%)
손양면(巽陽面)	10.0	28.3	987.00	20	844	729	86.4
군내면(郡內面)	9.0	100.0	488.31	19	1,090	656	60.2
강현면(降峴面)	8.0	34.1	351.26	15	953	685	71.9
도천면(道川面)	7.5	20.8	188.92	20	904	572	63.3
현북면(縣北面)	4.5	12.9	15.25	6	1,039	142	13.7
현남면(縣南面)	3.0	27.6	192.00	7	905	493	54.5
서면(西面)	2.0	6.4	30.00	3	1,011	169	16.7
합계	-	-	2,252.74	90	6,746	3,446	51.1

비고: (1) 손양면의 금양정도를 기준(10)으로 함.
(2) 읍내를 포함하는 군내면의 인구밀도를 기준(100)으로 함.
(3) 군내면의 송계원 수가 비교적 작은 이유는 상공업자가 많기 때문임.
(4) 손양면의 송계원 가구 수 중 200가구는 2개 이상의 송계에 가입한 경우임.

출처: 淺野力(1918)의 두 표에 대한 요약 정리.

〈표 2-4〉 충청북도 계의 종류와 개수(個數)(1912년 조사 당시)

지역	동계(洞契)	호포계(戶布契)	혼상(婚喪) 관련		학계(學契)	송계(松契)	종계(宗契)	마을제(祭) 관련		노동계(勞動契)	농사(農事) 관련	
			혼인부조계(婚姻扶助契)	상장부조계(喪葬扶助契)				성황계(城隍契)	우포계(牛脯契)		보계(洑契)	농구계(農具契)
청주(淸州)	124	2	16	15	2	4						
청안(淸安)	71		11	2		3						
진천(鎭川)	26	45	2	3	1	5						
음성(陰城)	66	85	8	5	1	9						
괴산(槐山)	36	30	1	1		2						
충주(忠州)	89	108		9		2						
청풍(淸風)	38	15		1	1							
제천(堤川)	6	65		6								
영춘(永春)	8			3		2		5				
단양(丹陽)	25	9	2	25	2	3	1	3	1			
연풍(延豊)	4	5		4		4						
보은(報恩)												1
청산(靑山)	6		2	5							1	
황간(黃澗)					1							
영동(永同)	22	1		4		13						
옥천(沃川)	24	4		12	4	3						
회인(懷仁)	46					2						
문의(文義)	29	2	1	2	1	1	4			1		
합계	620	362	43	97	13	53	5	8	1	1	1	1

출처: 菱本長次(1912). 忠淸北道 契に 關する 調査.「朝鮮農會報」, 7권 7호-10호.; 박경하(1996). 충청지방의 향약·동계.「韓國의 鄕約·洞契」(鄕村社會史硏究會). <표> "忠淸北道 各 郡別 契의 種類와 個數"(98쪽)에서 재인용/재구성.

였으며, 양양군 가구의 절반 이상이 금송계에 가입하고 있었음을 확인할 수 있다. 특히 손양면, 군내면, 강현면, 도천면에서 산림의 금양 상태가 양호한 것은 다른 면에 비해 상대적으로 송계산 면적이 월등히 넓고, 금송계의 수와 송계 가입가구 수가 많으며, 송계 가입비율이 훨씬 높기 때문이었다. 이렇듯 금송계는 적어도 양양군에서 공유산림의 이용·보호·관리에 있어 매우 성공적인 조직이었음을 알 수 있다.

〈표 2-4〉는 능본장차(菱本長次, 1912)가 조사한 충청북도의 계 종류와 개수를 보여준다. 조사 당시 충청북도 지역에는 53개 금송계가 확인됐다. 하지만 이 자료만으로는 금송계의 수나 현황을 정확하게 파악하기는 어렵다. 많은 지역공동체에서 금송계가 별도로 존재하기보다는 동계, 촌계 등 여타 계 조직에서 공유산림의 감시·보호 활동을 수행하던 경우가 많았기 때문이다. 이러한 사실은 충청남도 금산지역에서 과거 운영되다 소멸됐거나 혹은 현재까지 운영 중인 금송계에 대한 강성복(2001)의 연구에서도 확인된다.

2. 금송계의 유형별 특성

조선 후기로부터 오늘날까지 전승되어 온 금송계는 지역사회의 특성, 결성 당시 사회경제적·시대적 배경 등에 따라 다양한 특성과 모습으로 분기·발전했다. 여기에서는 시행주체, 시행목적, 조직범위, 시행지역, 송계원의 구성, 촌계류 조직과의 관계 등의 측면에서 금송계의 유형별 특성을 살펴보기로 한다.

1) 시행주체에 따른 분류[15)]

금송계를 결성하고 운영하는 주체가 누구이냐에 따라 관(官) 주도 금송계, 재지사족(在地士族) 주도 금송계, 기층민(基層民) 주도 금송계 등으로 나누어볼 수 있다(박종채, 2000).

---

15) 박종채(2000: 99~112)를 주로 참조했다.

가. 관(官) 주도 금송계

금송계는 기본적으로 금송 영역인 송계산을 확보하고 그 소유권을 주장하려면 관으로부터 입안(立案)이나 입지(立旨)를 받아야 하기 때문에 조선 후기 촌락공동체의 촌계류(村契類) 조직 가운데서 가장 관(官) 주도적 성격이 강한 계 조직이라 할 수 있다. 관 주도의 성격이 가장 잘 나타나는 예로는 정조 24년(1800년) 하동부사 허즙(許濈)이 경상도 하동부 전체 고을에 시행했던 금송계를 들 수 있다. 대체로 산림 비율이 높은 하동지역에 실시된 금송계에서는 봉산(封山)과 사양산(私養山)을 포함한 하동지역의 모든 산을 대상으로 121개 마을 각각에 감관과 산지기를 두어 산림을 보호·관리했다. 관 주도였던 만큼 오가작통(五家作統)의 기본 행정 조직을 그대로 이용하고 오가(五家)의 연대책임을 강조했다. 그리고 각 동리에 경계를 정하고 송계산을 입안하여 각 동리의 금송계에게 점유권을 인정해주는 등 하동지역의 금송계 실시는 그야말로 관의 입장을 최대로 활용한 '하동부 자치 금송운동(河東府 自治 禁松運動)'이라 할 수 있을 정도였다.

관 주도 금송계의 특징은 절목(節目)상에 국가의 삼금(三禁) 중 하나인 금송의 중요성을 피력하고 있고, '위선양송(爲先養松)'이나 '선산수호(先山守護)'에 대한 내용은 자연 누락되고 있다. 그리고 관 주도 금송계는 하동지역의 사례처럼, 고을 수령이 바뀌면 지속적인 시행이 어려울 수도 있었다.

나. 재지사족(在地士族) 주도 금송계

조선 후기 향촌사회의 변화에 따라 재지사족은 자신의 거점을 '향안(鄕案)' 중심의 '향규(鄕規)'로부터 '동안(洞案)' 중심의 '상하합계(上下合契)'로 이동했다. 동리로 거점을 옮긴 재지사족은 상하합계 형태의 기존의 향규·향약을 주도하거나 족계(族契)를 구성하며 '위선수계(爲先修契)', '선산수호(先山守護)', '묘산금양(墓山禁養)' 등 동질의 목적 아래 계급적 기반을 강화하기 시작했다.

재지사족이 주도한 금송계는 대체로 세 가지 유형으로 나눌 수 있다. 먼저 재지사족 주도 금송계는 조선 후기 사회의 특징인 문중 강화를 반영하며 묘산을 금양 대상으로 삼고 있었다. 이 시기 재지사족이 주도한 금송계는 족계의 형태를 띠면서 금송을 포함시킨 경우가 많았다. 예를 들어, 18세기 후반 충청도 직산에 거주하던 남양 홍씨 문중에서 묘제 거행과 친목 도모를 위해 족계를 결성·운영하다 후에 〈개입의(改立議)〉를 통해 선산수호와 금양에 관한 항목을 추가했다(김경숙, 2012: 144). 이와 유사하게, 남산송계(南山松契)는 남산[16]에 묘산을 가진 김씨 2명, 우씨 4명, 안씨 13명 등 세 성씨가 선산수호와 금양을 목적으로 을축년에 금송계를 결성했고, 계해년 10월에는 관으로부터 입안을 받았다(김경숙, 2012: 146~148).

재지사족 주도 금송계의 두 번째 형태는 한 마을에 여러 성씨가 거주하지만, 1성(姓) 내지는 2성이 주도권을 가지며 금송계를 결성한 경우이다. 전라도 나주목 금안동(金鞍洞)의 경우, 조선 전기만 하더라도 12성이 거주하고 있었고, 조선 후기에 들어서면서 4성 체제로 고착화됐다. 그리고 금송계의 창계 당시인 1715년에는 마을이 분동(分洞)되면서 동계 또한 분계(分契)됐고, 이렇게 분계된 상황에서 금송계가 결성됐다. 금송계 창계 당시에 작성된 전체 좌목(座目) 49명 가운데 나주 정씨(羅州 鄭氏) 45명, 창녕 성씨(昌寧 成氏) 4명으로 나주 정씨가 주도적인 역할을 했음을 알 수 있다.

16) 남산(南山)이 어느 곳인지 알 수가 없다.

재지사족 중심이 되어 결성된 금송계의 세 번째 형태는 마을 전체가 1성의 장토(庄土)에 예속된 경우이다. 「분동심씨 산하리계안(粉洞沈氏 山下里契案)」의 절목(節目)을 보면, 마을 계원 전체가 분동 심씨의 장토에서 소출을 내고 사적으로 철저하게 예속됐음을 알 수 있다. 따라서 자신의 성씨와 무관한 분동 심씨의 묘를 철저하게 '금양·수호'할 수밖에 없었고, 이 경우 굳이 하계안(下契案)이 필요하지 않았다.

이상 재지사족이 주도한 금송계는 선산수호를 목적으로 하는 금송계로서, 1성 중심의 족계 형태인 경우, 여러 성씨가 참여하지만 1성 내지 2성이 주도하여 금송계를 결성하는 경우, 그리고 한 마을 전체가 1성에 예속되어 금송하는 경우가 있었다. 마지막 경우를 제외하고는 금송계 대부분이 상하합계(上下合契)의 형태로 운영됐고, 대부분 관인(官印)이 날인(捺印)되어 있는 점도 재지사족이 주도한 금송계의 특징이라 할 수 있다.

다. 기층민(基層民) 주도 금송계

기층민이 주도한 금송계는 대체적으로 보민(補民)이나 연료확보를 위한 목적으로 결성됐다. 보민을 위한 금송계는 대부분 19세기 초·중반에 결성됐고, 연료 확보를 목적으로 하는 금송계는 19세기 말과 일제시대 조사보고서에 주로 나타나 이 시대의 사회경제적 조건과 무관하지 않음을 보여주고 있다. 그리고 기층민이 주도한 금송계의 절목에는 재지사족이 목적했던 '위선수호' 항목은 보이지 않는다. 또한 기층민 주도의 금송계는 주로 자연촌 단위로 결성되고 있음이 특징적이라 할 수 있다.

2) 시행목적에 따른 분류[17)]

금송계의 시행목적에 따른 분류는 국가 수요의 공용산림 보호를 목적으로 하는 금송, 묘산금양을 위한 금송, 보용・보민을 위한 금송, 연료확보를 위한 금송 등으로 나누어 볼 수 있다(박종채, 2000).

가. 국가 수요의 공용산림(公用山林) 보호

국가 수요의 공용산림에서 금송을 하는 목적은 정조 12년(1788년)에 반포한 「제도금송사목」에도 잘 나타나 있다. 조선 전기에는 도성 내외산과 금산, 강무장, 목장 등 국가 수요의 공용산림을 보호하고자 했고, 조선 후기에는 연해 30리 이내의 변산(邊山)과 봉산(封山) 등을 금송지역으로 삼았다.

국가 수요의 공용산림을 대상으로 한 금송은 철저하게 관 주도하에 운영됐다. 특히 연해지역의 금송은 병선 제조나 궁궐의 신축・보수를 목적으로 했다. 관 주도 금송은 연해지역 뿐만 아니라 내륙에서도 수령의 주도하에 진행됐는데, 내륙에서는 경상도 하동부처럼 부사가 시행주체가 된 경우도 있었고, 지방을 순행하는 순무사(巡撫使)가 금송계 결성을 권고한 사례도 있었다.

금송은 국가의 중요 시책이자 지방관의 의무였다. 따라서 지방관이 반드시 금송해야 하는 금송처는 영지(營誌)나 읍지(邑誌) 또는 기타 지도에서 봉산이나 송전, 금표 등으로 항목화하며 금송처의 위치나 규모를 표기했다. 또한 국가의 시책으로 금송이 매번 강조됐던 만큼, 마을에서도 국가의 조령(朝令)을 받아 스스로 금송을 받들어 시행하는

---

17) 박종채(2000: 112~125)를 주로 참조했다.

경우도 있었다.

나. 묘산금양(墓山禁養)

묘산금양을 목적으로 하는 금송계는 재지사족이 주도하는 경우가 많았다. 재지사족 주도 금송계는 1성 중심의 족계 형태를 띠거나, 아니면 여러 성씨가 참여해도 1성이나 2성이 주도하는 경우, 그리고 한 마을 전체가 1성에 예속되어 선산 금양에 임하는 경우가 있었다.

조선 후기 묘산을 점유하기 위해서는 조상 대대로 수호금양하거나, 고총(古塚)이나 매표(埋標)를 쓰는 방법, 관으로부터 입지(立旨)나 사패(賜牌)를 받는 방법, 또는 매득(買得)으로 소유권을 구입하거나 깃득(衿得)으로 조상에게서 물려받는 방법 등 다양한 경로가 있었다.

묘산을 수호하는 이유는 17~18세기 종중(宗中)의 형성과 더불어 상장례(喪葬禮)를 중시하는 유교사상, 풍수지리설의 확산 등에서 그 사상적 유래를 찾아볼 수 있으나, 또 하나의 중요한 요인은 송추(松楸)나 시초(柴草)를 확보하기 위함이었을 것으로 추측된다. 재지사족이 주도한 금송계가 '위선지성 자손지무야(爲先之誠 子孫之務也)'라는 명분 아래 위선수계, 선산수호, 묘산금양 등을 목적으로 하고 있으나, 재지사족 주도 금송계의 대부분이 상하합계 형태를 띠고 있었음을 감안하면 송추와 시초에 대한 혜택을 하계원들에게 부여하는 방식으로 하계(下契)를 예속시켰을 것으로 추측된다.

재지사족이 주도하고 묘산금양을 목적으로 하는 금송계 대부분에는 관인이 날인되어 있다. 이것은 관으로부터 송계산 점유를 인정받는다는 의미도 있지만, 형벌권 또한 재지사족에게 위임됐음을 의미하는 것이었다. 따라서 재지사족은 관의 입안을 통해 묘산금양하는 데 하계원들을 강제하고 형벌권을 행사하고자 했던 것이다.

다. 보용(補用) 및 보민(補民)

보용이나 보역을 목적으로 하는 금송계는 대부분 취리(取利)를 이용한 민고(民庫)를 운영하거나, 시장(柴場)에서 채취한 시초를 방매(放賣)하여 재원을 확보하고자 했다. 민고는 법제상의 제도나 기구는 아니었지만 각 지방관청에서는 그 곳 지방민과의 상의 아래 잡역세정(雜役稅政) 운영상의 편의를 도모하여 읍사례(邑事例)로 마련하고 있었으며, 여러 가지 잡역세를 일시에 일괄하여 취급할 수 있었기 때문에 관민 모두가 편리한 방법으로 인식됐다.

대체로 보용과 보역을 목적으로 하는 금송계는 국가의 역(役)에 대응하는 차원에서 운영됐고, 계원들이 일정한 조(租)를 수합하여 원곡(元穀)을 만든 후 존본취리(存本取利)함으로써 원곡의 확충을 기할 수 있도록 했다. 이에 확충된 원곡을 바탕으로 국가의 역에 대응했고, 동재(洞財)를 확보했으며, 기타 동중지사(洞中之事)도 해결할 수 있었다. 또한 마을에 시장(柴場)이 있는 경우 그 시장의 착실한 보호・관리로 동중재산(洞中財産)을 더욱 확충할 수 있었다. 보역을 목적으로 하는 금송계에서는 신규 송계원의 가입 시 원곡을 납부하도록 했고, 이런 유형의 금송계는 19세기 초・중반에 많이 결성됐다는 점도 특징적이라 할 수 있다.

라. 연료확보(燃料確保)

백성들이 국가 수요의 공용산림에서 땔감을 확보하기는 매우 어려웠지만, 공리지에서는 얼마든지 허용된 일이었다. 그러나 조선 후기로 오면서 공리지 축소 내지는 분할로 인하여 일반백성들이 공리지를 확보하는 데 점점 더 큰 어려움을 겪고 있었다. 따라서 대다수가 민촌(民村)인 향촌사회에서는 연료확보를 목적으로 사양산을 소유한 재지사족의 동계에 하계로 편입하거나 아니면 금송계를 자체적으로 결성하고 관으로부터 입안을 받아 점유권을 확보하는 방법을 강구했다. 그렇지 않으면 멀리 있더라도 공리지를 찾아야만 했고, 아니면 시초방매자(柴草放賣者)에게 구입하는 수밖에 없었다. 이 가운데 가장 좋은 방법은 금송계를 자체적으로 결성하여 관으로부터 점유권을 인정받는 것이었다. 마을 소유의 송계산이나 시장을 갖는다는 것은 때로는 보역에도 도움이 됐고, 때로는 기간(起墾)이나 입장(入葬)에도 유리했기 때문이다. 연료확보를 목적으로 결성된 금송계는 여타의 금송계보다도 사료상 늦게 나타난다. 이것은 조선 후기 공리지 분할・축소와 함께, 온돌의 대중적인 보급에 따른 것으로 보인다.

19세기 중・후반 이래 결성됐던 금송계들은 대부분 연료확보를 목적으로 하고 있으며, 자연촌 단위로 결성되고 있음이 특징적이라 할 수 있다. 일제시대에 많이 보이는 연합송계는 가입과 탈퇴가 임의 가능했다는 점에서도 전 시대의 금송계와는 차이를 보이고 있었다. 이미 가입한 송계원들의 합의 아래 자연마을 단위로 연합송계에의 가입이 이뤄졌으며, 이것은 그 마을에게 점유의 영역을 주는 것과 같은 의미였다. 반면에 연합송계에서의 탈퇴는 임의적으로 가능했으나, 이는 그 마을이 가진 재산권과 땔나무채취권을 포기하는 것이었다.

3) 조직범위에 따른 분류[18)]

강성복(2001, 2003, 2009, 2010)은 금송계의 조직범위에 근거하여 자연마을 단위로 조직된 독송계(獨松契), 법정리에 속하는 자연마을들

18) 강성복(2001, 2003, 2009, 2010)을 주로 참조했다.

의 참여로 조직된 리송계(里松契), 2개 이상의 법정리에 속하는 자연마을들이 연합하여 조직한 연합송계(聯合松契) 등으로 구분한다.

가. 독송계(獨松契)

독송계는 자연마을 단위로 조직된 송계 혹은 사실상 같은 동리나 마찬가지인 2~3개의 소(小)자연마을이 결성한 송계를 말한다. 이처럼 대부분의 독송계는 하나의 자연촌 단위로 구성되는 것이 특징이다. 독송계는 송계산을 확보함으로써 화목(火木)과 퇴비의 안정적인 수급을 도모하고, 동시에 산림 운영에서 얻어지는 수익금으로 동중재원(洞中財源)을 조달하는 부수적인 기능을 띠고 있었다.

독송계의 조직 규모(계원 혹은 초군수)는 전적으로 해당 동리의 가구 수에 따라 좌우되는데, 그 규모가 작은 송계는 15~30명, 중간은 30~50명이며 규모가 큰 자연마을은 초군수가 100명 이상 되는 독송계도 있었다. 한 예로, 오늘날에도 독송계가 전승되고 있는 충청남도 금산군 복수면 곡남리 수심대 송계의 경우 예로부터 송계원은 30명을 넘지 않았다고 전해진다.

나. 리송계(里松契)

리송계는 법정리에 속한 대부분의 자연마을이 참여하여 결성한 송계를 지칭한다. 따라서 리송계 중에는 3~4개 마을이 참여한 소규모의 연합송계와 유사하거나 구분이 다소 모호한 경우도 없지는 않으나, 전적으로 리 단위로 조직된 송계라는 점을 염두에 두면 크게 혼란의 여지가 없다.

리송계의 규모는 독송계의 3~4배로 상정하면 크게 어긋나지 않는다. 따라서 규모가 작은 경우 50명 안팎이 되지만 대개는 100명을 넘어서는 것이 보통이고, 몇 개의 자연촌이 결집되어 있는 대촌에서는 송계에 가입된 계원 수가 200명을 상회하는 사례도 종종 있었다.

다. 연합송계(聯合松契)

연합송계는 2개 이상의 법정리가 연합하여 결성한 송계를 일컫는다. 혹은 동일 리 내에서 확연하게 구분되는 2개 이상의 자연마을이 조직한 송계도 이 범주에 포함된다. 연합송계는 특정지역의 산림을 놓고 인접한 몇 개 마을이 송계를 결성하여 공동의 송계산으로 삼는 것이 관례이나, 땔감의 수급에 어려움을 겪는 곳에서는 거리와 무관하게 20~30리가량 떨어진 동리에서 참여하는 경우도 있었다. 특히 자연촌 단위로 송계산을 확보하기 어려운 평야지대나 산림이 조악한 곳에서는 수십 마을이 연합송계를 조직하여 화목과 퇴비의 수급을 해결했던 것으로 보인다.

연합송계는 그 조직 규모에 따라 양동송계(兩洞松契), 삼동송계(三洞松契), 사동송계(四洞松契), 오동송계(五洞松契), 오동(五洞) 이상이 조직한 연합송계로 나누어 살펴 볼 수 있다. 그래서 두 마을로 구성된 양동송계에서 수십 마을이 가담한 대규모의 연합송계에 이르기까지 그 편차가 매우 크고 다양한 모습을 보여준다는 특징이 있다. 연합송계는 그 조직 양태가 다양하고 역동적인 만큼 송계원의 수를 추산하기가 쉽지 않다. 게다가 좌목이나 계원명부 등 명확한 근거가 뒷받침되는 사례도 발견되지 않고 있다. 때문에 일률적으로 조직의 규모를 적시하기가 어렵다.

4) 시행지역에 따른 분류[19)]

김경옥(2001, 2005, 2006)은 금송계가 시행되던 지역의 지리적 특성에 따라 산간 지역 금송계, 도서연안 지역 금송계 등으로 구분한다. 도서연안 지역, 특히 도서 지역에서 시행되던 금송계는 산간 지역이나 평야 지역에서 시행되던 금송계와는 달리 몇 가지 주요 특징을 지닌다. 무엇보다도 조선 후기에는 도서연안 지역에서 소나무를 비롯한 산림자원의 중요성이 급증하게 된다. 산간 지역에 비해 도서연안 지역의 산림자원은 작벌 후 이동이 상대적으로 용이하고 비용 또한 적게 소요됐다. 조선 후기 상업경제가 발달하면서 물품의 수송에 필요한 민간 선박의 수요가 급증하고 목재 값 또한 꾸준하게 상승하면서 도서연안 지역에서 도벌의 피해가 커졌다. 또한 해안방어를 위한 군선의 건조에 필요한 소나무의 수요가 매우 높았는데, 대부분을 도서연안 지역의 소나무로 충당했다.

이에 따라 숙종조 시기에는 "연해 30리를 변산(邊山)으로 지정하여" 금송하도록 했다(박종채, 2000: 132). 또한 도서연안 지역, 특히 도서 지역에서 시행되던 금송계는 어장의 구획과 관리와 밀접하게 맞물려 있었을 것으로 보인다(김경옥, 2005). 이는 전라도 장흥부 금당도(金塘島) 차우리(車牛里) 목계(木契)에서 확인할 수 있다.[20)]

---

19) 김경옥(2001, 2005, 2006)을 주로 참조했다.

20) 차우리 목계에 대한 심층사례 분석은 제5장에서 자세하게 논의한다.

5) 송계원의 구성에 따른 분류[21]

천야력(淺野力, 1918)은 금송계 내 송계원의 구성에 따라 크게 공유계(共有契), 연합계(連合契), 부분계(部分契), 혼합계(混合契) 등으로 분류한다.

가. 공유계(共有契)

공유계에서는 송계원이면 누구나 송계산을 함께 소유[共有]하게 되고, 송계산 내의 수익, 이를테면 낙엽, 가지 채취, 퇴비, 목재 등은 일정한 방식으로 송계원들에게 공평하게 분배된다. 여기서 공평한 분배가 반드시 송계원들에게 똑같이 분배되는 '균분(均分)'을 뜻하는 것은 아니다. 천야력(淺野力, 1918)은 공유계를 다시 정원공유계(定員共有契), 마을공유계(共有契)[22] 등으로 세분한다. 정원공유계에서는 일정한 인원이 일정한 규모의 송계산을 대상으로 금송계를 결성하는 경우를 말한다. 이에 비해, 마을공유계는 주로 마을산을 대상으로 금송계를 결성하며, 마을 주민이면 누구나 송계의 가입이 가능했다. 대개 송계원이 마을을 떠나 이사하면 계원 자격을 상실하게 되며, 새로 입주하는 가구는 누구나 송계원의 자격이 주어져 금송계에 가입할 수 있었다. 추가 가입자는 일정한 추입금이나 쌀과 술과 같은 물품을 납부하도록 하는 경우도 있었다. 마을공유계에 비하여 정원공유계가 상대적으로 최근에 결성된 금송계라고 할 수 있다.

---

21) 천야력(淺野力, 1918)을 주로 참조했다.

22) 천야력(淺野力, 1918)은 마을공유계를 "부락공유계(部落共有契)"라고 명명한다.

나. 연합계(連合契)

연합계는 일정한 규모의 산림 소유자나 산림 소유권이 없지만 산림 주변에 거주하는 지역민들이 연합하여 금송계를 결성한 경우이다. 여기에는 산주연합계(山主連合契), 산주―지역민연합계(山主-地域民連合契)[23] 등으로 세분된다. 산주연합계는 일정한 규모의 산림을 소유한 사람들만이 금송계를 결성하는 경우인데, 송계원들에게만 산림자원의 수익을 허용하는 배타적인 특성을 지니고 있다. 천야력(淺野力, 1918)에 따르면, 1917년 조사 당시에 최근 결성된 금송계에서는 산주연합계의 특성을 지니는 경우가 많다고 한다.

산주―지역민연합계는 일정한 규모의 산림을 소유한 소유자(들)과 산림 주변의 거주민들이 연합하여 결성된 금송계를 말한다. 즉 지역거주민의 협조와 도움 없이는 산림자원에 대한 금송과 금양이 사실상 어렵기 때문에 산림 소유자(들)는 지역거주민과 함께 금송계를 결성하는 경우이다. 이 경우 거주민들은 송계산 구역 내에서 산림감시와 보호 활동을 수행하고 그 반대급부로 일정한 날짜에 낙엽 채취, 가지치기 등이 허용된다.

다. 부분계(部分契)

부분계는 지역거주민들이 금송계를 결성하여 타인 소유의 산림에 대해 금송 및 금양을 실시하는 경우이다. 이 경우 산림 소유자는 금송계에 참여하지 않는 경우가 대부분이다. 송계원들이 산림구역 내 감시와 보호, 식림과 육성, 벌채 등을 전담하며, 낙엽 채취, 가지치기 등은 송계원들이 가져가며 벌목에 따른 수익은 규정에 따라 산주와

---

23) 천야력(淺野力, 1918)은 산주―지역민연합계를 "산주지원민연합계(山主地元民連合契)"라고 명명한다.

송계원들에게 배분된다(淺野力, 1918). 과거 재지사족 주도로 결성된 금송계가 시간이 지나면서 산주—지역민연합계 혹은 부분계로 변모된 것이 아닌가 추측된다.

라. 혼합계(混合契)

혼합계는 공유계, 연합계, 부분계 중에서 두 유형 이상의 금송계 특성을 가지고 있어 확실하게 구분되지 않는 경우를 말한다. 예를 들어, ① 일정한 규모의 송계산을 공동 소유하고 있는 인원들과 일정한 규모의 산림 소유자(들)가 연합하여 결성한 경우(즉 정원공유—산주 연합), ② 일정한 규모의 송계산을 공유하는 인원들, 산림 소유자(들) 그리고 (개인 소유의 산림이 없는) 지역거주민들이 연합하여 결성한 경우(즉 정원공유—산주—지역민 연합), ③ 마을산을 공동 소유하는 마을 주민들, 산림 소유자(들), 그리고 (개인 소유의 산림이 없는) 지역거주민들이 연합하여 결성한 경우(즉 마을공유—산주—지역민 연합) 등 다양한 형태를 띨 수 있다(淺野力, 1918).

〈표 2-5〉는 천야력(淺野力, 1918)이 1917년 4월 말 강원도 양양군 내 금송계 조사 당시에 파악한 90개 금송계의 유형별 분포를 나타낸다. 90개 금송계 중에서 공유계가 59개(65.6%), 연합계가 22개(24.4%)이었다. 공유계 중에서는 정원공유계가 46개(51.1%), 마을공유계가 13개(14.4%)이었다. 연합계 중에서는 산주연합계가 6개(6.7%), 산주—지역민연합계가 16개(17.8%)이었다. 이로써 보건대, 양양군 지역 금송계는 정원공유계, 산주—지역민연합계, 마을공유계가 대종을 이루고 있었음을 알 수 있다. 유형별 분포는 다른 지역에서도 유사할 것으로 생각되나 추후 연구에서 확인할 필요가 있다.

〈표 2-5〉 금송계 유형별 분포(강원도 양양군, 1917년 4월 조사 당시)

면	공유계		연합계		부분계	혼합계	합계
	정원 공유계	마을 공유계	산주 연합계	산주-지역민 연합계			
손양면 (巽陽面)	5	4	1	5	2	3	20
군내면 (郡內面)	15	1	3	-	-	-	19
강현면 (降峴面)	2	4	1	6	-	2	15
도천면 (道川面)	18	1	-	1	-	-	20
현북면 (縣北面)	6	-	-	-	-	-	6
현남면 (縣南面)	-	-	1	4	-	2	7
서면 (西面)	-	3	-	-	-	-	3
합계	46	13	6	16	2	7	90
	59		22				
비율(%)	51.1	14.4	6.7	17.8	2.2	7.8	100
	65.6		24.4				

출처: 淺野力(1918)에서 재구성.

6) 촌계류 조직과의 관계에 따른 분류

동계, 촌계, 차일계, 상여계와 같은 다른 촌계류 조직과의 관계에서 금송계의 유형을 분류할 수 있다. 즉 금송계가 ① 촌계류 조직의 상위조직로서 지위를 갖고 지역공동체의 구심점으로 기능과 역할을 수행하는 경우, ② 산림자원의 보호와 관리를 위한 전문조직으로 기능과 역할을 수행하는 경우, ③ 산림자원의 보호와 관리가 촌계류 조직의 하부조직으로 예속되어 기능하는 경우 등으로 분류할 수 있다.

가. 상위조직으로서 금송계

먼저 금송계가 한 지역공동체에서 다른 촌계류 조직의 상위조직으로 위치하고 운영되는 경우를 말한다. 여기에는 두 유형이 존재한다. 먼저 여러 자연마을이 연합하여 조직·운영하던 리송계 혹은 연합송계의 경우를 말한다. 예를 들어, 금산군 제원면 신안골 열두송계, 금산군 금산읍 수리너머재 송계 등을 들 수 있다. 이 경우에는 금송과 산림자원의 보호와 관리에 관한 업무만을 리송계나 연합송계에서 담당했고, 기타 중요 업무는 마을 자체의 조직에서 담당했던 것으로 보인다.

두 번째 유형은 금송계가 동계나 촌계와 같은 다른 촌계류 조직들을 아우르고 지역공동체의 구심점으로 기능과 역할을 직접 수행하는 경우를 말한다. 예를 들어, 계룡산 국사봉지역 향한리 송계(香汗里松契), 보성군 복내면 이리송계(二里松契)를 들 수 있다.

나. 전문조직으로서 금송계

금송계가 다른 촌계류 조직들과의 긴밀한 연계 속에서 운영되지만, 산림자원의 보호와 관리를 위한 조직으로 특화·전문화된 경우를 말한다. 많은 경우, 금송계는 금송, 송계산의 이용·보호·관리에 특화되어 있었을 뿐만 아니라, 송계산의 운영, 목재 판매수익, 식리 활동을 통해 보역과 보민의 기능도 수행했다. 예를 들어, 나주목 금안동 송계(金鞍洞松契), 영암군 구림리 서호송계(西湖松契), 완도군 금당도 차우리 목계(車牛里 木契) 등을 들 수 있다.

다. 촌계류 조직에의 예속

금송계를 자체적으로 조직·운영하지 않고 기존의 촌계류 조직인 동계나 촌계 내에서 송계산 내 산림자원을 이용, 보호 및 관리하는 경우이다. 촌계류 조직 내에 금송 관련 유사(有司)를 두는 경우로 촌계류 조직의 하부 기능으로 금송 업무가 행해졌다. 촌계류 조직의 규약 속에 금송 관련 규정을 명시하고 있거나, 특별한 명문 규정 없이 불문율과 관습에 따라 송계산 내 산림자원의 보호와 감시, 이용과 관리가 행해졌다.

전라남도 담양군 회룡마을의 경우, '리약(里約)'이라는 촌계류 조직 속에서 마을 구성원들은 산림자원의 감시와 보호, 지속 가능한 이용과 관리를 수행했다. 또한 충청남도 금산지역 금송계를 연구한 강성복(2001, 2003)에 따르면, 많은 경우 금송계를 별도로 조직·운영하기보다는 동계나 촌계와 같은 촌계류 조직 내에서 산림자원의 보호와 지속 가능한 관리가 이뤄졌던 것으로 보인다.

3. 금송계 연구의 한계

〈부록 표 1〉은 현재까지 연구진이 확인한 252개 금송계의 현황과 내역을 정리한 것이다. 금송계에 대한 국내 선행연구는 주로 민속학, 역사학, 산림자원학, 법학, 사회학 등의 분야에서 수행되어왔다(강성복, 1992, 2001, 2003, 2009, 2010; 김경옥, 2005, 2006; 박봉우, 2000; 박종채, 1995, 2000; 배영동, 2013, 2014; 심희기, 1992; 이기태, 1997; 이영재, 2008; 전영우, 1993; 한국법제연구원, 1992; 한미라, 2008). 그럼에도 금송계가 오늘날 인류가 직면하고 있는 공유자원의 손실과 파괴를 방지하고 지속 가능한 이용·보호·관리를 위한 혜안과 함의를 제공할 수 있다는 측면에서는 크게 주목받지 못했다. 다행스럽게도 최근 일부 연구자들에 의하여 금송계의 중요성이 다시 주목받고 있으며, 이러한 연구 성과에 힘입어 새로운 전환점을 맞이하고 있다. 하지만 그간의 논의가 전통촌락사회에서 다양한 역할을 수행하던 금송계의 기능을 규명하는 데에는 여전히 한계가 있으며, 금송계의 조직적·제도적·관리적·운영적 특성들을 좀 더 구체적으로 파악하지 못한 아쉬움이 있다. 근래에는 금송계 연구가 활발하게 이뤄지지 않고 있는 실정이다.

금송계는 어떠한 시대 배경과 상황에서 탄생했는지, 금송계의 어떠한 특성과 요인이 산림공유자원의 지속 가능한 개발·보전·관리가 가능토록 했는지, 역사적으로 금송계가 시대적 상황과 맥락의 변동 속에서 어떠한 변화를 겪어 왔는지, 금송계의 내부 작동원리와 작동체계에서 내재적 한계와 모순은 없었는지 등 보다 상세한 분석과 심층적인 이해가 무엇보다도 필요하다. 우리는 이 책에서 이를 시도하고자 한다. 구체적으로, 금송계의 결성 배경, 금송계 기저에 관통하는 공동체 이념·정신·가치체계, 금송계의 제도적 변화, 제도설계원칙의 부합 여부와 정도, 송계원의 구성과 변화, 금송계 조직의 특성과 변화, 금송계 운영과 관리 방식의 특수성, 관행·관습·불문율의 의존 정도 등에 대한 심층적인 분석과 이해를 시도할 것이다. 이를 위해 1차 및 2차 사료와 자료의 수집·발굴, 송계규약에 대한 내용분석, 심층사례연구, 현장조사, 심층면담과 서면조사 등 다각적인 연구방법을 활용하고자 한다.

제 3 장

연구방법과 자료수집방법

제3장 연구방법과 자료수집방법

제1절 연구방법

우리 연구는 과거 전통사회에서 산림공유자원에 대한 지속 가능한 이용・보호・관리를 위한 계 조직인 금송계의 결성 배경, 조직 체계와 구성, 운영과 관리 방식 등에 대한 이해를 심화시키는 것을 목적으로 한다. 이러한 연구 목적을 충실히 달성하기 위해서 한 가지 자료나 연구방법에 의존하기보다 다양한 자료와 방법을 활용하는 '다각화(triangulation)' 접근을 시도한다.

심준섭(2008)은 기존 사회과학 연구에서 활용하는 다각화를 여섯 가지 유형으로 분류한다.[1] 첫째, "질적인 척도(measure)들에 대한 계량화(quantification)"를 의미하는 척도화(scaling)이다. 둘째, 특정 사회현상을 설명하기 위해 여러 이론이나 모형을 활용하는 "이론 다각화(theoretical triangulation)"를 의미한다. 셋째, 사회현상을 이해하고 분석하는 데 다양한 자료를 활용하는 "자료 다각화(data triangulation)"이다.

---

1) 각 유형의 다각화(triangulation)에 대한 선행연구, 장단점 등에 대한 설명은 심준섭(2008)을 참고하기 바란다.

여기에서는 시간, 장소, 상황, 사람 등에 따라 자료 수집이 달라진다. 넷째, "연구자 다각화(researcher triangulation)"로 동일한 사회현상에 대해 둘 이상의 연구자가 자료를 수집하는 경우이다. 다섯째, "학문 간 다각화(interdisciplinary triangulation)"는 다른 학문적 배경을 가진 연구자들이 참여하는 경우로 "연구자 다각화"의 한 유형으로도 분류된다. 여섯째, "방법론적 다각화(methodological triangulation)"는 "방법 내 다각화"와 "방법 간 다각화"로 구분된다. 방법 내 다각화에서는 두 개 이상의 양적 혹은 질적 연구방법을 활용하는 반면, 방법 간 다각화는 양적 방법과 질적 방법을 결합하여 함께 활용하는 경우이다.

이 책에서는 심층사례연구와 더불어, 금송계규약에 대한 내용분석, 현장방문과 면담조사, 그리고 전문가 심층면담 등을 함께 진행했다. 다각화 관점에서 보면, 자료 다각화, 연구자 다각화, 방법론적 다각화 등을 주로 활용했다. 다양한 시점, 장소, 면담대상자 등을 대상으로 사료와 자료를 수집했으며, 둘 이상의 연구진이 현장답사와 심층면담을 직접 진행했다. 또한 심층사례연구, 내용분석, 면담조사 등 질적 자료를 활용한 방법론적 다각화를 시도했다.

1. 금송계규약 내용분석

연구진이 발굴·수집한 금송계의 사례들 중 심층사례연구 대상이 되기에는 자료나 정보가 부족하지만 금송계 관련 규칙과 규정들이 문서로 남아있는 경우에는 금송계규약에 대한 내용분석을 실시했다. 과거 전통사회에서 많은 금송계들이 주로 불문율과 관습에 따라 운영됐으며, 규약을 제정했더라도 조항의 수는 많지 않았고 세부적이지 않았던 경우가 대부분이다. 그럼에도 객관적인 사료로 남아 전해오는 금송계규약에 대한 내용분석은 연구가치가 충분히 있다고 본다. 비록 규약 내용들이 완전하지 않지만, 많은 금송계에서 규약들을 자체적으로 만들어 활용했기 때문이다. 금송계규약의 한 사례만으로는 충분하지 않더라도, 금송계규약의 여러 사례들에 대한 내용분석은 창계되던 당시의 시대 배경, 지역공동체 구성원이 공동으로 직면하던 쟁점과 문제점, 결성의 주체 세력, 조직 체계와 구성, 운영 방식, 처벌 수위, 점증적 제재 조치, 관(官)과의 관계, 금송계의 역할과 기능, 금송계가 지역공동체에서 가지는 위상 등 금송계의 전체적인 윤곽과 모습을 파악할 수 있으리라 판단된다. 이제까지 금송계 연구는 몇몇 학자들의 집념과 노력에도 불구하고 충분한 주목을 받지 못했다. 따라서 불완전하더라도 금송계규약에 대한 내용분석은 전통사회에서 널리 행해지던 금송계에 대한 온전한 이해를 높이는 데 일정 부분 기여할 수 있으리라 본다.

이 책에서는 26개 금송계의 규약에 대한 내용분석을 실시했다. 내용분석 대상 사례들은 다음과 같다.

- 괴산군 「송명동금송계첩(松明洞禁松稧帖)」
- 「농암금송계좌목(籠巖禁松稧座目)」
- 부여지방 「송계절목(松契節目)」
- 하동부(河東府) 「송계절목(松稧節目)」
- 담양군 회룡(回龍)마을 「촌제축판(村祭祝板)」
- 선산현(善山縣) 「송계완의(松稧完議)」
- 양주목(楊州牧) 어둔리(於屯里) 순산계(巡山稧)
- 「송금계입의(松禁稧立議)」
- 연풍현(延豊縣) 「온정동금송절목(溫井洞禁松節目)」
- 양양군 임천리농상계(林泉里農桑契)

- 양양군 하왕도리송계(下旺道里松契)
- 양양군 임호정리송계(臨湖亭里松契)
- 양양군 중도문리송계(中道門里松契)
- 양양군 우암리송계(牛岩里松契)
- 양양군 「입암리조합금송규약(笠岩里組合禁松規約)」
- 양양군 하양혈리탄동송계(下陽穴里炭洞松契)
- 양양군 도문면(道門面)·강현면(降峴面)의 여섯 금송계
- 임피군(臨陂郡) 「호림규약(護林規約)」
- 김제군 「삼림수호세칙(森林守護細則)」
- 상주시 모동면(牟東面) 덕곡리(德谷里) 「송리계계칙(松梨契契則)」
- 상주시 낙동면(洛東面) 운평리(云坪里) 운곡동(雲谷洞) 송계(松契)
- 제주도 조천읍(朝天邑) 선흘리(善屹里) 산림계(山林契)
- 울진군 평해읍(平海邑) 오곡리(梧谷里) 산림계(山林契)
- 사초계(莎草契)
- 「분동심씨 산하리계안(紛洞沈氏 山下里稧案)」
- 시흥군(始興郡) 과천면(果川面) 청계산식림계(淸溪山殖林稧)

금송계규약에 대한 내용분석을 위해 다음과 같은 사항들을 (가능하다면) 보다 상세하게 살펴보고자 한다.

가. 명문 규정의 존재 여부

— 명문 규정이 존재하는지

— 개략적인 명문 규정만 있고, 실제 운영은 불문율과 관습에 따르는지

— 명문 규정 없이, 불문율과 관습에 따라 운영되는지

나. 송계 조직의 성격과 기능

(ㄱ) 송계의 취지와 목적

— 금송, 묘산금양, 보용 및 보역, 연료 및 퇴비 확보

— 보용 및 보역은 나무 판매대금, 식리 등을 포함하는지

(ㄴ) 송계의 시행주체별 유형

— 관 주도, 재지사족 주도, 기층민 주도

(ㄷ) 송계의 상하합계 여부

— 규약에 상하합계가 명시됐는지 여부

— 계임이 상유사와 하유사로 구분되어 업무를 담당하는지

(ㄹ) 송계원 수와 참여 범주

— 송계의 계원 수는 어느 정도인지

— 자연마을 단위 독송계인지, 두 개 이상의 자연마을이 참여하는 리송계 혹은 연합송계인지

(ㅁ) 송계 조직의 구성체계

— 송계의 임원 선정, 임기, 보수 등

— 송금원, 산지기 등 산림수호인 선정과 활동

다. 송계원의 자격과 추입

(ㄱ) 송계원의 자격

(ㄴ) 추입 심사 절차

(ㄷ) 추입금/추입조 납부 여부와 규모

라. 송계산의 지속 가능한 이용과 관리

(ㄱ) 송계산의 위치와 면적

— 송계산의 위치와 구역이 구체적으로 명시되어 있는지

— 송계산의 면적

(ㄴ) 송계산의 확보 방식과 소유 방식

— 입안, 공동매입, 산주계약 등

— 송계원 공동소유, 마을 공동소유, 산주 소유와 지역민의 일

부 권익 향유 등

(ㄷ) 송계산 경계표시용 금표와 같은 표식이 있었는지

(ㄹ) 송계산 보호와 산림감시 활동

— 금패/순산패(표식용) 착용 여부

— 산림감시 활동을 위한 조직 체계

— 산림감시 활동 빈도

(ㅁ) 송계산 이용에서 송계원과 비송계원 간의 차등 여부

— 목재, 낙엽, 나뭇가지 채취, 퇴비 등

— 송계산 내 입장(入葬) 가부와 입장료 차등 여부

마. 송계 모임과 의결사항

(ㄱ) 계회의 모임

— 모임 시기, 모임 횟수, 참여 자격, 의결원칙 등

(ㄴ) 의결사항

— 곗돈 수입내역과 결산, 계임 선정, 범금자의 제재와 처벌 수위 등

바. 벌칙조항과 점증적 제재 조치

(ㄱ) 벌칙조항과 점증적 조치

— 벌칙조항이 명문 규정으로 명시되어 있는지

— 범금자에 대한 점증적 제재 조치가 명시되어 있는지

(ㄴ) 벌칙에 관해 송계원과 비송계원 간의 차등 여부

사. 송계 재산의 증식과 관리

— 추입금/추입조

— 갹출

— 식리

— 나무 판매 수입

— 전답 도조(賭租) 수입 등

아. 촌계류 조직과의 관계 및 지역공동체 차원의 역할과 기능

(ㄱ) 촌계류 조직과의 관계

— 촌계, 동계, 대동계, 종계(宗契), 상여계(喪輿契), 혼구계(婚具契), 차일계(遮日契) 등 기타 촌계 조직에 예속되어 있는지, 독립되어 있는지, 아니면 상위조직으로서 기능하는지 등

(ㄴ) 지역공동체 차원에서의 역할과 기능

— 산신제, 당산제 등 동제 주관과 경비지원 여부

— 양로세찬, 규휼 활동 등 상부상조

— 풍기단속, 신분질서 유지 등 상호규검

2. 금송계 심층사례연구

사례 분석과 연구를 수행하기 위한 금송계 사례들을 선정하는 데 몇 가지 원칙과 기준을 활용했다. 즉 향촌사회사와 민속학을 전공한 전문가들의 조언, 기존 연구를 통해 사료와 정보가 풍부하게 남아있는 금송계 사례, 현장조사를 통해 풍부한 사료를 발굴·수집한 사례 등을 중심으로 심층사례연구 대상을 선정했다. 이 책에서는 8개 금송계 사례에 대한 심층사례연구를 진행했다. 심층사례연구 대상은 다음과 같다.

- 보성군 복내이리송계(福內二里松契)
- 금산지역 송계
- 계룡산 국사봉(國師峰)지역 송계

- 영암군 구림리(鳩林里) 서호송계(西湖松契)
- 나주목(羅州牧) 금안동송계(金鞍洞松契)
- 양성현(陽城縣) 가좌동(可坐洞) 금송계(禁松契)
- 장흥부(長興府) 금당도(金塘島) 차우리(車牛里) 목계(木契)
- 순흥도호부(順興都護府) 순흥초군청(順興樵軍廳)

3. 심층면담과 서면조사 분석

금송계의 결성 배경, 운영과 관리 경험, 미래 도전과 전망, 미발굴 자료 등 정보와 자료를 추가 수집·확보하기 위한 노력으로 주민과 전문가를 대상으로 현장방문, 심층면담, 그리고 서면조사를 실시했다. 오늘날까지 금송계의 전통을 이어오고 있는 지역을 연구진이 직접 방문하여 계임과 주민들을 만나서 금송계의 전통과 미래 전망에 대해 생생한 정보와 자료를 수집하고 현장을 체험했다. 문헌조사와 전문가의 조언을 바탕으로 충청남도 계룡시 향한리, 전라남도 보성군 복내면 이리, 전라남도 담양군 담양읍 회룡마을 등 세 곳을 현장방문을 위한 대상 지역으로 선정했다.

전통적인 산림공유자원 관리 방식이던 금송계에 대한 연구는 이제까지 역사학, 민속학, 임학 등의 분야에 국한되어 일부 학자들에 의해서만 진행되어 왔다. 그마저도 1990년대 후반과 2000년대 초반까지 이루어지다가 근래에는 금송계에 대한 관심을 찾아보기 어렵다. 앞으로 금송계 관련 연구의 폭을 넓히기 위해서는 현재까지 진행됐던 선행연구의 현황을 제대로 파악하고 추가적인 발굴과 분석에서 필요한 부분이 무엇인지 정확하게 짚어내야만 할 것이다.

연구진은 문헌조사와 두 차례 연구 모임[2)]을 거쳐 전문가 심층면담

〈표 3-1〉 전문가 면담과 일정

대상자	전공분야	일정	비고
전문가 A	민속학	면접(2015년 5월 12일)	
전문가 B	향촌사회사	면접(2015년 5월 19일) 후 서면으로 제출(2015년 6월 30일)[3]	
전문가 C	역사학, 도서(島嶼) 지역 연구	면접(2015년 6월 2일)	

과 서면조사를 위한 대상자를 3명으로 압축했다. 이들은 역사학, 향촌사회사, 그리고 민속학 분야에서 향약, 동계, 촌계, 금송계 등과 같은 계 조직의 구조, 계원 구성, 관리 방식과 더불어, 지역공동체의 운영과 실태에 대한 연구를 오랫동안 수행해 왔다. 〈표 3-1〉은 3명의 면담대상자에 대한 간략한 소개와 면담 일정을 보여준다.

먼저 전문가 A는 오랫동안 마을을 답사해 사료뿐만 아니라 구술자료를 직접 채록하고, 과거 전통사회에서 마을의 모습, 관행, 역사 등을 연구해 왔다. 특히 금송계와 관련하여 현재까지도 운영되고 있거나 금송계의 자료(구술 및 문헌 자료)가 남아있는 지역을 답사하며 금송계의 역사, 오늘날 모습, 관행, 규약 등을 연구해 왔다. 전문가 B는 전통사회에서 결성, 운영되어왔던 금송계 사례와 고문서들을 수집했고, 고문서와 사료 분석을 통해 금송계의 결성 배경, 종류, 목적, 운영 방식 등에 대한 연구를 수행해 왔다. 전문가 C는 사학자로서 오랫동안 신안군, 진도군, 완도군 등 도서연안 지역의 연구를 수행해 왔다. 특히 도서연안 지역에서 행해지던 금송계의 사료와 고문서를 발굴・수집하여 도서연안 지역에서 금송계의 결성 시기, 결성 배경, 운영 방식,

2) 전문가 면담대상자 선정을 위해 2015년 3월 12일, 3월 27일 등 두 차례 모임을 가졌다. 여기에서 전문가 면담을 위한 질문 문항의 개발에 대한 논의도 함께 진행했다.
3) 전문가 B의 면담이 이뤄진 후 질의문항에 대한 응답은 서면으로 제출받았다.

재정 수입 및 지출 등에 대한 연구를 수행했다.

제2절 자료수집방법

제1절에서 언급한 연구방법, 즉 금송계규약 내용분석, 심층사례연구, 현장방문과 면담조사, 전문가 심층면담과 서면조사를 실시하기 위한 자료는 세 가지 방법을 통해 수집했다. 구체적으로, 사료, 고문서 등과 같은 1차 자료와 함께, 일제강점기 금송계 연구자료를 포함한 기존 연구 성과물과 자료를 수집했고, 심층면담과 서면조사를 통해 금송계의 이해와 분석에 필요한 정보와 자료를 추가 수집했다.

1. 1차 사료 발굴과 수집

금송계에 관한 사료, 고문서 등 1차 자료는 다양한 경로로 확보했다. 여기에는 금송계 관련 모든 문서를 망라하는데, 완문(完文), 입의(立議), 절목(節目), 좌목(座目), 소장(訴狀) 등을 포함한다. 1차 사료의 주요 출처를 예시하면 다음과 같다.

- 「朝鮮王朝實錄」
- 서울대학교 규장각 소장자료
- 淺野力. (1918). 江原道襄陽郡に於ける松契に就て. 「朝鮮彙報」, 37: 135～148.
- 四方 博. (1976). 『朝鮮社會經濟史硏究』. 東京: 國書刊行會.

- 김인휴 · 한상권 편. (1986). 『朝鮮時代社會史硏究資料叢書』(三). 보경문화사.
- 심희기. (1992). 『한국법사연구: 토지소유와 공동체』. 영남대학교 출판부.
- 한국법제연구원. (1992). 『慣習法調査硏究(1) -豫備調査篇』.
- 박종채. (2000). 「朝鮮後期 禁松契 硏究」. 중앙대학교 박사학위논문.

이외에도 연구진이 현장방문하여 지역사회에서 소장하고 있는 사료와 고문서를 직접 수집하거나 전문가와의 면담에서 1차 사료를 추가로 확보할 수 있었다.

2. 2차 문헌 수집

금송계에 대한 선행연구에서 축적된 성과물과 자료를 추가 수집했다. 기존 연구의 성과물은 조선 후기, 일제강점기 동안에 수행된 연구성과물과 자료들을 망라한다. 이렇게 수집된 자료와 정보는 다시 우리 연구의 목적에 맞게끔 해석 · 분석됐다. 우리 연구에서 활용된 주요 2차 문헌을 예시하면 다음과 같다.

- 강성복. (2001). 일제하 해방 이후 '송계' 연구: 충남 금산지역을 중심으로. 『금산의 송계』. 금산문화원.
- 김경옥. (2005). 19세기 후반~20세기 전반 金塘島 車牛里 木契의 조직과 기능. 『古文書硏究』, 27, 113~144p.
- 배영동. (2013). 근대시기 '순흥초군청(順興樵軍廳)' 결성의 배경과 의의. 『실천민속학연구』, 22, 41~66p.
- 최재율. (2004). 鳩林大洞契의 역사와 성격. 『鳩林大洞契誌』 (靈

巖郡鳩林大洞契舍復元推進委員會 편). 17~60p.

- 충남대학교 마을연구단. 「계룡시 향한리: 향적산 자락의 상서로운 송계마을」. 민속원.
- 한미라. (2011). 조선 후기 가좌동 禁松契의 운영과 기능: 경기 양성현 「禁松契座目」을 중심으로 『역사민속학』, 35호, 141~173p.

3. 심층면담조사

충청남도 계룡시 향한리와 전라남도 보성군 복내면 이리는 오늘날까지 금송계의 전통을 꾸준하게 이어오고 있다. 이 두 지역을 현장방문하여 계임과 주민을 대상으로 심층면담을 실시했다. 현장방문의 주된 목적 중 하나는 금송계 관련 자료와 정보의 수집이었으므로 심층면담은 형식에 구애 없이 자유롭게 진행됐다. 향한리는 1차례 현장방문(2015년 7월 19일)이 있었다. 복내면 이리는 3차례(2015년 7월 21일, 7월 27일, 7월 30일)에 걸쳐 방문했다. 특히 복내면 이리의 첫 번째 현장방문에는 면담대상자인 전문가 B가 동행하여 계장, 총무, 이장을 소개해 주었고, 함께 면담을 진행했다. 또한 추가 자료 확보를 위해 전라남도 담양군 담양읍 회룡마을을 1차례 현장방문(2018년 2월 24일)을 했다.

3명의 전문가를 대상으로 실시된 심층면담조사를 준비하는 과정에서 연구진은 여섯 차례에 걸친 모임[4]을 통해 연구목적에 맞게끔 질문문항들을 구체적으로 개발·수정했고 심층면담을 위한 사전연습도 병행했다. 질문문항은 크게 세 부분으로 구성되어 있다. 첫 번째 부

4) 2015년 3월 12일, 3월 27일, 4월 10일, 4월 24일, 5월 1일, 5월 8일 등 여섯 번에 걸친 연구 모임을 가졌다.

분은 면담대상자들이 그 동안 수행해온 금송계 연구와 연구성과물에 대한 일반적인 질문문항이며, 두 번째 부분은 오스트롬(Ostrom, 1990)의 제도설계원칙에 관한 질문문항에 해당한다. 세 번째 부분은 금송계 관련 기타 문항들로 구성된다. 면담대상자에 대한 구체적인 질문문항들은 〈부록 2〉를 참고하기 바란다.

제 4 장

금송계규약 내용분석

제4장 금송계규약 내용분석

제1절 금송계규약 내용분석의 개요

일제강점기 일본 학자 천야력(淺野力, 1918)의 조사에 따르면, 강원도 양양군에서 확인된 90개의 송계 중에서 과반수는 전부 불문율과 관례에 따라 운영되고 있었으며, 명문 규정을 가진 금송계에서도 규약 자체는 불완전하고 상당수의 내용은 불문율과 관례에 따라 운영되는 경우가 많았다고 한다. 충청남도 금산지역 송계를 연구한 강성복(2001)도 이 견해에 동의한다. 대부분의 송계는 동계, 촌계, 대동계 등과 같은 촌계류 조직 내에서 운영되거나 명문 규정이 많지 않아서 송계의 실제 운영과 관리에는 불문율과 관례를 주로 활용했던 것으로 파악된다.

비록 많은 송계들이 명문 규정들을 잘 갖추고 있지 않았더라도 송계 관련 명문 규정에 대한 내용분석은 연구할 만한 가치를 충분히 지니고 있다. 많은 수의 송계들이 비록 불완전하더라도 명문 규정을 갖추고 있었고, 분석할만한 송계규약들이 여전히 다수 남아 있다는 점이다. 따라서 현재 전해지는 송계규약들에 대한 내용분석을 통해 산림자치공동체의 전체적인 모양새와 성격을 파악할 수 있으리라 생각된다. 송계규약의 내용분석이 요구되는 또 하나의 주된 이유는 송계에 대한 기존 연구가 그리 많지 않다는 사실에 있다. 명문화된 송계규약뿐만 아니라 불문율, 관례 및 관행에 대한 연구들은 현재까지 강원도 양양군 송계(淺野力, 1918; 田添元, 1923), 충청남도 금산지역 송계(강성복, 2001, 2003; 김연석, 1998), 전라남도 완도군 금당도 차우리 목계(김경옥, 2001, 2005, 2006), 전라도 나주목 금안동송계(박종채, 1995, 2000), 계룡산 국사봉지역 송계(강성복, 2009, 2010), 경기도 양성현 가좌동 금송계(한미라, 2009) 등에 국한되어 있을 뿐이다.

이에 따라 조선 후기에 널리 성행했고 일부의 경우 그 전통이 오늘날까지 계승되고 있는 송계의 온전한 모습과 성격을 제대로 파악하기 위해서는 송계규약에 대한 내용분석이 절실히 요구된다. 앞서 언급했듯이, 대부분의 송계가 명문 규정이 아예 없거나 있더라도 불완전했다는 점을 고려하면, 송계규약의 내용분석은 일정 정도 편파성을 지니며 내적 타당성(internal validity)을 위협할 수도 있다. 이러한 위험은 다음 5장에서 금송계의 심층사례분석을 통해 극복할 수 있으리라 본다. 이 장에서는 금송계 관련 명문 규정들을 주된 분석대상으로 삼는다. 명문 규정과 함께, 학계에 이미 보고된 불문율, 관례 및 관행도 분석대상에 포함한다.

제2절 금송계규약 내용분석

1. 괴산군 「송명동금송계첩(松明洞禁松稧帖)」

1) 개괄적 현황과 송계규약

1763년(계미년, 영조 39년)에 작성된 괴산군 「송명동금송계첩(松明洞禁松稧帖)」은 〈송명동금송계서(松明洞禁松稧序)〉, 〈좌목(座目)〉, 〈입의(立議)〉로 구성되어 있다. 송명동 금송계가 창계된 취지가 '묘산금양(墓山禁養)'이라는 사실은 이석재(李碩載)가 작성한 〈송명동금송계서〉에서 분명히 드러난다.

> [중략] 이 괴산(槐山) 송명동(松明洞)은 우리 선영(先塋)이며 정성으로 받드는 곳이다. 장사를 지내온 지 수년이 지나 선영 좌우의 잘 자란 나무들은 매우 울창해졌다. 다만 이를 지키는 일이 해이해질까 걱정된다. 앞으로 영구한 계획을 세우고 싶은 것은 가까운 사족(士族)들과 마을 주민들이 함께 가지고 있는 마음이어서 약속을 정하고 규약을 만들어 창계(創契)한다. 나와 계는 이에 마음을 다하며 조상 묘의 풀 한포기, 나무 한 그루도 능히 사랑하고 아낄 것이다. [중략][1)]

---

1) 「松明洞禁松稧帖」〈松明洞禁松稧序〉. 禁松稧何爲而設也 爲丘木長養之計也 松禁旣有朝令 縣尹罰之 方伯治之 又何事乎私相約束爲也 夫朝令只治大綱 而所禁惟在乎松木而已 此則竝與其一草一木而一切不許斧斤之入也 古聖王之制 草木零落然後斧斤入山林 今秋冬以後亦不許入 則不幾與聖王之制逕庭耶 夫周禮厲禁是公天下之大經大法也 此則各爲其先塋而爲禁樵牧也 其公私大小之分不同固也 是以松楸之下 樵牧之禁在中國自上古而然也 周公墓模木 孔子墓楷木 未知其至今尙在與否 而孔林之環 一山蒼蔚參天 今猶不衰 此可徵矣 夫數家之村 一區之庄 必有桑梓蔚然成行 以賁其園林籬落之盛 況先故衣履之藏 其守護之方 只在松楸 若

이렇게 송명동 금송계는 '묘산금양'을 목적으로 재지사족 주도로 창계됐으며, 〈송명동금송계서〉와 〈좌목〉에서도 알 수 있듯이, 사족과 마을 주민이 함께 결성한 '상하합계' 형태의 계였음을 말해 준다. 〈좌목〉에는 상계원 33명, 하계원 25명(추입계원 1명 포함)의 명단이 보인다.[2)]

송계규약에 해당하는 〈입의〉에는 다음과 같은 15개의 조목(條目)이 실려 있다.[3)]

一. 세 마을의 상하인(上下人)들이 금송계를 만든다.

一. 계를 결성하는 데 재산이 없으면 안 되므로 각각 한 말[一斗]을 출조(出租)하여 이자를 불리도록 한다.

一. 상하계원(上下稧員)은 봄과 가을 모임에서 금송(禁松)을 상의한다.

一. 계원 중 상하(上下)에서 각각 유사(有司)를 두어 산을 순시하며 금송을 살피도록 한다.

一. 계원이 금송을 어기면 볼기[笞] 30대를 친 후에 중벌(重罰)을

樵牧不禁 斧斤恣入 使之濯濯也 則其敢曰有後也耶 此稧之所以設也 今槐山松明洞卽吾先塋 而中經遷奉 今復入葬有年 塋域左右長養樹木幾成薈蔚 而惟恐守護之或弛也 欲爲日後永久之圖 與傍己士友 及村氓之同有是心者 定約束成規條以作此稧 凡我同稧盡心於此 先壟之一草一木 猶能愛惜 則推擴是心 無往而非念先廣孝之道矣 願以此自勉而勉人云爾. 崇禎後三癸未 九月庚申 韓山李碩載 序.

2) 상계원 명단 중에서 일부 이름이 지워져 있어 창계 당시의 정확한 계원 수를 추측하기 어렵다.

3) 「松明洞禁松稧帖」〈立議〉. 一. 三洞上下人員結稧禁松事. 一. 結稧不可無財 各出租一斗殖利事. 一. 上下稧員 春秋會集 相議禁松事. 一. 稧員中上下各定有司巡山禁松事. 一. 稧員犯斫 則笞三十後用重罰事. 一. 稧外人犯斫 則告官嚴治事. 一. 每年春秋會集時 無故不參者 用次罰事. 一. 稧會時不遵公議 固執不通者 用重罰事. 一. 稧穀租下有司次知 每年收隨市直作錢 而若穀賤錢貴 則以本邑租給長利事. 一. 稧穀捧上時 若有升米分錢未收 則當該有司施重罰事. 一. 重罰租一斗五升. 一. 次罰租一斗. 一. 上下有司展山直一年輪回事. 一. 稧中人員 凡有四喪 各出丁壯一名 助墓一日赴役事. 一. 自退者 只給本邑許出事.

내린다.

一. 계원 이외의 사람이 금송을 어기면 관에 고하여 엄히 다스린다.

一. 매년 봄과 가을 모임에 이유 없이 불참하는 자에게는 차벌(次罰)을 내린다.

一. 계회(稧會) 때 공의(公議)를 지키지 않고 고집불통인 자에게는 중벌을 내린다.

一. 계곡조(稧穀租)는 하유사(下有司)가 맡아 매년 거두고 시장 가격에 따라 돈으로 바꾸며, 만일 곡식의 가치가 낮고 돈의 가치가 높을 때는 원곡[本邑租]으로 장리(長利)를 보충한다.

一. 계곡(稧穀)을 받을 시기에 쌀이나 돈으로 거둬들이지 않으면 해당 유사에게 중벌을 내린다.

一. 중벌은 조(租) 한 말 닷 되[一斗五升]로 한다.

一. 차벌은 조 한 말로 한다.

一. 상하유사(上下有司)는 산지기를 두고 일 년씩 돌아가면서 맡는다.

一. 계원에게 네 가지 상[四喪](자신, 처, 부모 喪)이 생기면 장정 1명씩을 보내 하루 묘역 일을 도와 부역하게 한다.

一. (계를 스스로) 탈퇴하는 계원에게는 원곡만을 돌려주어 탈퇴를 허락한다.

2) 내용분석

위에서 명시된 규약을 통해, 송명동 금송계가 상하민으로 구성된 '상하합계' 형태였으며, 각각 상유사와 하유사를 두고 있었음을 알 수 있다. 〈좌목〉에는 상계원 명단 밑에 '유사(有司)'와 함께 '공원(公員)'이라는 계임도 보이지만, 공원의 역할은 분명하지 않다. 상하유사는 산지기[山直]를 두고서 송계산의 순산과 산림감시 활동을 담당했다. 상하유사의 임기는 1년씩 맡았던 것으로 보인다. 산지기의 임기는 별도로 명시되어 있지 않으나, 아마도 특별한 결격사유가 없는 한 연임했을 것으로 추측된다. 하유사는 원곡과 계곡조를 담당하여 계곡을 거두어들이고 관리했다. 만일 하유사가 제대로 계곡이나 곗돈을 거둬들이지 못할 경우 조(租) 한 말 닷 되에 해당하는 중벌을 내리도록 했다. 세 마을 주민들은 누구나가 송계의 가입 대상이었으나, 가입 여부가 자발적인 의사에 따른 것인지는 확실하지 않다. 다만 입계할 의향이 있는 사람은 조 한 말을 내야 했고, 탈퇴할 경우에도 원곡 한 말을 돌려받을 수 있었다. 하지만 계원의 자격이 승계됐는지는 알 수가 없다.

송명동 금송계는 한산 이씨의 묘가 있던 사양산(私養山)을 송계산으로 삼아 운영되지 않았나 추측된다. 송계산의 순산과 산림감시 활동은 상하유사와 산지기가 담당했는데, 금송을 어길 시에 송계원과 비송계원의 벌칙에는 차등을 두었다. 송계원에게는 볼기 30대와 함께 중벌에 해당하는 쌀 한 말 닷 되를 내도록 했던 반면, 비송계원에게는 관에 바로 고발하여 관에서 조치토록 했다. 당시 관에서 집행하던 벌칙이 훨씬 엄격하고 강했을 것이라 짐작된다.

송명동 금송계는 매년 봄과 가을에 계회를 정기적으로 개최했으며, 여기에는 상하계원이 모두 참석하도록 했다. 만일 이유 없이 불참할 시에는 차벌에 해당하는 쌀 한 말을 벌금으로 내야 했다. 계회에서 공의에 따르지 않는 사람은 중벌에 해당하는 쌀 한 말 닷 되를 내도록 했던 점으로 미루어 볼 때, 계회를 통해 송계산 이용과 보호, 계곡 운영과 식리 등 송계에 관한 전반적인 사항들이 논의됐고, 이를 준수하지 않은 계원에게는 송계 차원에서 제재가 가해졌던 것으로 보인다.

당시 대부분의 금송계에서와 같이, 송명동 금송계에서도 계곡의 식리를 통해 송계 기금을 관리했음을 알 수 있다. 50% 이자인 장리(長利)를 활용했으며, 계곡을 제대로 거둬들이지 못한 하유사를 처벌하는 규정을 두어 계곡의 운영과 관리가 매우 엄격했음을 짐작할 수 있다. 그리고 이자로 얻은 곡식은 돈으로 전환하여 송계 차원에서 운영하는 각종 사업에 쓰이도록 했다. 한편 원곡은 송계산으로부터의 수익이 아니고 계원 입계 시 갹출됐으므로 탈퇴 시 되돌려 주도록 했다.

송명동 금송계가 동계, 촌계, 상여계, 혼구계 등 다른 촌계류 조직과의 관계가 어떠했는지를 송계규약만으로는 확인하기 어렵다. 다만 계원 자신, 처, 부모 사망 시에는 장정 1명씩을 보내 묘역 일을 돕도록 하여 계원 간 상호부조 활동이 이뤄졌음을 알 수 있다.

2. 「농암금송계좌목(籠巖禁松稧座目)」

1) 개괄적 현황과 송계규약

신해년(辛亥年)[4] 음력 1월에 작성된 「농암금송계좌목(籠巖禁松稧座目)」은 보통 계안과는 달리, 〈좌목(座目)〉, 〈완의(完議)〉 순서로 이루어져 있으며, 다시 〈완의〉는 서문(序文)과 12개 조목(條目)으로 구성되어 있다. 〈좌목〉에는 상계원 27명, 하계원 40명 등 총 67명의 명단이 기재되어 있는데, 이를 통해 농암금송계가 '상하합계' 형태로 이뤄졌음을 알 수 있다. 농암금송계는 농암산(籠巖山)을 송계산으로 창계됐는

4) 신해년이 언제인지는 확인하기 어렵다. 다만 농암금송계가 '상하합계'인 점으로 미루어 조선 후기인 1791년(정조 15년) 혹은 1851년(철종 2년)으로 보는 것이 합당할 듯하다.

데, 지역과 창계 시기를 정확하게 파악할 수 없다. 「농암금송계좌목」의 마지막 부분에는 수령이 수결(手決)하고 관인(官印)이 여러 곳에 찍혀 있는 것으로 볼 때, 농암금송계는 관으로부터 농암산을 입안받아 결성됐음을 확인할 수 있다. 〈완의〉에 나온 내용을 살펴보면 다음과 같다.

> [중략] 근래 인심이 각박해져 사면에 있는 산들이 민둥산이 되고 땔나무하고 짐승을 치는 것이 날로 심해지고, 산전(山田)은 해마다 개간되고 불을 질러 소나 말의 목장으로 만드니, 그 산 아래에 사는 자손들은 어찌 마음이 슬프지 않겠는가? 이에 상하(上下) 사람 모두가 계를 결성하여 영구적인 보호대책을 마련하기로 하니, 실은 각자가 조상을 생각하는 정성[爲先之誠]에서 우러나온 것이다. 하물며 조정의 금령이 지극히 엄한데도 우리가 계를 만드는 것은 서로 준행(遵行)하여 한 골짜기라도 각자 금단(禁斷)하는 것이 헛되지 않게 하려는 것이다. [중략][5)]

위의 내용을 통해서도 농암금송계가 '상하합계'이었음을 알 수 있다. 농암금송계는 금송, 묘산금양, 퇴비와 땔감 확보 등 여러 목적을 달성하기 위해 농암산을 송계산으로 삼아 창계됐던 것이다. 당시에 농암산을 중심으로 마을산들이 땔감, 산전 개간, 방목 등으로 심각한 '공유지의 황폐화' 현상을 경험하고 있었음을 어렵지 않게 짐작할 수 있다. 아마도 이것이 농암금송계의 결성에 직접적이고 결정적인 계기

5) 「籠巖禁松稧座目」〈完議〉. 右完議爲今此籠巖山 卽率洞大山之上下沓 而或爲主案龍虎 則村基風水之利害關係 而其間往往有士夫家墳壟 則守護松楸理所當然 而近來人心不古 四山童童 樵牧日尋 山田歲墾 不免爲放火牛馬之場 則爲其山下子孫者 寧不愴然於心者乎 玆與上下諸人 相議結稧以爲永久禁護之計 實出於各人爲先之誠 而況復有朝家禁令之極嚴 則吾稧之設 相有所遵行 而不徒爲私自禁斷於一壑之間者也 幸須各自惕念 一依稧令擧行事.

였으리라 추측된다. 그렇다면, 농암금송계는 재지사족 주도라기보다는 기층민의 삶에 직결된 문제를 해결하기 위해 결성된 기층민 주도 송계로 보는 게 타당할 듯하다.

송계규약에 해당하는 〈완의〉에 명시된 12개 조목(條目)을 제시하면 다음과 같다.[6)]

一. 계원이 만약 계령(稧令)을 따르지 않고 멋대로 시비를 따지면 그 경중(輕重)에 따라 처벌한다. 심한 자는 관아에 보고하여 처벌하도록 한다.

一. 아랫사람이 윗사람을 능멸하거나 젊은 사람이 나이 많은 어른을 능멸하면 보고한다.

一. 상하(上下) 2명씩 매일 순산(巡山)하는데, 만약 범금자(犯禁者)가 순산을 인정하지 않을 경우 순산패(巡山牌)를 보여준다.

一. 상계원 임원[上任]은 2명씩, 하계원 임원[下任]은 3명씩으로 두며, 1년 단위로 교체한다.

一. 매월 초하루 모임 때 특별히 순산을 하도록 한다.

一. 계모임에서 술에 취해 소란을 피우는 자가 있으면 상하를 불문하고 보고한다.

一. 계원이 (송계산 내에서) 범금(犯禁)하면 (계안에서) 제적한다.

一. 계원의 혼상(婚喪)이 있을 시에 쌀 여섯 말 네 되[六斗四升]씩

6) 「籠巖禁松稧座目」〈完議〉. 一. 稧中人員 若有不遵稧令 妄爲是非横逆者 則隨輕重施罰 而甚者報官處置事. 一. 以下淩上 以小淩長者 上報事. 一. 上下二人式每日巡山 而如有偸犯者巡山不能顯發 則巡山牌ㅁ當ㅁ本事. 一. 上任二員 下任三名式 周年遞改事. 一. 每月朔聚會時 因爲別巡山事. 一. 稧中聚會時 如有使酒作拏者 則上下間上報事. 一. 稧中人員犯禁 則削出事. 一. 稧中人員昏喪間 米六斗四升式 扶助事. 一. 契中錢 若任員妄自擅斷 則削黜事. 一. 昏喪扶助乙 一年內無過十人事. 一. 每年十月朔米一斗式 收合以爲扶助事. 一. 或有犯禁者 而横逆不遵契令 則上下齊聲報官重治事. 上損 三盆 中損二盆 下損 一盆.

부조한다.

一. 임원이 멋대로 곗돈을 처리할 경우에는 (계안에서) 제적한다.

一. 혼상례(婚喪禮) 부조는 매년 10명을 넘지 않도록 한다.

一. 매년 음력 10월 1일에 쌀 한 말[一斗]씩 거두어 부조로 삼기로 한다.

一. 혹여 범금자가 멋대로 계령을 지키지 않을 경우 상하 모두가 관에 고하여 엄히 다스리도록 한다.

(벌칙조항) 큰 손해를 끼친 경우[上損] 술 세 동이[三盆], 중간 손해를 끼친 경우[中損] 술 두 동이[二盆], 작은 손해를 끼친 경우[下損] 술 한 동이[一盆].

2) 내용분석

송계규약을 통해 농암금송계가 '상하합계' 방식으로 운영됐음을 알 수 있다. 농암금송계는 상계원 27명, 하계원 40명 등 총 67명으로 구성됐는데, 자연마을 단위로 이뤄진 독송계였는지 아니면 두 개 마을 이상으로 구성된 연합송계였는지는 명확하게 알 수 없다. 계의 임원은 상계원 2명, 하계원 3명으로 두고, 매년 교체하도록 했다. 송계원의 입계와 추입이 어떻게 이뤄졌는지, 신입례가 있었는지 등에 대한 정보는 송계규약만으로는 알 수가 없다. 봄가을 두 번에 걸쳐 정기계회가 열리던 대부분의 송계와는 달리, 농암금송계에서는 매월 한 차례씩 계모임을 갖고 금송계 및 송계산 관련 제반 사항을 논의했던 것으로 보인다.[7] 또한 계모임 동안 술에 취해 소란을 피울 경우에는 응분의 처분을 받도록 하여 공동체 규율과 질서를 유지하고자 했다.

---

7) 정기계회는 매년 10월 1일에 한번씩 열렸던 것으로 추측된다.

〈완의〉에 명시되어 있는 바대로, 농암금송계는 농암산을 송계산으로 삼아 창계됐는데, 송계 차원에서 순산과 산림감시 활동을 활발하게 추진했던 것으로 보인다. 상하인 두 명의 순산원이 매일 송계산을 둘러보며 감시 활동을 했고, 이들은 순산패를 지참하도록 했다. 그리고 매월 1일에는 계모임을 열고, 특별 순산을 하여 임상(林相), 벌목 여부 등을 확인하고 범금행위를 감시했다. 농암금송계의 벌칙조항에는 '점증적 제재 조치' 절차를 따랐던 것으로 판단되는데, 계령을 위반했을 경우 경중에 따라 처벌 수위를 조절했다. 마지막 조목(條目) 다음에 별도의 벌칙조항을 두고 있는데, "큰 손해를 끼친 경우 술 세 동이, 중간 손해를 끼친 경우 술 두 동이, 작은 손해를 끼친 경우 술 한 동이"로 규정하고 있다. 하지만 계령 위반 정도가 심한 경우에는 관에 보고하여 조치토록 했다. 또한 송계산에서 범금할 경우 송계원의 자격을 박탈하고 제적시키도록 하여 금송을 위한 엄격한 벌칙을 마련하고 있었음을 알 수 있다.

농암금송계의 큰 특징은 송계 차원에서 공동체 질서 유지와 상부상조가 부각되고 있다는 점이다. 하계원이 상계원을 능멸하거나 어린 사람이 나이 든 어른을 능멸하는 경우에는 송계 차원에서 징계가 이뤄졌음을 짐작할 수 있다. 또한 매년 음력 10월 1일에 열리는 계모임에서는 쌀 한 말씩을 내어 계원의 혼상이 있을 시 부조로 활용했던 점, 계원 사망 시 쌀 여섯 말 네 되씩 부조금으로 내었던 점 등을 통해 계원 간의 상부상조가 이뤄졌음을 확인할 수 있다.

그 밖에 농암금송계는 매년 계원마다 쌀 한 말씩을 받아 적립했지만, 송계 재산의 증식보다는 계원(집안)에게 혼상이 있을 시에 부조금을 내기 위한 것이었고, 따로 장리를 놓지는 않았던 듯하다. 혼상례를 위한 부조금이 매년 10명이 넘지 않도록 하여, 곗돈의 범위 내에서 지출하도록 나름대로 제도적 장치를 강구하고 있었다. 또한 송계의 공공자금인 곗돈을 안전하고 투명하게 관리하기 위해 임원이 사전에 계회 등을 통해 동의를 구하지 않고서 임의대로 곗돈을 처리할 경우 송계안에서 제적시키게끔 했다.

3. 부여지방 「송계절목(松契節目)」

1) 개괄적 현황과 송계규약

1854년(갑인년, 철종 5년) 음력 11월에 작성된 「송계절목(松契節目)」은 〈완문(完文)〉과 〈입의(立議)〉로 이루어져 있는데, 〈입의〉는 다시 5개 조목(條目)으로 구성되어 있다. 「송계절목」은 충청도 부여지방의 어느 마을에서 작성됐다고 하나, 그 이상은 알 수가 없다. 〈완문〉 뒤에는 수령의 수결(手決)이 있는 것으로 볼 때, 관으로부터 송계산을 입안받아 「송계절목」이 마련됐음을 말해 준다. 수령의 수결과 함께, 관에서 "계를 착실하게 손질하여 효과가 있게 해야 마땅하다(修稧着實俾有其效 宜當事)"라는 데김[題音]을 내려 주고 있다.

흥미로운 사실은 과거 어느 시점에 이미 송계가 창계·운영되어 오다가 갑인년(1854년)을 기하여 입안을 통해 재결성됐다는 점이다. 송계가 재결성된 주된 목적이 금송과 함께 땔감 확보였던 것으로 보인다. 〈완문〉의 내용에서 이것을 확인할 수 있다.

> [중략] 우리 마을은 일찍이 계를 만들었다. 옛 제도를 신중히 본받아 간략하게 시행했는데 (내려오는) 사이에 그 중요성이 계속 떨어지고 신뢰가 사라졌으며 금령이 해이해져 소나무가 자랄 수가 없었다. 심지어

골짜기에 사태가 일어나 밭에 피해가 생기고 산은 민둥산이 되어 꼴꾼과 나무꾼이 갈 수 없으니 마을 사람들이 슬프게 자주 굶주리며 우는 것 또한 여기에서 연유하는 것이 아니겠는가? 이 때문에 송금(松禁)하지 않으면 나무꾼들이 잎이 떨어지는 가을을 기다리지 못하고 들어가니 저처럼 벌거숭이가 되는 것이다. 소와 양을 밤낮으로 치니 어린 싹이 자라지 못한다. 이것이 어찌 산의 본래 모습이겠는가? 이제 계(稧)를 손질하여 송금하자는 뜻에 온 동네 사람들의 논의가 한데 모아졌고 과거에 계의 폐해를 다시 얘기했으니, 울울창창한 푸른 숲이 이뤄지기를 바란다. 잡목의 쓸 만한 것도 어찌 베어내겠는가? 이렇게 금송의 뜻을 송계에 넣은 후에 만약 이를 어기는 자가 있으면 단호하게 관에 보고할 것이다. 엄하게 다스려 뒷날의 잘못을 막고 벌금을 징수하여 그 송금의 뜻을 알게 할 것이다. [중략][8]

처음 송계가 만들어져 한동안 운영되다가 유명무실하게 되면서 산은 벌거숭이로 변하고 공유림의 황폐화가 상당한 정도에 이르게 됐던 것으로 보인다. 이로써 마을 사람들이 큰 고초와 어려움을 겪었으리라 어렵지 않게 짐작할 수 있다. 마을 사람들이 송계를 다시 손질하여 금송 규정을 추가하고 소나무, 잡목 등을 다시 보호하기로 한 것이다. 또한 산림공유자원 관리의 실질적인 효과를 확보하기 위해 범

8) 「松契節目」〈完文〉. 國之三禁松居其一也 松之爲物大關於養生送事之道 則其可一日而不禁者耶 自稚孽而至長圍者 非是禁而無是功也 或棟梁而爲棺槨者 非是禁而無是材也 是以矣洞嘗設此稧 僅倣舊制 略略施行 間値荐歉 廢其講信 禁令解弛松無得養矣 甚至於壑變沙汰 患被時耕之田地 山成童濯 不得芻蕘之往焉 則哀我洞民之頻頻啼飢 亦非由於是也耶 因以不禁則 斧斤之入無待零落之秋 而若彼濯濯也牛羊之牧又多日夕之間 而萌孽不存也 是豈山之性也哉 今以修稧設禁之意 一洞會聚 衆論歸一 復講舊稧之廢弛 則庶幾乎鬱鬱晩翠也 至於雜木之可用者 亦何剪伐乎 如是設禁之後 若有犯禁者 則斷當呈官 嚴繩以徵後日之習 又徵罰錢 使知其當禁之意 緣由稟告以爲完文事. 甲寅十一月日. 官. 修稧着實 俾有其效 宜當事.

금자를 관에 고발하고 벌금을 물리는 등 강력한 제재를 통해 금송하겠다는 의지를 천명하고 있다.

〈입의〉는 5개의 조목(條目)으로 각 계원이 지켜야 할 제반 사항들을 나열하고 있다.[9)]

一. 각 계원은 일전(一錢)씩 갹출하여 계를 결성한다.

一. 각 계원은 조상의 묘를 수호한다.

一. 각 리(里)에서는 각각 상유사(上有司), 하유사(下有司)를 선정하여 상세하게[面面] 금송하도록 한다. 혹시 안면이 있다 하여 사사로이 범금자(犯禁者)를 용서할 경우 필경에는 수치를 당하게 될 것이다[入廉見露]. 도유사(都有司)는 관례를 참조하여[爲先] 해당 유사에게 근무태만의 죄를 벌하고 범금자는 마땅히 관에 고발하여 엄하게 다스리며 벌전(罰錢) 오전(五錢)을 징수토록 한다.

一. 나무꾼은 땔나무를 할 때 늙은 소나무가지 하나라도 베게 되면 역시 마땅히 처벌한다.

一. 5년으로 한정하고, 5년이 지나 땔나무를 할 때에는 곁가지가 어리고 보잘 것 없더라도 함부로 베어서는 안 된다.

2) 내용분석

〈입의〉 5개 조목에서 확인할 수 있는 사실은 정확히 몇 개의 마을이 참여했는지 알 수 없으나 두 개 이상의 마을에서 함께 결성한 '연

9) 「松契節目」〈立議〉. 一. 各員各出一錢結稧事. 一. 各員各爲先壟守護事. 一. 各里各定上下有司　面面看禁　而或以顔私容恕犯禁者是如可畢竟入廉見露　則都有司爲先罰其該有司不勤之罪 是遣犯禁者段當呈官嚴治 罰錢五民徵出事. 一. 樵軍取柴時 雖古松一枝 若有幷取負來者 則亦當施罰事. 一. 限五年 五年刈柴時 雖傍枝稚孽 不得剪事.

합송계'이었다는 점이다. 또한 각 리 단위로 어느 정도 자율성을 유지하고 있었던 것으로 보인다. 각 리에서 상유사 1명, 하유사 1명을 자체적으로 선발하여 순산, 산림감시 활동, 작벌자(斫伐者) 적발 등을 담당하도록 했다. 그리고 좌목이 따로 있지 않아 송계원의 수와 신분을 확인할 수 없으나, 조목에 상유사, 하유사 등이 언급된 것으로 보아 상하인이 함께 금송계를 결성한 '상하합계'였음을 알 수 있다. 〈완문〉에서 금송계를 수정하게 된 취지로 금송과 함께 퇴비와 땔감 확보를 언급했는데, 조목에서는 '선산수호'를 추가하고 있다. 이로써 송계가 금송, 퇴비와 땔감 확보, 선산수호 등 다목적을 가지고 결성됐음을 알 수 있다.

송계 조직은 도유사, 상유사, 하유사 등으로 구성됐던 것으로 보인다. 도유사는 송계의 최고 어른이며 송계를 대표하는 수장으로 계무를 총괄하는 계임(契任)이었던 것으로 보인다. 도유사가 실제적으로 관청과의 관계, 다른 송계나 촌계류 조직과의 관계 등을 담당하는 대외창구 역할도 수행한 것으로 추측된다. 또한 도유사는 각 리 단위에서 자체 선발한 상유사와 하유사로 구성된 송계 임원진을 통솔했던 듯하다. 상유사와 하유사가 순산과 산림감시 활동을 하면서 적발한 범금자를 안면이 있다는 이유로 용서할 경우, 과거부터 전래되어 온 불문율과 관례에 따라 도유사는 근무태만의 죄를 적용하여 이들을 처벌할 수 있었다.

송계산 내에서 금송과 금양이 세심하고 철저하게 이뤄졌음을 조목의 규정으로부터 유추할 수 있다. 각 리별로 담당 구역과 산판이 배정됐던 것으로 보아 송계산의 면적은 상당한 규모였던 것으로 추측된다. 상유사와 하유사는 각 리별로 할당된 담당 구역과 산판에 대한 금송과 금양의 책임을 맡았다.

특히 상유사와 하유사에게 금송에 대한 도덕적 의무감과 책임성을 높이기 위해 근무태만의 죄를 적용했다는 점, 허가 없이 송계산에 들어가 작벌(斫伐)한 자에 대해 관에 고발 조치하고 벌전으로 오전(五錢)을 물리게 했던 점, 오래된 소나무가지 하나라도 함부로 못 베게 하고 처벌할 수 있도록 했던 점, 송계 수정 후 5년 동안 입산이 불허되고 5년이 경과한 후에도 곁가지를 함부로 베지 못하게 했던 점 등에서 금송과 산림자원의 보호가 철저하게 이뤄졌음을 알 수 있다.

그 외에도 송계 재결성 시에 각 계원에게 일전씩 내도록 하여 송계 기금을 자체적으로 마련했음을 알 수 있다. 하지만 송계 기금의 규모가 어느 정도였는지, 어떤 용도로 사용됐는지, 식리(殖利)는 어떻게 이뤄졌는지 등은 명문 규정만으로는 확인하기 어렵다.

4. 하동부(河東府) 「송계절목(松稧節目)」

1) 개괄적 현황과 송계규약

경상도 하동부 금송계는 창계 당시(1800년, 정조 24년) 하동부 전체 11개 면 121개 마을이 참여한 대규모 조직이었다(박종채, 1997, 2000: 141). 하동부 금송계는 당시 부사 허즙(許濈)이 주도하여 결성했는데, 1800년(경인년, 정조 24년) 음력 3월에 허즙이 「송계절목(松稧節目)」을 작성하고 수결(手決)했다. 「송계절목」에는 서문(序文), 부사의 수결, 10개의 조목(條目), 각 마을별 산감(山監)과 산지기[山直] 명단이 수록되어 있다. 조선 후기로 가면서 목재 수요는 폭발적으로 증가했고, 이문과 권문세족들에 의한 산림공리지의 사점화와 맞물리면서 국가 차원에서 관리하던 금산, 봉산, 황장봉산, 송전 등 공양산(公養山)뿐만 아니라 사양산(私養山)에서도 산림자원의 황폐화가 심각하게 진행되고 있었다. 이에 따라 중앙정부는 강력한 금송정책을 실시하기에 이른다. 대표적인 정책이 1684년(갑자년, 숙종 10년)에 반포된 「금송사목(禁松事目)」과 1788년(무신년, 정조 12년)에 반포된 「제도금송사목(諸道禁松事目)」이었다.[10] 하동부 금송계는 중앙정부 차원에서 강력하게 시행하던 금송정책을 하동부 차원에서 성실하게 집행하기 위해 결성됐던 것이다(박종채, 2000). 즉 하동부 금송계의 취지와 목적은 바로 금송이었음을 알 수 있다. 이렇게 하동부 금송계는 관 주도로 결성된 송계 조직이었다. 다음은 「송계절목」의 서문에 해당하는 내용이다.

> 금송(禁松)은 국가의 막대한 정책이다. 1684년(갑자년, 숙종 10년)과 1788년(무신년, 정조 12년)에 절목(節目)을 반포한 것이 아주 신엄(申嚴)한데도, 본부[河東府]에는 공양산(公養山)과 사양산(私養山)을 막론하고 모두 헐벗었으니, 일의 한심함이 이보다 심한 것이 없어서 이제 이처럼 창계(創契)하고자 한다. 영문(營門)에서 역점을 두어 여러 번 거행코자 했던 조목이 있어서 그 가운데 뺄 것은 빼고 더할 것은 더하여 절목을 만들어 내놓으니, 영구히 준수하여 끊임없는 공효(功效)가 있기를 기대한다. 오늘날 이를 거행하는 데 있어 보통 아는 대로만[尋常] 거행해서는 안 되며, 절목의 의미를 (제대로) 알아 거행하여 모든 백성들에게 조정의 명령이 각별히 경계하는[申飭] 뜻을 알도록 가르쳐야 할 것이다. 그래도 혹여 위범(違犯)하면 벌을 받게 될 것이다. 이 절목은 상부[河東府]에서 성첩(成貼)을 쓴 후에 각 마을에 내려 보내 비치토록 하는 것이니 마땅히 잘 헤아려야 할 것이다.[11]

---

10) 「금송사목(禁松事目)」은 「갑자사목(甲子事目)」, 「제도금송사목(諸道禁松事目)」은 「무신사목(戊申事目)」으로 불리기도 한다.

11) 「庚申三月日 松稧節目」. 禁松一事 國家莫大之政也 甲子戊申 頒下節目 何等申嚴

앞의 내용을 통해 알 수 있듯이, 중앙정부 차원에서 금송정책을 강력하게 추진했으나, 적어도 하동지방에서는 공유산림의 황폐화가 계속 진행되고 있었다. 중앙정부의 금송정책에 부응하여 하동부 차원에서 금송을 효과적으로 실시하기 위해 「송계절목」을 만들어 각 마을로 내려 보낸다는 내용이다. 여기에는 재지사족이나 민간에서 점유하던 산, 기존 송계에서 관리하던 송계산, 10곳의 송전(松田)[12] 등 공양산과 사양산 모두를 망라하여 하동부 금송계에서 일괄적으로 금송하고자 했던 것이다.

「송계절목」의 10개 조목(條目)[13]에는 송계산 구역 표시, 산감과 산지기 선정, 순산, 화전 금지, 식림, 기타 금송 관련 사항들이 포함되어 있다.

是去乙 本府則毋論公私養□ 在在童濯 事之寒心 莫此爲甚 方慾□□刱稧是在如中 自營門往復 備爲擧行 諸條閱後錄中 可刪者刪之 可增者增之 成節目 出付爲去乎 依此永久遵守 期有不恩之切效爲去矣 今者之擧 不可以尋常知 而擧行節目內辭意 無論於民人等處 咸知因朝令各別申飭之意矣 或違犯而抵罪爲犯者 節目段自各村必以敦厚 作精書上府 成貼後出送分懸各村之地 宜當者.

12) 영조 25년(1749년) 하동부 관할지역에 5곳의 금송봉산(禁松封山)이 있었다가 정조 12년(1788년)에 송전(松田)으로만 10곳이 지정됐다. 이후 고종 9년(1872년) 의송전(宜松田)/의송산(宜松山)으로 11곳이 지정됐다(박종채, 2000: 148).

13) 「庚申三月日 松稧節目」. 一. 毋論封 陸私養山 各自洞理 一體禁養 而從某處至某處 定界樹標 自該洞呈出立案後 始爲禁樵是去矣 隨其殘盛量宜密屬 毋致力小地曠之弊爲當. 一. 各該洞良中 五家作統 五家之內 如有犯伐者 則□□同被其罪 統首段 勿拘家坐從第 惟以有風力勤幹者 擇出役名懸錄爲遣 仍令擇定山監山直役之每日巡山犯斫人意之約報爲齊. 一. 令前設稧處切爲劃付他洞 仍舊貸旋行爲乎矣□□豪右廣占之弊 各別痛禁 毋致紜競爲齊. 一. 火田一切禁斷爲去矣 雖已墾處處 □在山腰以上 禁其耕播 劝以植松爲齊. 一. 閑曠處播植事 不可小緩 當其時 預爲約來各標內稀疎處 一一播植後 庫數長廣 年年報來爲齊. 一. 定標內 周回長廣成案 及五家作統 成册兩件 作報一件官上 一件成貼還下 以爲憑考之地爲齊. 一. 各村禁養監直段 □徭主管 每歲首差出 而監直勤慢時時糾察 自斷懲治爲去矣 不遵令者 報官嚴處爲齊. 一. 民家覆墻柵籬 盖簷之松 各別禁斷爲齊. 一. 各村犯伐 有無擧行□正 一月二次式 以朔望報來 以考勤慢 嚴處爲齊. 一. 未盡條件 推後處諫爲當.

一. 봉산과 육지의 사양산을 막론하고 각 마을은 일체 금양하고 모처(某處)에서 모처까지 경계를 정하여 금표를 세우고[定界樹標], 해당 마을은 입안(立案)을 낸 후에 비로소 금양한다. (송계산 내 산림의) 잔성(殘盛)과 빽빽함[密屬]을 의당 헤아려서 힘은 적고 땅은 넓을 때의 폐단이 없도록 한다.

一. 각 해당 마을은 오가작통(五家作統)하여 오가(五家) 안에 만약 범금자가 있으면 통수(統首)가 함께 벌을 받고, 통수는 가좌(家座)나 차제(次第)에 구애받지 말고 오직 풍력근간자(風力根幹者)를 역원(役員)으로 택하여 장부에 이름을 올리고, 산감과 산지기를 택정하여 매일 순산케 하고 범작자를 일일이 보고하게 한다.

一. 이전 계(稧)에 의해 다른 마을에 획정, 처리된 경우는 예전 임차료를 시행하도록 한다. 만일 권세가가 광점(廣占)하는 폐단이 생긴 경우는 각별히 철저하게 금단(禁斷)하여 다툼에 이르지 않게 한다.

一. 화전(火田)은 일체 금단하고 이미 개간된 땅이라도 산허리 이상에 이르렀으면 경작을 금하고 소나무를 심도록 권장한다.

一. 유휴지에 씨를 뿌리고 나무 심는 일을 소홀히 할 수 없다. 때에 이르면 미리 약속을 정하여 각 표내(標內) 희소처(稀疎處)에 일일이 씨를 뿌리고 나무를 심도록 하며 고수(庫數)와 장광(長廣)을 매년 보고하도록 한다.

一. 정표(定標) 내의 길이와 넓이[周回長廣]를 성안(成案)하고 오가작통을 성책(成册)하여 두 문건을 보고하게 하되, 한 건은 관상(官上)하고 한 건은 성첩(成貼)하여 각 마을에 내려 보내어 (각 마을에서) 증빙자료로 삼게 한다.

一. 집강(執綱)은 각 마을에서 금양 업무를 담당하는 산감과 산지기를 매년 초 차출하도록 하며, 산감과 산지기의 근무태도를 수시로 규찰하여 직접 벌을 주도록 한다. 명령을 어길 시에는 관에 보고하여 엄하게 다스리도록 한다.

一. 민가(民家)의 담장, 울타리, 서까래에 쓰이는 소나무는 각별히 엄단(嚴斷)한다.

一. 각 마을은 작벌 유무와 거행 상태를 매월 두 차례씩 1일과 15일에 보고하도록 하여 근무 상태를 엄하게 다스린다.

一. 미진한 부분은 추후에 논의토록 한다.

2) 내용분석

「송계절목」의 10개 조목을 통해 하동부 금송계가 금양하고자 하는 대상은 하동부 관할지역 내의 모든 산림이었고, 여기에는 국가가 관리하던 봉산과 송전뿐만 아니라 재지사족 등 민간 소유의 사양산까지 포괄됐다. 이렇게 볼 때, 하동부 금송계는 하동부 관할지역의 모든 주민들을 참여 대상으로 했음을 알 수 있다. 관 주도로 하동부 금송계가 결성되기 이전에 일부 마을에서는 자체적으로 이미 금송계를 결성하고 있었는데, 이들에게는 기존의 송계산을 인정했다. 또한 아직 송계가 없는 마을에서는 입안을 통해 송계산을 자체적으로 확보하고 송계를 결성하도록 독려했다. 이미 송계가 결성되어 있든 아니면 입안을 통해 새로 결성되든 간에 이들 송계들은 어느 정도 자치적 자율성을 인정받았던 것으로 보인다. 이것은 하동부 금송계가 '중층적 사업단위'로 구성됐음을 의미한다. 자연마을 단위의 독송계인 경우 2~3~4층제적 구조를, 여러 마을이 참여하는 연합송계의 경우 3층제적 구조를 띠었음을 알 수 있게 한다. 「송계절목」에 명시된 규정 이외에는 하동부 관할지역 내 송계들 각자가 나름대로 자율성을 확보하고 있었으리라 추측된다. 따라서 하동지역에서 마을 단위의 독송계나 연합송계들의 조직, 인적 구성, 운영 방식은 다양한 편차를 보였으리라 짐작된다.

하동부 금송계는 관 주도 송계의 특징을 반영하듯 행정 조직을 적극 활용하고 있었다. 이것은 조선 후기에 강화되었던 오가작통제(五家作統制)를 활용하여 오가(五家)안에 범금자가 있을 경우 통수도 연대책임을 지게 한다든지, 나이나 권위에 상관없이 건장하고 담력이 있는 사람이 통수를 맡도록 하여 금송의 실질적인 효과를 높이고자 했다. 또한 각 면(面)의 수장인 집강을 금송계의 실질적인 책임자로 두며, 집강은 매년 초에 감관과 산지기를 차출하여 각 마을이나 리에서 관할하는 송계산을 순산하고 산림감시 활동을 하도록 했다. 또한 집강은 산감과 산지기의 근무태도를 평가·규율하며 근무태만자에게 벌을 줄 수 있는 처벌권을 가졌다. 만일 집강의 명령을 어길 경우에는 관에 보고하여 엄한 처벌을 받도록 했다. 이것은 집강을 중심으로 금송에 대한 실질적인 효과를 높이기 위한 조치였을 것이다. 산감과 산지기의 임기는 1년으로 하여, 각 마을별로 산감 1~2명씩, 산지기 1~2명씩 선정했는데, 산림감시원인 산감과 산지기는 마을별로 적게는 2명에서 많게는 3명[14]에 이르렀다.

한편 각 동리가 점유·관리하는 송계산의 구역과 경계를 명확하게 표시하기 위해 금표(禁標)를 세우도록 했다. 이것은 송계산 구역을 둘러싼 송계 간의 갈등과 마찰을 사전에 방지하고 권문세가들의 광점을 막기 위한 조치였다. 또한 송계산의 면적을 정확히 기록하고 하동부와 마을에 각각 보관하도록 하여 추후에 발생할 수 있는 분쟁 여지를 줄이고 분쟁 발생 시 용이하게 해결하고 관리하기 위한 자료로 활용하도록 했다.

14) 3명인 경우, 산감 2명과 산지기 1명이거나 산감 1명과 산지기 2명이었다.

각 송계에서는 자체적으로 철저하게 금송이 이뤄지도록 했다. 우선 산감과 산지기는 매일 송계산을 순산하고 감시 활동을 펼치며, 범금자에 대해서는 일일이 (집강에게) 보고하도록 했다. 송계산 내에 화전을 일체 금지했고, 이미 개간되어 있던 화전이 산허리 이상에 위치한 경우에도 경작을 금지하도록 했다. 이와 더불어, 하동부 차원에서는 각 동리의 송계에서 매월 두 차례씩 1일과 15일에 자신의 송계산에서 작벌 상황, 범금자, 산림감시 활동 상황 등을 보고하도록 하여 하동부 관할지역 전체에서 금송의 실질적인 효과를 높이고자 했다. 또한 민가에서 담장, 울타리, 서까래용으로 소나무를 사용치 못하도록 직접 규제했다.

조선시대 산림정책은 공유지에 나무를 심고 가꾸는 식림과 식수에 대해서는 굉장히 소극적인 정책으로 일관했다. 하지만 하동부 금송계에서는 유휴지에 나무를 심고 가꾸기를 적극적으로 권장했으며 이것을 기록하고 관에 매년 보고하도록 했다. 또한 산허리 이상에 개간됐던 화전에는 경작을 금하고 나무를 심도록 권장했다. 이러한 적극적인 산림정책은 하동부 금송계의 중요한 특성이라고 할 수 있다.

요약하면, 하동부 금송계는 관 주도로 결성됐다는 점, 그 아래 동리 자체적으로 송계를 결성하여 운영의 자율성을 부여했던 점, 식림과 식수를 적극적으로 추진했던 점, 금송에 행정 조직을 적극 활용하였던 점 등에서 조선 후기의 많은 송계와는 다른 특성을 가지고 있었다. 하지만 부사 허즙이 1801년 진주영장(晋州營長)으로 이직한 후에도 하동부 금송계가 관 차원에서 지속 가능하게 운영됐는지, 하동부 금송계의 결성과 운영으로 인해 하동부 관할지역 내 금송과 금양에서 실질적인 성과가 있었는지, 각 동리의 송계들이 이후에 어떻게 운영됐는지 등은 파악하기 어렵다. 그럼에도 하동부 금송계는 관과 민간이 어떤 방식으로 협력해야 하는지, 각각의 역할은 무엇이어야 하는지, 중층적인 제도 상황에서 상호보완적인 관계를 어떻게 구축해야 하는지 등에 대해 중요한 질문을 던져준다.

5. 담양군 회룡마을 「촌제축판(村祭祝板)」

1) 개괄적 현황과 송계규약

오늘날 회룡(回龍 혹은 會龍)마을은 원래 전라남도 담양군 월산면(月山面) 가산리(佳山里)에 소속됐다가 지금은 담양읍 가산리에 속하는 자연마을이다. 회룡마을은 경주설씨(慶州偰氏)와 의령남씨(宜寧南氏) 중심으로 구성된 동족마을이다. 「촌제축판(村祭祝板)」 〈좌목(座目)〉에 실린 전체 211명의 상계원 명단 중에서 남씨가 115명, 설씨(偰氏)가 41명으로 약 74%를 차지하고 있는 것에서 이런 사실을 알 수 있다.[15] 마을의 유래를 정확히 알 수 없으나, 경주설씨, 김씨가 처음 입촌했고 임진왜란과 정유재란 직후에 남신(南愼)이 회룡마을에 정착했다고 한다.[16] 오랫동안 마을 사람들은 촌제(村祭)할머니가 회룡마을을 지켜

---

15) 경주설씨(慶州薛氏) 3명은 여기에 포함하지 않는다.

16) 남석관(南碩寬)이 작성한 「술선기(述先記)」에 따르면, 남경욱(南景郁, 1544.11.25.~1587.11.14)에게 세 명의 아들이 있었는데, 남각(南恪), 남회(南恢), 남신(南愼)이다. 정유재란 이후에 남신(南愼)은 자신의 큰 형인 남각(南恪), 형수, 그리고 조카와 함께 충청도 공주에서 창평현 대방리(현재 담양군 수북면 대방리)로 이거했다. 당시 남신(南愼)의 나이는 20세 전후였다고 한다. 남각(南恪)의 후손은 3~4대 후에 전라도 정읍으로 이거했다고 한다. 둘째 아들인 남회(南恢)는 공주에서 큰집으로 입양되어 공주에 정착했다고 한다. 남신(南愼)은 자(字)는 만숙(勉叔)으로 가산리(佳山里)의 원주(原州) 이씨에게 장가를 들어 회룡마을에 정착했다고 한다. 오늘날 회룡마을에 거주하는 남씨들은 모두 남신(南愼)의 후손이라고 한다. 2018년 2월 24일 현지조사에서 남인철(남, 81세) 씨의 도움말.

준다는 믿음을 가지고 있고, 매년 정월 14일 자정에 촌제할머니와 촌제할아버지에 대한 감사의 마음과 함께 마을의 안녕과 풍년을 기원하는 촌제를 지내오고 있다.[17] 촌제를 지낸 다음날인 정월 대보름날에 마을 사람들은 '대공사회(大公事會)'를 열고 촌제에 대한 결산, 마을 이장의 선출 등 주요 안건에 대해 심의하고 의결했다. 마을회의가 끝나면 풍물놀이, 줄다리기 등을 통해 마을 사람들의 단합과 공동체의식을 고양했다(박종채 강의자료). 지금은 매년 마지막 날인 양력 12월 31일에 '마을총회'를 열고 있다고 한다.[18]

문헌기록상 회룡마을에서는 적어도 19세기 초(1816년)부터 자체적으로 철저하게 금송(禁松)을 실시했음을 알 수 있다. 회룡마을 자체적으로 마을 뒷산 명당 주변에 소나무들을 심고 금송을 하기 위해 1816년(병자년, 순조 16년)에 〈리약(里約)〉을 작성했다.[19] 그 이후 회룡마을에서는 1819년(기묘년, 순조 19년)에 〈완규(完規)〉, 1830년(경인년, 순조 30년) 〈리약서(里約序)〉를 작성하여 금송을 보다 체계적으로 실시하고 실효성을 담보하고자 했다. 〈리약서〉에는 서문(序文)과 함께 13개 조목(條目)이 포함되어 있다.

「촌제축판」은 전통농업사회에서 마을공동체의 신앙생활과 기층민

---

17) 매년 정월 14일 자정에 촌제할머니와 촌제할아버지에게 제사를 지낸다. 촌제할머니 제사는 마을 뒷산 명당에 심은 두 그루의 소나무에서 지내고, 촌제할아버지 제사는 마을 어귀에 세워진 수령이 약 215년인 느티나무에서 지낸다. 오늘날에는 촌제할머니 제사를 지내려 마을 뒷산을 오르기 전에 느티나무에서 간단히 술 한 잔을 올려 촌제할아버지에게 제사를 지낸다고 한다. 촌제할머니 제사를 지내는 마을 뒷산(담양읍 가산리 산 79-1번지)은 마을 공동소유가 아니라 남인철(남, 81세) 씨의 개인 소유라고 한다. 2018년 2월 24일 현지조사에서 남인철(남, 81세) 씨, 마을 이장 남희봉(남, 68세) 씨의 도움말.

18) 박종채 강의자료 "가족과 문화" (자료접근: 2015년 6월 10일).

19) 2018년 2월 24일 현지조사에서 남종원(남, 88세) 씨, 남인철(남, 81세) 씨, 윤학섭(남, 80세) 씨, 마을 이장 남희봉(남, 68세) 씨의 도움말.

의 삶의 현장이 고스란히 담겨져 있는 실로 귀중한 자료이다. 회룡마을에서 시행하던 금송 관련 기록 역시 「촌제축판」에 실려 있다. 「촌제축판」은 10개 문서로 다음과 같은 순서로 구성되어 있다.

- 〈리약(里約)〉: 1816년(병자년, 순조 16년) 음력 1월 30일에 작성. 작성자 미상.
- 〈리약서(里約序)〉: 1830년(경인년, 순조 30년) 음력 6월 상순에 병암(屛庵) 남석관(南碩寬)[20] 작성.
- 〈완규(完規)〉: 1819년(기묘년, 순조 19년)에 음력 5월 1일에 병암(屛庵) 남석관(南碩寬) 작성.
- 〈별신제축문(別神祭祝文)〉: 설병수(偰秉洙) 작성. 작성 시기 미상.
- 〈좌목(座目)〉: 총 211명의 상계원 명단이 실려 있음.
- 〈촌제간시물목기(村祭看市物目記)〉: 촌제 제수용품 목록.
- 〈제주(祭主) 명단 및 마을인구 수〉: 경자년(1960년 추정)부터 기사년(1989년 추정)까지 30년간 매년 화주(化主), 헌관(獻官), 축관(祝官)의 명단과 함께, 마을인구 수[21], 호당 갹출되는 백미(白米)와 일인당 갹출되는 금액 등이 기록되어 있음.
- 〈명록(名錄)〉: 총 54명의 하계원 명단이 실려 있음.
- 〈별신제축문(別神祭祝文)〉: 청수헌(聽水軒)[22] 작성. 작성 시기 미상.
- 〈별신제축문(別神祭祝文)〉: 추담(秋潭)[23] 작성. 작성 시기 미상.

---

20) 애경당(愛景堂) 남극엽(南極曄)에게는 네 명의 아들이 있었는데, 남석우(南碩宇), 남석관(南碩관, 1761~1837.10.02.), 남석해(南碩海), 남석하(南碩夏)이다. 2018년 2월 24일 현지조사에서 남인철(남, 81세) 씨의 도움말.

21) 인구수는 실제 마을인구 수를 의미하는 게 아니라, 인구전(人口錢)을 의미한다. 예를 들어, 어느 한 가구에 3명의 식구가 있더라도 5명에 해당하는 백미나 금액을 내게 되면 5명으로 기재되는 것이다. 2018년 2월 24일 현지조사에서 남인철(남, 81세) 씨의 도움말.

22) 청수헌(聽水軒)은 남석해(南碩海)의 호이다.

• 〈별축문(別祝文)〉: 지수(芝叟)[24] 작성. 작성 시기 미상.

회룡마을에서는 '리약(里約)'이라는 촌계 속에서 금송을 운영했다. 이것은 산림공유자원의 이용과 보호가 마을공동체 구성원의 공존과 공생에 직접적이고 밀접하게 연계되어 있기 때문이었다. 과거 전통농경사회에서 생존에 직결되던 목재, 땔감, 퇴비, 먹거리 등을 산림자원에서 확보했으며, 목재 판매 등을 통해 마을 공동기금을 마련하여 요역, 기근 등에 공동대처할 수 있었다. 1816년에 〈리약〉을 만들어 마을공동산 내에 금송을 실시하기로 했던 사실에서도 기층민들에게 산림자원이 얼마나 중요했는지를 알 수 있다. 따라서 회룡마을의 금송과 산림공유자원의 보호·관리를 '리약'이라는 촌계의 큰 묶음 속에서 함께 논의하기로 한다. 우선 〈리약〉의 내용을 살펴보면 다음과 같다.

> 금년부터 금송(禁松)을 개시한다. 큰 소나무[大松] 한 그루에 1냥[兩]과 태(笞) 20대, 중간 소나무[中松] 한 그루에 5전(戔)과 태 10대, 작은 소나무[小松] 한 그루에 2전과 태 5대로 정하도록 한다. 또 어린 소나무[稚松] 한 짐[負]당 5전과 태 10대로 정하도록 한다. 만약 촌규(村規)를 어기고 소나무를 베는 자는 양반일지라도 관가에 고하여 엄히 징계토록 한다.[25]

---

23) 추담(秋潭)은 남석하(南碩夏)의 호이다.

24) 2018년 2월 24일 현지조사에서도 지수(芝叟)가 누구인지 확인할 수 없었다.

25) 「村祭祝板」〈里約〉. 自今年以後始爲松禁是矣 大松一株以兩笞二十度 中松一株以五戔笞十度 小松一株以二戔笞五箇完定是遺 又稚松一負以五戔笞十度完定事若不遵村規犯松者 雖班名之人 告官嚴徵者. 丙子 正月 三十日

〈리약〉에서는 이제까지 관행과 관습에 의해 운영되던 금송을 공식적으로 운영하겠다고 천명하며, 금송을 위반했을 경우 범금자에 대한 벌칙사항을 구체적으로 명시하고 있다. 처벌 방식은 태형(笞刑)과 벌금(罰金)으로 구성되며, 소나무의 크기에 따라 처벌 수위를 달리하고 있다. 나아가 금송 위반자에 대해서는 신분에 관계없이 고관치죄(告官治罪)하여 엄하게 다스리도록 하고 있다. 이로부터 3년 후인 1819년에 작성된 〈완규〉에서는 1814년과 1815년 거듭되는 흉년으로 마을 전체가 일대 위기를 맞았으나 상하 신분을 떠나 함께 합심하여 극복했음을 밝히고 있다.

심하구나! 1814년(갑술년, 순조 14년)과 1815년(을해년, 순조 15년) 두 해에 거듭된 흉년으로 우리 마을에 열 가구가 남았는데, 무거운 요역을 감당할 수 없고, 마을 시장(柴場)으로는 적은 재력도 메울 수 없고, 마을 재산은 탕진되고 거두어들인 것은 쭉정이도 없고, 사람들 마음은 방자하고 마을 모습은 엉망이 됐으니, 이를 순망치한(脣亡齒寒)이라 하리라. 그래서 마음속으로 이를 슬퍼한 지 오래다. 이에 하루 품삯인 재원 8민(緡)[26] 8전(戔)을 출연한 것은 온 마을이 한마음으로 화합하여 낸 것이니 공동의 돈이다. 하루 품삯은 마을의 상계원들과 하계원들이 애쓴 결과 하루 만에 모인 돈이 아닐 수 없다. 나머지 4민(緡)은 가구당 할당하여 힘써 맡게 하도록 한다. 리약(里約)의 밑천은 참으로 열을 가지고 백을 거두는 실효가 반드시 있어야 한다. 누가 감히 함부로 쓰며 누가 감히 탕진하겠는가? 이에 현명한 그대들에게 알리노니, 봄가을 강신회(講信會) 때마다 밑천을 보존하고 이자를 증식하게[存本取利] 할 책임을 명한다. 내가 늙어서 말하는 것이 아니니 앞으로 힘써

26) 민(緡)은 일반적으로 '냥[兩]'을 의미한다. 즉 1민은 1냥이다. 18~19세기 화폐 단위에 대해서는 박혜숙(2008)을 참고하기 바란다.

야 한다.[27]

위의 〈완규〉 내용에 따르면, 1814년과 1815년 두 해에 걸친 흉년으로 마을 인구는 급감하고 마을 공동기금은 탕진되어 마을이 황폐화됐는데, 마을공동산인 시장(柴場)에서의 수입으로도 충분하지 않았다. 하지만 이런 역경을 마을 구성원이 상하 구분 없이 합심하여 극복할 수 있었다는 것이다. 공동 노력으로 벌어들인 하루 품삯인 8냥 8전과 가구당 할당된 4냥을 합하여 다시금 마을 공동 재산 12냥 8전을 마련할 수 있었다. 앞으로 마을 공동 재산의 증식과 운영이 제대로 이뤄질 수 있도록 힘써 노력하기를 당부하고 있다.

회룡마을은 다시 1830년(경인년, 순조 30년)에 〈리약서〉를 작성하여 리약의 조목을 보다 구체화하고 마을 구성원이 합심하여 공동 노력할 것을 다짐하고 있다. 〈리약서〉는 서문(序文)과 13개 조목(條目)으로 구성되어 있다. 〈리약서〉의 서문은 다음과 같다.

> 규약은 우리 동계(洞契) 사람들을 상중하(上中下)로 배열하여 성명(姓名)을 장부에 적고, 기강을 세우고 비속함을 바로잡고, 근본을 든든히 하고 지엽을 삼가고, 윗사람을 받들고 아랫사람을 돌보자는 뜻이니 대대로 변개(變改)하지 않고 지킬 법이다. 이 법의 시행을 기뻐하는 자가 많다. 조항들이 아주 간략하면서 중요하고 아주 정밀하며, 면(面)에는

27) 「村祭祝板」〈完規〉. 甚奚 甲乙之荐歉也 惟我十室殘村 不能支烟役之煩重 一洞柴場 不能補材力之些少 村貲湯澌聚斂無蓈 各心所恣 村樣不成 此可爲脣亡而齒寒 故竊爲慨然於此久矣 今迺傭賃別財 辦出八緡八戔 固非家收戶斂必是 同心叶謀共公之物也 一日之所雇一村上下旣已勤若 則不可无一日會集之資 而零在四緡分排於每戶俾爲拮据 要仕里約之本貲信誓于取十盈百之實效 孰敢犯用孰敢散盡乎 乃命達賢輩永卑春講秋信存本取利之責 匪我言老老嗟嗟來許勉旃哉 己卯五月初吉 契末 屛庵翁 記.

면약(面約)을 두고 리(里)에는 또 리약(里約)을 두었다. 옛 조상들이 만드신 향약 규정을 본받아 18종의 마땅한 역(役)을 올려놓으니 계속 잘 지켜나가는 것이 상하계원 모두에게 평안한 길이 될 것이다. 근래 인심이 각박하고 기강이 해이해지고 면이 분열하고 촌(村)이 텅 비고 모든 요역(徭役)이 전혀 지켜지지 않아서 마을 사람들에게 수확기와 노동기를 규약으로 정해주어 실효가 있게 했다. 이제 십 여 년이 지났는데 규약 문서를 함부로 다루어 휴지조각에 불과하게 됐으니 내가 심히 애석해한 지 오래다. 이제 사촌 동생 대즙(大楫)과 제 아들[愚兒] 한주(翰周)가 일 년 동안 마을 일을 맡았는데 이들이 우매하고 식견이 얕지만 직책을 힘써 수행하여 리약의 조목들을 정리했다. 이제 앞으로 한마음으로 화합하고 서로 불화하거나 갈등하지 않고 영구히 규약의 뜻을 지킬 것을 바라며 간략히 서문을 적는다.[28)]

〈리약서〉의 13개 조목[29)]은 다음과 같다.

---

28) 「村祭祝板」〈里約序〉. 夫約之者 凡我同契之人 上中下列書名姓于籍 以其立綱正俗厚本抑末奉上恤下底意 而遵爲百世不易之法也 玆法之行 悅之者衆 其條甚簡重其約甚精密 面有面約里亦有里約 倣古先儒氏鄕約 設科之條件 而進上十八物種應當之役 次次節用 是上下 俱安之道也 挽近以來 人心 偸薄紀綱解弛 面分而村虛 各項徭役萬無支當 故約與里社 收斂拮据期有實效者 迄于今十有餘年矣 雜用文簿徒成一休紙而已 則余深庯慨然於此者久矣 今此從弟大楫與愚兒翰周有一年村事之 干攝否爾素昧之淺見 庶乎僶勉察任裨修里約之座目 嗟嗟來許同心叶謀 勿爲圭角矛盾永久遵約之意略將有序. 歲在 庚寅 六月 上澣 契末 屛庵 南碩寬 稿.

29) 「村祭祝板」〈里約序〉. 一. 春焉以三月卄三日 秋焉以十月卄三日 講信定規事 每兩頭春秋 二戔式爲準事. 一. 村中柴場着實于護以爲補用事. 一. 有善則書于籍 有過則亦書于籍 每月一巡揚善懲惡 而不遵村規者 稟官徵勵事. 一. 各用契錢 當其講信拒納右錢者 付上罰事. 一. 里約旣與面約同規 則講會之日 正衣冠序年齒 風化之大關 而無禮失措者 付中罰事. 一. 講信時 或被酒諠譁 以下凌上者 付上罰事. 一. 柴場旣爲一村應役之資 則不禁他人之斧斤 任自犯斫者 付中罰事. 一. 他官之人來接本里 有其家戶 則本財一銅納于村約 如或仍置右錢 則每年利條自當事. 一. 村中或有喪故 則自約錢伍戔式賻儀事. 一. 犯用村錢或有逃避流亡 則爲其族親者 備納右錢事. 一. 若有村中董役之事 不勤遵行者 別捧續錢 以杜後弊事.

一. 봄에는 3월 23일, 가을에는 10월 23일 강신회(講信會)[30]를 열도록 규정한다. 매년 봄과 가을 두 차례 2전(戔)을 (회비)기준으로 삼는다.

一. 마을의 시장(柴場)[31]은 착실하게 보호하여 (회비를) 보충하는 데 쓴다.

一. 잘 한 일은 장부에 기록하고 잘못한 일도 장부에 기록하며, 매월 한차례 상벌(賞罰)하고 촌규(村規)를 어긴 자는 관가에 보고하여 징벌한다.

一. 곗돈[契錢]은 강신회 때 납부한다. 우전(右錢)[32] 납부를 거부하는 자에게는 상벌(上罰)을 내린다.

一. 리약(里約)이 면약(面約)과 함께 규정한 사항은 강신회 때 나이에 따라 의관(衣冠)을 바르게 하는 것이 풍속 교화의 요체이다. 그러나 무례하고 지키지 않는 자에게는 중벌(中罰)을 내린다.

一. 강신회 때 술에 취하여 소란을 피우고 아랫사람으로서 윗사람을 능멸한 자에게는 상벌을 내린다.

一. 시장(柴場)은 마을이 역(役)을 지불하는 자산이므로 다른 사람의 벌목을 금한다. 임의로 범작하는 자에게는 중벌을 내린다.

一. 타향 사람이 우리 마을로 이사 와서 집을 소유한 경우, 회비로 황동1냥[一銅]을 촌약(村約)에 내되, 만약 그가 우전으로 낼 경우 매년 이자를 부담하도록 한다.

一. 續錢從公議分排後 謀頉拒納者 付下罰事. 一. 上罰錢三戔笞三十度 中罰錢二戔笞二十度 下罰錢一戔笞十度完定事.

30) 촌계(村契), 동계(洞契) 등에서 결산 보고, 주요 안건 처리를 위해 정기적으로 개최하는 모임을 말한다.

31) 일정한 구역 내에서 나무나 풀을 함부로 베지 못하도록 단속하고 가꾸는 땅이나 산을 말한다.

32) 전통 선비사회에선 돈의 질을 따져서 피땀 흘려 번 돈을 '우전(右錢)'이라 하고, 불로소득을 '좌전(左錢)'이라 하여 따로 보관했을 뿐 아니라 사용 용도도 달리했다.

一. 마을에 상(喪)이 있는 경우 곗돈 5전씩 부의한다.
一. 마을 곗돈을 유용하거나 전용한 경우 그 친족이 우전으로 대납한다.
一. 마을의 공동노역을 성실히 행하지 않는 자가 있을 경우 따로 속전(續錢)을 내게 하여 뒷날의 폐단을 막는다.
一. 공의(公議)를 통해 속전이 분배된 이후에 트집 잡아 납부를 거부하는 자에게는 하벌(下罰)을 내린다.
一. 상벌은 3전과 태 30대, 중벌은 2전과 태 20대, 하벌은 1전과 태 10대로 정한다.

2) 내용분석

〈리약서〉의 서문에서는 최근 마을의 기강이 무너지고 있음을 안타까워하면서 리약의 조목을 다시 정리하고 구체화하여 앞으로 마을의 기강을 확립하고 리약의 실효성을 확보하고자 함을 명시하고 있다. 13개 조목은 리약의 운영과 관련하여 춘추강신회, 마을 공동기금(곗돈)의 운영과 관리, 마을의 공동작업, 마을 시장(柴場)의 운영과 보호·관리, 권선징악, 처벌 규정 등을 담고 있다. 결국 13개 조목은 마을공동체를 지속적으로 운영하고 공존공생하기 위한 상호규율(相互規律)과 상호규검(相互規檢)의 성격을 갖는다고 할 수 있다.

〈리약서〉를 통해 알 수 있듯이, 회룡마을의 리약에서는 촌계의 전형적인 특징들이 잘 나타나 있다. 첫째, 마을 공동기금(곗돈) 운영과 관리는 마을공동체의 생존과 번영에 중요한 역할을 했다. 마을 공동기금은 마을에 할당된 요역을 공동 납부하고 기근, 전염병, 혼상 등과 같은 마을 대소사를 상부상조할 수 있는 마을공동체의 생존 기반을 제공할 수 있었다. 또한 마을 기금은 공동체 구성원들의 단합을 이끌어내는 데 중요한 별신제(別神祭)를 위한 재원을 제공했다. 때문에 13개 조목 중에서 마을 공동기금의 형성과 증식에 관한 조항은 3개 조목에 해당하며, 기금의 현황과 관리는 강신회에서 매우 중요한 사안으로 취급했음을 알 수 있다. 곗돈 납부를 거부하는 경우에는 상벌에 처했던 점, 곗돈을 유용하거나 전용한 경우 친족에게 대신 갚도록 강제한 점, 외지인이 새롭게 입촌(入村)하면 황동(黃銅) 1냥을 내도록 하고 만일 내지 않을 경우 곗돈을 빌린 것으로 취급하여 매년 이자를 내도록 한 점 등에서 이러한 사실을 유추할 수 있다.

둘째, 대소민인(大小民人) 신분에 상관없이 마을 구성원이면 누구나 의무적으로 리약에 가입하도록 했으며 가입 시 추입금(追入金)을 내도록 했다. 이것은 신분에 구애받지 않고 마을 구성원으로 인정받게 되면, 〈리약서〉에 규정된 조항뿐만 아니라 관습상 마을 구성원에 주어지던 각종 의무와 권리가 부여됐음을 의미한다.

셋째, 마을공동체의 유지를 위한 상호규검, 상부상조와 같은 생활규범에 관한 사항은 6개 조목에서 다루고 있듯이 중요하게 취급됐음을 알 수 있다. 여기에는 마을 구성원의 행실을 장부에 기록하여 매월 양선징악(揚善懲惡)하고 촌규를 어긴 자는 고관치죄(告官治罪)하도록 한 점, 강신회 때 풍속을 제대로 지키지 않을 경우 중벌을 내리도록 한 점, 강신회 때 만취하여 아랫사람이 윗사람을 능멸할 경우 상벌을 내리도록 한 점, 마을의 공동노동에 성실하게 참여하지 않을 경우 속전을 내도록 한 점, 공의를 통해 정해진 속전을 성실히 납부하지 않을 경우 하벌을 내리도록 한 점 등이 명시되어 있고, 마을 계원에게 상이 있을 경우 마을 공동기금에서 5전을 부의하여 도울 수 있도록 했다.

넷째, 금송과 공유산림의 보호·관리에 관한 사항은 2개 조목으로 마을공동산을 착실하게 보호하여 (필요할 경우) 공동재원으로 충당하도록 했으며, 계원이더라도 범금했을 경우 중벌에 처하도록 하고 있다.

다섯째, 처벌 수위가 단계적으로 증가했고, 위반 사항과 위반 정도에 따라 처벌 수위가 달랐음을 알 수 있다. 하벌은 1전과 태 10대, 중벌은 2전과 태 20대, 상벌은 3전과 태 30대로 구분했고, 심한 경우 고관치죄(告官治罪)하여 엄하게 다스리도록 하고 있다. 즉 '점증적 제재 조치'가 마련·운영됐음을 짐작하게 한다.

회룡마을의 리약에 관한 내용을 금송과 마을공동산의 보호·관리와 관련하여 논의하자면, 몇 가지 주요 특징이 발견된다. 첫째, 금송 및 산림공유자원의 이용과 관리는 '리약'이라는 촌계 조직 구조 속에서 운영됐다는 점이다. 이것은 산림공유자원이 기층민의 생존과 공동체의 공존공생에 직결됐음을 의미한다. 즉 산림공유자원은 요역, 기근, 전염병, 별신제 등 지역공동체가 공동으로 대처하는 데 중요한 재원을 제공했던 것이다. 따라서 회룡마을의 금송은 보역/보민의 성격을 띠고 있었음을 알 수 있다.

둘째, 회룡마을의 금송은 '상하합계'의 성격을 지녔으며, 마을 구성원이면 누구나 반드시 리약에 가입해야 하며, 마을공동산에서의 금송의무를 지도록 강제했던 것이다. 만일 금송의무를 어길 경우 촌규에 위반하는 것으로 간주하여 적정한 수위의 처벌을 받도록 했다.

셋째, 회룡마을의 금송은 하나의 자연마을 단위인 독송계(獨松契) 방식으로 이뤄졌음을 말해준다. 금송과 마을공동산의 보호·이용·관리에 관한 구체적인 규약을 남기지 않았는데, 이것은 금송이 오랫동안 관행적으로 운영되어 왔음을 암시한다. 다시 말해, 마을공동산의 감시·감독과 산림보호 활동에 대한 명문 규정의 부재가 감시·감독과 산림보호 활동이 전혀 없었다는 것을 의미하지 않는다. 이미 오래전부터 관행적으로 마을 구성원들이 순번을 짜고 순산 활동이 이뤄졌을 것으로 보인다. 다만 오랜 관행으로 내려왔기 때문에 굳이 문서로 남길 필요는 없었을 것이다. 또한 마을공동산 구역을 표식하는 금표에 관한 규정이나 언급이 없다. 그렇더라도 마을 구성원뿐만 아니라 마을 구성원이 아닌 타동 사람들도 마을공동산의 경계와 구역에 대한 암묵적인 합의와 인지가 있었을 것이다. 이것은 기층민 주도로 이뤄지던 금송계 전통에서 보편적으로 보이던 현상이다.

넷째, 리약이 '면약' 그리고 관청이라는 중층적 구조 속에서 조직·운영됐듯이, 회룡마을에서 금송활동도 중층적 구조 속에서 운영됐을 것으로 추측된다. 특히 이웃마을과의 분쟁, 이를테면 마을공동산의 경계와 구역에 관한 분쟁은 면약 내에서 혹은 관청을 통하여 해결을 모색했을 것으로 보인다.

다섯째, 현재도 회룡마을은 마을 주민의 상당수가 경주설씨와 의령남씨인 동족마을이고, 〈좌목〉에 실린 대부분의 상계원들이 경주설씨와 의령남씨이었던 점으로 보아 회룡마을의 리약은 이 두 성씨의 주도 하에 창설·운영됐다는 것을 알 수 있다. 특히 「존제축판」 작성에 참여한 병암(屛庵) 남석관(南碩寬), 청수헌(聽水軒) 남석해(南碩海), 추담(秋潭) 남석하(南碩夏)는 모두 형제지간으로 리약의 결성과 운영을 주도했던 것으로 보인다.

마을공동산은 6·25전쟁 직후에 매각됐다고 한다. 회룡마을에서는 6·25전쟁 직후에 동네밭[洞田] 약 15마지기(약 3,000평)를 팔아 마련한 동답(洞畓) 약 2,000평 정도를 현재 공동소유하고 있다. 오늘날까지 회룡마을은 리약의 훌륭한 전통을 이어오고 있다. 마을 사람 간에 공동체의식과 유대감이 강하고, 공동체 내 단합이 잘 되며, 어른을 공경하는 전통도 잘 유지되고 있다. 현재는 마을 차원에서 '유기농단지'를 마련하여 우렁이농법으로 농가소득에 기여하고 있다. 유기농단지 내에 한 사람이라도 제초제나 살충제를 쓰게 되면 마을에서 생산되는 모든 쌀이 유기농 쌀로 인정받지 못하기 때문에 마을 구성원 전체에 큰 손해를 끼칠 수 있다. 하지만 회룡마을에서 오랫동안 형성된 끈끈한 공동체의식은 이런 유혹을 방지하고 있다.[33)]

오늘날 회룡마을은 두 가지 큰 어려움에 직면해 있다고 한다. 무엇보다도 산업화와 도시화 물결 속에서 젊은 층의 인구가 급감했고 과거 끈끈하던 공동체의식도 상당한 도전을 받고 있다. 한때 회룡마을은 105가구에 이르렀으나, 현재 등록된 63가구 중에서 실제로 53가구 정도만이 살고 있다. 마을거주자 대부분은 노년층으로 마을 이장 남희봉(남, 68세) 씨가 가장 젊은 축에 들어간다고 한다. 2018년 2월 24일 마을회관에서 이뤄진 면담에서 어르신들은 20년 후에 마을이 어떻게 될지, 마을이 없어지지 않을지 걱정했다. 둘째는 마을 앞에 1,452가구를 수용할 수 있는 학교, 아파트, 전원주택, 병원 등을 포함한 '첨단문화복합단지'가 2020년 완공 예정으로 건설 중에 있다. 그와 동시에 마을 옆 도로가 4차선으로 확장될 예정이라고 한다. 이로써 마을이 더욱 고립되고 교통사고 등 어르신들의 안전문제가 우려된다는 것이다.[34)]

---

33) 동답의 일부는 남씨, 설씨, 진씨 등의 명의로 되어 있고, 나머지는 새마을회 명의로 되어 있다고 한다. 동답은 동임(洞任)인 이장이 맡아 짓고 있는데, 매년 3섬을 토세(土稅) 명목으로 마을에 내고 나머지 수확은 동임의 임금으로 가진다고 한다. 2018년 2월 24일 현지조사에서 남종원(남, 88세) 씨, 남인철(남, 81세) 씨, 윤학섭(남, 80세) 씨, 마을 이장 남희봉(남, 68세) 씨의 도움말.

34) 한편 79년 전에 세워진 한옥건물인 마을회관이 노후되어, 마을 정자 옆에 마을회관을 신축하려고 군청과 읍사무소의 지원을 요청하고 있다고 한다. 2018년 2월 24일 현지조사에서 남종원(남, 88세) 씨, 남인철(남, 81세) 씨, 윤학섭(남, 80세) 씨, 마을 이장 남희봉(남, 68세) 씨의 도움말.

6. 「송계완의(松稧完議)」

1) 개괄적 현황과 송계규약

「송계완의」가 언제 어디에서 작성됐는지는 확실하게 파악되지 않는다. 다만 사방박(四方博, 1976: 75)은 1799년(기미년, 정조 23년) 이전에 이미 송계가 시행됐다고 한다. 박종채(2000: 187)는 「송계완의」가 경상도 선산현(善山縣, 오늘날 구미시)에서 임술년에 작성됐다고 한다. 임술년은 1802년(순조 2년)이나 1862년(철종 13년)에 해당한다.

「송계완의」는 순서상 서문(序文)에 해당하는 부분, 15개 조목(條目), 〈계회시추조목(稧會時追條目)〉, 〈좌목(座目)〉, 〈하좌목(下座目)〉으로 구성되어 있다. 〈계회시추조목〉[35]에는 결의와 함께 5개 조목이 추가되어 있다. 〈좌목〉은 총 70명의 상계원 명단이 수록되어 있다. 〈표 4-1〉을 살펴보면, 금송계의 창계에 참여한 상계원 수는 21명이었는데, 이 중 남씨 8명, 박씨 4명, 안씨 4명, 이씨 2명, 오씨 1명, 류씨 1명, 금씨 1명으로 구성됐다. 창계 후 7차례에 걸쳐 상계원의 추입이 이뤄졌는데, 보통 10월에 열린 가을강신회에서 추입례를 거쳐 추입이 이뤄졌다. 총 70명의 상계원 명단 중에서 남씨(24명)와 안씨(30명)가 약 83%를 차지했던 것으로 보아, 송계가 남씨, 안씨 두 성씨 중심으로 운영됐던 것으로 보인다.

〈하좌목〉에는 하계원의 명단이 수록되어 있는데, 하계원은 모두 108명이었다. 〈좌목〉에서는 상계원의 추입년월일을 구체적으로 밝혔던 반면, 〈하좌목〉에서는 하계원의 명단만을 나열하고 있어 추입 시기를 제대로 파악하기 어렵다. 하계원의 명단 아래 사망 후 계원 자

---

35) "己■ ■月二日"로 되어 있어 〈계회시추조목〉의 작성 일자는 파악하기 어렵다.

〈표 4-1〉 상계원 추입 현황

추입일	상계원 추입 현황	
	성씨별 현황	수
창계시	남씨 8명, 박씨 4명, 안씨 4명, 이씨 2명, 오씨 1명, 류씨 1명, 금씨 1명	21
壬戌四月初六日	남씨 4명, 박씨 2명, 안씨 1명, 오씨 1명	8
丙寅十月初十日	남씨 1명, 박씨 2명, 안씨 5명	8
辛未十月初六日	남씨 1명, 안씨 1명	2
癸酉十月初七日	남씨 3명, 안씨 1명	4
壬午十月初七日	남씨 1명, 안씨 8명, 이씨 1명	10
癸卯正月日	남씨 3명, 안씨 2명, 이씨 1명	6
丙寅正月日	남씨 3명, 안씨 8명	11
合計	남씨 24명, 박씨 8명, 안씨 30명, 이씨 4명, 오씨 2명, 류씨 1명, 금씨 1명	70

출처: 「송계완의(松稧完議)」 <좌목(座目)>.

격 승계가 있을 경우, "故代" 혹은 "故"를 쓴 후에 승계자의 성명이 기재되어 있다. 상계원은 특정 성씨가 다수를 차지했던 반면, 하계원에는 여러 성씨들이 다양하게 분포되어 있다.

「송계완의」는 서문과 조목으로 구성되어 있는데, 먼저 서문에 해당하는 부분은 다음과 같다.

> 오른쪽은 완의(完議)이다. 전해오는 말에 "도끼가 알맞은 때에 산림에 들어가면 재목은 이루 다 쓸 수 없을 정도가 된다"라고 했는데, 이 말이 어찌 오늘날의 중요한 일[至務]을 말한 것이 아니겠는가? 나무는 반드시 잘 자란 후에 재목이 될 수 있고 재목이 된 후에야 쓸모가 있는 것이어서, 살아서는 땅에 대한 근심이 없고, 죽어서는 더 자라야 할 것에 대한 유감이 없다. 하물며 사람이 살아가는 데 반드시 숲이 있어 수목(樹木)이 그늘을 드리우고 소나무와 회나무가 빛을 가려주니, 어찌 재목(材木)의 쓰임만 말하는 것이겠는가? 우리 마을 사람들이 조밀하게

모여 살고 있고, 사방의 산들은 벌거숭이어서 아침저녁에는 늘 땔나무 걱정을 하고 있고, 가을 겨울에는 찢어지고 터진 모습을 하고 있으니 사람의 사는 이치를 여기서 알 수 있다. 이에 상하(上下) 주민들이 의견을 모으고 상의하여 이 계(契)를 만들어 금송(禁松)의 방책으로 삼고자 한다. 지금부터 하나같이 마음을 써서 도끼를 함부로 쓰지 못하게 하여 함께 망하지 않게 해야 한다. 그러면 나무가 자라서 삶을 도와주고 장사를 치르는 데 유감이 없게 할 것이다. 이것은 참으로 공공(公共)의 일이며, 한 사람의 사적인 일이 아니다. 모든 우리 계원들은 창계(創契)한 후에는 각자 두려워하며 마음이 해이해지지 않아야 천만 다행일 것이다.[36]

「송계완의」의 15개 조목을 살펴보면 다음과 같다.[37] 마지막 조목은 판독이 어려워 내용을 파악하기 어렵다.

一. 원근(遠近)을 막론하고 살아 있는 소나무[生松]는 일체 금단(禁斷)한다.

---

36) 「松稧完議」. 右完議爲傳曰斧斤以時入山林 材木不可勝用 斯言也豈不爲今日之至務也哉 物必滋養以後 可以成材 ㅁ可材也而後可以有用 則生無土處之患 死無當大之憾 而況人之有居 必有林藪 則樹木陰翳 松檜掩暎者 豈但爲材木之用而已哉 惟我縣洞人居稠密四山童濯 朝暮焉 常有爨炊之憂 秋冬焉 未免裂墮之勢 則人之生理從此可知 玆與上下民人 合謀旁議 刱此一契 以爲禁松之計 自今以後 一乃心力無使斧斤相尋 而不至於梏亡 則其長也可以養生送死而無憾 此實共公之事 而非一人之私 凡我同契之人 旣契之後 各自惕念 無至解弛之地 千萬幸甚.

37) 「松稧完議」. 一. 勿論遠近 生松則一切禁斷事. 一. 雖自枯松 亦爲一一禁斷事. 一. 後山及火山 則非徒松木雜木 亦爲禁斷事. 一. 松稧有司 限三朔相遞事. 一. 春秋講會相議事. 一. 每朔望 聚會時 犯令人若不■■■松于自當其罰事. 一. 犯禁之人以上罰施行事. 一. 自枯松犯禁之人 以中罰施行事. 一. 禁斷處若有放火 則與生松犯者同罰事. 一. 施罰時若有橫逆者 則告官重治事. 一. 上罰則笞二十贖五戔徵捧事. 一. 中罰則笞十五贖三戔徵捧事. 一. 下罰則笞十贖二戔徵捧事. 一. 上下林犯禁者 亦以上罰施行事. 一. ㅁㅁ春秋洞ㅁㅁ令一切禁斷事.

一. 저절로 마른 소나무일지라도 또한 일일이 금단한다.

一. 뒷산과 화산(火山)은 소나무뿐만 아니라 잡목도 금단한다.

一. 송계유사(松契有司)는 세 달마다 교체한다.

一. 봄과 가을 강회(講會)에서 상의한다.

一. 매월 초하루와 보름 모임 때, 명령을 어긴 자가 만일 … 하지 않으면 직접 처벌한다.

一. 범금(犯禁)한 자에게는 상벌을 시행한다.

一. 저절로 마른 소나무를 범금한 자에게는 중벌을 시행한다.

一. 금단처(禁斷處)에 만일 방화(放火)한 자가 있으면 살아 있는 소나무에 대해 범금한 자와 동일하게 벌한다.

一. 처벌할 때 만일 거역하는 자가 있으면 관아에 보고하여 엄하게 다스린다[重治].

一. 상벌(上罰)은 태(笞) 20대, 속전(贖錢) 5전(戔)을 징수한다.

一. 중벌(中罰)은 태 15대, 속전 3전을 징수한다.

一. 하벌(下罰)은 태 10대, 속전 2전을 징수한다.

一. 상하림(上下林) 범금자(犯禁者)도 상벌을 시행한다.

一. … 봄 가을 마을 … 일체 금단한다.

송계가 운영되어오다 나중에 작성된 〈계회시추조목〉[38]에서는 당시 상황에 대한 설명과 함께 5개 조목을 추가했다. 하지만 언제 작성

38) 〈己■ ■月二日 稧會時追條目〉. 一. 無論是非 上下間或有叫呼大聲橫逆作拏上廳則削名出契 而下輩則笞三十贖一兩式 論罰徵捧事. 一. 近來松禁漸至解弛 此後則犯禁之人 別樣禁斷事. 唯此契之設 本爲上下和同之意 而每每聚會時 多有橫辭者如彼之輩 雖不足言 而契規之解弛 莫此時若 故常有痛切之心 不意今者聚會時 常漢輩數三人作拏契中 不有ㅁㅁ上下不識父子上下齊憤 共成條約 一邊呈于官家 一邊懲贖以爲日後懲戢之地 此後或有叫呼橫逆之弊 則依此條約行事. 一. 勿許退入事. 一. 當秋藩籬 則以枝松取用事. 一. 稧錢皆是輔民力之物也 上下洞大小之役以此錢出給 則不可慢矣 捧錢之時或有蹭蹬之人 則亦以上罰施行事.

됐는지는 판독이 어려워 파악할 수가 없다.

一. 시비(是非)를 막론하고 상하(上下) 간에 큰소리치며 소란을 피우는 자가 상청(上廳)이면 제적하고 출계시키며[削名出契], 하배(下輩)이면 태 30대, 속전 1냥씩 징수하여 처벌한다.
一. 근래 금송(松禁)이 점점 해이해지고 있는데 차후에 범금한 자는 별도로 금단한다.

이 계를 만든 것은 본래 상하가 화합하고자 하는 뜻인데, 모임 때마다 말을 함부로 하는 자가 다수가 있다. 비록 말은 많지 않더라도 계규(契規)가 해이해지게 된 것이 지금보다 더 한 때가 없으니 늘 통절(痛切)한 마음이 있어왔다. 뜻밖에 이번 모임 때 무뢰배 3명이 계중에 소란을 피워 상하를 (구분)하지 않고 부자(父子)를 알아보지 않아 상하가 모두 통분하여 함께 조약을 만들었다. 한편으론 관가에 고하고 한편으론 속전을 징수하여 앞으로 징계의 본보기로 삼고자한다. 차후에 소리지르며 멋대로 하는 폐단이 있으면 이 조약에 따라 처리한다.

一. (계원의) 탈퇴와 가입은 불허한다.
一. 가을 울타리는 소나무가지를 취하여 쓴다.
一. 곗돈[稧錢]은 모두 주민을 돕는 것이므로 상하동(上下洞)에서 대소(大小)의 부역에 이 곗돈으로 지출할 경우 함부로 다루어서는 안된다. 곗돈을 바칠 때 꺼리는 자가 있으면 상벌을 시행한다.

2) 내용분석

먼저 서문의 내용을 보면, 좁은 지역에 사람이 많이 살아 인구가 조밀하고, 동네 사방의 산림이 남벌로 민둥산이 되어 땔감 부족 등 많은 고초를 겪고 있다는 것이다. 이에 "상하민인(上下民人)"이 산림의 이용·보호·관리를 위하여 일심협력으로 송계를 창계하게 됐다는 내용이다. 여기서 "상하민인"이라는 표현이나 〈좌목〉과 〈하좌목〉의 존재는 송계가 '상하합계' 방식이었음을 말해준다. 또한 〈좌목〉과 〈하좌목〉에 송계원의 명단을 기재하여 송계원과 비송계원 간의 구분을 명확하게 했다. 창계 후에 작성된 〈계회시추조목〉에서는 "(계원의) 탈퇴와 가입을 불허한다" 하여 송계원의 탈퇴와 비송계원의 신입을 허락하지 않고 기존의 송계원들과 사망 시 계원 자격 승계자들만으로 송계가 운영됐음을 말해준다. 송계 차원에서 보호·관리하는 대상은 동네 사방의 산림이었다. 조목에서도 "뒷산과 화산", "상하림(上下林)"이 직접 언급되어 있는 것으로 보아 송계산의 경계와 구역이 나름대로 명확하게 설정되어 있었던 것으로 보인다.

또한 집합적 선택을 위한 제도적 장치가 마련되어 있었다. 매년 봄과 가을 두 차례 강신회(講信會)를 열었는데, 이때에는 모든 계원이 참석하여 곗돈 회계와 결산, 산판작업 날짜, 계임(契任) 선정, 갈등의 조정과 해결 등 주요 안건을 논의하고 의결했을 것으로 보이나, 조목에는 구체적인 내용이 나오지 않는다. 〈표 4-1〉로부터 추측컨대, 봄 강신회는 음력 1월, 4월 등에, 가을 강신회는 음력 10월에 주로 개최됐던 것으로 추측된다. 봄과 가을 강신회 이외에도 매달 1일과 15일에 모여 범금자에 대한 처벌이 행해졌는데, 송계산 내에서 불법행위뿐만 아니라 공동체 규율이나 윤리를 위반한 행위에 대해서도 처벌이 이뤄졌던 것으로 보인다. 이는 송계가 동계의 기능과 역할의 전부 혹은 적어도 일부를 담당했음을 의미한다.

송계산 내 산림감시와 적발 활동은 철저하게 이뤄졌던 것으로 보이는데, 이것은 15개 조목 중에서 적어도 12개 조목이 금송 및 범금자의 처벌과 직간접적으로 연관되어 있는 데서 추측할 수 있다. 예를 들어, "원근을 막론하고 살아 있는 소나무는 일체 금단한다", "저절로 마른 소나무일지라도 또한 일일이 금단한다", "뒷산과 화산은 소나무뿐만 아니라 잡목도 금단한다", "저절로 마른 소나무를 범금한 자에게는 중벌을 시행한다", "금단처에 만일 방화한 자가 있으면 살아 있는 소나무에 대해 범금한 자와 동일하게 벌한다", "상하림 범금자도 상벌을 시행한다" 등의 규정에서 알 수 있듯이, 금송과 금양을 위한 활동이 매우 활발했고 철저했던 것으로 보인다.

하지만 15개 조목 중에는 계원 간의 산림감시 업무 배분 방식 등에 대한 직접적인 언급은 없어 더 이상 파악할 수가 없다. 송계산 내 범금자나 공동체 규율과 윤리 위반자에 대한 처벌 방식은 태형, 벌금형, 고관치죄 등으로 구성되어 있었고, 처벌 수위도 하벌, 중벌, 상벌, 고관치죄로 세분화되어 있었다. 하벌은 위반자에게 태 10대에 속전 2전을 징수하는데, 해당 범법행위의 내용이 나와 있지 않다. 중벌은 태 15대에 속전 3전을 징수하는데, "저절로 마른 소나무를 범금한 자"에게 부과한다고 명시하고 있다. 상벌은 태 20대에 속전 5전을 징수하는데, "범금한 자", "상하림 범금자"에게 상벌을 시행한다고 규정하는데 자세한 내용은 알 수 없다. 끝으로 송계 차원에서 위반자에 대해 "처벌할 때 만일 거역하는 자가 있으면 관아에 보고하여 엄하게 다스린다"라는 별도의 규정을 두어 고관치죄 방식을 활용했음을 알 수 있다.

어느 조직에서나 운영 과정에서 갈등 상황은 늘 발생하기 마련이다. 송계 내에서도 이런 상황이 실제로 있었던 듯하다. 〈계회시추조목〉에서 언급하고 있듯이, 송계의 창계 목적은 목재, 땔감, 퇴비 확보와 금송뿐만 아니라 상하 간의 화목을 도모하고자 함이었다. 하지만 송계 모임이 있을 때마다 계원들 간에 알력과 갈등이 있어 왔는데, 〈계회시추조목〉을 제정하던 당시에 3명의 계원이 큰소리를 지르며 소란을 피웠고 송계 차원에서 해당 계원들을 관으로 보내고 이들에게 속전을 징수하여 본보기로 삼겠다고 결의했다. 또한 옳고 그름을 떠나 소란을 피우는 자가 있다면, "상청이면 제적하고 출계시키며, 하배이면 태 30대에 속전 1냥씩 징수하여 처벌한다"라는 신규 조항을 추가했다. 이 처벌 조항은 앞서 「송계완의」의 규정보다 처벌 수위가 높은 것이다. 요약하면, 송계 내에서 갈등 상황이 발생했을 시 송계 차원에서 자체적으로 갈등을 조정하고 해결하고자 노력했던 것으로 보인다. 매월 초하루와 보름날에 열리던 모임과 매년 두 차례 강신회를 통해 이러한 갈등 조정과 해결 노력이 적극 개진됐을 것이다. 그러나 송계 자체적으로 조정과 해결이 어려울 경우에는 최종적으로 관에 고발하여 관을 통해 갈등을 조정·해결하고자 했음을 알 수 있다.

「송계완의」와 〈계회시추조목〉에서 처벌 방식, 처벌 형량, 회의 등에 관한 규정들을 명시하고 있다는 점에서 송계는 자체적으로 자치조직권과 자치사법권을 가지고 있었음을 알 수 있다. "송계유사는 세 달마다 교체한다"라는 규정으로부터 '유사'라는 계임을 확인할 수 있다. 하지만 계장은 어떻게 선정되는지, 계장의 권한과 임무는 무엇인지, 상계와 하계에서 각자 계임이 존재했는지 등에 대한 구체적인 사항은 파악할 수 없다. 일반적으로 상하합계에서는 상유사, 하유사 등 계임이 따로 있었고 이들이 금송, 순산과 산림감시 활동, 곗돈 관리, 강신회 준비 등 계무 전반에 대한 업무를 집행했을 것으로 추측할 따름이다.

송계는 중층적 사업구조 속에서 운영됐을 것으로 보인다. 즉 '송계—동계—관'의 구조 혹은 '송계(=동계)—관'의 구조였는지의 여부는 확실하지 않으나, 그럼에도 송계는 동계의 일부 혹은 전체 기능을 수행했던 것으로 보인다. 송계 차원에서 풍기문란행위 단속과 같은 상호규검(相互規檢)의 기능을 수행했고, 송계에서 관리하던 곗돈을 상하민인(上下民人)의 크고 작은 부역에 활용하여 보민 및 보역 기능을 담당했던 데서 이러한 점을 확인할 수 있다. 창계 당시에는 금송과 산림감시 활동 등 공유산림의 지속 가능한 이용·보호·관리에 중점을 두었다가 시간이 지날수록 상호규검, 신분질서 유지, 보민/보역을 위한 곗돈의 적립과 활용 등 지역공동체의 유지와 번영까지 포괄하지 않았나 추측된다. 왜냐면, 「송계완의」의 15개 조목에는 거의 대부분의 조항이 금송, 범금행위 처벌 등에 관한 내용이었지만, 〈계회시추조목〉의 5개 조목에서는 상호규검, 곗돈의 적립과 활용에 대한 내용을 주로 다루고 있기 때문이다.

7. 양주목(楊州牧) 어둔리(於屯里) 순산계(巡山禊)

1) 개괄적 현황과 송계규약

어둔리 순산계는 1805년(을축년, 순조 5년) 5월에 창계됐다. 현존하는 순산계(巡山禊) 관련 문서는 〈완의(完議)〉, 〈계헌(禊憲)〉, 〈좌목(座目)〉으로 구성되어 있다. 〈완의〉에서는 순산계의 결성 동기와 배경을 언급하고 있으며, 〈계헌〉에는 금송 및 상부상조에 관한 11개 조목(條目)을 명시하고 있다. 〈좌목〉에는 상하계원 55명의 명단이 실려 있는데, 읍내(邑內) 거주자 34명, 어둔리 거주자 21명이 각각 기재되어 있다. 어둔리 순산계는 '상하합계'의 특성을 지니고 있으나, 상계원 1명 이외에는 상·하계원을 따로 구분하지 않았다. 먼저 〈완의〉를 살펴보면 다음과 같다.

> 오른쪽은 완의(完議)이다. 우리 선영(先塋)은 모두 남쪽 산기슭에 있는 여러 산들과 여러 언덕들이다. 풀 한 포기, 나무 한 그루도 다 주인이 있고 수백 년 간 지켜온 땅이다. 옛날에는 소나무와 가래나무가 잘 자라 울울창창하게 숲을 이루었으니 자손들이 어찌 다 우러러볼 수 있었겠는가? 지금은 도끼가 난입하여 헐벗은 벌거숭이산이 됐으니 나무꾼과 목동들을 어떻게 막을 것인가? 조상을 모시는 정성은 사람이 모두 가지고 있는 것이니 나무 키우는 계획을 잠시라도 어찌 지체하겠는가? 비록 금작(禁斫)의 방법이 보이지 않는다 할지라도, 후한을 막는 길은 늘 급한 일이다. 만약 지금 확실히 상의하지 않으면 약간 남아있는 나무조차 다 없어졌다는 탄식이 나올 것이다. 따라서 오늘날 자손을 위하는 자는 그 형편에 따라 각자 돈을 내서 별도로 순산계(巡山稧)를 만들기로 한다. 해마다 잘 증식해서 실효를 도모하면 산의 나무를 범작(犯斫)하는 것이 저절로 사라지고 금양(禁養)되어 점차 불어날 것이다. 조례(條例)는 왼편에 기록한다. 우리 계원들이 확실하게 준수하여 영원토록 바꾸지 않아야 마땅하다.[39]

원래에는 소나무와 가래나무로 울창한 숲을 이루었지만 지금은 벌거숭이가 됐으므로 선영수호(先塋守護)와 송추(松楸, 소나무와 가래나무)의 금양을 목적으로 형편에 따라 각자 돈을 내어서 순산계를 만들기

39) 〈完議〉. 右完議事段 吾儕先塋咸在南麓某山某丘 一草一木 各有其主 卽幾百年守護之地也 昔時則松楸焉培養蔚密成林 子孫之瞻仰曷極 今日則斧斤焉亂入 童濯露山樵牧之徒衆何戢 爲先之誠 人所共有 養木之策 暫豈稽緩 懲後之道 雖云獨無禁斫之方 一時爲急 若不趁今商確 有如干所餘者 不無見盡之歎 故乃於今日爲其子孫者 隨其勢力 各出錢兩 別成巡山稧 年年長殖 期圖實效 則邱木犯斫 自可永杜禁護次序殖利 條例開錄于左 惟我僉員恪遵恪守 永世勿替爲宜者. 乙丑五月日.

로 했다는 것이다. 이와 더불어, 순산계에서는 송계원 간의 상부상조를 도모하고자 했다. 〈계헌〉의 11개 조목[40]에서는 금송과 산림감시 활동, 벌금, 상부상조 등에 관해 명시하고 있다.

一. 위로는 원동현(院洞峴)에서 아래로는 남방리(南防里) 뒤 산기슭 서쪽까지 그리고 앞뒤 산등성이를 남쪽 경계로 삼는다.

一. 이제 계(稧)를 만든 후부터 소나무와 가래나무를 잘 보호하고 각별히 보살피도록 한다. 만약 범작(犯斫)의 폐단이 있으면 유사(有司)에게 즉시 통지하여 별도로 징치하고 나중에 있을 폐단[後弊]을 막는다.

一. 곗돈은 매월 초하루에 5푼[分]씩 불리고 가을 모임 때, 즉 매년 10월 21일에 단정(斷定)한다. 모든 계원은 이 날에 다 모여야 한다. 만약 불참자는 벌이 부득이하니 벌전(罰錢)으로 3전(戔)을 즉각 내도록 한다.

一. 도순산(都巡山)은 본동(本洞) 계원 중에서 따로 1명을 정하여 금호(禁護)를 전담케 하고, 보수를 주도록 한다. 집집마다 각각 조(租) 한 말, 보리[牟] 한 말씩 내며, 곗돈 2냥[兩]을 지급한다.

---

40) 〈稧憲〉. 一. 上自院洞峴 下至南防里後麓西邊 而前後山脊 以南爲定是齊. 一. 自今成稧後 松楸禁護之節 各別爲之 而若有犯斫之弊 則卽爲通寄于有司處 別般懲治 俾杜後弊是齊. 一. 稧錢每朔以五分邊殖利 而秋捧則每年十月二十一日斷定諸員趁此日齊會是矣 若有不參之人 則不可無罰 罰錢以三戔 卽刻懲捧是齊. 一. 都巡山自本洞稧員中 別定一人 專爲禁護 而不可無酬勞 每戶各出租一斗牟一斗 收合以給是遣亦自稧中錢二兩上下是齊. 一. 未盡條件追後磨鍊是齊. 一. 甲戌爲始於屯里稧員中 如有喪事 則齋錢ㅁ以五兩式上下是齊. 一. 邑村稧員中 或有身故則子孫間卽爲代參 而禮錢■■五戔捧上是齊. 一. 邑稧員中 不幸喪故 則ㅁㅁ婢儀依例上下是齊. 白紙壹束 黃燭壹雙 南草一斤 本里所任進呈次. 一. 兩所任ㅁ各伍民式 上下是齊 已上甲戌爲始. 一. 巡山直所賴薄署禁護不實 故於屯里稧員則癸巳有兆 每員夏麥一斗式冬穀二斗式錢文一兩 各出以給自稧中 錢拾伍兩式 每年秋捧時出給俾爲恪謹禁養是齊. 一. 稧員賻儀近以代錢備送 事涉奇程 自甲午十月以後白紙一束黃燭一雙本邑上下是齊. 丙申因諸員公議更待稧實賻儀磨鍊事.

一. 미진한 조건은 추후에 마련한다.

一. 갑술년부터 시작하여, 어둔리 계원 중에서 만약 상(喪)을 당하면 재전(齋錢) 5냥씩 지출한다.

一. 읍내[邑村] 계원 중에 신상의 이유가 있을 경우, (계모임에) 자손이 대신 참석하고 예전(禮錢) 5전을 내도록 한다.

一. 읍내 계원[邑稧員] 중에 불행히 상을 당했을 경우 의례(依例)에 따라 부의한다. 백지(白紙) 1속(束), 황촉(黃燭) 1쌍(雙), 남초(南草) 1근(斤)을 본 동네[本里]의 소임(所任)이 드린다.

一. 두 명의 소임(所任)은 각각 5전씩 치르도록 하며, … 이상은 갑술년부터 시작한다.

一. 순산지기[巡山直]의 금호(禁護)가 초여름에 부실하다. 어둔리 계원들은 계사년에 각자 여름 보리 1두(斗), 겨울 곡식 2두, 돈 1냥을 계에 갹출하기로 한다. 매년 가을걷이 결산 때[秋捧時] (순산지기에게) 돈 15냥씩을 지급하여 금양이 정성껏 이루어지게 한다.

一. 계원의 부의(賻儀)는 근래에 돈 대신에 (다른 것을) 갖추어 보내는 일이 훌륭하다. 갑오년 10월 이후부터 백지 1속, 황촉 1쌍을 본읍(本邑)에서 제공하도록 한다. 병신년에 모든 계원이 함께 논의하여 계를 알차게 하는 부의를 마련했다.

2) 내용분석

앞서 언급했듯이, 어둔리 순산계는 선영수호(先塋守護), 송추금양(松楸禁養), 그리고 상부상조를 목적으로 결성됐다. 어둔리 순산계는 읍내(리)와 어둔리가 연합하여 결성됐으며, 상하합계의 성격을 지녔다. 또한 읍내(리)와 어둔리는 같은 순산계에 속해 있으면서도 각자 나름의 자치성을 가지고 운영됐던 것으로 보인다. 즉 수평적 사업구조이거나 중층적 사업구조를 띠었음을 암시하는 것이다. 예를 들어, 갑술년(1814년 혹은 1874년) 이후 어둔리 계원 자신, 처, 부모의 상을 당했을 경우 5냥을 부의금으로 지급했던 반면, 읍내(리) 계원 자신, 처, 부모의 상에서 처음의 사례를 제외하곤 모두 1냥 2전을 지급했다.[41] 또한 조목에 "도순산은 본동 계원 중에서 따로 1명을 정하여 금호를 전담케" 하도록 한 점으로 미루어 송계산의 순시와 산림감시 활동은 어둔리에서 전담했던 것으로 보인다. 또한 도순산에게는 순산업무를 맡기는 대가로 "집집마다 각각 조 한 말, 보리 한 말씩 내고, 곗돈 2냥"을 지급하도록 했다.

또 하나의 중요한 특징은 갑술년(1814년 혹은 1874년)에 이르러 순산계의 재정비가 있었던 것으로 보인다. 즉 어둔리 계원 중 자신, 처, 부모의 상에 부의금으로 5냥을 지급하도록 한 점, 계모임에 불참 시 자손이 대신 참석하고 5전을 예전으로 내도록 한 점, 읍내 계원이 상을 당했을 경우 일정 금액의 부의금 외에도 백지 1속, 황촉 1쌍, 남초 1근을 어둔리 소임이 지급하도록 한 점 등을 갑술년에 추가했다는 사실이다. 그 외에도 계원이 상을 당했을 경우 등을 대비하여 순산계에서는 곗돈을 마련하여 식리했는데, "매월 초하루에 5푼씩 불리는 방식"으로 계 재산을 늘려나갔다.

어둔리 순산계가 담당하던 송계산의 구역은 〈계헌〉에 명시되어 있는데, "위로는 원동현에서 아래로는 남방리 뒤 산기슭 서쪽까지 그리고 앞뒤 산등성이를 남쪽 경계로 삼는다"라고 하여 어느 정도 명확하게 설정하고 있었다. 〈좌목〉에는 읍내(리)와 어둔리 계원 55명이 기재되어 있는데, 이것은 창설 당시 원계원인지 아니면 추입된 계원까

41) 읍내(리) 계원의 경우, 〈좌목〉 계원 명단의 밑에 부의금 지출 내역이 기재되어 있다.

지 포함한 것인지는 확실하지 않다. 원계원이 사망하면 "代參" 다음에 계원 자격을 승계한 자의 성명이 기재되어 있다.

어둔리 순산계에서도 집합적 선택을 위한 모임이 있었다. 〈계헌〉에 따르면, 매년 10월 21일에 강신회가 열려 곗돈의 회계와 결산을 했고 기타 주요 안건을 논의하고 결정했다. 이 날에는 모든 계원이 반드시 참석해야 하며 불참 시 벌금으로 3전을 내도록 했다. 순산계의 조직이 어떻게 구성됐는지 알 수 없으나, 계임으로 유사가 있었다. 유사는 순시와 산림감시 업무, 곗돈 관리 등 실질적인 계무를 집행했던 것으로 보인다. '소임'이라는 명칭이 보이는데, 소임의 업무와 기능에 대해서는 더 이상 파악하기 어렵다. 그리고 자료의 부족으로 회의 안건, 계임의 선정 · 임기 · 담당업무 등을 구체적으로 파악하기 어렵다.

이미 언급했듯이, 도순산이라는 순산원 1명을 상시적으로 배치하여 송계산의 순시와 산림감시 활동을 전담하도록 했다. 비록 송계산 내 범금자를 적발하고 이를 유사에게 보고하여 추후에 징치하도록 규정하고 있으나, 처벌 수위, 처벌 방식 등에 대한 규정은 구체적으로 명시되어 있지 않는 것으로 보아 관례와 불문율에 의거하여 행해졌을 것으로 추측된다.

8. 「송금계입의(松禁稧立議)」

1) 개괄적 현황과 송계규약

금송계가 창계되어 시행됐던 지역은 파악할 수 없다. 다만 「송금계입의(松禁稧立議)」의 겉표지에 "정해사월 일 수계(丁亥四月 日 修稧)"라고 나와 있는데, 정해년은 1827년(순조 27년)이나 1887년(고종 24년)

에 해당한다. 「송금계입의」는 〈금송계입의서(禁松稧立議序)〉와 〈금송계절목(禁松稧節目)〉의 19개 조목(條目)으로 구성되어 있다. 〈금송계절목〉의 15번째 조목 다음에 관인(官印)이 있어 관으로부터 입안을 받아 송계가 창계됐음을 알 수 있다. 〈금송계입의서〉를 살펴보면 다음과 같다.

> 이르기를, "우리 마을의 대소인원(大小人員)들이 모두 이 말을 들었는데, '소나무는 모든 나무 중에서 으뜸이다'라는 말이다." 동량(棟梁)의 재목으로 이것을 쓰며, 관곽(棺槨)의 재료로 이것을 쓴다. 만약 이 재목이 없으면 궁실(宮室)의 도리를 행하지 못하고 이 재료가 없으면 장사지내는 예(禮)를 다하지 못한다. 이 때문에 맹자(孟子)는 이르기를 "도끼가 알맞은 때에 산림에 들어가면 재목을 이루 다 쓸 수 없을 것이다"라고 했다. … 이 마을의 좌우 산기슭은 우리 상하인(上下人)들이 장사지내는 곳인데 … 예부터 아름드리 소나무가 있어서 울울창창(鬱鬱蒼蒼)했다. 근래에는 인심이 각박해졌고 작벌(斫伐)로 인해서 벌거숭이산 지경에 이르렀으니 개탄스러움이 이만한 것도 없을 것이다. 그래서 모두 분연히 생각하여 완의(完議)를 만들어 금단(禁斷)하고자 한다. 우리 마을 사람들은 옛적 성인의 훈계 말씀을 이해하고, 우리 마을의 금단 결정을 준수하고, 성실하고 신중하여 자르지도 베지도 않아야 저 울창했던 높은 산이 무성해지고 빽빽해질 것이며 장차 동량, 관곽의 재목으로 쓰임이 아름답지 않겠는가? 삼가 받듭니다.[42]

---

42) 「松禁稧立議」〈禁松稧立議序〉. 曰吾里中大小人員 咸聽是言 夫松者百木之長也 棟梁之具 以是而用焉 棺槨之器 由是以備焉 若無是具 無以遂宮室之道 苟無是器 無以盡送死之禮矣 是故鄒夫子有言曰 斧斤以時入山林 材木不可勝用 ■此里左右山麓 卽吾上下人入葬■■舊有連抱之松 鬱鬱蒼蒼矣 近者人心不濫 自斫伐 將至濯濯之境 其爲慨然莫此若也 所以齊憤謀衆 以爲完議禁斷之地 惟我里中之人 體前聖訓戒之辭 遵吾里禁抑之議 克勤克愼 勿剪勿伐 則鬱彼高崗 森森焉芄芄焉 將爲棟梁棺槨之材 不亦美哉 敬奉.

〈금송계입의서〉에 따르면, 마을의 좌우산록(左右山麓)이 예부터 소나무로 울창했는데, 근래에는 작벌로 헐벗은 벌거숭이가 되었음을 개탄하고 상하대소인(上下大小人)들이 합심하여 금송하기로 결의했다는 것이다. 이는 금송계의 결성 목적이 마을의 좌우산록에서 금송하고 산림자원을 보호하는 데 있음을 천명한 것이며, 상하대소인이 참여하는 '상하합계'라는 것을 암시한다. 〈금송계절목〉의 조목에는 금송계가 30여 명의 상하대소인이 연합하여 결성한 상하합계임을 명시하고 있다. 또한 금송과 산림자원의 보호·관리를 통해 민인(民人)의 생존에 필요한 목재, 땔감 등을 확보하며, 금송계 차원에서 상호규검과 지역공동체의 질서 유지, 곗돈 마련 및 관리 등을 수행했음을 알 수 있다. 이렇게 금송계에서는 금송뿐만 아니라 지역공동체가 직면하던 여러 기능과 역할을 수행했던 것이다. 〈금송계절목〉의 19개 조목[43]을 살펴보면 다음과 같다.

43) 「松禁稧立議」〈禁松稧節目〉. 一. 里中上下三十餘員 齊聲相議 依朝令禁松事. 一. 春秋講信 同會里中 契以爲修議事. 一. 生大松稚松大小松枝 任意斫伐者 笞三十而從其所伐之多寡 笞亦輕重事. 一. 逐日輪回巡山 而無奴者兩班親自巡■■拘於顔情■■■告犯禁者後日■■現露 則笞二十■■■■不勤巡山 則笞■五施罰事. 一. 笞罰時 執杖者拘於顔情而歇杖 執杖者反受其罪事. 一. 笞罰時 或唱惡不順受者及亦不納贖者 一洞相議呈官處置事. 一. 作家之人 呈于尊位受題許伐 而隨其間數之大小 限日許伐 而如過日限 則與犯禁者同罪事. 一. 每年春秋限五日籬藩 而里中限日內一時爲籬後 當日巡山者 周視新籬處 若有元株稚松爲籬者 與犯禁者同罰事. 一. 田畓滿ㅁ處 限一日許伐松枝防堰 而如有元株稚松斫取者 與犯禁者同罰事. 一. 凡於藩籬防堰守松枝斫取 而山麓局外許伐 勿犯要緊處事. 一. 笞三十贖錢一兩笞二十七戔 十五五戔事. 一. 聚會時 收斂之物 延拖未收 無故不參之人 從論施罰事. 一. 左右山麓一人巡山 ■■■...爲左右山 左山■■...者巡山事. 一. 排日巡山不可亂次 作牌列盡■■■次之巡遞 而巡牌納于尊位 當巡山日 朝受暮還事. 一. 犯禁受杖者 或有致斃之事 勿笞成獄事. 一. 犯禁者笞三十 而贖則錢文一兩事. 一. 巡山者不顯犯禁人 則笞十五而自贖則錢文五戔事. 一. 契中上下中 獨執怪論言辭怪■紛拏契中者 從公論用施極罰事. 一. 凡契不有財■■■極甚■■...

一. 마을의 상하(上下) 30여 명이 함께 상의하여 조령(朝令)에 따라 금송한다.

一. 봄과 가을 강신회 때 함께 모여 각종 안건을 의결한다.

一. '살아 있는 큰 소나무'[生大松], '어린 소나무'[稚松], '크고 작은 소나무가지'[大小松枝]를 임의로 베는 자는 태(笞) 30대를 치고 그 벤 나무의 다과(多寡)에 따라 태를 또 가감한다.

一. 매일 돌아가며 순산(巡山)하며, 종이 없는 양반은 직접 순산한다. … 인정에 끌려 … 범금자를 보고하지 (않다가) …나중에 드러나면 태 20대를 벌하며, … 순산을 태만히 하면 태 15대를 벌한다.

一. 태벌(笞罰)할 때 집장자(執杖者)가 인정에 매여 장(杖)을 대지 못하면 집장자가 도리어 그 죄를 받는다.

一. 태벌할 때 혹 악소리를 내며 순순히 받지 않는 자와 납속(納贖)하지 않는 자는 온 동네가 상의해서 관아에 보고하여 처리한다.

一. 집짓는 사람은 존위(尊位)에게 청원서를 올려 작벌(斫伐)을 허락하는 뎨김[題音]을 받고, 집칸 수의 많고 적음에 따라 날짜를 한정하여 작벌을 허락한다. 만약 기한을 넘기면 범금자와 동일하게 벌한다.

一. 매년 봄과 가을에 5일을 한정하여 울타리를 짓게 하는데, 마을에서 그 기한 내에 일시적으로 울타리치기를 허락한다. 그 날 순산자는 새로 울타리를 친 곳을 둘러보아 만약 (소나무의) 원래 줄기[元株]와 어린 소나무로 울타리를 친 자가 있으면 범금자와 동일하게 벌한다.

一. 전답(田畓)이 무너진 곳은 1일을 한정하여 소나무가지의 작벌을 허락해주어 둑을 쌓게 한다. 만약 (소나무의) 원래 줄기와 어린 소나무를 작벌한 자가 있으면 범금자와 동일하게 벌한다.

一. 울타리를 치고 둑을 쌓기 위해 소나무가지를 작벌하는 것은 산록(山麓) 밖에서만 허락하며 요긴한 곳을 작벌해서는 안 된다.

一. 태 30대는 속전 1냥, 태 20대는 속전 7전, 태 15대는 속전 5전으로 한다.

一. 모임 때 거두어야 할 물건을 미루면서 내지 않거나 무고히 불참하는 자는 의론하여 처벌한다.

一. 좌우산록은 1인이 순산한다.

一. 날마다 정해진 순산은 함부로 순서를 바꾸면 안 된다. 패(牌)를 만들어 정해진 순서에 따라 … 번갈아 순산한다. 순산패(巡山牌)는 존위에게 드리고, 순산일(巡山日)에는 아침에 받고 저녁에 돌려준다.

一. 범금(犯禁)하여 태를 받게 된 자[受杖者]가 혹시 쓰러져 죽을 지경에 이를 것 같으면 태를 받게 하는[受杖] 대신 (관에서) 옥살이를 시킨다.

一. 범금자의 태 30대는 속전 1냥으로 한다.

一. 순산자가 범금인(犯禁人)을 밝히지 못하면, 태 15대, 속전 5전으로 벌한다.

一. 계원 상하인(上下人) 중에서 독단적으로 이상한 논변과 말을 하여 계를 어지럽히는 자는 공론(公論)에 따라 엄한 벌을 내린다.

一. 무릇 계는 재산이 없으면 …

2) 내용분석

〈금송계절목〉의 조목 내용을 구체적으로 살펴보면, 우선 금송계가 담당하는 송계산의 구역은 마을의 "좌우산록"을 포함하며, 실제 규모는 이보다 더 컸을 것으로 보인다. 이는 "울타리를 치고 둑을 쌓기 위해 소나무가지를 작벌하는 것은 산록 밖에서만 허락하며 요긴한 곳을 범해서는 안 된다"는 규정으로부터 유추할 수 있다. 금송계 결성 당시 송계원 수가 30여 명이었던 점, 금송계의 수장을 존위로 추정할 수 있는 점 등으로 미루어, 하나의 자연마을을 단위로 하는 독송계였을 가능성이 높아 보인다. 그렇다면 마을 주민 누구나가 금송계에 의무적으로 가입하도록 했을 가능성이 높다. 계원 명단을 기재한 〈좌목(座目)〉이 현재 전해지지 않는 것인지, 아니면 처음부터 없었던 것인지는 확인하기 어렵다. 현재 자료의 부족으로 송계원의 명단, 자격, 탈퇴, 추입(追入) 등에 대해서도 더 이상 알 수 없다. 분명한 사실은 곗돈 마련을 위해 계원들에게 갹출했는데, 아마도 곗돈 형성에 추입금(追入金)도 중요한 몫을 차지했으리라 추측된다.

금송계는 지역적 특수성과 여건을 반영하는 모습이 보인다. 뒤에 설명하겠지만, 여타 금송계에 비하여 송계산 순시와 감시 활동, 범금자 처벌, 재목 벌채, 가지치기 등에 대해 보다 구체적으로 많은 규정을 두고 있었다. 또한 금송계 차원에서 신분질서를 비롯한 지역공동체의 질서 확립과 유지를 위한 상호규검 기능을 수행했다. 이를테면, "계원 상하인 중에서 독단적으로 이상한 논변과 말을 하여 계를 어지럽히는 자는 공론에 따라 엄한 벌을 내린다", "모임 때 거두어야 할 물건을 미루면서 내지 않거나 무고히 불참하는 자는 의론하여 처벌한다", "태벌할 때 혹 악소리를 내며 순순히 받지 않는 자와 납속하지 않는 자는 온 동네가 상의해서 관아에 보고하여 처리한다" 등에서 확인할 수 있다.

강신회는 봄과 가을 두 차례 정기적으로 개최했다. 그 외에도 범금자 처벌을 비롯한 긴급 사안을 논의하기 위해 수시로 계모임이 있었던 것으로 보인다. 강신회에서는 상호규검에 관한 사항, 곗돈 출납내역과 결산, 금송 및 산림감시 업무, 나무 판매, 범금행위에 대한 처벌 등 주요 안건이 논의됐을 것이다.

금송계 차원에서 순산원의 순번을 정하고 송계산의 순시와 산림감시 활동을 철저하게 수행했던 것으로 보인다. 우선 송계산 내의 나무나 가지치기를 함부로 할 수 없도록 했다. 송계원 중에서 "집을 짓는 사람은 존위에게 청원서를 올려 작벌을 허락하는 뎨김을 받고, 집칸 수에 따라 날짜를 한정하여 작벌을 허락"한다든지, "매년 봄과 가을에 5일을 한정하여" 울타리 작업을 위한 소나무가지치기를 허용한다든지, "전답이 무너진 곳은 1일을 한정하여 소나무가지의 작벌을 허락해주어 둑을 쌓게" 허용한다든지 하여 송계산 내의 산림 보호와 관리가 엄격하게 이뤄졌음을 알 수 있다. 송계산을 "매일 돌아가며 순산하며, 종이 없는 양반은 직접 순산"하도록 했다. 또한 "날마다 정해진 순산은 함부로 순서를 바꾸면 안 된다. 패를 만들어 정해진 순서에 따라 … 번갈아 순산한다. 순산패는 존위에게 드리고, 순산일에는 아침에 받고 저녁에 돌려준다"고 규정하고 있다. 즉 순번제에 따라 순산원은 순산패를 지참하고 매일 순산과 산림감시 활동을 했음을 알 수 있다. 더불어, 순산패를 아침에 받고 저녁에 존위에게 반납하도록 함으로써 순산 활동에 만전을 기하도록 했다.

순산원에게는 철저한 순산과 산림감시 활동을 하도록 했으며, 만일 근무 태만 시 순산원을 처벌할 수 있도록 별도의 규정을 두었다. 이를테면, 순산원이 "인정에 끌려 … 범금자를 보고하지 (않다가) … 나중에 드러나면 태 20대를 벌하며, … 순산을 태만하면 태 15대를 벌한다"고 규정했으며, "순산자가 범금인을 밝히지 못하면, 태 15대, 속전 5전으로 벌한다"는 규정을 별도로 두었다. 그 외에도 매년 봄과 가을에 5일 기한을 정하여 울타리 작업을 위한 가지치기와 전답이 무너진 곳에 1일에 한하여 둑을 쌓기 위한 가지치기가 허용됐는데,

소나무의 원래 줄기나 어린 소나무를 작벌한 경우가 없는지에 대한 감시와 점검도 순산원이 직접 수행하도록 했다.

또한 금송계에서는 범금행위에 대한 처벌을 자세하고 구체적으로 명시하고 있다. 〈금송계절목〉의 조목에서 파악할 수 있는 범금자의 범주는 "살아 있는 큰 소나무, 어린 소나무, 크고 작은 소나무가지를 임의로 베는 자", "인정에 끌려 범금자를 보고하지" 않거나 "순산을 태만히 하는" 순산원, "범금인을 밝히지 못하는" 순산원, "태벌할 때 인정에 매여 장을 대지 못한" 집장자, "모임 때 거두어야 할 물건을 미루면서 내지 않거나 무고히 불참하는 자" 등이 해당한다. 범금자에 대한 처벌은 벌금형, 태벌형, 고관치죄 방식이 있었으며, 범금행위의 심각성 및 재범 여부에 따라 점증적인 제재 조치를 행했던 것으로 보인다. 이를테면, "태벌할 때 혹 악소리를 내며 순순히 받지 않는 자와 납속하지 않는 자"는 관에 보고하여 관청에서 죗값을 치르도록 했다.

"범금하여 태를 받게 된 자가 혹시 쓰러져 죽을 지경에 이를 것 같으면" 금송계 차원에서 태벌형으로 징치하는 게 아니라 관에 고하여 옥살이(징역형)를 시키도록 했다. 범금자는 자신의 경제 여건, 신분 등에 따라 벌금형과 태벌형 중에서 선택할 수 있도록 했던 것으로 보인다. 이는 "태 30대는 속전 1냥, 태 20대는 속전 7전, 태 15대는 속전 5전으로 한다"라는 조목에서 알 수 있다.

금송계의 운영 과정에서 발생하는 갈등 상황은 마을 어른의 중재, 계모임에서의 중재 등을 통해 금송계 자체적으로 해결할 수 있었을 것이다. 또한 금송계 내에서 문제를 일으키는 계원은 자체적으로 의론을 모아 처벌할 수 있었다. 하지만 보다 중대한 사안은 관의 개입과 중재로 해결하려고 했던 것 같다. 금송계는 관청의 인가를 받아 결성됐기 때문에 어느 정도 자치조직권과 자치사법권을 보장받았다. 〈금송계절목〉에서는 계임으로 존위와 순산원만 확인할 수 있어, 금송계 조직의 전체 구조와 관리 방식을 보다 자세히 알기에는 한계가 있다.

9. 연풍현(延豐縣) 「온정동금송절목(溫井洞禁松節目)」[44]

충청도 연풍현 온정동 금송계에서는 1819년(기묘년, 순조 19년) 9월 〈온정동금송절목(溫井洞禁松節目)〉을 작성했는데, 결정적인 동기는 동산(洞山)이 민둥산이 되어 가는 것을 안타까워하면서 마을 주민이 일심으로 힘을 합쳐 금송하고 산림을 보호하자는 것이었다. 〈온정동금송절목〉은 서문에 해당하는 부분과 규약에 해당하는 2개 조목으로 구성되어 있다.[45] 〈온정동금송절목〉의 서문 일부를 살펴보면 다음과 같다.

> [중략] 분별없이 나무를 베어서 저 많은 산을 벌거숭이로 서게 하니 다만 모든 쓰임에 공급(供給)을 못하게 할 뿐만 아니라 그 나라의 금하는 법에 범하게 되니 어찌 한심치 아니하리요. [중략] 일동(一洞)은 한마음으로 약정(約定)을 맺어서 금송사(禁松事)를 할지어다.

또한 금송과 금양을 위한 사항인 〈온정동금송절목〉의 2개 조목을 살펴보면 다음과 같다.

---

44) 법제연구원(1992: 255~256)의 내용을 바탕으로 연구와 분석이 이뤄졌다.

45) 여기에 실린 〈온정동금송절목〉의 번역은 법제연구원(1992: 255~256)을 그대로 인용하거나 약간의 수정을 가했다. 법제연구원(1992: 255~256)에서 〈온정동금송절목〉 원문은 제시하지 않고 있다.

一. 우리 동(洞)에서 만일 범금자가 있으면 벌금(罰金)을 물려 처벌하도록 한다.

一. 만일 타동(他洞) 나무꾼이 금하는 것을 무릅쓰고 범금을 하면 관에서 호출하여 엄히 다스리도록 한다.

이외에도 온정동 「동규(洞規)」에는 범금인에 대한 처벌 규정을 다음과 같이 별도로 마련하고 있었다.

一. 사방산국내(四方山局內)에서 마음대로 송목(松木)을 베어 장작(長斫)을 만들고 조심 없이 방화하는 자는 동중(洞中)에서 태장(笞杖) 삼십도(三十度)를 치고 징계하기로 한다.

1) 내용분석

금송을 위반했을 경우 같은 마을 사람에게는 벌금형으로 처벌하고, 다른 마을에 거주하는 자는 고관치죄(告官治罪)하도록 하여 송계원과 비송계원 간에 차등과 차별을 두었다. 또한 같은 동네 사람이라도 범법의 심각성, 빈도 등에 따라 벌금형, 체벌형, 고관치죄 등 차등적이고 점증적인 제재가 행해졌던 것으로 추측된다. 특히 동산(洞山) 내에 무단침입하여 작벌하거나 방화하는 행위 등은 중범죄에 해당하여 태장 30대를 부과했다. 그리고 「동규」가 별도로 있었던 것으로 미루어 온정동 금송계는 동계(洞契)의 하부조직으로 운영됐거나 독립적인 조직이었더라도 동계와 밀접하게 연계하여 운영·관리됐을 것으로 추측된다.

10. 양양군 임천리농상계(林泉里農桑契)[46]

임천리농상계는 강원도 양양군 서면 북평리의 강변에 위치한 면적 9정(町) 3반(反) 3묘보(畝步)에 달하는 평지림을 송계산으로 소유하고 있었다.[47] 임천리농상계에서 소유하던 송계림은 평지림으로 경계구역이 나름대로 명확했던 것으로 보인다. 천야력(淺野力, 1918)의 기록 당시로부터 약 78년 전에 군내면(郡內面) 임천리(林泉里)·포월리(浦月里), 서면(西面) 상평리(上坪里)·북평리(北坪里), 손양면(巽陽面) 송현리(松峴里) 주민 중 41명이 황무지에 소나무를 심고 가꾸는 '식림계(植林契)'를 조직했다고 한다.

1918년 기록 당시 30년 전에 처음 개벌(皆伐)했으며, 다시 10년 전에 삼림을 개벌·매각한 수익금으로 농기구를 구입하여 계원들에게 분배하거나 대차사용(貸借使用)토록 했는데, 이때부터 계의 이름을 '농상계(農桑契)'라고 개칭했다고 한다. 당시 기록에 따르면, 이곳에 밤나무를 심고 가꾸어 20~30년생 소나무와 5~6년생 밤나무의 혼합림으로 산림 상태가 매우 양호했다. 송계림에서 나오는 판대 수익은 전부 농사에 이용했고, 송계림 내 목재의 경우 계원에게 할인 매각은 허용하나 계원들에게 판매대금을 분배하지 않았다.

계임은 계장 1명, 유사 1명, 산직 1명으로 구성되어 있었다. 산직은 송계림 내에 거주하면서 순시하고 작벌을 감시하는 실질적인 산림 감시와 보호·관리 책임을 지고 있었다. 그 대가로 땔감과 숯[薪炭]

---

46) 천야력(淺野力, 1918), 전첨원(田添元, 1924.5.)의 내용을 바탕으로 연구와 분석이 이뤄졌다. 내용이 상이한 경우, 천야력(1918)을 우선하여 연구와 분석을 수행했음을 밝힌다.

47) 전첨원(田添元, 1924.5.)은 송계림이 '서면(西面) 북갑리(北甲里)'에 위치하고 기록 당시 이미 80여 년 전에 창계됐다고 한다.

을 받았다고 한다. 명문화된 규약은 없었으며, 모든 계의 사무는 불문율과 관습에 의존하여 운영됐다.

11. 양양군 하왕도리송계(下旺道里松契)[48]

1) 개괄적 현황과 송계규약

하왕도리송계는 강원도 양양군 손양면(巽陽面) 하왕도리(下旺道里)와 학포리(鶴浦里)[49]에 소재한 면적 35정(町) 3묘(畝) 2보(步)의 임야를 대상으로 하왕도리 주민 32가구가 송계를 조직하여 운영・관리했다. 하왕도리가 자연마을 자체인지 아니면 2개 이상의 자연마을로 구성된 것인지 확실하지 않다. 하지만 창계 당시 32가구가 참여했다는 사실로 보아 연합송계라기보다는 독송계일 가능성이 높아 보인다.

하왕도리송계가 결성된 목적이 분명하지는 않다. 다만 마을 자체에서 목재, 땔나무, 퇴비 확보가 주요 목적이었을 것으로 추측해 볼 수 있다. 왜냐하면, 봄가을 정기모임에서 산판작업 날짜가 정해지면, 당일 마을 주민 전체가 일제히 송계산 내에 들어가 낙엽 채취와 가지치기 작업을 실시했고, 접장(接長)의 직접 감독하에 마을 가구 수에 따라 평균 분배됐기 때문이다. 또한 주목벌채(主木伐採) 작업에서도 공동작업과 공평한 분배를 원칙으로 했다. 계원 중에서 화재, 수해 등 불의의 재해를 당하여 건축재가 필요한 경우에 한해서만 접장이 허락하

48) 천야력(淺野力, 1918), 전첨원(田添元, 1924.5.)의 내용을 바탕으로 연구와 분석이 이뤄졌음을 밝힌다. 내용이 상이한 경우, 천야력(1918)을 우선하여 연구와 분석을 수행했음을 밝힌다.

49) 전첨원(田添元, 1924.5.)은 '손양면(巽陽面)'을 '양양면(襄陽面)'이라고 했는데, 아마도 착오인 듯하다.

고 양을 정한 후 무상으로 제공하도록 했다. 추측컨대, 하왕도리송계는 나무 판매대금, 식리 등을 통한 보용·보민보다는 금송과 산림보호, 연료와 퇴비 확보가 송계의 주된 목적이었던 것으로 보인다. 또한 하왕도리송계에서는 단순히 금송과 산림감시 활동에만 그친 것이 아니라, 식림사업도 적극 추진했다. 식림이 필요할 경우, 매년 봄에 날을 정하고 마을 주민들이 일제히 송계산으로 들어가 소나무 등을 심었다.

명문화된 규약은 다음 3개 조항이며, 기타 사항들은 종래의 불문율과 관습법에 의존하여 운영됐던 것으로 보인다.

一. 계회(契會)는 매년 봄가을에 정기적으로 열도록 하며, 접장(接長)과 유사(有司)를 선정하여 수호금양(守護禁養)의 책임을 지도록 한다.
一. 만일 작벌하는 자가 있으면, 소나무 1그루, 소나무가지 1짐[負], 낙엽 1짐[負]마다 20전(錢)을 징수토록 한다.
一. 계원 중에서 계를 탈퇴한[出契] 자가 있으면, 소나무와 가래나무[松楸] 1그루, 낙엽(落葉) 1짐이라도 가져가는 행위를 금하도록 한다.

2) 내용분석

송계의 계임은 접장과 유사로 구성됐다. 접장은 송계의 수장으로 임기의 제한은 없었다. 송계의 실무를 관장하는 유사는 총 4명으로 임기는 반년이며 무급이었다. 매년 봄가을에 열리는 계의 정기모임에서 유사를 선정했다. 유사는 마을 주민 중에서 2명씩 산지기를 선정하여 순산하도록 했으며, 접장을 도와 산지기의 순산과 산림감시 활동을 감독하고 송계의 전반적인 집행 업무를 수행했다. 하왕도리송계에서는 삽작돌림(순번제)으로 산지기를 선정하여 송계산 구역에 대한 순산과 산림감시 활동을 철저하게 했다.

제도설계원칙과 관련하여 간략히 살펴보면, 송계산의 구역과 경계는 명확하게 설정되어 있었다. 또한 송계원과 비송계원의 구분도 명확했다. 송계의 규칙 중 출계자(出契者)에게는 소나무와 가래나무 1그루, 낙엽 1짐이라도 가져가지 못하도록 했으며, 다른 마을 주민이 송계산 내에 들어와 낙엽를 채취하고 벌목하는 것을 일절 금했다. 신입계원은 계회가 열리는 날 신입례로 추입금(追入金)을 내도록 했는데, 종래의 관습에 따라 술 1통[樽]과 32전을 납부하도록 했다.

계회는 매년 봄과 가을에 정기적으로 개최됐는데, 이 날에는 마을 주민 모두가 모여 송계 관련 제반 사항, 이를테면 공동 산판작업일 등을 의결하고, 범금자의 제재와 처벌이 이뤄졌을 것으로 보인다. 범금행위에 대한 처벌은 벌금형으로 행해졌는데, 작벌자에 대해서는 소나무 1그루, 소나무가지 1짐, 낙엽 1짐마다 벌금으로 20전을 징수했다. 점증적 제재 조치가 있었을 것으로 짐작되지만, 구체적인 사항은 확인할 수 없다.

12. 양양군 임호정리송계(臨湖亭里松契)[50]

1) 개괄적 현황과 송계규약

임호정리송계는 강원도 양양군 임호정리(臨湖亭里) 내에 있는 대보

50) 천야력(淺野力, 1918), 전첨원(田添元, 1924.5.)의 내용을 바탕으로 연구와 분석이 이뤄졌다. 내용이 상이한 경우, 천야력(1918)을 우선하여 연구와 분석을 수행했음을 밝힌다.

곡(大洑谷)에서 팔동곡(八洞谷)에 걸쳐 있는 산림을 송계산으로 삼아 결성된 금송계로서, 산림면적은 160정(町) 6반보(半步)이었다. 임호정리송계는 임호정리, 지경리(地境里), 지리(池里) 내에 75가구의 산주(山主)들이 연합하여 결성했는데, 이 중에서 20여 가구는 당시 그 지역에 살고 있지 않았다. 산주들이 연합하여 금송계를 결성하던 경우는 조선 후기가 아니라 최근(일제강점기)에 나타나던 현상이라고 천야력(淺野力, 1918)은 지적한다. 이러한 유형의 금송계는 일제강점기 토지나 임야에 대한 사적소유권제도가 완전히 정착된 이후에 보편적으로 나타나던 현상으로 보인다. 즉 임호정리송계는 일제강점기에 창설된 것으로 추측되지만, 그럼에도 여전히 전통적인 금송계 조직의 특성들을 상당 부분 지니고 있다. 또한 다른 송계에 비해 비교적 늦게 결성되어서인지 송계규약은 대체로 많은 12개 조항을 담고 있다.

一. 본 송계는 소나무의 금양(禁養)을 목적으로 한다.
一. 본 송계는 계수(契首) 1명, 계장(契長) 1명, 서기(書記) 1명, 감독(監督) 1명, 유사(有司) 4명을 임명한다.
一. 계수와 계장은 송계에 관한 모든 일을 감독하며, 유사는 계수와 계장을 보좌하며, 삼림보호, 치수보식(稚樹補植)[51] 및 금전출납의 책임을 진다.
一. 송계의 금양구역은 서쪽으로 서운암로(瑞雲庵路)에서 고적고개[高積峙]에 이르며, 북쪽으로 침교동취곡(砧橋洞醉谷)에서 대보곡(大洑谷) 입구까지 이르며, 남쪽으로 대보곡(大洑谷)에서 향로암로(香爐庵路) 북쪽까지 이르며, 동쪽으로 호동(芦洞) 부흥사(復興寺)까지 이른다.

---

51) '이미 심은 소나무 묘목이 시들거나 상한 곳에 보충하여 심는 행위'를 말한다.

一. 본 송계의 금송 벌칙은 소나무가지[松枝] 1짐[負]에 20전(錢), 낙엽(落葉) 1짐에 10전, 소나무[元松, 主林木] 1그루[株]에 20전으로 하기로 약정한다.

一. 본 송계원으로 송계의 의결사항[契議]을 존중하지 않고 자기 멋대로 행동하는 자, 낙엽채취 시 소나무가지를 난작(亂斫)하는 자는 출계시키로 한다.

一. 본 송계원이 부득이하게 목재 수요가 필요한 사고가 있을 때에는 유사를 경유하여 계수와 계장의 승인을 얻은 후 간벌(間伐)할 수 있다.

一. 본 송계에서 금송하는 구역 내에 있는 다른 군 지역인(地域人) 소유의 산림에서 자라는 소나무는 본 송계의 담당으로 한다.

一. 성림(成林) 후에는 다시 입계(入契)를 희망해도 허락하지 않기로 한다.

一. 원래 있었던 소나무[元松]에 대해 3분의 1은 송계원이 채취하고 3분의 2는 산주에게 반환한다.

一. 본 송계에서는 금양을 위해 매일 2명이 순산을 하기로 한다.

一. 본 송계 관련 모든 사무는 매년 봄과 가을 2번의 정기계회(契會)를 개최하고 협의하기로 한다.

2) 내용분석

임호정리송계는 창계 목적이 송계산 내 금양(禁養)임을 송계규약의 첫 번째 조항에서 명시하고 있다. 우선 송계산의 경계가 명확하게 규정되어 있었다. 3번째 조항에 따르면, 송계에서 보호・관리하던 구역은 "서쪽으로 서운암로에서 고적고개에 이르며, 북쪽으로 침교동취곡에서 대보곡 입구까지 이르며, 남쪽으로 대보곡에서 향로암로 북쪽까지 이르며, 동쪽으로 호동 부흥사까지"라고 명시하고 있다. 또 하나의 흥미로운 사실은 송계규약의 8번째 조항으로 송계에서 보호·관리하는 구역 안에 있는 산림에 대해서는 비록 타지역 사람의 소유이더라도 송계의 담당 구역으로 규정하고 있다는 점이다. 일제강점기 동안 사적소유권이 확립됐더라도 조선 후기에 관행적으로 행해오던 공유지의 산림이용권 전통을 이 조항에서 유추할 수 있다. 조선 후기로 갈수록 아문(衙門), 왕실, 중앙권문세가, 지방토호세력에 의해 사점화와 광점화가 진행됐더라도 법적으로 사적소유권을 완전하게 행사할 수 있었던 것은 아니며, 여전히 관행적·관습적 산림이용권이 널리 통용되고 있었다(김선경, 1993; 배재수, 1998). 임호정리송계의 결성 이전에 조선 후기부터 이 지역에서는 마을 주민들에 의해 관행적으로 주변산림의 이용과 보호·관리가 이뤄졌으리라 추측된다. 아마도 임호정리송계 이전에 마을 주민들이 결성·운영하던 금송계가 있었거나 동계나 촌계에서 동산(洞山)을 금양·수호했을 가능성이 높다.[52)]

송계원의 구성은 명확했는데, 75가구의 산주(山主)들이 연합하여 결성했고, 이 중에서 20여 가구는 당시 그 지역에 살고 있지 않았다. 송계원의 가입과 관련하여 흥미로운 특성은 9번째 조항에서 보듯이 성림(成林) 후에는 입계를 희망하여도 허용하지 않았다는 점이다. 이것은 신입계원의 무임승차 행위를 방지하기 위한 조치이었고, 다른 한편으로는 목재 판매에 따른 경제적 수익도 계 결성의 중요한 동기 중 하나였음을 시사한다.

임호정리송계에는 지역적 특수성과 '산주들의 연합'으로 결성된 송계라는 특성을 반영하는 규약들이 있다. 10번째 조항에서, 비록 해당

52) 천야력(淺野力, 1918)도 임호정리송계 이전에 이미 금송계가 존재했음을 언급하고 있다.

산림의 산주가 아니라도 목재 판매수익의 1/3은 다른 송계원들에게 돌아가도록 하여 금송과 산림보호 활동에 따른 수익이 해당 산주뿐만 아니라 모든 송계원에게 골고루 돌아갈 수 있는 제도적 장치를 마련하고 있었다. 특히 그 지역에 살지 않는 산주들은 목재 판매수익의 2/3만을 가질 수 있었다. 판매수익의 나머지 1/3 및 낙엽 채취와 가지치기 작업으로 얻은 땔감은 그 지역에 사는 송계원에게만 골고루 분배됐다. 이는 그 지역에 살면서 금송과 산림보호 활동에 시간과 노동력을 기여하는 송계원들에 대한 보수(報酬)의 성격을 지녔다고 할 수 있다. 9번째 조항에서 보듯이, 성림(成林) 후에는 입계의 허용을 일체 금하는 사항은 산주들의 연합계라는 특성을 반영한다. 또한 7번째 조항에서 보듯이, 송계원 중에서 부득이하게 목재가 필요한 경우에는 유사에 알리고 계수와 계장의 승인을 얻은 후에 벌목할 수 있었다. 이것은 기존의 지역공동체에서 행해지던 상부상조, 환난상휼과 같은 지역사회 전통이 반영됐음을 말해준다.

12번째 조항에서 명시하고 있듯이, 송계의 주요 안건들은 매년 봄과 가을에 정기적으로 개최되던 계회에서 논의되고 결정됐다. 여기에는 기존 금송계 전통에서 보이던 낙엽 채취와 가지치기 작업 날짜, 계임 선정, 금송 및 계 윤리의 위반자에 대한 처벌과 제재, 곗돈 관리와 결산 등이 포함됐을 것으로 보인다. 실제로 천야력(淺野力, 1918)의 기록에 의하면, 낙엽 채취와 가지치기 공동작업 날짜를 선정하고 당일에는 (아마도 그 지역에 사는) 송계원들이 모두 산판작업에 참여하여 작업량을 공평하게 분배했다고 한다.

임호정리송계에서도 송계산 내의 산림 감독과 보호 활동을 철저하게 수행했던 것으로 보인다. 11번째 조항에서 보듯이, 매일 2명씩 조를 편성하여 순산을 적극적으로 수행했음을 알 수 있다. 아마도 조

편성은 (그 지역에 사는) 송계원들이 공평하게 부담하도록 하는 '삽작돌림' 방식이었을 것으로 추측된다. 범금자와 계 윤리 위반자의 처벌과 제재에 대해서는 2개 조항에서 명시하고 있다. 송계산 내에서 범금한 자에게는 "소나무가지 1짐에 20전, 낙엽 1짐에 10전, 소나무 1그루에 대해 20전"(5번째 조항)에 해당하는 벌금을 물렸다. 점증적인 제재 조치 조항도 마련하고 있었는데, "송계의 의결사항을 존중하지 않고 자기 멋대로 행동하는 자, 낙엽채취 시 소나무가지를 난작하는 자"(6번째 조항)에게는 출계조치를 취할 수 있도록 했다. 처음에는 가벼운 경고 혹은 창피를 주는 정도에서 끝나고, 다음으로 벌금형, 최종적으로 출계시키는 정도까지 제재수위를 높였던 것으로 보인다.

임호정리송계는 자체적으로 계 조직을 마련하고 있었다. 계임과 업무에 대해서는 각각 2번째 조항과 3번째 조항에 명시되어 있다. 계임으로는 계수 1명, 계장 1명, 서기 1명, 감독 1명, 유사 4명 등 총 8명이었다. 계수와 계장은 송계에 관한 모든 일을 감독했는데, 어떻게 업무가 분담됐는지, 실제로 1명이 두 계임을 겸직했는지, 임기기한은 어떠했는지 등은 확실하지 않다. 유사는 계수와 계장을 보좌하며, 제반 실무 업무를 담당했다. 이를테면, 금송과 산림감시 활동, 어린 소나무 묘목 심기, 금전출납, 계 재정과 결산 등의 업무를 수행했다. 여기에는 순산원의 산림 보호와 감독 활동이 성실하게 이행되고 있는지에 대한 감독 업무도 포함됐을 것으로 보인다.

13. 양양군 중도문리송계(中道門里松契)[53]

1) 개괄적 현황과 송계규약

중도문리송계는 강원도 양양군 도천면(道川面) 중도문리(中道門里)에 거주하는 120가구로 조직됐는데, 이전에 이미 결성·운영되던 송계를 1913년 5월에 규약을 다시 가다듬었다. 중도문리의 주변 산림 중에서 원암교하평(元岩橋下坪)을 제외한 모든 임야를 송계의 보호·관리대상으로 하고 있었다. 송계원은 산주(들)와 지역민들로 구성됐는데, 이는 중도문리송계가 '산주—지역민'이 연합하여 결성된 송계라는 것을 알 수 있다. 이런 유형의 금송계는 아마도 조선 후기에 재지사족 주도로 결성된 금송계에서 유래됐을 것으로 추정된다. 비록 산소유주가 따로 있더라도 산 아래 지역민들의 협조와 노력 없이는 임야를 보호·관리하기가 사실상 어렵기 때문에 산소유주가 같은 지역에 살면서 송계원으로 가입하든 타지에 거주하여 송계원에 가입하지 않든 산림 보호와 관리를 위해서는 지역민의 절대적인 협조가 필요했던 것이다. 이런 유형의 금송계를 강성복(2001)은 '산주계약송계(山主契約松契)', 천야력(淺野力, 1918)은 '산주지원민연합계(山主地元民連合契)'라고 부른다. 여기서 산주지원민연합계는 '산주—지역민 연합계'로 이해하면 된다. 천야력(1918)의 기록 당시 중도문리송계에서 보호·관리하던 송계산에서는 "2~3년생의 어린 나무숲[稚樹林], 30~40년생의 성림지(成林地) 등 동일하지 않지만 일반적으로 임상 상태가 양호했고 규정된 시

---

53) 천야력(淺野力, 1918), 전첨원(田添元, 1924.5.)의 내용을 바탕으로 연구와 분석이 이뤄졌다. 내용이 상이한 경우, 천야력(1918)을 우선하여 연구와 분석을 수행했음을 밝힌다.

기 이외에는 한 명도 (송계산 구역 안으로) 입산하는 일이 없었다"고 한다. 중도문리송계의 규약은 다음 8개 조항으로 구성되어 있다.

一. 중도문리 주민은 송계에 가입함과 동시에 산림을 순회(巡回)하고 금양하도록 한다. 하지만 타지로 이주하는 자는 계원의 효력을 상실하고 마을로 이주하는 자는 계원 자격을 얻기로 한다.
一. 중도문리 내 산주는 송계에 입계(入契)하는 것을 허락하기로 한다.
一. 송계 모임 시 술과 음식은 계원들이 돌아가면서 부담하도록 한다.
一. 중도문리 내의 삼림(森林)은 10년 이내는 작벌할 수 없다. 가옥용 목재가 필요한 경우는 계의 허락을 받아 작벌할 수 있다. 다만 (계의) 허락 없이 작벌한 자는 관에 고발하여 엄하게 징계하거나[嚴懲], 작벌한 목재를 계의 재산으로 몰수하거나, 돈으로 대신하여 갚도록 한다[代償].
一. 송계원들은 소나무의 가지와 낙엽을 정해진 날짜에만 채취할 수 있으며, 그 날짜 외에 몰래 채취하는 자는 전항(前項)과 같이 처분하기로 한다.
一. 10년 이상 된 성림지(成林地)의 산주는 송계의 허락을 받아 벌채하고 매매한다. 다만 그 대금(代金)은 송계에서 관여할 바가 아니며, 해당 산은 송계에서 다시 금양하고 소나무가지는 송계원들이 채취하고 그 주목(主木)은 산주가 소유하는 것은 동일하다.
一. 산주에 대해 반대 의견[異議]이 있을 경우, 송계에서 금양하는 삼림의 반은 계(의 재산)에 부속(附屬)하기로 한다. 다만 송계에서 해당 삼림을 작벌 후에는 해당 산은 (다시) 산주의 소유로 반환하기로 한다.
一. 아직 부족한 조건은 추후 협상하여 정하기로 한다.

2) 내용분석

우선 중도문리송계에서는 원암교하평(元岩橋下坪)을 제외한 중도문리 주변의 모든 산림을 금양・수호의 대상으로 삼았다. 추측컨대, 금송계에서 보호・관리하던 산림의 구역과 경계가 비교적 명확하게 설정되어 있었던 것으로 보인다. 또한 중도문리에 거주하는 모든 지역민에게 송계에 가입할 자격이 주어졌으나, 계 가입이 의무조항이었는지는 확실하지 않다. 만일 타지로 이사 가는 경우에는 자동적으로 계원 자격이 상실되며, 중도문리로 새로 이사 온 경우에는 곧바로 계원 자격이 주어졌음을 알 수 있다. 송계원은 송계의 가입과 동시에 송계산 구역에서 나무를 보호하고 정기적으로 순시할 의무를 지도록 했다. 금송계의 관리 대상지역인 송계산 구역 내의 산소유주는 비록 지역거주민이 아니더라도 송계에의 가입이 허용됐던 것으로 보인다. 이는 중도문리송계가 전형적인 '산주—지역민 연합계'의 특성을 지녔음을 말해준다.

6번째 조항과 7번째 조항에 따르면, 산주와 송계원 간의 권한과 의무가 나누어져 있었다. 우선 송계원인 지역민들에게는 산주를 대신해 송계산 내에서 성심성의껏 금양・수호할 책임이 있었다. 그에 대한 대가로 송계원들은 매년 시일을 정하여 송계산 내에서 낙엽 채취와 가지치기 작업을 하여 땔감을 확보할 수 있는 권한을 가졌고, 4번째 조항에서 명시하듯이 "가옥용 목재가 필요한 경우는 계의 허락을 받아 작벌할 수 있도록" 했다. 한편 10년 이상 된 성림지의 산주들은 송계의 허락을 받아 벌목 판매수익을 챙길 권한을 가졌다. 만일 송계의 반발이 있을 경우에는 금양하던 수목의 반은 금송계의 소유로 인정했지만, 산 자체는 여전히 산주의 소유로 했다.

그럼에도 6번째 조항과 7번째 조항에는 상충된 면이 있고 갈등의 소지가 다분히 있으며, 금송계의 조직 운영에 안정성을 해칠 수 있었다.[54] 실제로 천야력(1918)의 기록에 따르면, 성림(成林)된 산에서 송계원들이 낙엽 채취하는 것에 산주들이 불만을 표시하거나 금송계에서 탈퇴하려는 등 갈등 상황이 당시에 이미 표출되고 있었다. 어느 조직에서든 항시 발생할 수 있는 갈등 상황을 어떻게 조정하고 관리하느냐에 따라 조직의 생존과 성패가 결정된다. 하지만 중도문리송계에서 갈등 상황이 발생할 때마다 어떻게 조정되고 해결됐는지는 자료의 부족으로 더 이상 파악할 수 없다.

중도문리송계에서는 송계원들이 송계 관련 주요 사항을 논의하고 결정하던 모임이 있었던 것으로 보인다. 송계규약의 3번째 조항에서 "송계 모임 시 술과 음식은 계원들이 돌아가면서 부담하도록 한다"라고 명시되어 있기 때문이다. 하지만 언제 무엇을 논의하고 결정했는지는 자료 부족으로 확인할 수 없다. 일반적으로 낙엽 채취, 가지치기와 같은 산판작업 일정, 범금자와 계 윤리 위반 행위자에 대한 처벌 수위 및 제재 조치, 계임 선정 등을 논의했을 것으로 추측된다. 또한 3번째 조항으로부터 추측컨대, 금송계 차원에서 별도로 관리·증식하던 계 재산은 없었던 듯하며, 설령 있었다 하더라도 그리 큰 규모는 아니었던 것으로 보인다.

여타 금송계와 마찬가지로 중도문리송계에서도 송계원들이 동원되어 송계산의 순산과 산림감시 활동이 철저하게 이뤄졌다. 1번째 조항에서 명시하듯이, 송계의 가입과 동시에 송계원은 금양과 순산의 의무를 지도록 하고 있었다. 하지만 순산이 어떠한 방식으로 이뤄졌는

---

54) 6번째 조항과 7번째 조항을 보면, 규약이 새로 정비되기 이전이나 그 당시에 산주와 지역민 간에 갈등 상황이 있었음을 추측케 한다.

지, 순산의 빈도는 어느 정도였는지 등은 자료 부족으로 알 수가 없다. 한편 4번째 조항에서는 수령이 10년 이하인 경우에는 작벌하지 못하도록 규정하며, 송계산 내에서 범금행위를 행한 자에 대해서는 처벌 조항을 마련하고 있었다. 4번째 조항에 따르면, "다만 (계의) 허락 없이 작벌한 자는 관에 고발하여 엄하게 징계하거나, 작벌한 목재를 계의 재산으로 몰수하거나, 돈으로 대신하여 갚도록 한다"라고 명시하고 있다. 여기에는 세 가지 처벌 방식인 고관치죄(考官治罪), 몰수형, 벌금형이 있다. 이 중에서 고관치죄가 가장 무거운 형벌로 여겨지는데, 중도문리송계에서도 범금행위자에 대한 점증적 제재 조치가 관행적으로 행해졌을 것으로 추측된다.

중도문리송계의 조직 체계, 조직 구조, 계임 등은 더 이상 자세하게 파악할 수가 없다. 그러나 120가구가 송계원으로 가입했던 점으로 볼 때, 어느 정도 체계적인 조직 구조와 (계장과 유사를 비롯한) 계임들을 갖췄을 것으로 추측된다.

14. 양양군 우암리송계(牛岩里松契)[55]

우암리송계는 강원도 양양군 손양면(巽陽面) 우암리(牛岩里) 천을가(天乙街)에 소재한 면적 55정보(町步)의 임야를 대상으로 결성·운영됐다. 우암리 주변 임야를 소유한 21명이 지역민들과 연합하여 금송계를 결성했다고 한다. 하지만 산주의 대부분은 우암리에 거주하지 않았고, 지역민들이 송계원으로 참여하여 송계산의 금양과 산림보호 활동을 직접 수행했던 것으로 추측된다. 규약은 명문화되어 있지 않고

55) 천야력(淺野力, 1918)의 내용을 바탕으로 연구와 분석이 이뤄졌다.

불문율과 관례에 따라 운영됐다.

송계산 내에서 행하는 낙엽 채취와 간벌목(間伐木)은 모두 송계원의 몫으로 돌아갔다. 주목(主木)이 30년이 될 때까지 일절 벌채를 금지했으며, 그 후에 산주가 자신의 재량에 따라 벌채 여부를 결정했다. 벌채 후 산주는 "보통 농업에 종사하는 소작보분(小作步分)을 표준으로 하여" 계원들에게 배분했다(淺野力, 1918). 즉 농사의 소작료 지급 방식에 준하여 벌채 후 수익을 분할·지급했던 것이다. 추측컨대, 우암리송계는 조선 후기 재지사족 주도로 결성·운영되던 금송계의 변형된 형태로 볼 수 있다.

우암리송계에서는 매년 11월 15일에 정기계회를 개최했는데, 이때 (아마도 우암리에 거주하지 않는) 산주는 (강제적이지 않고) 자유의사에 따라 출석했다. 그 외에도 많은 사항들은 명문화된 규약이 없어 대부분 불문율과 관례에 따라 운영됐다.

우암리송계에서 두드러진 몇 가지 특징은 다음과 같다. 우선 21명의 산주 중 대부분은 우암리에 거주하지 않았는데, 자신의 산림 내에서 금송과 금양을 달성하는 데 지역민들의 참여와 협조가 불가피했기 때문에 금송계가 창설됐음을 알 수 있다. 지역민들은 금송계에 참여하여 송계산의 순시와 산림감시 활동에 대한 대가로 목재, 땔감, 퇴비 등을 확보할 수 있었던 것으로 보인다. 30년 이상 성림(成林)된 후에 산주의 판단에 따라 나무를 벌채할 수 있었고, 산주는 당시 지역에서 적용하던 소작료 배분 방식을 차용하여 목재 판매대금의 일부를 지역민에게 분할·지급했다. 이러한 수익 배분은 다른 지역에서는 찾기 어려운 독특한 방식이라고 할 수 있다. 일반적으로 많은 송계에서는 봄과 가을에 정기적으로 계모임이 열렸던 반면, 우암리송계에서는 매년 11월 15일 1회에 한정하여 계회가 열렸다. 추측컨대, 산주의 대부분이 타지에 살았고, 매년 2번을 참석하기 어려웠기 때문으로 보인다. 물론 산주에게 계회 참석은 강제적으로 부과된 의무사항은 아니었다.

15. 양양군 「입암리조합금송규약(笠岩里組合禁松規約)」[56)]

1) 개괄적 현황과 송계규약

입암리조합금송계(笠岩里組合禁松契, 이후 입암리송계)는 강원도 양양군 입암리 내 대곡서운암(大谷瑞雲庵) 탄갱함(炭坑陷) 가목곡(檟木谷)에 소재한 면적 120정(町) 5단(段)에 달하는 임야를 대상으로 입암리 주민 38가구가 결성했다. 계원 중에서 33가구는 일정한 규모의 임야를 공동 소유했으며 나머지 5가구는 산림을 개인 소유하고 있었다. 송계규약인 「입암리조합금송규약」이 "갑자이월십팔일(甲子二月十八日)"에 만들어졌다. 천야력(淺野力, 1918)의 기록시기를 감안하면, 갑자년은 1864년(고종 1년)으로 추측된다. 그럼에도 조선 말기에 "조합(組合)"이라는 용어가 사용됐는지에 대해 의구심이 든다.

「갑자이월십팔일 입암리조합금송규약」의 내용을 살펴보면 다음과 같다.

> 一. 우리 계 명칭은 입암리조합금송계라 한다.
> 一. 계원이 입회할 때에 내는 20전(錢)을 수합식리(收合殖利) 하며, 계모임에서 회비를 변비(辨備[57)])하도록 한다.

56) 천야력(淺野力, 1918)의 내용을 바탕으로 연구와 분석이 이뤄졌다.
57) 변비(辨備)는 '정리하여 보고하는 행위'를 지칭한다.

一. 우리 계의 취지는 좋은 재목을 만들고 가지와 낙엽의 채취 및 수원함양(水源涵養)에 있으므로 영원히 금양하기로 한다.

一. 우리 계원 38명 중에서 계장(契長) 1명, 유사(有司) 2명, 감독(監督) 2명을 정하기로 한다. 계장은 삼림금양의 성적(成績)에 책임이 있고, 계원 중에 규약 위반자를 계원에게 그 사실을 알려 징벌(懲罰)을 시행하고, 계의 대소사(大小事)를 총괄한다. 유사는 봄과 가을에 있는 정기적인 계모임에서 사회를 맡기로 한다. 감독은 금양과 산림감시 의무를 총찰(總察)하고 매일 계원 2명씩 순차적으로 산을 순찰·감시하도록 한다.

一. 삼림 채취를 하는 송계산의 경계에서 분쟁이 발생할 경우, 계원들은 단체결속(團體結束)할 것을 약속하기로 한다.

一. 계원 중에서 이유 없이 탈계(脫契)하려는 경우 그의 나이에 상관없이 계의 시행일로부터 매일 사과금(辭過金) 10전씩을 징출(徵出)하는 벌금을 시행하기로 한다. 다만 다른 지역으로 이전(移轉)하는 자는 예외로 하기로 한다.

一. 삼림을 몰래 채벌하다[潛伐] 발견되는 경우, 수령을 조사하여 10년이 되지 않은 어린 나무[幼松]는 소나무 1그루[株]에 4전씩, 나뭇가지 및 낙엽 1짐[負]에 2전씩, 15년 이상이 된 장성한 소나무 1그루는 나무의 크기에 따라 (차등을 두는데) 큰 소나무[大松]는 40전, 중간 크기의 소나무[中松]는 30전, 작은 소나무[小松]는 20전, 가지 및 낙엽 1짐에 30전씩 벌금을 부과하도록 한다.

一. 송계산의 경계는 동쪽으로 우리 마을 도곡동(陶谷洞), 서쪽으로 고적고개[高積峙], 남쪽으로 임호리(臨湖里) 대복동(大福洞) 장징(長澄), 북쪽으로 우리 마을 가목동(檟木洞)까지로 한다.

2) 내용분석

입암리송계의 결성 취지는 3번째 조항에서 명시하고 있듯이, 금양하는 데 있었다. 즉 양질의 목재 생산, 나뭇가지 및 낙엽 채취, 수원함양(水源涵養) 등 세 가지 구체적인 목표를 두었다. 입암리송계의 보호·관리하에 있던 송계산의 구역과 경계는 명확하게 설정되어 있었다. 송계규약의 8번째 조항에 따르면, 송계산의 경계는 "동쪽으로 우리 마을 도곡동, 서쪽으로 고적고개, 남쪽으로 임호리 대복동 장징, 북쪽으로 우리 마을 가목동까지로" 구체적으로 명시하고 있기 때문이다.

입암리송계의 계원 수는 총 38가구였으며, 임야를 공동소유하는 33가구와 개인 소유의 임야를 가진 5가구였다. 천야력(1918)은 앞의 33가구를 "개인유계원(個人有契員)"이라고 부른다. 계 가입 시 신규계원은 20전을 추입금으로 내도록 했다. 추입금은 식리하여 계 재산을 증식했고 일정 규모의 송계 기금을 조성하고 있었던 것으로 보인다. 천야력(1918)의 기록에 따르면, 임야를 공동 소유하는 33가구에 대해서는 언제든 탈퇴가 가능했으며, 희망하면 누구나 수시로 입계가 가능했다고 한다. 하지만 상대적으로 입계는 쉬웠지만, 탈계는 매우 어려웠던 것 같다. 6번째 조항에서 보듯이, 타지로 이주하는 계원을 제외하고 임의로 탈계하려는 계원에 대해서는 너무 과도하게 벌금을 물리고 있었기 때문이다. 즉 "계원 중에서 이유 없이 탈계하려는 경우 그의 나이에 상관없이 계의 시행일로부터 매일 사과금 10전씩을 징출하는 벌금을 시행하기로 한다"는 것이다. 그러나 입암리 주민 모두가 송계원이였는지는 확인하기 어렵다.

입암리송계는 33가구의 공동소유 임야와 5가구의 개인소유 임야를 송계산으로 운영·관리했으나, 송계산 내에서 얻는 산물이나 수익 분배는 달랐다. 우선 특정 날짜를 정하여 모든 계원들이 송계산에서 가지치기와 낙엽 채취 작업을 했다. 개인 소유의 임야 산주인 송계원은 금송의 대가로 나뭇가지, 낙엽, 간벌목(間伐木)을 다른 송계원들에게 주었지만, 주목(主木)의 판매수익은 산주 개인의 소득으로 가져갔다. 한편 33가구의 공유림 안에서 송계원들은 정해진 날짜에 나뭇가지와 낙엽을 채취할 수 있었지만, 주목은 개별 계원들에게 분배되지 않았다. 그렇지만 주목 판매대금이 어떤 용도로 사용됐는지는 확인할 수가 없다. 또 하나의 특징은 5번째 조항에서 명시하고 있듯이, 송계산 내에서 분쟁이 발생할 경우 공유림이든 개인소유 임야이든 송계원 모두가 단합하여 대응할 것임을 천명하고 있다는 점이다. 추측컨대, 계원 구성이 다소 이질적이어서 장래 발생할 수 있는 우려를 사전에 예방하고자 하는 목적에서 명문화한 것으로 보인다.

4번째 조항에서 명시하고 있듯이, 입암리송계에서는 봄과 가을에 두 번에 걸쳐 정기계회가 있었고, 계임(契任)인 유사가 계회에서 사회를 맡도록 하고 있다. 2번째 조항에서 보듯이, 정기계회에서 회비를 비롯한 재정내역 및 결산 보고가 있었음을 알 수 있다. 하지만 회의 진행 방식, 회의 안건, 음식과 술 장만 책임자 선정 및 비용 충당 등에 대한 규정이 없기 때문에 자세한 내용은 파악하기 어렵다. 송계산 내 금송과 산림감시 활동은 철저하게 이행됐던 것으로 보인다. 4번째 조항에서 계임인 감독은 "금양과 산림감시 의무를 총찰하고 매일 계원 2명씩 순차적으로 산을 순찰 · 감시하도록 한다"라고 규정하고 있다. 이러한 적극적인 보호 · 감시 활동 덕분에 송계산의 임상 상태는 매우 양호했던 것으로 보인다. 천야력(1918)의 조사 당시에, 임상은 "45년생의 소나무가 전체의 1/3, 그리고 1/3은 15년생의 소나무와 잡목림(雜木林), 그 외에는 치수림(稚樹林)이었다"는 기록으로 보아 산림이 울창했음을 알 수 있다.

범금행위자와 규칙위반자에 대한 처벌과 점증적 제재 조치에 관한 자료는 많지 않다. 다만 7번째 조항에, 송계산 내 범금자에 대한 벌칙규정이 구체적으로 명시되어 있다. 송계산 내에서 허가 없이 불법적인 벌목이 행해졌을 경우, 수령이 10년 이내 어린 소나무, 나뭇가지 및 낙엽, 15년 이상 된 소나무 등으로 구분하고, 다시 15년 이상 된 소나무는 대중소(大中小)로 구분하여 벌금 부과에 차등을 두었다. 즉 "10년이 되지 않은 어린 나무는 소나무 1그루에 4전씩, 나뭇가지 및 낙엽 1짐에 2전씩, 15년 이상이 된 장성한 소나무 1그루는 나무의 크기에 따라 (차등을 두는데) 큰 소나무는 40전, 중간 크기의 소나무는 30전, 작은 소나무는 20전, 가지 및 낙엽 1짐에 30전씩 벌금을 부과하도록 한다"는 것이다. 이는 송계산 내 산림에 대한 보호·관리가 철저하고 엄격하게 이뤄졌음을 시사한다. 하지만 점증적 제재 조치의 제도적 장치가 존재했는지, 내용은 무엇이었는지는 자료 부족으로 알 수가 없다.

입암리송계는 나름대로 자치적인 조직 체계를 갖추고 있었다. 4번째 조항에 따르면, 계임은 계장 1명, 유사 2명, 감독 2명 등 총 5명으로 구성됐고, 일반 송계원들은 돌아가며 순산원 업무를 담당하도록 했다. 계장의 직무를 비교적 구체적으로 규정하고 있는데, 송계산 금양·보호에 전체적인 책임을 지며, 규칙위반자를 계원에게 통보하여 처벌하며, 계의 크고 작은 일을 총괄하도록 했다. 유사 2명에 대해서는 봄과 가을에 열리는 계회에서 사회를 맡도록 한다는 규정 외에는 직무에 대한 추가적인 설명이 보이지 않는다. 유사는 대개 계 기금의 출납관리, 결산보고, 기타 회의 준비, 계회 시 제공될 음식과 술 장만 등 실무를 담당했을 것으로 보인다. 또한 2명의 감독은 송계산 내 순산과 산림감시 업무에 총 책임을 지며 순산원의 성실 여부를 감시·감독하도록 했다.

16. 양양군 하양혈리탄동송계(下陽穴里炭洞松契)[58]

하양혈리탄동송계(이후 탄동송계)는 강원도 양양군 손양면(巽陽面) 하양혈리(下陽穴里) 탄동(炭洞)에 소재한 면적 62정(町) 5단(段) 5무보(畝步)의 임야를 송계산으로 삼아 하양혈리민 가운데 32가구가 참여하여 결성했다. 이 중에서 약 15명이 산주였고, 그중 8명은 다른 동네에 거주했다. 즉 송계원 중에서 약 50%가 산주였고, 나머지 50%는 자신의 임야 혹은 공유림을 가지지 않았던 지역민이었던 것으로 보아 탄동송계는 '산주와 지역민의 연합'으로 결성됐음을 알 수 있다.

다른 마을에 거주하던 산주인 송계원을 제외하고 탄동에 거주하던 산주와 지역민들은 함께 송계산 내에서 금송과 산림보호 활동을 했으며, 그 대가로 낙엽 채취와 가지치기로 땔감을 확보할 수 있었다. 탄동에 거주하던 산주들은 송계산 내 자신의 임야에서 벌채한 주목을 소유할 수 있었다. 반면, 다른 동네에 거주하던 산주들은 자신의 임야에서 벌채한 주목의 1/2 혹은 1/3을 송계원들에게 분배했다. 즉 묘목을 심은 후 15년 이내에 벌채하면 주목의 1/2, 15년 후에 벌채하면 주목의 1/3을 송계원들에게 배분하도록 했던 것이다. 묘목을 심은 후 15년이 지나면 산주는 자유의사에 따라 벌채 여부를 결정했다. 산주가 탄동송계에 참여할 것인지는 전적으로 자신의 자유의사에 따랐다. 천야력(1918)의 조사 당시, 송계산의 상당 부분은 다른 동네에 거

58) 천야력(淺野力, 1918)의 내용을 바탕으로 연구와 분석이 이뤄졌다.

주하던 산주들의 임야이었다고 한다.

탄동송계는 재지사족 주도로 결성된 조선 후기 금송계의 잔재로 보인다. 상당한 규모의 임야를 소유하던 산주의 입장에서는 자신의 임야를 금양하는 데 지역민의 협조와 보호 노력이 절대적으로 필요했다. 다른 한편, 지역민의 입장에서는 생존에 필요한 목재, 땔감 등을 확보해야 했다. 이렇게 양자의 이해관계에 따라 지역민들은 산주가 자신의 동네에 거주하는지 여부와 상관없이 산주들과 함께 연합하여 금송계를 결성·운영했던 것이다. 송계산 내의 순시와 산림감시 활동은 전적으로 지역민들의 몫이었다. 이에 대한 대가로 목재, 땔감 등을 확보하고 나무 판매대금의 일부를 가질 수 있었다.

17. 양양군 도문면(道門面)·강현면(降峴面)의 여섯 금송계[59]

1) 개괄적 현황과 송계규약

1906년(병오년, 광무 10년) 6월 당시 양양군수가 주도하여 도문면[60], 강현면 두 면에 걸쳐 있는 대도평(大島坪)의 황무지에 밤나무와 소나무를 심도록 하고, 이를 금양하기 위해 관 주도로 6개의 금송계를 조직했다. 당시 밤나무와 소나무는 많은 이익을 남길 수 있었으므로 민생에 실질적인 도움을 주기 위한 조치였다고 한다. 당시 양양군수가 도문면, 강현면 두 면에 내린 공식문서인 「대도평종식절차(大島坪種植

59) 천야력(淺野力, 1918)의 내용을 바탕으로 연구와 분석이 이뤄졌다.

60) 1914년 행정구역 개편으로 양양군 도문면(道門面)과 소천면(所川面)이 도천면(道川面)으로 통합됐다. 출처: 속초시청 "연혁"(http://sokcho.gangwon.kr/hb/home/sub07_02)(자료접근: 2017년 5월 6일).

節次)」에는 〈대도평종식절차(大島坪種植節次)〉, 〈좌개조례(左開條例)〉, 〈각동분계(各洞分界)〉, 〈종율방법(種栗方法)〉 등이 있다.[61] 서문에 해당하는 〈대도평종식절차〉[62]를 살펴보면 다음과 같다.

> 나무를 심는 일을 권장하는 것은 국전(國典)에 실려 있으며 생민(生民)이 반드시 해야 하는 의무이다. 삼림(森林)은 민부(民富)의 장고(藏庫)이며 이익이 막대하기 때문에, 많은 생각을 하여 아홉 가지의 조항[九考]을 정하고 기록하여 재물[貨]을 전(傳)하는데(얻는데) 10년만 기다리면 된다고 하는 것도 그것에 있는 것이다. 본관(本官)이 군에 부임하여 도문, 강현 양면 사이에 소재한 대도평은 황폐지며 많은 세월 동안 식재하지 않았다고 전해 들었기에 토지의 이용방법을 강구하기 위해 그 곳을 한 번 답사했고 양면 집강면임(執綱面任, 面長)에 명하여 실지조사를 시작했다. 첫 조사의 결과에 따르면, 이 토지는 1리반(一里半)의 긴 평야이고 토질이 소나무나 밤나무를 식재하기에 적합하다고 했으니, 심고 가꾸고[植栽培養] 불을 내지 못하고 방목을 금하게 하는[禁火止牧] 등 법으로 권하고 장려하게 하고, 양면과 각 동에서 구역을 정하고 〈좌개조례〉를 작성하여 한 통(通)은 관에서 보관하고 각동(各洞)에 한 통씩 배포하여 삼가 지키고 준수하기[恪守遵行]를 영원히 할지어다.

〈대도평종식절차〉에서 당시 양양군수는 나무 심고 가꾸는 것은 국법에도 실려 있고 민생을 돕는 매우 중요한 사항임을 강조하면서, 대

61) 하지만 문서의 순서와 내용이 양양군수 주도 하에 창설된 금송계의 문서 그대로인 것인지 아니면 천야력(淺野力, 1918)이 자신의 의도에 따라 재구성·수정된 것인지 확실하지 않다.

62) 천야력(淺野力, 1918)에 실린 일본어 원문을 번역했다. 원래 「대도평종식절차(大島坪種植節次)」는 한자로 되어 있었다.

〈표 4-2〉 〈각동분계(各洞分界)〉

경계	식재 종류와 담당 마을	표식 설치	비고
율목정(栗木亭) 위 도로	-북쪽 상도문리(上道門里)에 소나무 심음. -남쪽 상복동(上福洞)에 밤나무씨를 뿌림.	삽목입석(揷木立石)[63]	
율목정 아래 평지	-북쪽 상도문리에 소나무 심음. -남쪽 상복동에 밤나무씨를 뿌림.	삽목입석	
장재평(長在坪) 아래 평지	-북쪽 상도문리에 소나무 심음. -남쪽 중복동(中福洞)에 반은 소나무를 심고, 반은 밤나무씨를 뿌림.	삽목입석	
상복・중복(上福・中福) 경계 아래 평지	-북쪽 중도문리(中道門里)에 소나무 심음. -남쪽 하복리(下福里)에 반은 소나무를 심고, 반은 밤나무씨를 뿌림.	삽목입석	
중도・하복(中道・下福) 경계 아래 평지	-북쪽 중도문리에 반은 소나무 심고, 반은 밤나무씨를 뿌림. -남쪽 하복동에 반은 소나무를 심고, 반은 밤나무씨를 뿌림.	삽목입석	
하복동(下福洞) 경계 평지	-북쪽 하도문리(下道門里)에 반은 소나무 심고, 반은 밤나무씨를 뿌림. -남쪽 강선리(降仙里)에 반은 소나무를 심고, 반은 밤나무씨를 뿌림.	삽목입석	

출처: 천야력(淺野力, 1918)의 <각동분계(各洞分界)>에서 인용.

도평에 대한 몇 차례 조사를 실시한 후 토질에 적합한 소나무와 밤나무를 심어 가꾸기로 했다는 것이다. 대도평 내 소나무와 밤나무의 보호・관리를 위해 6개의 구역으로 나누고서, 이를 관리하기 위한 조직으로 여섯 개의 금송계를 결성하고 각자의 규정을 마련하여 준수하도록 했던 것으로 보인다. 이것은 대도평의 보호・관리 지침인 〈좌개조례〉에 동규(洞規) 위반에 관한 사항이 나온 것에서 추측할 수 있다. 〈각동분계〉에서는 〈표 4-2〉에서 보는 바와 같이 대도평을 6개의 구역과 경계로 나누고, 표식 설치, 나무 종류, 해당 마을 등을 명시하고 있다.

63) 경계를 표시하기 위해 '나무를 꽂고 돌을 세우는 것'을 말한다.

〈좌개조례〉에서는 대도평의 경계를 표시하는 표식의 설치와 내용, 소나무 묘목 채취, 밤나무 심는 방법 등에 대한 구체적인 설명과 함께, 대도평에 식재된 소나무와 밤나무를 보호・관리를 위한 구체적인 지침을 명시하고 있다. 몇 가지 핵심 사항을 소개하면 다음과 같다.

一. 금양의 방법은 동심협력(同心協力)하는 방법밖에 없다.
一. 소와 말을 방목시켜서는 안 된다.
一. 봄날에 밭에 불을 지를 때 불을 조심하여야 한다.
一. 면내의 각동(各洞)에서 매일 가구당 1명씩 선발・순시하여 금화(禁火)・금목(禁牧)하도록 한다.
一. (대도평에 손해를 끼친) 범인에 대해서는 크고 작음에 따라 징벌(懲罰)하는데 벌금(罰金)을 징수하도록 한다.
一. 범죄가 가벼울 때는 해당 면에서 처분을 하고 범죄가 무거울 때에는 관에 보고하여 엄하게 징벌하며[嚴懲], 그 후 피해물에 대해서는 곧바로 징수(徵收)하도록 한다.
一. 순회인(巡廻人)이 태만한 행위를 하거나 동규(洞規)를 위반하는 경우에는 관에 보고하여 징벌하도록 한다.

2) 내용분석

대도평을 관리 대상으로 결성된 여섯 금송계에 대한 내용을 종합하면, 우선 1906년 6월 당시 양양군수가 황무지였던 대도평에 소나무와 밤나무를 심어 보호하고 가꿀 수 있도록 대상 구역을 여섯으로 나누어 금송계를 결성토록 했던 사실에서 알 수 있듯이, 대도평 여섯 금송계는 전형적인 관 주도 방식의 금송계였다. 또한 관 주도의 금송계 특징으로, 대도평에 대한 토질 조사, 식수 등에서 집강면임(면장),

동장 등 행정 조직을 적극 활용하고 있었다. 그럼에도 대도평의 여섯 금송계는 결성 이후 지속적으로 운영됐으며 대도평에서 식재된 소나무와 밤나무의 보호·관리에 나름대로 성공적이었던 것으로 보인다. 이것은 '대도평의 나무들은 잘 가꾸어져 있었다'는 천야력(淺野力, 1918)의 기록에서 확인할 수 있다. 여기에는 여러 가지 이유가 있겠지만, 아마도 직접적인 원인은 관 주도의 금송계였음에도 각 금송계에 상당한 자율권과 자치권이 보장됐기 때문이 아닐까 추측된다. 담당 구역 내에서 범금자에 대한 처벌이 1차적으로 각 면에 부과됐던 점, 순시와 감시 활동을 자치적으로 행하도록 한 점뿐만 아니라, 대도평에서 얻은 목재, 땔감과 같은 수익은 모두 송계원들에게 분배됐다는 점 등에서 이를 알 수 있다.

〈각동분계〉에서 확인할 수 있듯이, 1.5리에 달하는 대도평을 여섯 구역으로 나누어 상도문리, 중도문리, 하도문리, 상복동, 중복동, 하복동 혹은 하복리, 강선리 등 7개 마을에서 직접 소나무를 심고 밤나무 씨를 뿌리도록 했다. 아마도 7개 마을이 주축이 되어 금송계를 결성하고 운영했던 것으로 보인다. 또한 '나무를 꽂고 돌을 세워' 경계를 표시했다. 따라서 각 금송계가 담당하던 구역은 명확했으며, 마을에 거주하는 사람이면 누구나 송계원으로 가입할 수 있었을 것으로 보인다.

대도평의 여섯 송계는 '금송계―면―군' 중층적 사업구조를 띠고 있었으며, 집합적 의사결정도 중층적 성격을 띠었을 것으로 보인다. 순찰하는 조(組) 편성, 순시와 수목 보호 활동 등은 각 금송계 차원에서 결정되고 집행됐을 것이다. 면 차원에서는 송계 구역에의 무단 침입과 범금행위에 대한 처벌을 담당했던 것 같다. 군 차원에서는 순찰 업무를 태만했거나 동규를 위반한 경우, 송계의 관할구역 내에서 범금행위의 정도가 심한 경우 등에는 고관치죄(告官治罪)하도록 했다.

매일 가구당 1명씩 차출되어 순찰하도록 하여 대도평에 대한 감시와 수목 보호 활동이 철저하게 이뤄졌던 것으로 보인다. 여기에는 대도평에의 무단침입과 작벌행위뿐만 아니라 산불, 방목 등에 대한 감시 활동도 이뤄졌다. 처벌 방식은 벌금형, 벌물형(罰物刑, 피해물품으로 징수하는 방식), 고관치죄 등이었는데, 범금 및 위반 사항의 심각성과 빈도에 따라 처벌 수위가 결정됐고 점증적 제재 조치가 취해졌을 것으로 추측된다.

갈등 상황이 발생할 때 어떠한 방식으로 해결됐는지는 알 수 없지만, 대도평의 여섯 송계가 중층적 구조를 띠었다는 점에서 갈등의 구조, 성격, 범위 등에 따라 금송계 자체에서, 면 차원에서, 관 차원에서 갈등을 조정하고 해결했던 것으로 보인다. 금송계 내 송계원 간의 갈등은 자체적으로 해결하려고 했을 것이며, 비송계원과의 갈등이나 금송계 간의 갈등은 면 차원 혹은 관 차원에서 조정・해결됐을 것이다. 각 금송계마다 어떻게 조직이 구성되고 운영됐는지는 자료의 부족으로 확인할 수가 없다.

18. 임피군(臨陂郡) 「호림규약(護林規約)」[64)]

1) 개괄적 현황과 송계규약

전라도 임피군[65)] 「호림규약」은 1907년(정미년, 융희 원년) 10월 31일

64) 「호림규약(護林規約)」은 「朝鮮總督府月報」 第二卷 第六號에 실린 내용을 바탕으로 연구와 분석이 이뤄졌다. 원래 한자로 작성됐으나, 「朝鮮總督府月報」에는 일본어로 번역되어 실렸다.

당시 임피군수가 군내 산림을 보호하기 위해 군 전체에 내렸던 훈령(訓令)이었다. 「호림규약」은 1개 조목(條目)으로 그 내용은 다음과 같다.

> 一. 소[牛], 술[酒], 소나무[松]는 삼금(三禁)으로 국가의 대전(大典)에 나오며, 삼림에 종자를 뿌리고 묘목을 심는 것은 또한 국가 산업에 있어서 시급한 사무[急務]이므로 … 아무나 나무를 벌목하지 못하게 해야 하며 나무를 벌목할 때에는 인허가를 받게끔 하기 위해 일정 규약을 정하는 바이다. 필요에 의해 벌목할 때에는 동장(洞長)을 통해 관청에 신청하고 승인을 받은 후에 벌목해야 한다. 만일 이를 어기고 벌목할 경우에는 그에 상당하는 속금(贖金)을 부과・징수하는데, 큰 나무[大木]는 2전(錢), 중간 크기 나무[中木]는 1전, 작은 나무[小木]는 5리(厘)를 물리도록 한다. 또한 그 징수금은 동(洞)의 비용으로 보용(補用)하고 그 수지(收支)를 매월 보고하도록 한다.

2) 내용분석

「호림규약」은 소나무가 조선시대 국가에서 중요하게 취급하던 삼금(三禁)의 하나이며 임야의 번성이 국가적으로 중요함을 역설하고 있다. 따라서 임야에 함부로 진입하여 벌목해서는 안 되며, 필요시 동장을 통해 관에 신청하여 허락을 받아야 함을 명시하고 있다. 만일 훈령을 어겨 불법으로 벌목할 경우에는 "큰 나무는 2전, 중간 크기 나무는 1전, 작은 나무는 5리"를 속금으로 징수하도록 했다. 각 동에서 징수한 속금은 동비(洞費)로 쓰도록 하며 매월 그 수입과 지출 내

---

65) 임피군(臨陂郡)은 오늘날 전라북도 군산의 옛 지명이다.

역을 관에 보고하도록 했다. 우선 관이 주도하여 관내 산림에 대해 금송과 금양을 실시했지만, 실질적인 금송과 산림감시 업무는 마을 단위로 이뤄졌던 것으로 보인다. 목재가 필요한 사람은 동장을 통해 관청에 신청하여 승인을 받도록 한 점, 불법적인 작벌에 물리는 속금을 동비에 충당하도록 한 점 등으로 미루어 이를 짐작할 수 있다. 그 외에 자세한 사항은 자료 부족으로 알 수가 없다.

19. 김제군 「삼림수호세칙(森林守護細則)」[66)]

1) 개괄적 현황과 송계규약

전라도 김제군 「삼림수호세칙」은 1909년(기유년, 융희 3년) 7월 24일 읍내에서 제정됐던 '읍내규약(邑內規約)'이었다. 이것은 대한제국 말기에 제정된 금송과 산림보호에 관한 규칙으로 일정 부분 금송계의 전통을 계승했던 것으로 보인다. 여기서는 편의상 '읍내송계'로 명명하기로 한다. 「삼림수호세칙」은 12개 조목(條目)으로 그 내용은 다음과 같다.

> 一. 본사(本社) 사무소는 사원의 상점(商店) 또는 사택(私宅) 내에 편의대로 개설(開設)하도록 한다.
>
> 一. 환성산(環城山)의 사방 둘레 동리(洞里)에서는 각 사원을 배치시키고 사원 전체가 일상적으로 왕래하도록 한다. 또한 산림에는 아무나 임의로 들어가지 못하도록 주의하여 살피고 시간이 날

---

66) 「삼림수호세칙(森林守護細則)」은 「朝鮮總督府月報」 第二卷 第六號에 실린 내용을 바탕으로 연구와 분석이 이뤄졌다. 원래 한자로 작성됐으나, 「朝鮮總督府月報」에는 일본어로 번역되어 실렸다.

때마다 산림을 순시한다.

一. 1월 16일은 본사 설립 기념일이므로 사원들을 대동하여 산림을 순시하도록 한다.

一. 3월 3일, 5월 5일, 9월 10일, 11월 15일은 사원들을 대동하여 연례 순시를 하고 산림의 피해 및 유무를 조사하고 산림 보호 방법이나 식재(植栽)에 대해 상세하게 강구하도록 한다. 단, 바람이 세거나 비가 오면 일정은 연기하여 다른 날에 순시하도록 한다.

一. 도벌자(盜伐者)를 잡았을 때에는 사원이 개인적으로 벌금을 징수[徵贖]하지 말고 사중(社中)에 공고하고 장부(帳簿)에 기재하도록 한다. …

一. 사중에 공고할 때는 사원 전체에게 알려지지 않게 하고 담당자[執務員] 5명 이상에게 알리는 것을 원칙으로 한다. 사원 한 사람의 자유와 독단으로 행했을 경우 해당 사원은 중벌을 받도록 한다.

一. 읍내 각 마을의 어린 아이[幼稚童]를 선별하여 본사에 도벌자를 밀고하게끔 하고 밀고한 아동에게는 1냥[兩]을 상여금(賞與金)으로 지급한다. 그리고 그 범인을 비밀리에 잡는다. 그때 밀고한 아동의 이름과 정보가 외부로 새지 않도록 엄중하게 단속한다.

一. 도벌범을 잡기 힘든 사정이 있는 경우에는 군청에 신고한다.

一. 도벌한 확증이 있는 데도 벌금을 내지 않거나 지연하는 자는 관청에 신고하여 엄중히 처벌할 것을 요청한다.

一. 환성산 구역 내에 보호하는 생목(生木) 외에도 죽은 나무[枯木]와 대나무 종류[竹類]를 도벌하는 자에게는 10냥을 벌금으로 징수하고 낙엽과 마른 풀[枯草]을 소취(搔取, 긁어 채취함)하는 자에게는 5냥을 벌금으로 징수하기로 한다.

一. 만약 군청 직원[吏員]이 공적 용무[公用]에 의탁하여 수목을 벌채할 경우에는 규칙을 혼란스럽게 만든 죄를 물어 사원 전체가 모인 자리에서 논하여 두 배의 값[倍額]을 속금(贖金)으로 징수토록 한다.

一. 도벌범으로부터 징수한 속금과 각 개인의 기부금(寄附金)은 사재(社財)로 귀속하여 식리하며, 밀고한 아동에 대한 상여금 및 식재의 비용을 보조하도록 한다.

2) 내용분석

「삼림수호세칙」에서 읍내송계의 몇 가지 주요 특성을 찾을 수 있다. 먼저 읍내송계에서는 환성산 주변을 송계산으로 삼았으며, 몇 개의 동리가 참여했던 '연합송계'의 성격을 띠었다. 따라서 송계산의 구역과 경계에 대해 송계원이나 비송계원 모두가 명확하게 인지했을 것으로 보인다.

읍내송계의 규약에는 특이한 점이 눈에 띄는데, '본사', '사중', '사원', '사재' 등의 용어들을 사용했다는 것이다. 이것은 ① 원래 한자로 쓰였던 문서를 일본어로 번역하면서 각각 '본계(本契)', '계중(契中)', '계원(契員)', '계재(契財)'를 의미하는 것이거나, ② 대한제국 말기에 이미 근대 용어가 사용되기 시작했기 때문으로 보이는데, 아마도 전자의 경우에 해당하며 일본어로 번역되는 과정에서 바뀌었지 않나 추측된다. 즉 '契'를 '社'로 번역했던 듯하다. 한편 규약의 내용에는 일부 근대적 요소들이 보이는데, 이를테면, 사무소 개설, 포상금제도, 설립 기념일 명시 등은 과거 금송계를 비롯한 여타 계의 규정에서는 보이지 않던 내용들이다. 송계산에 무단침입하여 도벌행위를 하는 자를 적발하는 데 사원의 송계산 순시뿐만 아니라 아동을 선발하여 활용하고 있었다는 사실도 두드러진 특징이라 할 수 있다. 도벌꾼을 밀고한 아동에게 상여금으로 1냥을 주었고, 개인 신상은 철저하게 비밀로 하여 보호하도록 했다.

또한 관청 소속의 리원에 대한 처벌 규정을 담고 있었다. 이들이 공적 용무를 빌미로 송계산에 들어가 작벌할 경우 계원 전체의 회의에서 두 배의 벌금을 징수토록 했다. 여기서 당시 상황을 유추할 수 있는데, 첫째, 읍내는 김제군 관아가 있던 곳으로 아전 등 지방토호세력의 횡포와 수탈이 심했던 지역이었음을 암시한다. 둘째, 지방토호세력의 횡포와 수탈에 대해 송계 차원에서 집단적인 대응과 처벌을 했다는 것이다. 이러한 사실은 1900년대 전후로 결성됐던 경상도 순흥도호부 순흥초군청(順興樵軍廳)의 결성 배경에서도 확인할 수 있다(배영동, 2013, 2014; 이기태, 1997, 2012; 이영재, 2008). 송계산 내 범금행위를 적발했을 경우 사원이 단독으로 벌금을 징수하는 게 아니라 사중(社中)에 알리고 장부에 기록하여 나중에 벌금을 부과하도록 했다.

읍내송계에서는 나름대로 체계적인 순산과 산림감시 활동이 이뤄졌던 것으로 보인다. 송계산 주변 동리에서는 매일 순산원을 상시 배치하여 송계산에의 무단 침입을 감시하고 송계산 구역 내 정기적인 순산 활동을 수행토록 했다. 이와 더불어, 각 동리에서 아동을 선별하여 감시 활동을 하도록 하여 보다 철저한 금송이 이뤄지도록 했다. 또한 송계의 설립기념일인 1월 16일을 비롯하여 3월 3일, 5월 5일, 9월 10일, 11월 15일에는 사원 전체가 송계산을 순시하여 산림의 임상, 작벌 유무, 산림보호, 식재(植栽) 등을 면밀히 검토하여 송계산의 보호·관리를 위한 장래 방안을 강구하도록 했다.

「삼림수호세칙」에서는 송계산 내 도벌행위를 한 자에 대한 처벌 규정을 일반 범금자와 관청 소속 리원으로 이원화하고 있다. 일반 범금자에 대해서는 "생목 외에도 죽은 나무와 대나무 종류를 도벌하는 자에게는 10냥을 벌금으로 징수하고 낙엽과 마른 풀을 소취하는 자에게는 5냥을 벌금으로 징수"하도록 규정하고 있다. 한편 공적 용무를 빙자로 송계산에 들어가 범금행위를 한 관청 소속 리원은 송계 차원의 전체 회의에서 두 배의 값을 속금으로 내도록 규정하고 있다. 또한 도벌범을 잡기 힘들 경우 관청에 신고하도록 하고, "도벌한 확증이 있는데도 벌금을 내지 않거나 지연하는 자"에 대해서는 관청에 신고하여 엄중하게 처벌하도록 하여 송계 차원에서 다루기 힘든 사항은 고관치죄하도록 하고 있다. 읍내송계에서도 점증적 제재 조치가 마련되어 있었던 것으로 파악된다. 송계산의 이용·보호·관리에 있어 송계 차원의 해결이 어려울 경우 관청에 요청하여 보다 강력하게 제재할 수 있도록 했다는 점에서 이를 유추할 수 있다.

「삼림수호세칙」의 규정만으로는 확신할 수 없지만, 읍내송계는 '동리—읍—관청'이라는 중층적 사업구조를 띠고 있었는데, 점증적 제재 조치뿐만 아니라 갈등 상황의 발생 시 중층적 구조 속에서 조정과 해결노력을 경주했던 것으로 보인다. 송계산 내에도 동리의 담당 구역을 정하고 각 동리에서 순산원을 선발했던 사실로 보아 순산원의 선정과 산림감시 활동은 동리의 소관업무로 자체적으로 결정했던 듯하다. 읍내송계 차원에서는 송계의 제반 업무, 이를테면 범금행위자의 처벌 결정 및 벌금 부과, 상여금 제공 등을 담당했던 것으로 추측된다. 읍내송계가 구체적으로 어떤 방식으로 조직되고 운영됐는지는 자료가 부족해 파악하기 어렵다.

20. 상주시 모동면(牟東面) 덕곡리(德谷里) 「송리계계칙(松梨契契則)」[67]

1) 개괄적 현황과 송계규약

덕곡리 송리계(松梨契)는 경상북도 상주시 모동면 이동3구(梨洞3區, 웃배울, 상리동(上梨洞))와 덕곡1구(德谷1區, 솔뫼, 송산동(松山洞))에 거주하던 가구 전체가 땔감을 확보하고 묘지로 활용하기 위한 목적으로 약 2백여 년 전 창설됐다. '송리계'라는 명칭은 송산동과 상리동에서 각각 한 자씩 따서 계명으로 삼은 것이다. 약 1백여 년이 지난 후에 송리계를 다시 정비했는데, 당시 두 마을 130여 가구 전체가 참여했으며 동네산을 송계산으로 삼았다.[68] 한국전쟁 이후 옛날 장부가 없어져 자손들이 계를 재정비하면서 동네산을 계원들만의 소유로 바꾸고 15인 명의로 등기를 마쳤다. 그러다가 1972년 1월 5일에 마을 최초 거주자들의 후손인 39가구를 계원으로 하여 계를 재조직하면서 「송리계계칙」을 새롭게 마련했다. 당시 마을 전체 가구 수는 약 130호 정도였던 점을 고려할 때, 약 30% 정도만이 송리계 계원으로 참여했던 것이다. 송리계가 두 마을 주민들에게 오랫동안 '동계(洞契)'로 인식되어 왔던 점으로 봐서 송리계가 과거 동계의 기능과 역할을 수행했던 것으로 보인다.

1972년 1월 5일 송리계의 정기총회에서 제정되고 서병하(徐炳夏) 외 38명이 서명한 「송리계계칙」의 내용은 다음과 같다.

---

67) 법제연구원(1992: 182~185)의 내용을 바탕으로 연구와 분석이 이뤄졌다.
68) '이학래'라는 분이 주도하여 송리계를 재정비했다고 한다(법제연구원, 1992: 182).

「**송리계계칙**(松梨契契則)」

임자년(壬子年, 1972년)

제1장	총칙(總則)
제1조	본계(本契)는 송리계(松梨契)라 칭(稱)한다.
제2조	본계는 본계소유(本契所有)의 야(野) 관리(管理) 일절(一切)을 목적으로 한다.
제3조	본계는 송산동(松山洞) 및 상리동(上梨洞)의 거주자(居住者)이며 희망자(希望者)로서 조직한다.
제2장	임원(任員) 및 임기(任期)
제4조	본계는 좌(左)의 임원(任員)을 둔다. 계장(契長) 1명, 부계장(副契長) 1명, 유사(有司) 2명
제5조	본계임원(本契任員)은 총회시(總會時)에 계원이 추대(推戴)한다. 단(但), 경합시(競合時)는 의결(議決)로서 정한다.
제6조	본계계장(本契契長) 및 부계장의 임기는 3년으로 하고 유사의 임기는 1년으로 한다.
제3장	직능(職能)
제7조	본계계장(本契契長)은 계원을 대표하고 계무(契務)를 장악(掌握)하며 부계장은 계장을 보좌하며 계장유고시(契長有故時) 계장을 대행하고 유사는 계장지시(契長指示)에 의(依)하여 임야(林野)와 재산관리(財産管理) 및 계무전반(契務全般)에 긍(亘)하여 의결사항(議決事項)을 집행한다.

제4장 회의(會議)

제8조 본계회의(本契會議)는 정기총회(定期總會) 및 임시총회(臨時總會)로 구분한다. 정기총회는 매년 11월 말 이전으로 하고 임시총회는 필요 시 계장이 수시소집(隨時召集)한다.

제9조 본계총회(本契總會)는 계원 삼분지(三分之) 이이상(二以上) 참석으로서 성립하고 참석계원(參席契員) 과반수 이상 찬동(贊同)으로 의결한다.

제5장 재정(財政)

제10조 본계재산(本契財産)은 계원의 출자(出資)에 의하여 소유한 임야(林野)(별지명세(別紙明細)와 여(如)함)

제11조 본계는 전조외(前條外) 자산을 기초로 하여 수입된 재산으로서 회비 및 기타 일절의 경비에 충당한다.

1항 본계의 소유야(所有野) 및 기타 자산을 이용한 자에게는 소정(所定)의 임대료(賃貸料)를 징수한다.

2항 본계의 소유야에 분묘(墳墓)를 설치할 시는 일좌당(一座當) 정조(正租) 오십근을(五十斤乙) 징수한다. 단, 계원은 차항(此項)에 부재(不在)한다.

제12조 본계계원(本契契員)중 송산동(松山洞) 및 상리동(上梨洞)에서 타지역으로 이주했을 시는 본계계원(本契契員)의 자격을 상실한다.

1항 전항상실(前項喪失)에 의하여 계원자격(契員資格)이 상실된 자는 자산 일체를 환불치 않는다.

2항 전항(前項)의 해당자(該當者)로서 송산동(松山洞) 및 상리동(上梨洞)에 재입주시(再入住時)는 본계계원(本契契員) 자격이 회복된다.

제6장 부칙(附則)

본계는 본계칙제(本契則制) 이전(以前)에 행한 계무 전반(契務全般)에 긍(亘)한 운영에 있어서 본계칙(本契則)에 준(準)한 것으로 간주한다. 본계칙은 의결일(議決日)로부터 시행한다.

서기 1972년 1월 5일
서명인: 서병하 외 38명
—자산명세서(생략)

2) 내용분석

송리계는 동네산인 임야 약 120정보(7필지)를 송계산으로 삼아 운영했다. 그 외에도 송리계에서는 송계산 구역 내에 농토도 소유하고 있었다. 농토에서 해마다 걷는 도조(賭租)는 계의 재원으로 충당했다. 송계산인 동네산의 구역과 경계는 계원이나 마을 주민들에게 그리고 다른 마을 사람들에게 어느 정도 뚜렷하고 명확했을 것으로 보인다. 약 2백여 년 전 송리계 창설 당시에는 두 마을 전체 가구가 참여했고 이러한 전통은 한국전쟁 이전까지 지속됐다. 따라서 마을 주민이면 누구나 송계원으로 가입했고 송계산의 이용·보호·관리에 권리와 의무가 함께 주어졌다. 한국전쟁 이후 계가 두 차례 정비됐는데, 1972년 「송리계계칙」이 제정될 당시에는 39가구가 참여하고 있었다. 법제연구원(1992)의 조사 당시, 마을 주민들은 송리계를 동계라고 인식하고 있었는데, 이것은 적어도 한국전쟁 이전까지 모든 주민들이 송리계에 참여했고 송리계에서 동계의 기능과 역할의 상당 부분을 수행했기 때문으로 해석된다.

법제연구원(1992)의 조사 당시, 마을에 새로 전입하는 가구들에게는 입계가 허락되지 않는 등 어느 정도 배타성을 띠고 있었다. 이것은 마을 최초 거주자들의 후손들이 동네산에 대해 가지는 소유의식 때문으로 추측된다. 송리계에서는 송계산 및 기타 재산에 대한 소유와 이용이 각각 분리되어 있었다. 즉 비계원이더라도 송계산 내에서 땔감을 확보할 수 있었으며, 분묘를 설치할 때 1기당 쌀 오십근을 지불하도록 했다. 물론 송계원들에게는 분묘 설치 시 따로 비용 부담을 지우지 않았다. 송계산 내에서 얻은 목재 수익은 송계원들에게 균등하게 분배됐다. 송계원이 타지로 이사하면 계원 자격을 상실하게 되고 계의 재산 일체도 환불치 않게 했다. 하지만 송산동과 상리동에 재입주할 경우에는 계원 자격이 회복되도록 하여 계원으로서 권리와 의무를 다시 가질 수 있도록 했다. 이렇게 계원과 비계원의 구분이 명확하게 나뉘어져 있었다.

「송리계계칙」에 따르면, 송리계 모임은 정기총회와 임시총회로 구분되어 있다. 정기총회는 매년 11월 말 이전에 개최토록 했으며, 임시총회는 계장이 필요하다고 판단할 경우 수시로 소집할 수 있었다. 법제연구원(1992)의 조사 당시, 정기총회는 양력으로 해마다 1월 5일에 송산동과 상리동이 번갈아 가면서 개최를 하는데, 유사가 음식과 술을 장만했다. 「송리계계칙」에는 명시되어 있지 않지만, 정기총회와 임시총회에서는 계의 제반 사항 이를테면, 계 재정내역과 결산, 벌목 판매, 도조 결정 등이 논의되고 의결됐던 것으로 보인다. 총회는 전체 계원의 2/3 이상의 참석과 참석 계원의 과반수 이상 찬성으로 회의 안건을 논의하고 의결할 수 있었다.

계임은 계장 1명, 부계장 1명, 유사 2명으로 구성됐다. 모든 계임은 정기총회나 임시총회에서 추대 방식으로 선임하며, 후보가 2명 이상이면 참석 계원의 투표를 통해 선임했다. 계임의 임기는 계장과 부계장은 3년, 유사는 1년이었다. 계장은 계원을 대표하고 계무 전반을 관장하며, 부계장은 계장을 보좌하며 계장 유고 시 계장의 직무를 대행하도록 했다. 유사는 계의 제반 사무를 집행하는데, 총회에서 의결된 사항을 집행하며, 송계산 보호·관리, 계 재산관리 등을 담당했다. 법제연구원(1992)의 조사 당시, 송리계의 조직은 회장, 총무, 모듬유사[69]를 두고 있다고 했는데, 이는 「송리계계칙」의 규정과는 다르다. 아마도 「송리계계칙」이 이후에 개정됐던 것으로 추측된다. 이들 계임이 담당하는 직무는 자세히 알 수가 없다.

법제연구원(1992)의 조사 기록이나 「송리계계칙」에 제시된 송계산에 대한 순산과 산림감시 활동, 처벌 방식, 처벌 수위, 점증적 제재 조치 등에 관한 기록에 따르면, 송산동과 상리동에는 동계, 문중계 같은 계가 없었다고 한다. 이러한 점으로 미루어 볼 때, 과거에 송리계는 지역공동체의 제반 사항을 다루는 동계의 기능과 역할을 실질적으로 수행했을 것으로 짐작된다.

21. 상주시 낙동면(洛東面) 운평리(云坪里) 운곡동(雲谷洞) 송계(松契)[70]

운곡동 송계는 마을에 기증한 산을 송계산으로 삼아 지속 가능하게 이용·보호·관리했다. 또한 마을에 새로 들어온 가구에서는 추입금으로 나락 1말을 출연했으며, 만일 3년 이상 거주하다 타지로 이사갈 경우 나락 1말을 도로 돌려주었다. 추측컨대, 운곡동 마을 주민이

69) '모듬유사'로 몇 명을 두었는지에 대한 기록이 없다.
70) 법제연구원(1992: 180)의 내용을 바탕으로 연구와 분석이 이뤄졌다.

면 누구나 계원으로 가입했으며 일정 규모의 기금을 송계 차원에서 자체적으로 관리했던 것으로 보인다. 송계 이외에도 운곡동에는 동규(洞規), 문중계(門中契), 상조계(相助契) 등이 있었다고 한다. 법제연구원(1992)의 현지조사 자료가 충분하지 않아 운곡동 송계의 운영·관리에 대한 보다 구체적인 내용은 파악하기 어렵다.

22. 제주도 조천읍(朝天邑) 선흘리(善屹里) 산림계(山林契)[71]

선흘리 산림계는 동백동산(冬栢洞山)을 송계산으로 삼아 결성됐다. 결성 시기는 확실하지 않으나, 웃산림계[上山林契]와 하산림계(下山林契)로 구성되어 있어 상하합계 방식이었던 것으로 보인다. 폐목(廢木)을 채취하여 땔감이나 기타 용도로 활용했으며, 산림계 차원에서 기일을 정하여 동시에 채취한 후 각자가 작업한 몫을 가져갔다. 이것은 일부 금송계에서 행해지던 공동작업·공동분배 방식과는 다르다고 할 수 있다. 법제연구원(1992)의 현지조사 자료가 충분하지 않아 보다 구체적인 내용은 파악하기 어렵다.

23. 울진군 평해읍(平海邑) 오곡리(梧谷里) 산림계(山林契)[72]

오곡리 산림계는 송계 혹은 (아마도 일제강점기에는) 식림계(植林契)로 불리기도 했다. 산림계 자체에서 부속토지(적어도 일부는 임야로 추정)를 소유·관리했다. 마을 주민이면 누구나 가입할 수 있던 것으로 보이며, 새로 이주한 가구에게는 입참례(入參禮)를 준용하는 추입금을 내

71) 법제연구원(1992: 94)의 내용을 바탕으로 연구와 분석이 이뤄졌다.
72) 법제연구원(1992: 160~161)의 내용을 바탕으로 연구와 분석이 이뤄졌다.

도록 했다. 당시 오곡리에 이주한 가구에서는 입참례로 술 한 말과 담배 한 발을 출연하도록 했다. 산림계에서는 매년 2회(아마도 봄과 가을)에 걸쳐 정기모임을 개최하여 산림계의 주요 안건을 논의하고 결정했다.

산림계가 담당하던 임야에 대해 순번제로 매일 3회에 걸쳐 순산과 산림감시 활동이 이뤄졌으며, 순산원에게는 순산패를 증표로 지참케 했으며, 임무 교대 시 다음 순산원에게 넘기도록 했다. 산림계 규칙을 위반한 자에게는 나무 값에 해당하는 벌금을 내도록 하여 계 재산에 귀속시켰다. 법제연구원(1992)의 조사 당시, 계원들의 합의하에 2~3명의 공동명의로 계 재산을 등기하고 있었다. 매년 가을철 기일을 정하여 낙엽 채취와 가지치기 등 공동 산판작업으로 땔감을 얻었는데, 작업량은 작업에 참가한 계원들에게 똑같이 배분했고 미 참가자에게는 분배하지 않았다.

오곡리 산림계의 계임으로 송장(松長)과 유사(有司)가 있었는데, 송장은 산림계를 대표하는 수장이며 유사는 계의 실무를 담당했을 것으로 추측된다. 하지만 송장과 유사의 임기, 권한, 업무 등은 자세하게 파악할 수 없다. 한편 오곡리에서는 산림계뿐만 아니라 노계(老契), 동회(洞會) 및 동규(洞規), 상포계(喪布契) 등이 조직·운영됐다고 한다. 산림계는 지역공동체의 생존과 번영이라는 큰 목표 속에서 산림공유자원의 이용과 보호를 위한 특화된 계 조직이었던 것으로 보인다.

24. 사초계(莎草契)[73]

사초계는 선산수호와 금양을 주된 목적으로 내외친족들이 함께 결성한 족계(族契)에 해당한다. 「사초계」는 〈점돌촌 서문(店乭村 序文)〉, 〈점돌촌 절목(店乭村 節目)〉, 〈창우리 서문(倉隅里 序文)〉, 〈창우리 입의(倉隅里 立議)〉로 구성되어 있다. 이은빈(李誾彬), 이간빈(李侃彬) 형제가 주도하여 자신의 부모 선영이 있는 점돌촌(店乭村)과 창우리(倉隅里)에 사는 내외친족들과 함께 선산 보호와 친목 도모를 목적으로 사초계를 결성했다. 계원으로는 점돌촌에서 윤씨 8명, 오씨 2명, 심씨 1명 등 11명이 참여했으며, 창우리에서는 김씨 8명이 참여했다. 사초계의 〈점돌촌 서문〉을 살펴보면 다음과 같다.

> 부모님 분산이 온서면(溫西面) 창우리(倉隅里) 응봉(鷹峰) 아래에 있는데, 안산은 신동면 점돌촌(店乭村)의 봉두산(鳳頭山)이다. 산에는 분산이 있고 마을은 사는 곳으로 모두 마주 보이는 지척지간이니 피차의 구별이 어찌 우리 경계 남의 경계로 나눌 수 있겠는가? 우리 형제가 벼 5포(包)를 출자하고 다른 계원들도 각자 조 1말[斗]씩 출자하여 이 계를 창설하여 사초계라 이름한다. 한편으로는 조상을 위하는 일이고 한편으로는 친목을 다지기 위해서다.[74]

---

73) 「사초계(莎草契)」〈점돌촌 서문(店乭村 序文)〉, 〈점돌촌 절목(店乭村 節目)〉, 〈창우리 서문(倉隅里 序文)〉, 〈창우리 입의(倉隅里 立議)〉에 대한 김경숙(2012: 145~146)의 번역 내용을 주로 참조하여 연구와 분석이 이뤄졌다.

74) 「莎草契」〈店乭村 序文〉. 余之親山在於溫西倉隅鷹峰下 而案對卽新東店乭之鳳頭也 山之有先壟 村之爲奠居者 俱是咫尺相望之地 則彼此之自別 豈有間於本它境哉 吾兄弟爲出伍包租 諸員亦各出壹斗租 設此契而名曰莎草 一以爲先事 一以欲叙誼 而成節目書左期於永久 則創始本意可重歟 爲其子若孫者見此 而興感能遵永行 則繼遊之道庶可至矣 契有大事余不可越視 則處以都有司之任乃不獲已者也 以此永爲承襲 至於契谷如非難殺 雖升合地勿于攝契會 或有事只參財下時 而當參者外勿

〈점돌촌 서문〉에서 알 수 있듯이, 이은빈, 이간빈 형제의 부모 선산에 대한 수호와 금양이 사초계 결성의 주된 목적이었고 다음으로 친족 간의 친목을 도모하기 위함이었다. 사초계를 결성하는 데 두 형제가 벼 5포를, 다른 친족 계원들은 조 1말씩을 출자했음을 알 수 있다.

사초계 절목은 〈점돌촌 절목〉과 〈창우리 입의〉로 나누어진다. 먼저 〈점돌촌 절목〉의 일부 내용을 살펴보면 다음과 같다.

> 一. 계원 가운데 서로 마주 보이는 곳에 선산이 있는 경우는 동심협력하여 정성껏 금양하고, 벌목은 금단하고 사초만을 한다. 계에 들어온 사람 또한 같은 계원의 의리로 각별히 금벌(禁伐)하되, 혹여 투작하는 자가 있으면 피차를 가리지 말고 경중에 따라 벌을 준다.75)

〈창우리 입의〉의 일부 내용을 살펴보면 다음과 같다.

許亦可 舍季亦以公言之名一從此例 並祔焉. 庚午臘月卄五日 主契翁書.

75) 「莎草契」〈店乭村 節目〉. 一. 契員永爲世襲爲矣 有先塋於相望地者 從其守護爲齊. 一. 座目直書元紙永示創設之意 此後直書之下 書某代孫或守護人改付標施行爲齊. 一. 並祔辭意逐條以節目施行爲齊. 一. 有司兩員契員中以解事恪勤人 從公差定契中大小事一並使之擔當擧行爲旀 限財下遞易爲矣 如有公議或仍爲齊. 一. 契穀以本邑逐年長利取殖爲矣 兩有司擔當出納爲齊. 一. 契穀自別每年分給時 毋論某某必以信實人懸保 或有未收難殺者 保人處徵納爲齊. 一. 春秋契會 春以正二月秋以九十月 隋時設行于有司家爲矣 無故不參者施罰爲旀 財下時都有司若爲來參山直家設行爲齊. 一. 分給時 雖有谷縮勿許濫除 捧上時或有未收 兩有司處卽徵納且施罰爲齊. 一. 六年取殖後先除二拾柒石 永作立本租 而餘穀不計當約收合之多寡 隨而有平均給財爲旀 此後第貳年秋 每員各貳石式永定財下爲旀 財給用留在兩有司着名每置於節目册中爲齊. 一. 契員有過必罰 自是例也 上罰租三斗 中罰貳斗下罰壹斗爲定 而如有被罰者罰租財給時除減爲齊. 一. 契員中有先山於相望地者禁養之節同心勤飭只爲莎草而入契之人 亦以同契之誼 各別禁伐爲矣 或有自犯者毋論彼此從輕重施罰爲齊. 一. 座目册永置于山直家爲旀 契中如有大事先通於都有司爲齊. 一. 未盡條追後磨鍊爲齊. 一. 契谷合伍石拾貳斗 兩有司許分置爲齊.

一. 계원은 진손, 외손을 막론하고 각기 수호하는 바에 따라 영원히 세습한다.
一. 계원의 선영이 모두 같은 산 아래에 있으니 금양은 마땅히 동심 협력하여 정성껏 하고, 만약 범하는 자가 있으면 경중에 따라 벌을 준다.[76]

두 절목에서도 알 수 있듯이, 내외친족 간의 선산 보호와 금양에 대한 의무를 절목에서 다시 한 번 명시하고 있다. 또한 사초계의 관할 산림지역 내에 벌목은 일체 금지하고 봄철 모내기 시기에 논에 깔 '바닥풀', 가을갈이 시기에 쓰이는 '보리풀', 땔감을 위한 풀베기는 허용하고 있다. 무단으로 벌목하거나 투작하는 자가 있으면, 빈도수 및 범죄의 경중에 따라 점증적인 제재가 이뤄졌을 것으로 추측된다.

---

76) 「莎草契」〈倉隅里 序文〉. 凡契各有所重而定名色收錢穀 自是通規吾兄弟玆出伍包租 諸員亦出各壹斗租 以爲收合而名曰莎草 欲爲世襲而立議書左 此契之設敢不重歟 毋論彼此 爲其子若孫者見此 而興感遵立議能永傳 則庶不孤創始之意哉 戒之勉之. 庚午仲冬旣望 主契翁書. 契中大事 余不得不摠執 則處以都有司之任亦不獲已之事也 以此永爲承襲 而契穀出納如非秋捧難殺條 則雖升合地勿干涉契會 或有事只參財下時 而當參者外亦勿許可也 舍季亦以公言之名一從此例. 並尾祔焉. 「莎草契」〈倉隅里 立議〉. 一. 契員毋論眞外孫從其守護 永爲世襲爲齊. 一. 座目直書特是創設永示之意 此後則直書之下 書某代孫改付標施行爲齊. 一. 有司兩員契員中必以解事恪勤人 從公差定 而限財下遞易 如有公議或仍爲齊. 一. 契穀以本邑逐年長利取殖兩有司擔當擧爲齊. 一. 契穀自別每年分給時 必擇信實人懸保 或有未收難殺者 保人處懲納爲齊. 一. 分給時 雖有穀縮勿許濫除 捧上時 設有未收兩有司先施罰卽懲納爲齊. 一. 春秋契會 或九月毋過十月而設于有司家 無故不參者施罰爲旀 財下時 都有司若爲來參則山直家設行爲齊. 一. 五年取殖後除置立本租幾石 而不計當約收合之多寡 每員各壹石式秋捧時財給 此後永定第二年秋而石數從後更定爲旀 財下用留在有司着啣 每置于節目册中爲齊. 一. 契雖莎草 諸員先塋旣在一山之下 則禁養之節亦當同心勤飭 如有自犯者從輕重必罰爲齊. 一. 尾祔辭意亦以立議逐條施行爲旀 契中如有大事先稟於都有司爲齊. 一. 契員有過必罰自是例也 上罰租三斗 中罰貳斗 下罰壹斗爲定 而如有被罰者罰租財下時除減爲齊. 一. 座目册永置于山直家爲齊. 一. 未盡條追後磨鍊爲齊. 並尾祔焉.

25. 「분동심씨 산하리계안(紛洞沈氏 山下里稧案)」[77)]

1) 개괄적 현황과 송계규약

분동(紛洞)은 충청도 청주목 남주내면(南州內面)에 속하던 마을이라고 한다(김경숙, 2012: 미주86). 「분동심씨 산하리계안」은 갑신년(甲申年)에 창설됐다고 하는데, 정확한 연도는 파악하기 어렵다. 계안은 〈절목(節目)〉의 12개 조목(條目)으로 구성되어 있다. 분동심씨 족계 차원에서 선산수호와 금양을 시행하여 왔는데 그리 성공적이지 못했던 것으로 보인다. 선산을 보호해야 할 묘지기[墓直] 조자근손(趙者斤孫)이 송추와 잡목을 마음대로 투작(偸斫)했고 이도묵(李道默)이라는 산 아래 사람[山下民]이 선산의 일부를 범작하는 등 선산수호와 금양 활동에 많은 문제가 발생했다. 이에 분동심씨 종중 차원이 아니라 산 아래 마을[山下里] 동계(洞契) 차원에서 묘산 금양하는 방식으로 전환하게 되었던 것이다. 이도묵으로부터 징수한 벌금 2냥 7전과 매년 묘제 거행 후에 남은 곡식을 계의 재원으로 삼고 동계의 하부조직인 별청(別廳)으로 금송계를 결성·운영하게 됐다(김경숙, 2012: 149). 〈절목〉의 일부 조목을 살펴보면 다음과 같다.

> 一. 이제 별청을 설치하는 것은 위로는 산소를 수호하기 위한 방도이며, 아래로는 마을 사람을 보호하기 위한 방책이다. 오고 가는 종인(宗人)들이 간섭하지 못하게 하라. 이를 준행하여 잃지 않는다면 앞으로 쓰임에 보탬이 될 수 있을 것이다.

---

77) 「분동심씨 산하리계안(紛洞沈氏 山下里稧案)」의 〈서문(序文)〉과 〈절목(節目)〉에 대한 김경숙(2012: 148~152)의 번역 내용을 바탕으로 연구와 분석이 이뤄졌다.

一. 많은 송추를 매번 산지기들이 투작해 벌거숭이가 되어가니 무척 한스럽다. 올해부터는 동장·존위가 함께 금벌하고, 만약 나무의 뿌리가 드러나는 일이 있으면 산지기와 동임배(洞任輩)들에게 함께 죄를 주고, 그루 수에 따라 벌금을 징수하는 것을 결단코 그만두지 않을 것이다. 모두 잘 새겨 알아서 이전처럼 잘못을 범하는 일이 없도록 하여야 한다.

一. 산지기들이 세력을 믿고 함부로 하는 폐습이 있으면 동장 및 존위가 하나하나 잘 타이르고, 타일러도 고치지 않으면 즉시 보고하여 엄중히 다스리도록 한다. 동민들도 그러한 폐습이 있으면 산지기 및 동임이 잡아다가 벌을 가하고, 따르지 않으면 역시 보고하여 가옥을 훼철하고 마을에서 쫓아내도록 한다.[78]

---

78) 「粉洞沈氏 山下里稧案」〈節目〉. 一. 凡於山下事 自余引入 旣無主管而主管亦不善 百事紊亂 莫可釐正 至於前墓直趙者斤孫 亂斫松雜木 山下民李道默 差知渠山局內 而極矣 余旣有別有司之名 則義不敢辭避 歲享時强疾來審 則者斤孫已爲逃走待其還接 從當區處 而道默之弟德默 略施笞罰 收其犯斫贖二兩七錢 付之里稧名之曰別錢 別定副任 年年殖利 以爲待時需用事. 一. 歲享封餘 賭租一石太二石亦付之別廳 明秋亦如之 以爲殖利 而雖別有司 不得私自犯手事. 一. 今此別廳之設 上以爲山所守護之道 下以爲居民斗護之策也 往來諸宗 無得干涉 遵而勿失 則庶有補於日後需用之方事. 一. 傍近村民 每於家座入籍時 冒錄於粉洞者 比比有之此則數十年無主管所致也 若此不已 則山下弊瘼 將不知至於何境 事之悚惶 莫此爲大 自今年爲始 階下所居民 別設一稧 成案二件 一置里中 一置州司 則其虛其實 自可分析事. 一. 山下如有願入者 決勿許接 雖百千年 無敢增戶事. 一. 如干松楸 每爲墓山直輩潛斫 漸成童濯 大爲寒心 自今年 洞長尊位眼同禁伐 而如有木根現發者 則墓山直洞任輩 同被其罪 隨根收贖 斷不可已 並知悉毋有如前犯科事. 一. 局內及後帳及外靑龍內 落葉柴草 限三年毋得刈取 以爲松雜木長養之道事. 一. 每年歲享時 里尊位擇其勤幹伶俐者四人 定出供饋 收里中盤器來待 以爲飮福時所用事. 一. 墓山直輩如有怙勢濫滑之習 洞長尊位這這曉諭 曉諭不悛 卽地報來以爲重治 居民輩亦有其習 則墓山直及洞任 捉致笞罰 如有不遵 則亦爲報來 以爲毁屋放出事. 一. 每年五月一日 去墳上雜草 八月一日伐草 三冬掃雪時 里任押領里民一齊幷力事. 一. 士夫家山所守護之方 貴乎遜順 凡我里人各相勉旃 毋有犯科事. 一. 如有不得已事 則里民輪回往來 以爲均勞事.

2) 내용분석

〈절목〉에서 알 수 있듯이, 동계의 별칭으로 금송계를 설치·운영하는 주된 목적이 분동심씨의 선산수호와 금양임을 알 수 있다. 그리고 선산을 산 아래 마을의 동계에 위탁 관리하면서 반대급부로 선산 내 산림자원의 접근권과 이용권을 산 아래 마을 주민들에게 허락하고 있다. 이것은 "아래로는 마을 사람을 보호하기 위한 방책이다. 오고 가는 종인들이 간섭하지 못하게 하라"라는 구문에서도 유추할 수 있다. 선산 내 무단출입과 투작을 금하는 데 순산과 협조를 마을 주민으로부터 구하고, 퇴비 및 땔감의 확보, 산지기 및 문중인의 횡포 금지 등 산 아래 마을 주민들에게 편의를 제공했던 것으로 추측된다. 이는 산 아래 마을 주민의 협조와 순산 활동이 실질적으로 이뤄지지 않고서는 선산수호와 금양이 어려웠다는 것을 반증한다.

동계의 하부조직인 별청 방식으로 금송계를 조직·운영함에 있어 동장, 존위 등 동임(洞任)들에게 선산수호에 대한 실질적인 책임을 부여하고 있다. 선산 내 순산 및 산림감시 활동은 산지기가 실질적으로 수행했고 산지기의 횡포에 동계 차원에서 대응할 수 있는 권한을 부여하고 있다. 즉 산지기의 횡포가 잘 타일러도 고쳐지지 않을 경우 분동심씨 종중에 보고하여 엄중하게 다스릴 수 있도록 하고 있다. 또한 선산수호와 금양에 대한 실패의 책임을 산지기, 동장, 존위에게 연대책임을 물도록 하여 선산 보호의 실질적인 효과를 달성하고자 했다. 이것은 "만약 나무의 뿌리가 드러나는 일이 있으면 산지기와 동임배들에게 함께 죄를 주고"라고 한 조목 내용에서 확인할 수 있다. 만일 마을 주민이 선산 내에 무단 침입하여 투작을 행하다 적발됐을 경우, 그루 수에 따라 벌금을 차등 부과하도록 하고 있다. 또한 심한 경우에는 "가옥을 훼철하고 마을에서 쫓아내도록" 하는 출동(黜洞) 조치를 취하도록 하고 있다. 추측컨대, 범작의 심각성, 빈도 등에 따라 점증적 제재 조치가 이뤄졌음을 유추할 수 있다.

이밖에도 분동심씨의 선산을 금송계의 송계산으로 했기 때문에 산림 구역의 규모와 경계는 나름대로 명확하게 설정됐을 것으로 보인다. 또한 실질적인 선산수호를 위해 현지 조건에 맞게끔 산 아래 마을의 동계의 별칭으로 금송계를 조직·운영했던 점, 동계 차원에서 순산과 산림감시 활동을 벌이도록 하여 최소한 자치권을 보장한 점, 선산수호 및 금양에 있어 '동계—분동심씨 종중'이라는 중층적 사업구조의 특성을 보이는 점 등 몇 가지 두드러진 특징을 띠고 있었다.

26. 시흥군(始興郡) 과천면(果川面) 청계산식림계(淸溪山殖林稧)[79]

1) 개괄적 현황과 송계규약

청계산은 관악산(冠岳山)과 함께 과거 과천 사람들에게 없어서는 안 될 삶의 터전이었다. 시흥군 과천면은 두 산을 끼고 있고 들이 넓지 않기 때문에 옛날부터 과천사람들은 두 산을 의지하여 살아 왔다. 두 산은 훌륭한 땔감 공급지였고 우리나라 최대 목재 수요지인 서울에 인접해 있기 때문에 과천 사람들은 두 산에 의지하여 삶을 영위할 수 있었다. 따라서 과천지역에는 오래전부터 청계산과 관악산에의 입회관행과 송계의 전통이 있어 왔던 것으로 보인다(강성복, 2007: 46~49).

1915년에 청계산식림계(淸溪山殖林稧)가 결성된 결정적인 계기는

79) 강성복(2007)의 내용을 바탕으로 연구와 분석이 이뤄졌다.

일제강점기 산림정책에 따른 삶의 터전의 상실이었다. 1908년 「삼림법」 제정·공포, 1911년 「삼림법」 폐지와 「삼림령」 제정·공포, 1910년 임적조사사업 등 산림자원 수탈을 위한 일련의 정책과 조치들이 취해졌고, 이에 따라 청계산이 국유림으로 귀속되고 일본인 시노다 켄이치(篠田玄一) 외 1명에게 대부(貸付)되면서 청계산을 삶의 터전으로 삼아오던 과천면 막계리·주암리, 신동면 신원리 등 주민들은 연고임야에 대한 입회관행에서 배제됐다. 임적조사사업은 철저하게 신고주의 원칙을 고수했기 때문에, 산림 연고권이 있음에도 문서에 밝지 못했거나 임야세의 과중한 부담이 두려워 신고를 하지 않았던 경우가 많았다(강성복, 2007: 49~51). 이와 같은 이유로 청계산의 대부분이 그즈음에 국유림으로 편입됐던 것으로 보인다.

청계산 일대가 시노다 켄이치(篠田玄一)를 포함한 일본인 2명에게 대부되고 마을 주민의 입회관행이 배제되자, 1915년 10월 1일 당시 과천면 막계리 이장이었던 이병설[80] 외 121명의 연명으로 탄원서를 제출하고 '청계산식림계'를 결성하기에 이르렀다. 현재까지 보존되어 있는 청계산식림계 관련 문서 및 자료는 〈탄원서(歎願書)〉, 〈청계산식림계규칙(淸溪山殖林稧規則)〉, 〈출자대장(出資臺帳)〉, 〈계원명부(稧員名簿)〉, 직인 2개와 고무인 4개 등이 있다. 청계산식림계는 8·15광복 이후 유명무실하다가, 제3공화국 중앙정보부장을 지낸 김재춘(金在春) 씨가 설립한 인산농원(仁山農園)에서 1967년 하반기부터 1968년 상반기까지 약 136만평을 매입했다. 이후 1977년 1월 서울시에서 산림을 매입하여 오늘날 서울대공원으로 거듭나게 됐다(강성복, 2007; 손정목, 2004).

〈서약(誓約)〉의 형식을 갖춘 〈탄원서〉에는 청계산 일대를 양도받는

80) 이병설 씨는 청계산식림계의 초대 계장을 역임했다.

대신 조림사업을 위해 식림계를 조직하기로 약속하고 있다.[81] 〈서약〉의 내용을 살펴보면 다음과 같다.

〈서약(誓約)〉[82]

시흥군 과천면 및 신동면에 걸쳐 있는 청계산 국유림은 지난번에 시노다 켄이치(篠田玄一) 외 1명에게 대부 허가된 것이나 해당 산은 부락민과 밀접한 관계가 있고, 이를 타인이 경영하는 것은 그 이해의 영향이 크므로 다음 조건에 의하여 관계 부락민이 시노다 켄이치로부터 대부권을 양도받아서 조림 경영을 하기로 이에 서명 서약한다.

1. 양도인에게 허가 후 오늘에 이르기까지 관청에 납부해야 할 대부요금은 양수인이 지불할 것.
2. 양수 후에는 해마다 대부료 납부는 물론 별지 식림계를 조직하여 양도인에게 대부 청원할 때 원서에 첨부한 사업계획을 계승하며 매년 조림을 시행할 것.

이상 1915년(대정 4) 10월 1일

〈서약〉의 내용에서도 알 수 있듯이, 양도인으로부터 대부받게 되면 산림계를 결성할 뿐만 아니라, 일본인 대부업자의 "원서에 첨부한 사업계획을 계승하며 매년 조림" 사업을 이행할 것을 다짐하고 있다. 또한 "양도인에게 허가 후 오늘에 이르기까지 관청에 납부해야 할 대부요금"을 양도인에게 지불하기로 결의하고 있다. 이로써 청계산식림

81) 자료가 남아 있지 않지만, 관악산 국유림을 대상으로 같은 해 혹은 비슷한 시기에 결성된 '관악산식림계'도 같은 시대적 상황에서 결성됐으리라 추측된다. 관악산 식림계는 과천면 문원리, 관문리, 하리가 주축이 되어 결성됐던 것으로 보인다.

82) 〈서약(誓約)〉은 한문과 일어의 혼용으로 쓰여 있으며 강성복(2007)의 번역을 따랐음을 밝힌다.

계는 1915년에 결성하기에 이르렀다.

〈청계산식림계규칙〉은 총 16조로 식림계의 명칭, 목적, 조림 계획, 임원 구성 및 조직 체계, 계원 의무, 총회 등을 규정하고 있다. 이를 살펴보면 다음과 같다.

> 〈**청계산식림계규칙**(清溪山殖林稧規則)〉[83]
>
> 제1조 본 계는 청계산 식림계라 칭한다.
>
> 제2조 본 계의 사무소는 시흥군 과천면 막계리 10통 1호에 둔다.
>
> 제3조 본 계는 계원의 애림사상을 함양하고 또 필요한 땔감[薪炭] 용재의 수요를 충당하기 위하여 청계산 국유임야를 대부받아 조림하는 것을 목적으로 한다. 전항의 목적을 달성하기 위하여 묘포(苗圃)를 설치하고 묘목을 기른다. 단, 묘목을 생산할 때까지는 구입 묘목을 심어야 한다.
>
> 제4조 본 계는 시흥군 과천면 막계리·관문리·주암리 및 신동면 신원리 주민으로 조직한다. 단, 위 부락 주민과 특별한 사정이 있는 사람에 한하여 가입하게 한다.
>
> 제5조 본 계원은 제3조의 목적을 달성하기 위하여 소요경비와 노력을 부담할 의무가 있다. 단, 부담할 비율은 총회에서 정한다.
>
> 제6조 계원이 전항의 의무를 태만히 할 때는 과태금을 징수하기로 한다.
>
> 제7조 본 계는 매년 사업년도의 잉여금을 계회의 결의에 따라 익년도(翌年度) 이월금 또는 계의 기본금으로 적립한다.
>
> 제8조 삼림의 주·부산물은 계원 각자의 연료 및 용재로 사용하고 그 잔여분은 판매하여 계자금에 넣거나 계원에게 분배한다.

83) 〈청계산식림계규칙(清溪山殖林稧規則)〉은 한문과 일어의 혼용으로 쓰여 있으며 강성복(2007)의 번역을 따랐음을 밝힌다.

상기 배분방법은 총회 결의에 따라 정한다.

제9조 본 계는 다음의 임원을 두되 명예직으로 한다.

계장 1명, 부계장 1명, 이사 4명, 평의원 20명

계장 및 기타 임원은 계원이 호선하며 그 임기는 2년으로 하고 만기 시에 재선할 수 없다. 임원 중 결원이 생겼을 때는 보결선거를 실시하고 그 임기는 전임자의 임기를 계승한다.

제10조 임원의 사무 분장은 다음과 같다.

1. 계장은 본 계를 대표하고 제반 사무를 정리한다.
2. 부계장은 계장을 보좌하고 계장이 사고가 있을 때는 대리한다.
3. 이사는 계장의 지휘를 받아 제반 사무를 분장한다.
4. 평의원은 중요사항을 의결한다.

제11조 본 계는 매년 1회 정기총회를 개최한다. 단, 계장이 필요하다고 인정할 때 또는 계원 1/3 이상이 회의를 요구할 때 임시총회를 개최한다.

제12조 회의의 의장은 계장이 되고 계장이 사고가 있을 때는 부계장이 대리한다.

제13조 계장은 계원이 과반수 이상 출석해야만 회의를 개최한다.

제14조 계회의 의사에 관한 세칙은 계회에서 정한다.

제15조 본 계의 사업년도는 매년 1월 1일 시작하여 12월 31일 마감한다.

제16조 사업 진행에 관한 세칙은 임원이 정한다.

2) 내용분석

청계산식림계의 결성 목적은 〈청계산식림계규칙〉 3조에서 밝히고 있듯이, "계원의 애림사상을 함양하고 또 필요한 땔감 용재의 수요를 충당하기 위하여 청계산 국유임야를 대부받아 조림하는" 것이었다. 계

〈표 4-3〉 청계산식림계의 계원 구성

<table>
<tr><th>도</th><th>시군</th><th>읍면</th><th>리</th><th>계원 수</th><th>추입자
(1917년)</th><th>총계원
수</th><th>비고</th></tr>
<tr><td rowspan="9">경기도</td><td rowspan="6">시흥군</td><td rowspan="4">과천면</td><td>막계리</td><td>62</td><td>2</td><td>64</td><td>과천시
문원동</td></tr>
<tr><td>주암리</td><td>15</td><td></td><td>15</td><td>과천시
주암동</td></tr>
<tr><td>관문리</td><td>5</td><td>1</td><td>6</td><td>과천시
관문동</td></tr>
<tr><td>문원리</td><td>1</td><td></td><td>1</td><td>과천시
문원동</td></tr>
<tr><td>신동면</td><td>신원리</td><td>36</td><td></td><td>36</td><td>서울시
서초구</td></tr>
<tr><td>남면</td><td>당정리</td><td>1</td><td></td><td>1</td><td></td></tr>
<tr><td rowspan="2">광주군</td><td rowspan="2">언주면</td><td>신원리</td><td>2</td><td></td><td>2</td><td></td></tr>
<tr><td>내곡리</td><td>1</td><td></td><td>1</td><td></td></tr>
<tr><td>용인군</td><td>수여면</td><td>소학동</td><td>1</td><td></td><td>1</td><td></td></tr>
<tr><td>충청남도</td><td>홍성군</td><td>장곡면</td><td>대현리</td><td>1</td><td></td><td>1</td><td></td></tr>
<tr><td>충청북도</td><td>청주군</td><td>강내면</td><td></td><td>1</td><td></td><td>1</td><td></td></tr>
<tr><td>강원도</td><td>원주군</td><td>부논면</td><td>단강리</td><td>1</td><td></td><td>1</td><td></td></tr>
<tr><td rowspan="5">경성부</td><td rowspan="5"></td><td rowspan="5"></td><td>청엽정</td><td>1</td><td></td><td>1</td><td></td></tr>
<tr><td>의주통</td><td>1</td><td></td><td>1</td><td></td></tr>
<tr><td>관철동</td><td>1</td><td></td><td>1</td><td></td></tr>
<tr><td>장교정</td><td>2</td><td></td><td>2</td><td></td></tr>
<tr><td>서대문정</td><td>1</td><td></td><td>1</td><td></td></tr>
<tr><td colspan="4">합계</td><td>133</td><td>3</td><td>136</td><td></td></tr>
</table>

출처: 「계원명부(稧員名簿)」; 강성복(2007: 53)의 표 "청계산 식림계원 조직범위"에서 재인용.

원은 "시흥군 과천면 막계리·관문리·주암리 및 신동면 신원리 주민"으로 주로 구성됐는데, "단, 위 부락 주민과 특별한 사정이 있는 사람에 한하여 가입하게 한다"라는 단서조항에서 알 수 있듯이, 이 지역에 선영(先塋), 토지 소유 등 연고가 있는 경우에는 식림계에 가입할 수 있도록 했다. 청계산식림계는 여러 마을들이 연합하여 결성한 '연합송계'의 성격을 지니며 기층민 주도의 송계라고 할 수 있다. 식림계원의 구성 현황을 정리하면 〈표 4-3〉과 같다.

〈표 4-3〉에서 보듯이, 총 133명으로 식림계가 결성됐고 1917년에는 3명이 추입됐다. 흥미로운 점은 1917년 이후에는 추입이 전혀 이뤄지지 않았다는 사실이다. 이것은 국유림을 대부받은 사람만이 식림계원으로 가입할 수 있었기 때문이다. 1916년에 작성된 〈출자대장〉에 모든 계원은 각자 산림을 대부받았음을 확인할 수 있는데, 막계리 최봉기 씨는 28정 4반(약 8만 5,000평), 관문리 정경백 씨는 2반(600평)을 대부받는 등 대부 면적이 다양하게 분포되어 있었다. 과천면 막계리 64명, 주암리 15명, 신동면 신원리 36명 등 총 115명으로 식림계원의 약 85%를 차지했다.

식림계 계원에게는 "소요경비와 노력을 부담할 의무"(5조)가 있었으며, 이를 태만한 계원에게는 과태료를 부과할 수 있도록 했다(6조). 〈출자대장〉에 따르면, 입계 및 추입 시에 입계금은 누구나 60전씩 납부했다. 대부료는 연 2회 납부했는데 대부받은 산림의 면적과 등급에 따라 차등 부과됐다. 청계산 지역은 7등급으로 구분됐는데, 1정보(3,000평)를 기준으로 1등급은 70전, 1하(下)는 60전, 2등급은 50전, 2하는 40전, 3등급은 30전, 3하는 20전, 등외는 10전을 부과했다. 또한 국유림을 대부받은 만큼 식림계가 관할하는 산림지역의 규모와 경계가 명확히 설정되어 있었다. 식림계가 소유하던 산림은 막계리 산65번지와 주암리 산76번지 일대 총면적 415.8정보(약 125만평)로 제법 큰 규모에 해당한다.

계원과 비계원 간의 구별이 명확했던 만큼, 비계원이나 다른 마을 주민의 산림지역에 대한 접근 및 이용은 원칙적으로 배제됐다. 비계원이나 다른 마을 주민의 입산이 엄격하게 통제됐고, 땔나무철에는 계원들이 마을별로 조를 짜서 순산 활동을 하고 순산원을 별도로 두기도 했다. 만일 비계원이나 다른 마을 주민이 산에 무단으로 들어가 범작했을 경우 지게를 빼앗았고 벌금을 물리거나 (범작의 정도가 심한 경우) 관에 고발조치하기도 했다.[84] 이는 범작행위에 대해 점증적 제재 조치가 이뤄졌음을 시사한다.

관의 허가를 받아 계원의 공동작업으로 벌목을 실시했고, "삼림의 주·부산물은 계원 각자의 연료 및 용재로 사용하고 그 잔여분은 판매하여 계자금에 넣거나 계원에게 분배"(8조)했는데, 분배 방식은 총회 의결에 따라 결정했다. 식림계는 계 자치조직을 갖추어 운영했다. 구체적으로 살펴보면, 계임은 계장 1명, 부계장 1명, 이사 4명, 평의원 20명을 두며, 계임의 임기는 2년으로 재선할 수 없으며, 결원 시에 보궐선거를 실시하여 전임자의 잔여 임기를 채우도록 했다(9조). 계장은 식림계의 대표자로 제반 사무를 책임지며, 부계장은 계장을 보좌하고 유고 시 계장을 대신하며, 이사는 계장의 지시를 받아 제반 계업무를 담당하며, 평의원은 식림계의 중요사항을 의결하도록 했다(10조).

식림계에서는 결산, 계칙 수정, 임원 선출, 계회 의사 세칙(14조), 잔여금 배분방법(8조), 소용경비 및 노력동원에 대한 계원 간 분담비율(5조) 등 주요 사항들을 총회에서 의결했다. 총회는 정기총회와 임시총회를 두었는데, 정기총회는 매년 1회 개최하며, 임시총회는 계장이 필요하다고 판단할 경우 혹은 계원 1/3 이상이 요구할 경우 개최할 수 있도록 했다(11조). 정기총회와 임시총회 모두 계원 과반수 이상의 참석으로 회의가 개최될 수 있었다(13조). 그 밖에 사업 진행을 위한 세칙은 임원회의에서 정하도록 했다(16조). 식림계가 관할하던 청

84) 관악산산림계에서는 입산이 허용된 계원들에게만 지게 윗부분에 '불도장[火印]'을 찍어 식별할 수 있도록 했다고 한다(강성복, 2007: 57).

계산 산림지역에 대한 제반 업무는 계 자치적으로 운영됐다. 하지만 범작의 행위가 심했거나 식림계 차원에서 해결할 수 없는 사항들은 관청에 보고하여 처리했던 것으로 보인다.

제3절 소결

1. 금송계 유형

〈표 4-4〉는 26개 금송계규약에 대한 내용분석을 통해 시행주체, 시행목적, 조직범위, 송계원 구성, 촌계류 조직과의 관계 등에 따른 금송계의 유형을 정리한 것이다. 구체적인 명문 규정을 가진 일부 금송계를 제외하고, 과거 대부분의 금송계가 불문율, 관례 및 관습에 따라 운영됐던 점을 고려할 때 유형별 분류에는 일정한 한계가 있을 수밖에 없다. 그럼에도 과거 금송계가 지리적 특성, 지역공동체의 구성원, 신분관계, 사회적·경제적 배경, 관(官)과의 관계 등에 따라 매우 다양한 모습으로 존재했음을 알 수 있다.

'시행주체' 측면에서 보면, 많은 금송계들이 기층민 주도로 결성됐으나 일부에서는 관 주도와 재지사족 주도로 결성됐다. '시행목적' 측면에서 보면, 기층민 주도로 결성된 금송계에서는 퇴비 및 연료 확보, 요역·기근·공동체 행사 등 보용 및 보역에 치중했다. 한편 재지사족 주도 및 관 주도의 금송계에서는 묘산 금양, 금송 등에 치중했고 퇴비 및 연료 확보, 보용 및 보역 등 부수적인 기능과 역할을 수행하기도 했다. '조직범위' 측면에서는 독송계, 연합송계가 두루 나타난다.

〈표 4-4〉 금송계 유형(계속)

	시행주체 (박종채, 2000)	시행목적 (박종채, 2000)	조직범위 (강성복, 2001)	송계원 구성 (淺野力, 1918)	촌계류 조직과의 관계	비 고
1.「松明洞禁松稧帖」	재지사족 주도	- 묘산금양 -보용/보역	독송계 (3개자연마을)	연합계(산주-지역민 연합계)	전문조직	상하합계
2.「篭巖禁松稧座目」	기층민 주도	-묘산금양 -퇴비/연료 확보	—	공유계 (마을공유계)	전문조직	-상하합계 -관으로부터 입안
3. 부여지방「松契節目」	기층민 주도	-묘산금양 -퇴비/연료 확보	연합송계	공유계 (마을공유계)	전문조직	-상하합계 -관으로부터 입안
4. 하동부「松稧節目」	관 주도	-금송	연합송계 (하동부 차원)	—	전문조직	—
5. 회룡마을「村祭祝板」	기층민 주도	-퇴비/연료 확보 -보용/보역	독송계	공유계 (마을공유계)	촌계류 조직에의 예속	-상하합계 -'리약' 내 운영
6.「松稧完議」	기층민 주도	-퇴비/연료 확보 -보용/보역	독송계	공유계 (마을공유계)	전문조직	상하합계
7. 於屯里 巡山稧	기층민 주도	-묘산금양 -보용/보역	연합송계 (읍내(리), 어둔리)	—	전문조직	상하합계
8.「禁松稧立議」	기층민 주도	-퇴비/연료 확보 -보용/보역	독송계 ('尊位'명칭에서 유추)	공유계 (마을공유계)	전문조직	상하합계
9.「溫井洞禁松節目」	기층민 주도	—	독송계	—	전문조직	—
10. 林泉里農桑契	기층민 주도	보용/보역	—	공유계 (정원공유계)	전문조직	—
11. 下旺道里松契	기층민 주도	퇴비/연료 확보	—	공유계 (마을공유계)	전문조직	—
12. 臨湖亭里松契	—	-퇴비/연료 확보 -보용/보역	—	연합계 (산주 연합계)	전문조직	—
13. 中道門里松契	—	퇴비/연료 확보	—	연합계(산주-지역민 연합계)	전문조직	—
14. 牛岩里松契	—	퇴비/연료 확보	—	연합계(산주-지역민 연합계)	전문조직	—
15.「笠岩里組合禁松規約」	—	퇴비/연료 확보	—	혼합계(정원공유계 + 산주 연합계)	전문조직	—

16. 下陽穴里炭洞松契	—	-퇴비/연료 확보 -보용/보역	—	연합계(산주-지역민 연합계)	전문조직	—
17. 道門面 降峴面 여섯 금송계	관 주도	보용/보역	연합송계(도문현, 강현면)	—	전문조직	—
18.「護林規約」	관 주도 *'송계'로 보기 어려운 측면이 있음.	—	—	—	—	—
19.「森林守護細則」	관 주도	—	연합송계	—	전문조직	—
20.「松梨契契則」	기층민 주도	퇴비/연료 확보	연합송계	-공유계(마을공유계) -1972년 이후, 공유계(정원공유계)	-전문조직 -동계의 기능과 역할 수행(추정)	—
21. 雲谷洞 松契	—	—	독송계	—	전문조직	—
22. 善屹里 山林契	—	퇴비/연료 확보	—	—	전문조직	상하합계(추정)
23. 梧谷里 山林契	기층민 주도	퇴비/연료 확보	독송계	—	전문조직	—
24.「莎草契」	—	-묘산금양 -퇴비/연료 확보	—	공유계(정원공유계)	전문조직	—
25.「紛洞沈氏山下里稧案」	재지사족 주도	-묘산금양 -퇴비/연료 확보(추정)	독송계	부분계	촌계류 조직에의 예속	—
26.「淸溪山殖林稧規則」	기층민 주도	퇴비/연료 확보	연합송계	공유계(정원공유계)	전문조직	—

출처: 저자 작성.

'송계원 구성' 측면에서 보면, 마을공유계, 정원공유계, 산주—지역민 연합계, 산주 연합계, 부분계, 연합계 등의 특성이 고루 나타나지만, 마을공유계, 정원공유계, 산주—지역민 연합계가 대부분을 차지한다. '촌계류 조직과의 관계' 측면에서 보면, 대부분의 금송계가 지속 가능한 산림자원의 이용, 보호 및 관리를 전담하기 위한 전문조직으로 운영됐음을 알 수 있다. 담양군 회룡마을 「촌제축판(村祭祝板)」, 「분동심씨 산하리계안(紛洞沈氏 山下里稧案)」 등에서 보는 바와 같이, 일부 금송계에서는 동계나 촌계와 같은 촌계류 조직의 하부조직으로 운영되기도 했다. 한편 「송리계계칙(松梨契契則)」에서 보는 바와 같이, 송리계(松梨契)는 전문조직의 특성뿐만 아니라 동계의 역할과 기능을 적극 수행하기도 했다.

2. 제도설계원칙

〈표 4-5〉는 26개 금송계의 결성, 운영 및 관리가 오스트롬(Ostrom, 1990)의 8개 제도설계원칙에 얼마나 부합하는지를 보여준다. 과거 금송계는 대부분 불문율, 관습과 관례에 따라 운영됐으므로 금송계규약만으로는 분석의 한계가 있을 수밖에 없다. 하지만 금송계규약만을 살펴보더라도 몇 가지 제도설계원칙들은 보편적으로 적용되고 있음을 알 수 있다. 송계산의 경계나 송계원에 대해서 비교적 명확하게 정의되고 있었으며, 지리적 특성과 여건 등에 맞게 규칙과 규정이 마련되어 있었다. 그 밖에 순산과 산림감시 활동이 적극 이뤄지고 있었고, 자치적인 조직권도 어느 정도 보장받았다.

〈표 4-5〉 제도설계원칙 적용

	1 명확하게 정의된 경계	2 사용 및 제공 규칙의 현지 조건과의 부합성	3 집합적 선택 장치	4 감시 활동	5 점증적 제재 조치	6 갈등 해결 장치	7 최소한의 자치조직권 보장	8 중층적 사업단위	비고
1.「松明洞禁松稧帖」	○	○	○	○	○	○	○	○	
2.「籠巖禁松稧座目」	○	○	○	○	○	○	○	○	
3. 부여지방「松契節目」	○	X	X	○	X	X	○	○	
4. 하동부「松稧節目」	○	△	X	○	X	○	△	○	
5. 회룡마을「村祭祝板」	○	○	○	X	○	X	○	○	
6.「松稧完議」	○	△	○	△	○	○	○	○	
7. 於屯里 巡山稧	○	○	○	○	X	X	○	△	
8.「松禁稧立議」	○	○	○	○	○	○	○	○	
9.「溫井洞禁松節目」	○	X	X	X	○	X	X	X	
10. 林泉里農桑契	○	X	X	○	X	X	○	X	
11. 下旺道里松契	○	X	○	○	X	X	○	X	
12. 臨湖亭里松契	○	○	○	○	○	X	○	X	
13. 中道門里松契	○	○	○	○	○	X	X	X	
14. 牛岩里松契	○	○	○	○	X	X	X	X	
15.「笠岩里組合禁松規約」	○	○	○	○	X	X	○	X	
16. 下陽穴里炭洞松契	○	○	X	○	X	X	X	X	
17. 道門面・降峴面의 여섯 금송계	○	○	X	○	○	X	X	○	
18.「護林規約」	X	X	X	X	X	X	X	X	
19.「森林守護細則」	○	○	X	○	○	X	X	○	
20.「松稧契 契則」	○	X	○	X	X	X	○	X	
21. 雲谷洞 松契	○	X	X	X	X	X	X	X	
22. 善屹里 山林稧	○	X	X	X	X	X	X	X	
23. 梧谷里 山林稧	○	X	○	○	X	X	X	X	
24.「莎草契」	○	△	△	X	○	X	X	X	
25.「紛洞沈氏 山下里稧案」	○	○	△	○	○	△	○	○	
26.「淸溪山殖林稧規則」	○	○	○	○	○	△	○	△	

○: 존재, △: 개연성 높음, X: 자료 부족 또는 확인 불가.
출처: 저자 작성.

제 5 장

금송계 심층사례분석

제5장 금송계 심층사례분석

제1절 심층사례분석의 개요

조선시대 산림천택(山林川澤)은 "일국인민공리지(一國人民共利地)"로서 사적소유권을 인정하지 않았고 조선 인민 누구나가 이용할 수 있는 공유자원으로 취급됐다. 특히 목재, 관곽 등에 필요한 소나무를 비롯하여 농사용 퇴비, 땔감, 먹거리 등은 모두 산림자원으로부터 얻어야만 했다. 따라서 과거 전통농경사회에서 산림공유자원에 대한 자유로운 접근과 이용은 기층민의 삶과 직결되는 중차대한 사안이 아닐 수 없었다.

하지만 조선 후기로 들어오면서 중앙정부, 왕실, 권문세가, 재지사족, 지방토호세력 등에 의해 사점화와 광점화가 빠르게 진행되면서 기층민들이 이용할 수 있는 산림공유자원은 분할·축소되고 제한됐다. 또한 조선 후기 상업경제의 발달, 인구 증가 등으로 목재 수요가 가파르게 증가하면서 목재와 땔감은 상당한 경제적 수익을 창출할 수 있는 재원처(財源處)로서 도벌과 남벌의 대상이 됐다. 이러한 시대 배경 속에서 금송계는 기층민들이 산림공유자원을 확보할 수 있는 가장 유력한 방편이었으므로 조선 후기로 올수록 전국 각처에서 금송계가 활발하게 조직·운영됐다.

금송계에 관한 고문서와 자료는 현재 많이 남아 있지 않다. 제4장에서 언급했듯이, 이것은 과거 금송계가 명문화된 규정을 잘 갖추고서 운영됐다기보다는 주로 관습, 불문율 등에 의존하여 운영됐기 때문으로 보인다. 그럼에도 과거 금송계의 모습, 조직 체계, 운영 방식 등에 대한 이해를 돕기 위해서는 금송계 사례에 대한 깊이 있는 분석이 필요하다. 여기에서는 심층사례연구 대상으로 8개의 금송계 사례를 선정하여 보다 깊이 있는 분석을 시도하고자 한다. 전문가의 조언, 기존 연구에서 확보 가능한 자료와 정보, 고문서 자료, 현장조사 등을 통해 사례연구의 대상을 선정했다. 심층사례연구 대상은 다음과 같다.

- 보성군 복내이리송계(福內二里松契) (전문가 조언, 기존 연구, 현장조사, 고문서 자료)
- 금산지역 송계 (기존 연구, 전문가 조언)
- 계룡산 국사봉(國師峰)지역 송계 (기존 연구, 현장조사)
- 영암군 구림리(鳩林里) 서호송계(西湖松契) (기존 연구, 고문서 자료)
- 나주목(羅州牧) 금안동송계(金鞍洞松契) (기존 연구, 전문가 조언, 고문서 자료)
- 양성현(陽城縣) 가좌동(可坐洞) 금송계(禁松契) (기존 연구, 고문서 자료)
- 장흥부(長興府) 금당도(金塘島) 차우리(車牛里) 목계(木契) (기존 연구)
- 순흥도호부(順興都護府) 순흥초군청(順興樵軍廳) (기존 연구)

각 절에서는 위에서 언급한 각 사례에 대한 심층적인 분석을 실시한다. 먼저 송계의 역사, 현황, 유형별 분류, 규약 등 각 금송계 사례에 대한 이해의 폭을 넓힌 후에 오스트롬(Ostrom, 1990)의 제도설계원칙에 입각한 보다 심도 있는 분석을 실시한다. 그런 다음 각 송계 사례가 지닌 특징, 특히 특수성을 중심으로 살펴본다. 마지막 절에서는 8개 금송계에 대한 유형별 분류와 제도설계원칙의 부합 여부를 종합적으로 파악하고자 한다.

제2절 보성군 복내이리송계(福內二里松契)

1. 보성군 복내면과 복내이리송계의 개괄적 현황

오늘날 전라남도 보성군(寶城郡) 복내면(福內面)은 전라도 복성현(福城縣)의 중심에 위치했는데, 1894년(갑오년, 고종 31년)에 실시된 행정구역개편에 따라 복성현이 보성군 복내면으로 바뀌었다. 행정구역개편 당시 복성(福城)의 안쪽에 자리하고 있다고 하여 복내면으로 개칭했다고 한다(보성군복내면향토지편찬위원회, 1995: 35). 복내면은 예부터 '삼리골'이라고 불리는데, 일봉천, 복내천, 삼리천을 중심으로 세 개의 골짜기를 이루고 있다. 복내면은 바로 각각의 골짜기를 따라 세 개의 리, 즉 일리(一里), 이리(二里), 삼리(三里)로 나뉘어 있다. 일리는 일봉천를 따라 시천리(詩川里), 봉천리(鳳川里), 일봉리(日鳳里)로, 이리는 복내천을 따라 복내리(福內里), 반석리(盤石里), 용동리(龍洞里), 진봉리(眞鳳里)로, 삼리는 삼리천을 따라 용전리(龍田里), 유정리(楡亭里), 계산리(桂山里), 장천리(獐川里)로 구성되어 있다(보성군복내면향토지편찬위원회, 1995: 39~40).

복내이리송계(福內二里松契)(이후 이리송계)는 1803년(계해년, 순조 3년) 음력 10월에 동수(洞首)였던 채경윤(蔡慶潤)을 비롯한 손석초(孫錫楚), 소성동(蘇聖東), 염상철(廉相哲) 등이 주도하여 창계했다. 창계 당시 314세대 383명이 입계(入契)했다고 한다.[1] 복내면에서 송계는 일명 '솔계'라고도 불린다(보성군복내면향토지편찬위원회, 1995: 91~92). 복내면에서는 이리송계뿐만 아니라 일리와 삼리에서도 각각 송계를 조직하고 운영했던 것으로 보인다. 이리송계가 창계될 무렵에 일리송계(一里松契)도 창계됐다고 하며(보성군복내면향토지편찬위원회, 1995: 91~92), 1899년(기해년, 광무 3년)에 안봉환(安鳳換)이 작성한 〈복내면향약계중수서(福內面鄕約契重修序)〉에 보면, "여기에서도 (밝히는데) 본면(本面)은 송계가 있어 이미 세 개(의 송계)로 구분되어 있는데, 지금 비록 향약계를 새로 만든다고 하더라도 각자 리(에서 운영하는) 송계의 재곡(財穀)과 송계산은 나누어진 바에 따라 구분하여 두기로 한다"[2]라고 명시되어 있다. 이로써 분명하게 알 수 있는 사실은 복내면에 처음 향약계가 만들어진 1858년(무오년, 철종 9년)에 복내면 세 개의 리에서 이미 송계가 조직·운영되고 있었던 것이다. 따라서 복내면 세 개의 송계가 복내향약계를 만들고 운영하는 데 상당한 역할을 했으리라 짐작된다.

하지만 일리송계와 삼리송계가 정확히 언제 어떤 계기로 창계됐고 운영·관리됐는지를 현재로서는 알 수 없다. 일리송계의 경우, 과거 어느 시점부터 계의 운영이 유명무실됐다가 1940년 시천리(詩川里)

---

1) 하지만 창계 당시 참여한 세대가 314호(戶)였는지는 의구심이 든다. 왜냐면, 복내면의 총 세대 수는 「여지도서(輿地圖書)」(1759년)에는 359세대, 「호구총수(戶口總數)」(1889년)에는 393세대로 기록되어 있다. 복내면이 일리, 이리, 삼리 등 세 개의 리로 구성됐던 점을 고려할 때, 이리송계에 314세대가 참여했다는 것은 정확하지 않는 수치일 수 있다.

2) 「福內面鄕約契重修序」. [中略] 此亦中 本面都松稧 已分爲三 則今雖新創鄕約稧 各里之松契財穀與桂山 依所分區別是齊.

이병찬(李秉燦)과 이교천(李敎川), 봉천리(鳳川里) 이병위(李秉威)가 주도적으로 나서 송계원을 100여 명 더 추입하여 360명으로 일리송계를 크게 재건했고 음력 8월이면 정기 송계회의를 개최했다고 한다. 하지만 주암댐 건설로 많은 이주민이 발생하면서 송계는 다시 유명무실하게 됐고 1988년 임야 300정보를 매각한 대금을 송계원들에게 배분하고 현재는 임야 36정보만을 일리송계가 소유하고 있다고 한다(보성군복내면향토지편찬위원회, 1995: 91~92). 그럼에도 일리송계는 아직 조직 체계를 갖추고 계를 운영하고 있다.[3)]

삼리송계의 경우, 언제 어떤 계기로 창계됐는지, 어떠한 조직 체계를 갖추고 운영됐는지, 송계산이나 송계 전답의 규모는 어느 정도였는지, 언제 어떤 계기로 해체됐는지 등은 현재로서는 파악하기 어렵다. 그럼에도 일리송계와 이리송계의 창계 시기와 비슷했을 것이고, 관으로부터 송계산을 입안받아 창계됐던 것으로 추측된다. 하지만 이리송계 현지조사(2015.07.21)에서 같은 면 주민들도 삼리송계의 존재를 모르는 것으로 볼 때, 오래전에 송계가 와해됐을 것으로 짐작된다.

이제까지 이리송계에서는 창계 이후 송계안(松契案)이 15번에 걸쳐 수정・보완됐다. 〈표 5-1〉은 이리송계안의 작성 연도, 계원 수, 주역 인사 등을 보여준다.

1) 복내이리송계의 유형

송계의 시행주체 측면에서, 박종채(2000)는 이리송계가 당시 지역

3) 2015년 7월 21일 현지조사에서 이리송계 송계장 염태환 씨, 총무 손육근 씨, 이장 안규홍 씨의 도움말. 앞으로 일리송계(一里松契)와 삼리송계(三里松契)에 대한 추후 현장조사를 통한 자료와 정보 수집이 필요하다.

〈표 5-1〉 복내이리송계 연혁

권수	연도	계원 수	주역인사	비고
1권	1803년(癸亥)	383(314戶)	채경윤(蔡慶潤), 염상철(廉相哲), 현재욱(玄載旭)	순조 3년
2권	1812년(壬申)	290	채형일(蔡衡鎰), 채형국(蔡衡國)	순조 12년
3권	1820년(庚辰)	134	이헌진(李憲鎭), 염상철(廉相哲), 채형동(蔡衡東)	순조 20년
4권	1821년(辛巳)	236	채형동(蔡衡東), 이헌진(李憲鎭), 염상진(廉相鎭)	순조 21년
5권	1824년(甲申)	127	채형동(蔡衡東), 이헌진(李憲鎭), 염상철(廉相哲)	순조 24년
6권	1830년(庚寅)	121	염상진(廉相鎭), 채형오(蔡衡五), 채형심(蔡衡心)	순조 30년
7권	1830년(庚寅)	121	염상진(廉相鎭)	순조 30년
8권	1836년(丙申)	225	채형오(蔡衡五), 채형심(蔡衡心)	헌종 2년
9권	1842년(壬寅)	270	소수칠(蘇洙七), 채형심(蔡衡心), 채규택(蔡奎澤)	헌종 8년
10권	1869년(己巳)	268	이계원(李啓源), 채규원(蔡奎元), 염재선(廉在善)	고종 6년
11권	1880년(庚辰)	271	윤우원(尹右遠), 최병규(崔炳奎)	고종 17년
12권	1896년(丁酉)	282	손장환(孫章煥), 채규완(蔡奎玩)	건양 원년
13권	1920년(庚申)	373	임사성(任思聖), 윤우원(尹右遠), 안극(安極)	
14권	1968년(己酉)[4]	329	채희남(蔡熙南), 소진오(蘇鎭五), 문동일(文東日)	
15권	1983년(癸亥)	70	소종삼(蘇鐘三), 채홍기(蔡弘基)	
16권	1993년(癸酉)	166	이혁(李爀), 소진육(蘇鎭六)	

출처: 「복내이리송계안(福內二里松契案)」(16권)에서 재인용; 정확하지 않은 내용에 대해 추가 수정함.

사회와 지역민들의 주요 현안이었던 통호조(統戶租), 구마조(驅馬租), 예죽조(刈竹租) 등 요역(徭役)을 공동으로 대처하기 위한 보민계(補民契)의 성격을 강하게 띠고 있으므로 기층민 주도의 송계로 파악하고 있

4) 1968년은 무신년(戊申年)이나 이리송계안 14권에 기유년(己酉年)으로 기재되어 있다. 기유년은 1969년이다.

다. 그럼에도 이리송계는 재지사족 주도의 송계라는 특징도 함께 가지고 있다. 이리송계는 소·채·염·손(蘇·蔡·廉·孫) 사성(四姓)[5]이 각 마을을 대표하여 창계했고, 창계 이후 한동안 네 성씨 주도로 송계를 이끌어 갔던 것으로 보인다. 그 이후 타성들이 추입되면서 보다 다양한 구성원을 확보하게 됐던 것이다. 송계안(松契案)은 대개 송계서(松契序), 절목(節目), 좌목(座目)의 순서로 이루어져 있다. 좌목에 실린 송계원 명단을 살펴보면, 상하민의 구분이 뚜렷하게 나타나 있다. 따라서 이리송계는 '기층민 주도 송계'와 '재지사족 주도 송계'라는 두 가지 특징을 모두 가지고 있었던 것으로 판단된다. 그럼에도 이리송계가 보역(補役)과 보민(補民)의 성격을 강하게 띠고 있고, 퇴비와 연료 확보를 중요하게 취급했다는 것은 기층민의 삶과 생존에 직결되어 운영됐음을 말해준다.

이리송계는 복내리, 반석리, 용동리, 진봉리 등 네 개의 마을이 참여한 '연합송계'의 성격을 띠고 있다. 뒤에서도 자세하게 논의하겠지만, 각 마을에서 어느 정도 자율성을 가지고 이리송계의 운영에 참여했으리라 추측된다. 예를 들어, 신입계원의 추입 여부를 마을 자체적으로 결정하고 가을 강회(講會)에서 추입하게 했던 점, 마을에서 자체적으로 산지기를 선임했던 점 등은 각 마을의 자율성이 어느 정도 인정되어 왔음을 짐작하게 한다.

이리송계는 관청으로부터 송계산을 입안받아 창계됐다. 1920년(경신년)에 이리송계를 크게 조직을 개편하고 송계안과 송계규약을 대대

5) 사성(四姓)의 순서는 「이리송계안(二里松稧案)」(임신년, 1812년) 〈완약(完約)〉에 나온 순서를 따랐다. 과거부터 보성군 복내지역에서는 '손·염·소·채(孫·廉·蘇·蔡)'라고 불렀다고 한다. 2015년 7월 21일 현지조사에서 송계장 염태환 씨, 총무 손육근 씨, 이장 안규홍 씨의 도움말.

적으로 정비했는데, 당시 안극(安極)이 작성한 〈복내면제이리송계서(福內面第二里松契序)〉에서 "방동가야원봉압곡지산 입안금양 균피유택(房洞伽倻圓峰鴨谷之山 立案禁養 均被遺澤)"이라는 구절에서도 확인할 수 있다. 즉 방동산, 가야산, 원봉산, 압곡산을 관으로부터 입안하여 이리송계를 창계했으며 이 혜택이 마을 주민들에게 고루 미치게 됐다는 것이다. 또한 같은 서문에서 "오늘에 이르러 이리(二里)라고 하는 것은 과거 어느 시점에 복내면을 세 개의 리로 나누면서 (그리) 됐다"는 것임을 밝히고 있다.[6] 이리송계가 창계되던 비슷한 시기에 복내면 일리(一里)에서도 송계가 창계됐던 점에서 유추해볼 때(보성군복내면향토지편찬위원회, 1995: 91~92), 일리송계 또한 관청으로부터 입안받아 창계된 것으로 보인다. 만일 그렇다면, 비슷한 시기에 삼리송계도 관으로부터 송계산의 입안을 통해 창계됐을 것으로 추측되나, 현재로서 확인할 길이 없다. 앞에서 언급했듯이, 〈복내면향약계중수서〉(1899년, 광무 4년)에 따르면, 그 당시 복내면의 일리, 이리, 삼리에서 각각 송계가 이미 존재했고 각 송계마다 송계산을 비롯한 송계 재산을 가지고 운영됐던 것을 알 수 있다. 이를 미루어 볼 때, 삼리송계 또한 관청으로부터 송계산을 입안받아 창계됐을 것으로 추측된다.

2) 오늘날 복내이리송계의 현황

이리송계는 200년이 넘는 역사를 자랑한다. 그만큼 많은 부침을 겪으면서 오늘날까지 계승될 수 있었다. 이리송계 역시 일제강점기에 실시된 '임야조사사업(林野調査事業)'(1918~1924)과 '조선특별연고삼림양여령(朝鮮特別緣故森林讓與令)'(1926년 4월)의 영향을 크게 받았던 것으

6) 〈福內面第二里松契序〉. 迄今我里之第二 在昔福坊之分三.

로 보인다. 「이리송계출납장부(二里松契出納帳簿)」(1908~1934년)[7]를 살펴보면, 1927년에 '소형규외사인삼림조합비(蘇亨圭外四人森林組合費)', '안극외사인삼림조합비(安極外四人森林組合費)' 등의 지출 항목이 보이는데, 이는 아마도 송계산 일부를 소형규를 포함한 5명, 안극을 포함한 5명의 공동명의로 각각 사유산으로 등록했고 매년 상반기에 삼림조합비 명목으로 세금을 냈던 것으로 판단된다. 1927년 음력 4월 25일에는 '가야산국림양여원(伽倻山國林讓與願)'[8]을 제출하는 데 소용된 비용으로 18냥[兩] 9전(錢) 7푼[分]이 기록되어 있다. 이것은 이리송계의 송계산이던 가야산이 국유림으로 편입되면서 양여를 청원했던 것으로 보인다. 이로 미루어 볼 때, 이리송계가 일제시대 임야조사사업과 그 후 '조선특별연고삼림양여령'의 영향을 직접적으로 받았음을 알 수 있다. 방동산(方洞山)과 계당산(桂堂山)은 소형규와 안극을 중심으로 몇 명의 송계원 공동명의로 등록됐고, 가야산(伽倻山)은 '조선특별연고삼림양여령'에 따라 양여원을 제출하여 되찾았을 것으로 추측된다. 압곡산(鴨谷山)의 경우, 해방 이후 매각됐을 가능성도 배제할 수 없지만, 1983년에 작성된 「복내이리송계안(福內二里松契案)」(15권)의 송계 재산 목록에는 압곡산은 보이지 않는다. 「이리송계출납장부」(1908~1934년)에도 방동산, 가야산, 계당산은 보이지만, 압곡산은 확인되지 않는다.[9]

이리송계는 2006년 '이리송계영농조합법인(二里松契營農組合法人)'으로 법인화되면서 역사와 전통을 승계하고 장래에 더욱 발전할 수 있는 재도약의 계기를 마련했다. 2015년 1월 23일 현재 송계원 수는

---

7) 「이리송계출납장부(二里松契出納帳簿)」(1908~1934년)는 2권으로 되어 있다.
8) 「이리송계출납장부(二里松契出納帳簿)」(1908~1934년)의 1927년 6월 27일 강신회(講信會)에서 작성된 출납장부에는 '可也山國林讓與願'으로 명기되어 있다.
9) 압곡산에 대해서 앞으로 현지조사를 통해 확인할 필요가 있다.

〈표 5-2〉 이리송계 계원 수 현황

연도	송계원 수	마을별 현황	비고
임원회의 (1995.01.19.)	133명	- 복내리 22명 - 반석리 37명 - 용동리 44명 - 진봉리 30명	세찬대(歲饌貸) 지급 현황임.
제193차 정기총회 (1996.02.03)	130명	- 복내리 23명 - 반석리 36명 - 용동리 43명 - 진봉리 28명	세찬대 지급 현황임.
제194차 정기총회 (1997.01.23)	128명	- 복내리 22명 - 반석리 37명 - 용동리 43명 - 진봉리 26명	세찬대 지급 현황임.
제195차 정기총회 (1998.01.13)	126명	- 복내리 22명 - 반석리 37명 - 용동리 41명 - 진봉리 26명	세찬대 지급 현황임.
제196차 정기총회 (1999.02.01.)	127명	- 복내리 22명 - 반석리 37명 - 용동리 42명 - 진봉리 26명	세찬대 지급 현황임.
제197차 정기총회 (2000.01.21.)	127명	- 복내리 22명 - 반석리 38명 - 용동리 41명 - 진봉리 26명	세찬대 지급 현황임.
2013년 1월 26일	108명	- 복내리 21명 - 반석리 30명 - 용동리 31명 - 진봉리 22명 - 기타(용전리 1명, 봉천리 2명, 유정리 1명)	
2014년 1월 10일	110명	- 복내리 21명 - 반석리 30명 - 용동리 32명 - 진봉리 23명 - 기타(용전리 1명, 봉천리 2명, 유정리 1명)	
2015년 1월 23일	108명	- 복내리 20명 - 반석리 30명 - 용동리 31명 - 진봉리 23명 - 기타(용전리 1명, 봉천리 2명, 유정리 1명)	송계원 2명의 이거(移去)로 108명이 됨.

출처: 「이리송계회의록」을 바탕으로 저자 작성.

〈표 5-3〉 이리송계의 부동산 재산 현황(2015. 01. 22 현재)

번호	주소	본번	부번	지목	지적(m²)	소유자	비고
1	반석리	13		전	102	이리송계	
2	반석리	329		대	185	이리송계	송계사력비 부지
3	용동리	254		전	1,788	이리송계	
4	용동리	863	8	답	2,001	이리송계	
5	용동리	865	6	답	797	이리송계	
6	용동리	865	7	답	2,195	이리송계	
7	용동리	872	1	답	2,904	이리송계	
8	진봉리	657		임	294	이리송계	
9	진봉리	660		임	598	이리송계	
10	진봉리	662		임	853	이리송계	
11	진봉리	664		임	701	이리송계	
12	진봉리	1080	7	답	1,101	이리송계	
13	진봉리	산50	1	임	1,869,938	이리송계	
14	진봉리	산84	1	임	601,181	이리송계	
					2,484,638		

출처: 「이리송계회의록」.

108명으로 대부분 복내리, 반석리, 용동리, 진봉리에 거주하거나 주소지를 두고 있다. 〈표 5-2〉에서 보는 바와 같이, 1995년부터 오늘날까지 계원 수는 108명에서 133명으로 다소 편차를 보이며, 시간이 지나면서 계원 수는 대체로 감소했다.

이리송계는 여전히 상당한 규모의 송계산과 송계 전답을 보유하고 있다(〈표 5-3〉). 송계산으로 현재 방동산과 가야산만이 남아 있고, 계당산은 1996년에 매각됐다.[10] 계당산의 판매대금은 예탁금으로 이리송계 차원의 자체사업 추진과 송계 운영을 위한 재원으로 활용하고 있다.

10) 계당산은 1996년 국가에 매각되어 국유림(國有林)이 됐다.

2. 복내이리송계규약

이리송계는 1803년(계해년, 순조 3년) 창계 이후 15차례에 걸쳐 송계안이 수정됐고 그때마다 계원의 명단도 함께 갱신됐다. 〈표 5-4〉는 16권의 송계책에 실린 주요 내용을 정리한 것이다. 여기에서는 「통호조급예죽조구마조계안(統戶租及刈竹租驅馬租稧案)」(3권)의 〈조약(條約)〉 15개 조목(條目), 「복내면이리송계안(福內面二里松稧案)」(11권)의 〈조약〉 9개 조목, 「송계안(松稧案)」(13권)의 〈송계규약(松契規約)〉 8조(條)의 강(綱)과 64례(例)의 목(目), 그리고 「송계안(松稧案)」(15권)의 〈정관(定款)〉 12장(章) 70조(條)를 중심으로 살펴보겠다.

1820년(경진년, 순조 20년) 음력 1월에 작성된 「통호조급예죽조구마조계안」(3권) 〈조약〉 15개 조목을 보면, 이리송계가 보민계의 성격을 띠고 있음을 분명히 알 수 있다. 이리송계는 당시 지역사회 구성원들의 고충이던 통호조, 예죽조, 구마조를 공동으로 납부하기 위해 노력했음을 알 수 있다.

「통호조급예죽조구마조계안」(3권) 〈조약〉 15개 조목을 살펴보면 다음과 같다.[11]

---

11) 「統戶租及刈竹租驅馬租稧案」〈條約〉. 一. 右租 負逋不納者 當出籍 而徵族徵隣是齊. 一. 右租捧上 每年十月初十日 完定是齊. 一. 至公幹事之人 擇定 公員 一年式交遞是齊. 一. 上松契公員 兼定 俾無日後紊亂之獘是遣 典穀亦以兼定是齊. 一. 統租 莫重之穀 而若有荒租 則卽地還退是齊. 一. 統租 斗給該色時 大戶 則官斗二斗 以平斗二斗四刀 例完定是齊. 一. 小戶 則官斗一斗五刀 以平斗一斗八刀 例完定是齊. 一. 刈竹段官旣定式 各面成節目 則典穀 隨其所入 以納 而講會時推利普及是齊. 一. 駒馬錢段置 詳查其大小戶之出役擔當 以講會時 亦爲推利報給是齊. 一. 推入人 依本租十斗例 施行是齊. 一. 契員中 移居他面他里 則勿爲防役事是齊. 一. 五月講會 則壹兩錢 利二錢式 捧爲齊. 一. 十一月講會 則壹兩錢 利租二斗式 捧爲齊. 一. 講會時下記 錢壹兩五錢式定限爲齊.

〈표 5-4〉 이리송계안 권별 자료목록(계속)

권수	연도	책명	주요 내용	비고
1권	1803년 (癸亥)			분실로 확인이 어려움.
2권	1812년 (壬申)	「이리송계안 (二里松稧案)」	완약(完約), 좌목(座目)	
3권	1820년 (庚辰)	「통호조급예죽조구마조계안(統戶租及刈竹租驅馬租稧案)」	복내이리축하보민계안서(福內二里築下補民稧案序), 조약(條約) 15조(條), 좌목(座目)	
4권	1821년 (辛巳)	「동이리송계안 (東二里松稧案)」	완약(完約), 좌목(座目)	
5권	1824년 (甲申)	「통조예죽구마계안 (統租刈竹驅馬稧案)」	이리보민계서(二里補民稧序), 조약(條約) 12조(條), 좌목(座目)	
6권	1830년 (庚寅)	「이리송계안 (二里松稧案)」	완약(完約) 3조(條), 완약(完約), 좌목(座目)	
7권	1830년 (庚寅)	「구마예죽통계안 (驅馬刈竹統稧案)」	이리보민계서(二里補民稧序), 조약(條約) 12조(條), 좌목(座目)	
8권	1836년 (丙申)	「이리송계안 (二里松稧案)」	완약(完約) 3조(條), 좌목(座目)	
9권	1842년 (壬寅)	「이리송계안 (二里松稧案)」	완약(完約) 3조(條), 좌목(座目)	
10권	1869년 (己巳)	「복내면이리송계안 (福內面二里松稧案)」	송계안서(松稧案序), 조약(條約) 8조(條), 좌목(座目), 송계안권질표(松稧案卷秩表), 송계안내장축표(松稧案內狀軸表), 송계안내고적표(松稧案內古蹟表)	
11권	1881년 (庚辰)	「복내면이리송계안 (福內面二里松稧案)」	이리송계안서(二里松稧案序), 조약(條約) 9조(條), 좌목(座目)	
12권	1896년 (丁酉)	「송계안(松稧案)」	송계안(松稧案)(序),송계안(松稧案)(追序), 조약(條約) 9조(條), 좌목(座目)	
13권	1920년 (庚申)	「송계안(松稧案)」	복내이리송계안서(福內二里松契案序), 복내면제이리송계서(福內面第二里松契序), 송계규약조례(松契規約條例), 송계규약(松契規約), 계안십삼권년기(契案十三卷年記), 입안일도(立案一度), 소장오도(訴狀五度), 서목일도(書目一度), 구적이비리중문헌(舊蹟以備里中文獻), 토지증명(土地證明), 임야측량(林埜測量), 전곡출입부(錢穀出入簿), 시도기성책(時到記成冊), 강습일기(講習日記), 부기궤자(簿記几子), 서송계규약후(書松契規約後), 복내면이리송계안발(福內面二里松契案跋), 좌목(座目)	

14권	1968년 (己酉)	「송계안(松稧案)」	복내이리송계안서(福內二里松契案序), 제이리송계안후(題二里松契案後), 이리송계안발(二里松契案跋)(蘇鎭五), 이리송계안발(二里松契案跋)(文東日), 이리송계안십오권년기(二里松契案十五卷年記), 송계 재산목록(松契財産目錄), 물목록(物目錄), 송회당기(松會堂記), 제송회당신축벽상(題松會堂新築壁上), 좌목(座目)	
15권	1983년 (癸亥)	「송계안(松稧案)」	서문(序文), 계원명단(契員名單), 정관(定款) 12장(章) 70조(條)	
16권	1993년 (癸酉)	「복내이리송계안(福內二里松契案)」	발간사(發刊辭), 축하(祝賀)의 말씀, 이리송계(二里松契) 연혁(沿革), 송계 재산목록(松契財産目錄), 임원명단(任員名單), 계원명단(契員名單)	

출처: 저자 작성.

一. 위 벼[右租]를 빚지고서 갚지 않는 자는 계안에서 탈퇴시키고 친족에게 물리든가 이웃에게 물리든지 한다.

一. 위 벼를 내는 시기는 매년 (음력) 10월 10일로 정하기로 한다.

一. 지극히 공정하게 계무를 처리할 사람을 공원(公員)으로 정하고, 매년 교체하기로 한다.

一. 송계공원(松契公員)도 함께 선정하고 후일에 문란해질 폐단을 없도록 하고, 곡식을 담당하는 전곡(典穀)도 함께 선정한다.

一. 통조(統租)는 막중한 곡식이기 때문에 거친 곡식을 내는 경우에는 즉시 퇴짜를 놓아 되돌리게 한다.

一. 통조를 아전에게 되로 퍼서 줄 때에는 대호(大戶)에게는 관의 말[官斗]로 이두(二斗)이니 평두(平斗)로 이두사도(二斗四刀)를 예(例)로 정하기로 한다.

一. 소호(小戶)에게는 관의 말로 일두오도(一斗五刀)이니 평두로 일두팔도(一斗八刀)를 예로 정하기로 한다.

一. 예죽(刈竹)은 관에서 이미 방식을 정하여 각면(各面)에 절목(節目)을 만들어 놓고 있으니, 전곡은 들어온 바에 따라 수납하고,

남은 것을 셈하여[推利] 강회 시에 보고토록 한다.

一. 구마전(駒馬錢)을 내는 데 대소호(大小戶)의 출역(出役)에 관한 사항들을 상세히 조사하고, 남은 것을 셈하여 강회 시에 보고토록 한다.

一. 추입하는 사람은 본조(本租) 십두(十斗)의 예에 따라 내도록 한다.

一. 장자(長子) 외에 차자로 분가한 자는 추입(推入) 시에 본조를 내도록 한다.

一. 계원 중에서 다른 면, 다른 리(里)로 이거할 시에는 방역(防役)을 물리지 않기로 한다.

一. 5월에 열리는 강회에서 1냥[兩]에 이자 2전(錢)씩 내도록 한다.

一. 11월에 열리는 강회에서 1냥에 이자로 벼 이두(二斗)씩 내도록 한다.

一. 강회에 소요되는 비용은 1냥 5전씩으로 한정한다.

1803년(계해년, 순조 3년) 이리송계가 창계된 이후 적어도 두 번에 걸쳐서 큰 규모의 조직 개편이 있었다. 먼저 창계 이후 1차 경장(更張)이 이뤄진 1881년(경진년, 고종 18년)까지 송계의 규약이 제대로 준수되지 않았고, 재곡은 텅텅 비어 있었으며, 송계산인 방동산, 가야산, 계당산, 압곡산은 민둥산이 되어 있었다. 안풍현(安豊鉉)[12], 최환문(崔煥文)[13], 윤우원(尹右遠)을 중심으로 옛문서에 기록되어 있는 대로 "본조(本租)는 배로 갚게 하고 이자는 탕감해 주는[倍本減殖]" 방식으

---

12) 1896년(정유년, 건양 원년) 음력 4월에 「송계안(松稧案)」(12권)에 '安宣傳'이라고 나오는데, 1881년(경진년, 고종 18년)에 작성된 「복내면이리송계안(福內面二里松稧案)」(11권) 〈좌목(座目)〉에서는 '宣傳官 安豊鉉'으로 나와 있다. 하지만 그 전후에 작성된 송계안 좌목에서는 '安豊鉉'은 보이지 않는다.

13) 해주인이며, 1885년에 진사에 급제했다. 호는 농은(農隱)이다(보성군복내면향토지편찬위원회, 1995: 324).

로 송계의 재정을 되살리려 했으나 200냥에도 못 미쳤다. 이에 따라 송계원의 중론을 모아 다시 송계의 규약을 정비하고, 추입금, 송추전(松楸錢), 분묘의 대가 등으로 송계 재정을 증식하기 위해 노력했다. 1881년 음력 12월에 작성된 〈조약〉이 「복내면이리송계안」(11권)에 실려 있다. 여기에 실린 〈조약〉은 9개 조목으로 구성되어 있는데, 계임의 선임 방식, 신입계원의 추입 및 추입금, 송추값, 묘소 대가, 산지기의 역할 등이 명시되어 있다. 「복내면이리송계안」(10권)(기사년, 1869년)과 「송계안」(12권)(정유년, 1896년)에 실린 각각의 〈조약〉도 이와 같거나 거의 유사하다.

「복내면이리송계안」(11권) 〈조약〉의 9개 조목[14]을 살펴보면 다음과 같다.

一. 계의 임원은 여러 사람이 모여서 공의(公議)에 따라 명망이 있고[望重] 능력이 있는[解事] 자로 선임하여, 벽(壁)에 써 붙여 공표한다.

一. 마을에 새로 전입하여 추입(追入)할 사람을 각 마을에서 자유롭게 정하되, 매년 가을 강회 시에 추입전(追入錢)을 각자 형편에 따라 마련하여 내도록 한다.

一. 송계산에서 (베어낸) 큰 소나무값은 1냥[兩], 중간 소나무값은 7전

---

14) 「福內面二里松稧案」(十一卷) 〈條約〉. 一. 契任 一從一洞僉會所公議 以望重解事員付標是齊. 一. 各村新寓追入員 自其村村 任采摭 而每年秋講會時 追入錢 隨其勢備捧是齊. 一. 松契山大松價 以一兩 中松價 以七錢 小松價 以五錢式 爲定是齊. 一. 講會時 老少序齒 分坐是齊. 一. 講會時 或有酗酒悖習者 則自會中論罰 而如有不順之端 則報官措處是齊. 一. 自今以始 別付下典穀 而亦待公議是齊. 一. 松契山入葬者 壙中價 五兩式責捧 而外處之人 則以什兩爲定是齊. 一. 松契山山直各推尋來告是齊. 一. 興學 亦風化之大關也 別擇訓長 每歲三九試講 里中冠童 課讀勸奬是齊.

(錢), 작은 소나무값은 5전씩 정하기로 한다.

一. 강회할 때에는 나이순으로 나누어서 앉기로 한다.

一. 강회할 때에는 혹 주정을 부리거나 패습(悖習)을 행하는 자는 회의에서 중론으로 벌하고, 만일 순응치 않는 경우에는 관에 보고하여 조치를 취하도록 한다.

一. 오늘부터 전곡(典穀)을 전담할 사람을 따로 정하는데, 역시 공의에 따라 선임한다.

一. 송계산 내에 입장(入葬)하는 사람에게는 묘소값[壙中價]을 5냥씩 책정하고, 외지인에게는 10냥씩 책정하기로 한다.

一. 송계산 산지기는 각자 추심(推尋)하여 보고해야 한다.

一. 학문을 흥하도록 함은 역시 풍속교화[風化]의 중요한 핵심이므로 훈장(訓長)을 별도로 뽑아서 매년 3월과 9월에 시강토록 하고 마을의 어른과 아이[冠童]들에게 매일 규칙적인 독서를 권장토록 한다.

1920년 이리송계는 송계원 수가 기존 272명에서 373명으로 크게 확충됐고 송계규약도 대대적으로 개편되고 정비됐다. 즉 2차 경장이 이뤄졌던 것이다. 〈서송계규약후(書松契規約後)〉와 〈복내면이리송계안발(福內面二里松契案跋)〉에서는 「송계안」(13권)에 실린 〈송계규약〉 8조의 강과 64례의 목이 기존의 송계규약과 관행·관습·관례를 바탕으로 당시 상황에 맞게 다시 수정됐음을 분명하게 언급하고 있다. 8조는 '계임선정사(契任選定事)', '계원입안사(契員立案事)', '임야금양사(林埜禁養事)', '토지정작사(土地定作事)', '전곡출입사(錢穀出入事)', '강회경비사(講會經費事)', '문학교훈사(文學敎訓事)', '부기전수사(簿記傳守事)'로 구성되어 있고, 각 조목마다 세부적인 조항들을 명시하고 있다.

1983년에 작성된 「송계안」(15권)에는 이리송계 〈정관〉이 실려 있는데, 총 12장 70조로 구성되어 있다. 정관의 내용은 총칙, 조직, 계원, 임원과 직원, 고문, 총회와 이사회, 사업의 집행, 출자와 경비부담, 회계, 해산 및 분할, 상계(賞戒), 부칙 등에 대한 세부 조항들이 실려 있다. '송계의 구성'에 관해서는, "본계(本契)는 구역 내 거주한 계원(契員)으로만 구성한다"(10조)고 규정하고 있다. 또한 '계원의 자격'에 관한 12조에서는 "본계의 계원은 본구역내(本區域內)에 주소를 가진 사람이 소정의 가입절차에 의하여 계원이 된다. 다만 원계원(元契員)의 장남과 장손은 소정의 가입절차 없이 자동적으로 계원이 된다"라고 규정하여 '장자와 장손의 자동승계원칙'을 천명하고 있다. 이리송계의 추가입대상자를 "본계가 현재까지 계승해 온 계원의 차자(次子) 및 차손(次孫) 등에 한한다"(14조)로 명시하고, 나아가 "본계는 유구한 전통과 영속성 그리고 안전한 재산관리를 위하여 기존 계원의 자손만이 유지하고자 이후 신입계원 추입을 일절 제한한다"(15조)고 명시하고 있다. 이는 기존 계원의 자손 중에서 장자와 장손에 대해서는 계원의 자동승계를 허용하고 오직 차자와 차손에 대해서만 추입을 허용하되 이리 지역으로 새로 전입한 사람들에게는 송계 가입을 원천적으로 봉쇄하고 있음을 알 수 있다. 이리송계는 2006년 '이리송계영농조합법인(二里松契營農組合法人)'으로 법인화된 이후에도 오늘날까지 '신규가입의 폐쇄' 전통과 관행은 그대로 유지하고 있다.

3. 제도설계원칙 적용

1) 명확하게 정의된 경계

이리송계에서는 관청으로부터 입안받은 송계산의 경계구역을 표시하는 금표(禁標)는 없었던 것 같다.15) 하지만 지역공동체 구성원들에게는 나름대로 송계산의 구역이 명확하게 인식됐고, 다른 사유지와의 경계도 구분됐던 것으로 보인다. 그럼에도 산림공유자원에 대한 무단 침입과 도벌의 위험성은 늘 있었을 것이다. 이것은 이리송계가 창계된 초창기부터 송금원(松禁員), 산지기를 여러 명 선임하여 송계산에 대한 순산과 산림감시 활동을 펼치고 위법자를 적발했다는 데서 알 수 있다. 뒤에서도 설명하겠지만, 송금원과 산지기를 최대 20명까지 두었던 것은 순산과 산림도벌 감시 활동이 활발했음을 보여주지만, 다른 한편으로는 위법행위도 적지 않았음을 반증하는 것이다.

처음 이리송계가 창계될 당시인 1803년 음력 10월에 입계한 계원 수는 383명이었다. 송계책 1권이 분실되어 확인하기 어려우나, 이후 작성된 〈좌목〉에서 송계원 명단이 '상하민인(上下民人)'으로 나누어 실려 있는데, 이는 신분의 차이에 기인한다. 1886년 2월 9일 조선시대 노비세습제도가 공식적으로 폐지됐음에도 불구하고, 송계원들의 신분상 구분은 이후 계속됐으며, 1920년에 작성된 「송계안」(13권) 〈좌목〉에까지도 여전히 나타난다. 1968년에 작성된 「송계안」(14권)에서부터 비로소 신분상의 구분이 없어지게 됐다. 이로써 이리송계가 신분적 질서를 바탕으로 조직·운영됐음을 알 수 있다.

이리송계에서는 철저히 장자(혹은 장손)에게만 송계원 자격이 자동 승계되어 왔으며, 이러한 전통과 관례는 여전히 지켜지고 있다. 계원 자격의 승계와 더불어, 이리송계는 마을로 새로 전입한 사람이나 차자들의 추입을 통해 송계원을 확보하여 왔다. 차자 또는 원계원의 후손들은 별도의 추입 절차를 거쳐 계원이 될 수 있었다. 새로운 전입

15) 이는 현장조사(2015.07.21.)에서 송계장 염태환 씨, 총무 손육근 씨, 이장 안규홍 씨와의 면담에서도 확인된다.

자나 분가한 차자의 추입은 어느 정도 강제성을 띠었을 것으로 추측된다. 여기에는 몇 가지 이유가 있는데, 첫째, 이리송계가 지역공동체의 구심점으로서 일종의 동계 역할과 기능을 수행했다는 사실이다. 과거 동계에서는 상하민인의 신분 구분 없이 누구나 동계에의 가입이 의무화되어 있었다. 따라서 마을 단위에서 송계 가입을 의무화했을 가능성이 높다. 둘째, 송계산의 규모로 미루어 볼 때, 이리송계에서 복내면 이리 산골짜기 대부분을 송계산이 차지하고 있었다는 것이다. 일부 문중산을 제외하면, 대부분의 기층민들은 쌀농사와 보리농사를 위한 퇴비를 확보하고 땔감을 구입하기 위해서는 송계산에 의지해야 할 상황이었던 것이다.

일반적으로 송계원의 추입은 가을걷이 끝나고 소집되는 강회에서 신입례(新入禮)가 이루어졌다. 하지만 충청남도 금산지역 송계나 계룡산 국사봉지역 송계에서 보였던 신입례와는 달리, 이리송계에서는 술은 신입례로 넣지 않고 추입전(追入錢)만 내었던 것으로 보인다. 「통호조급예죽조구마조계안」(3권)(경진년, 1820년) 〈조약〉에 따르면, 추입하고자 하는 자는 추입전으로 쌀 10말을 내어야 했다. 하지만 시대 상황, 지역의 경제 여건, 공동체 구성원의 특성 등 현지 여건에 따라 추입 절차 및 추입금 관련 규정은 수정되어 왔다.

1869년(기사년)에 작성된 「복내면이리송계안」(10권) 〈조약〉에 "마을에 새로 전입하여 추입(追入)할 사람을 각 마을에서 자유롭게 정하되 매년 가을 강회 시에 추입전(追入錢) 5전을 마련하여 내도록 한다"[16] 라는 규정이 실려 있는데, 이는 송계원의 추입 기준, 절차 및 심사에서 마을 단위의 자율성을 최대한 보장하고 있음을 말해준다. 이러한

16) 「福內面二里松稧案」(十卷) 〈條約〉 一. 各村新寓追入員 自其村村 任采摭 而每年秋講會時 追入 出伍錢式 備捧是齊.

관행과 전통은 지속적으로 이어왔던 것으로 보인다. 「송계안」(11권)(경진년, 1881년) 〈조약〉과 「송계안」(12권)(정유년, 1896년) 〈조약〉에 “마을에 새로 전입하여 추입할 사람을 각 마을에서 자유롭게 정하되 매년 가을 강회 시에 추입전을 각자 형편에 따라 마련하여 내도록 한다”[17]라는 규정이 담겨 있는데, 이 또한 추입 기준, 절차 및 심사에서 자연마을 단위의 자율성을 최대한 보장한 것이다. 특히 추입전은 추입자의 사정과 경제적 형편에 따라 내도록 하면서 개방적이고 융통적인 성격을 띠고 있었다. 이런 전통과 관례는 「송계안」(13권) (경신년, 1920년)에서도 그대로 유지된다.

「송계안」(13권)(경신년, 1920년)에서 ‘계원으로 계안에 드는 사항[契員入案事]’ 조목에는 3개의 조항이 명시되어 있다.

一. **계원으로 계안에 드는 사항**[18]

각 해당 리의 간사원은 차자손이 분가한 경우와 새로 전입한 사람의 성명, 자(字), 출생년도, 관향을 기록하여 (송계) 회의석상에서 제시할 것이며, 이사를 간 경우 혹은 다시 돌아온 경우에는 소상히 기록하여 집강에게 보고한다.

원계원(原契員). 장자·장손은 ‘누구의 아들, 누구의 손자’인지 기록

---

17) 「福內面二里松稧案」(十一卷)과 「松稧案」(十二卷)의 〈條約〉. 一. 各村新寓追入員自其村村 任采摭 而每年秋講會時 追入錢 隨其勢 備捧是齊.

18) 「松稧案」(十三卷) 〈松契規約〉. 二. 契員入案事. 自該里 幹事員 摭記次子孫分戶及新寓人姓名 字 年 貫 表示會席 或移居還居 昭詳告于執綱事.
原契員. 長子長孫 書某子某孫 次子次孫 分戶 入案錢壹兩.
新寓人追入. 特等別付 上等五兩 中等四兩 下等三兩式 隨力論定備 捧事契員 移去他處 防役勿論 若移居里中 懸錄某村來去 若自他處還居里中 則其長子長孫 追入勿論 其次子次孫 以入案錢二兩備奉.
契案修整. 名分依舊案例 以上中下三等 正之而以二十年 爲修整期限 其間移居追入別置簿記 以竢修整.

하고, 차자·차손이 분가하여 계안에 들 때 추입전 1냥을 낸다.

새로 전입한 사람이 추입할 경우[新寓人追入]. 특등(特等)인 경우는 별도로 부쳐주고 상등(上等)은 5냥, 중등(中等)은 4냥, 하등(下等)은 3냥씩 내는데, (추입자의) 여력에 따라 정하고 준비하도록 한다. 만일 계원이 다른 지역으로 이사를 갈 경우 방역(防役)을 논하지 말 것이며, 이리지역으로 전입할 경우 '모촌(某村)에서 왔다', 이리지역을 떠날 경우 '모촌으로 갔다'라고 분명하게 기록한다. 만일 타처에서 다시 이리지역으로 돌아왔을 경우 그 장자·장손에 대해서는 추입에 대해 논함이 없이 (아무 추입금 없이 추입시킬 것이며), 그 차자·차손인 경우는 입안전(入案錢, 즉 추입금)으로 2냥을 준비하여 내도록 한다.

계안수정(契案修整). (계원의) 이름은 구안의 예[舊案例]에 의거하여 상·중·하(上·中·下) 세 등급으로 구분하여 정리해 놓고, 이십년을 (계안을) 수정하는 기한으로 삼을 것이며, 그 기간 동안 이거(移居)와 추입이 있을 경우에는 별도로 부기(簿記)를 비치하여 (계안의) 수정을 기다린다.

여기서 송계원의 추입과 관련하여 몇 가지 중요한 사실을 확인할 수 있다. 첫째, 새로운 전입자거나 분가자이거나 상관없이, 이리지역에 사는 모든 세대들은 이리송계의 가입이 의무화되고 강제성을 띠고 있었던 것으로 보인다. 하지만 형편에 따라 추입전을 달리 책정하여 줌으로써 상당한 정도의 자율성과 융통성을 발휘하고 있었다. 이것은 경제적 여력이나 신분의 차이에 구애받지 않고 송계에 모두 가입하도록 하기 위함이었을 것이다. 둘째, 장자·장손은 차자·차손에 비해 송계원의 자격 승계와 추입에 있어 우대됐다. 장자와 장손은 (이리지역에 살고 있는 한) 송계원 자격을 자동적으로 승계하게 되며 어떠한 추입전도 내지 않았다. 차자와 차손은 (이리지역에 살고 있으면) 추입하게 되는데 추입전으로 1냥을 내었으며, 외지에 살다가 이리지역으로 돌아온 경우에는 2냥을 내도록 했다. 하지만 장자와 장손은 외지에 살다가 이리지역으로 돌아오더라도 추입전을 별도로 내지 않았다. 셋째, 전입자와 분가자 사이에도 추입 절차와 추입금에 차등을 두었다. 이리지역 내에서 분가한 차자와 차손은 1냥만 내었으나, 전입자는 추입 시 경제적 형편과 여력에 따라 특등, 상등, 중등, 하등 등 네 등급으로 구분하고 추입전을 각각 다르게 내도록 했다. 특등인 경우에는 별도로 부쳐주고 상등은 5냥, 중등은 4냥, 하등은 3냥씩 책정했는데, 이 또한 전입자의 형편에 따라 정하여 내도록 했다. 넷째, 철저한 기록문화의 전통이 보인다. 이리지역으로 전입한 경우, 다른 지역으로 이사를 나간 경우, 새로 추입한 사람 등을 소상하게 기록하고 보관했다. 이런 기록은 지역사회의 자체 정체성을 확립하고 강화하는 기제로 활용했을 것이다.

이리송계는 풀베기, 꼴베기, 땔감 마련, 입장(入葬) 등 송계산 내 산림공유자원의 활용에 있어 송계원과 비송계원(외지인)에게 뚜렷한 차등을 두었던 것으로 보인다. 외지인이 바닥풀, 보리풀 등 풀을 베고 땔감을 구할 목적으로 송계산에 출입하는 것을 엄격하게 금지했다. 또한 송계산 내에 분묘를 쓰는 데 내는 비용에서도 송계원과 비송계원 간에 차등을 두었다. 일례로 「복내면이리송계안」(10권)(기사년, 1869년) 〈조약〉에 따르면, 송계산 구역 내 분묘 대가로 송계원에게는 5냥, 외지인에게는 10냥을 내도록 했다.[19] 이런 규정은 「복내면이리송계안」(11권)(경진년, 1881년) 〈조약〉과 「송계안」(12권)(정유년, 1896년) 〈조약〉에서도 그대로 나타난다. 그러다가 1920년에 와서 입장(入葬)에 관한

19) 「福內二里松契案」(十卷) 〈條約〉. 一. 松契山入葬者 壙中價 伍兩式責捧 而若外處之人 則以什兩爲定是齊.

규정이 보다 정교하게 다듬어지게 된다. 「송계안」(13권)(경신년, 1920년)에서 '삼림금양에 관한 사항[森林禁養事]' 조목에 따르면, "(송계산 내에 입장할 경우) 계원은 10냥, 외지인은 20냥으로 정하고, 입장할 사람이 '모산 모등 모좌의 묏자리에 모친(某親)을 모월일(某月日)에 입장했다'라고 쓰고 연월일을 아래에 적고 성명을 쓰고 도장을 찍도록 한다. 이렇게 하여 후에 참고자료로 삼아 묏자리 밖으로 땅을 차지하여 소나무와 잡목을 침해하는 일이 없도록 한다. 만일 이를 범할 경우 '금화에 관한 사항[禁火例]'에 따라 처벌하기로 한다"[20]고 규정하고 있다. 여기서 추가로 확인되는 것은 이리송계가 송계원이나 비송계원에게 송계산 내에 분묘를 허락하더라도 분묘에 따른 부작용을 잘 인식하고 있었고 이를 사전에 방지하기 위한 노력을 기울였음을 보여준다. 조선 후기 유행했던 산송(山訟)의 대부분이 '선산묘양(先山墓養)'이라는 명목으로 진행됐기 때문에 이런 상황을 미연에 방지하기 위한 조치로 보인다. 이와 더불어, 송계산 내에 소나무를 비롯한 나무들이 마구잡이로 훼손되는 것을 방지하기 위한 목적도 있었다. 이 규정이 명시되기 이전에도, 이리송계에서는 송계산 내의 분묘에 따른 부작용을 최소하기 위한 노력들이 자체적으로 오랜 관행으로 행해졌을 것으로 보인다. 「송계안」(13권)(경신년, 1920년) 〈서송계규약후〉에서 안극은 〈송계규약〉의 8조의 강과 64례의 목을 기존의 규약과 관습·관행·관례를 바탕으로 당시 시대 상황에 맞게 수정했음을 밝히고 있다.[21]

---

20) 「福內二里松契案」(十三卷) 〈松契規約〉. 三. 森林禁養事. 契山入葬壙中價. 契員十兩 外地人二十兩爲定 使入葬人 具書某山某嶝內某坐一壙地 某親某月日入葬年月日下 書姓名捺印 以爲後考而壙外 不許廣占 不得侵害松雜木 若犯禁則 罰同禁火例.

21) 「松稧案」(十三卷) 〈書松契規約後〉. [中略] 癸亥刱始 庚辰更張 莫非前賢之遺澤而實爲後生之受福也 八條之綱六十四例之目 莫非舊案之規約 而寔是今日之急務也.

〈복내면이리송계안발〉에서 윤우원도 이 같은 사실을 언급하고 있다.[22]

한편 송계원과 비송계원 간의 구분을 용이하게 하기 위한 목적으로 충청남도 금산지역의 일부 연합송계에서 보이던 표식이 이리송계에서는 없었던 것 같다. 하지만 이리송계와 이웃하고 있던 일리송계에서는 지게발목에 화인(火印)을 찍어 송계원과 비송계원(외지인)을 구분했다고 한다.[23]

2) 사용 및 제공 규칙의 현지 조건과의 부합성

이리송계는 지역공동체 구성원을 위한 전형적인 보민계(補民契) 성격을 띠고 있었다. 광활한 송계산 안에 있는 풀, 소나무, 잡목, 화전개간 등 산림자원을 적극 활용하여 당시 지역공동체의 주요 현안이던 통호조, 예죽조, 구마조 등 요역과 부세를 지역공동체 차원에서 공동으로 해결하고자 이리송계를 창계했던 것이다. 이리송계는 정치적·시대적 상황, 사회경제적 여건, 지역공동체의 특성, 송계산 및 산림공유자원의 특성 등을 반영하여 사용 규칙과 제공 규칙을 적절하게 수정하고 탄력적으로 운영해 왔다.

산림공유자원을 지속 가능하게 유지·관리하기 위한 사용 및 제공 규칙 측면에서 살펴볼 때, 이리송계 나름대로의 특색들이 나타난다. 우선 이리송계가 소유하고 있던 송계산이 매우 넓은 면적을 차지했으며, 4개의 리가 연합하여 창계한 송계였기 때문에 계원 수도 많았다.

---

22) 「松稧案」(十三卷) 〈福內面二里松契案跋〉. [中略] 乃掇舊案十二卷中規約條例 逐條增損 分例釐整.

23) 2015년 7월 21일 현지조사에서 송계장 염태환 씨, 총무 손육근 씨, 이장 안규홍 씨와의 면담에서 확인된 내용으로, 그분들도 옛날에 전해 들었던 내용이라고 한다.

이리송계는 복내면 이리지역 산골짜기를 따라 4개의 송계산을 소유하고 있었고, 이렇게 넓은 구역을 보호·관리하기 위한 조직 체계가 나름대로 체계화되어 있었고, 순산과 산림감시 활동을 위해 많은 인원을 동원했다. 벌칙조항도 상당히 구체적이었다. 나중에 자세하게 언급하겠지만, 송계산 내로 무단 입산하여 나무를 베던 다른 마을 사람들을 '나무라고 타이르며 구타하지 않는' 수준에서 누가 언제 어디서 몇 주의 소나무를 베었는지 기록하고, 나무장사꾼[樵商]을 엄격하게 단속하고 이를 적발 시 '화전에 관한 조항[火田例]'에 해당하는 돈을 물리며, '금화에 관한 조항[禁火例]'에 해당하는 벌을 주는 것까지 구체적이고 세부적인 처벌 조항을 마련하고 있었다.

또한 송계원과 비송계원(외지인) 모두 송계산 내에 입장을 할 수 있었지만, 분묘의 대가에서 차등을 두었고, 분묘의 날짜, 위치 등을 입장자가 소상히 보고하도록 하여 추후에 생길 수 있는 송사의 여지를 미리 방지하고, 분묘를 명분으로 송계산을 광점(廣占)하여 풀과 나무를 함부로 베어내는 폐단을 막을 수 있도록 했다.[24]

이리송계에서는 충청남도 금산지역 송계들에서 보이던 '풀령 트는' 전통이나 가정용 땔감을 얻기 위한 공동 발매(發賣) 전통은 보이지 않는다. 하지만 삼[麻]을 삼는 데 필요한 땔감을 베기 위한 발매 전통은 전래되어 왔다. 삼을 삼을 때 많은 땔감이 필요한데, 사사로이 송계산으로 들어가 나무를 베게 되면 산이 쉽게 황폐화되기 때문에 각 리별로 간사원과 송금원이 날짜를 정하고 일정 수의 마을 일꾼을 대동하여 땔감을 베게 했고, 삼을 삼는 사람들로 하여금 사용된 짐수[負數]에 따라 값을 정해 바치게 했다.[25] 대체로 어느 마을이 4개의

---

24) 이런 규정은 「송계안(松稧案)」(13권)(경신년, 1920년) 〈송계규약(松契規約)〉에서 '삼림금양에 관한 사항[森林禁養事]' 조목에 나온다.

송계산 중에서 어느 산을 이용해야 하는지는 누구나 숙지하고 있었을 것으로 본다. 이는 마을별로 순산과 산림감시 활동을 담당하던 송계산을 별도로 지정하였던 사실에서도 짐작할 수 있다. 이런 발매 관행은 송계산 내 땔감의 성장 상태, 벌목 상태 등을 쉽게 확인할 수 있고, 장래 공유산림의 보호·관리가 보다 용이하도록 했던 것이다.

산림공유자원의 지속 가능한 보호·유지·관리를 위한 제공 규칙 측면에서 또 하나 흥미로운 점은 산불에 공동으로 대처하기 위한 규정을 마련하고 이를 엄격하게 지키도록 했다는 것이다. 절기상으로 겨울과 봄은 건조한 시기로 산불이 자주 발생한다. 산불을 예방하고 산불이 나면 신속하게 진화해야만 산림공유자원의 피해를 최소화할 수 있다. 이리송계에서는 산불 진화에 공동으로 참여하도록 규정하고 이를 어길 시 매우 엄격한 벌칙조항을 마련하고 있었다. 「송계안」(13권)(경신년, 1920년) 〈송계규약〉에서 '삼림금양에 관한 사항' 조목의 한 조항에 따르면, "만일 화변(火變)이 있을 시 인근 마을의 산지기, 간사원, 송금원은 집강에게 보고하고, 집강은 고지기를 통해 각 마을에 알려 (주민들이) 불을 끄러 나오게 하고, 각각 진화장비를 갖추도록 한다. 만일 불참하는 마을이 있거나 늦게 도착하는 사람이 있으면, 반드시 강회에서 이에 상응하는 벌을 논하게 되는데, 봄에 바닥풀과 가을에 땔감을 얻기 위해 (송계산 구역으로) 입산하는 것을 허락하지 않고, 추입의 예보다 배가 되도록 돈을 물려 속죄하도록 한다"26)라고

---

25) 「松稧案」(十二卷) 〈松契規約〉. 三. 森林禁養事. 煮麻木. 各村紡績 亦所勸奬 從今以後 不可私伐 若此不己 必致童濯 自里中四里 幹事員 松禁員 預先定日 約選該里役丁幾人 一齊入山間伐火木 使各村煮麻人 計其所用 負數 定價備捧 定日不叅者 勿論.

26) 「松稧案」(十三卷) 〈松契規約〉. 三. 森林禁養事. 林埜禁火. 若有火變 自附近村山直及幹事員 松禁員 急通于執綱 使庫直令招里中各村 一齊禁火 各持禁火器具 若有不叅之村 晩到之人 會中論罰必以春草秋樵 不許入山 受贖倍追入例.

규정하고 있다. 다시 말해, 산림공유자원의 유량(stock)을 훼손하지 않고 지속 가능하게 보호·관리하는 데 최대 위험요인인 산불을 적시에 공동으로 대처하고, 나아가 무임승차의 문제에 따른 '집합행동의 딜레마'를 해결하기 위해 엄격한 벌칙조항을 마련했음을 알 수 있다. 과거 전통농경사회에서 모내기를 위한 바닥풀을 얻지 못하고 가을철 땔감을 구할 수 없다는 것은 수화불통(水火不通), 출동(黜洞) 다음가는 무서운 처벌이었다. 이것은 바로 농경민의 생존문제와 직결되는 것이었기 때문이다.

이리송계에서는 송계산 내 화전 개간을 기본적으로 허용했던 것으로 보인다. 화전 개간을 통해 도조(賭租)를 받을 수 있었는데, 이는 송계의 재정에 큰 도움이 되었기 때문이다. 다른 지역 송계들에서도 송계산 내 화전 개간은 송계 차원에서 적극적으로 추진되거나 허용됐다. 하지만 무분별한 화전 개간은 송계산 내의 산림을 황폐화할 우려가 다분히 있었다. 이를 방지하는 차원에서 이리송계에서는 각 리의 간사원으로 하여금 화전 개간 상황을 철저하게 기록하고 나무의 남벌이나 실화가 없도록 관리하며, 만일 규정을 어길 시에 엄격한 벌칙조항을 마련하고 있었다. 「송계안」(13권)(경신년, 1920년) 〈송계규약〉에서 '삼림금양에 관한 사항' 조목의 한 조항에 따르면, "각 마을의 간사원은 (화전민의) 성명, 모산(某山) 모곡(某谷)에서 개간된 평수를 기록하고 연대인이 도장을 찍고 철저하게 살펴보아야 하며, 남벌(濫伐)과 실화(失火)가 없도록 철저하게 금하도록 한다. 만일 이것을 위반할 경우에는 '어린 소나무[穉松]'는 '작은 소나무값[小松價]'의 예에 따라 물리고, 큰 소나무, 중간 소나무, 작은 소나무는 (각각의 소나무값의) 배(倍)에 해당하는 돈을 물린다. 만일 부족하면 연대인으로 하여금 부족분을 채우도록 하며, '금화에 관한 사항'에 따라 벌을 논한다"[27]라고 규정하고 있다. 어린 소나무를 보호·육성하려는 세심한 노력도 명문 규정에서 찾아볼 수 있다. 즉 어린 소나무를 발매할 때에도 한 평마다 두 그루씩 선별하여 가꾸도록 하고서[28] 나머지 어린 나무를 팔 수 있도록 했다. 이는 무분별하게 어린 소나무를 베어냄으로써 장래에 쓸 만한 재목이 남지 않게 되는 상황을 미리 대비하려던 것으로 해석된다.

그 외에도 이리송계는 동계의 기능과 역할을 상당 부분 담당했고, 요역과 부역에 대해 공동기금을 마련하여 함께 대처했다. 이리송계는 공동기금을 마련하고 증식하는 데 매우 적극적이었다. 이리송계의 창계 목적 자체가 통호조, 구마조, 예죽조를 위한 곡식을 함께 마련하여 관청에 공동으로 납부하는 것이었기 때문이다. 이리송계에서는 본조(本租)에 대해 이자를 놓은 식리(殖利), 송계 전답의 도조 수입, 자마목(煮痲木) 판매, 소나무 판매, 분묘 대가 등으로 송계 재원을 마련했다. 여기에서는 식리 활동, 송계 전답의 도조 수입, 소나무 판매 등을 중심으로 살펴보기로 한다. 우선 「통호조급예죽조구마조계안」(3권)(경진년, 1820년) 〈조약〉을 보면, 식리가 상당히 신축적이고 탄력적으로 운영됐음을 알 수 있다. 즉 5월 강회에서 빌려준 대금 1냥당 이자는 2전을 내게 했던 반면, 11월 강회에서는 대금 1냥당 이자로 벼 2말[斗]을 내도록 했다는 점이다. 이는 가을걷이가 끝나는 시점에 이자를 돈 대신 벼로 내게 하여 신축적으로 운영했음을 알 수 있다. 그

---

27) 「松稧案」(十三卷) 〈松契規約〉. 三. 森林禁養事. 火田起墾. 該村幹事員 記其姓名及某山某谷 起墾幾坪 連帶捺印 備爲監考切 禁濫伐失火 若或犯禁 穉松如小松價例 大中小松價 加倍懲贖若不足 則連帶人所作充數 論罰如禁火例.

28) 「松稧案」(十三卷) 〈松契規約〉. 三. 森林禁養事. 穉松發賣. 每坪 貳株式 擇立長養 或同村人 或連帶人 捺印 定價先入 刈後監考 若有犯禁 或越界者 以所刈樵負較量價額 稚松每株 以小松價作定 若不足則連帶人所刈充數 執留會中 永無異議罰同禁火例.

리고 당시에 일반적으로 통용되던 50%에 달하는 장리(長利)가 아니라 이자가 20% 정도로 훨씬 낮았는데, 이는 아마도 이리송계의 재원 규모가 매우 컸기 때문에 '규모의 경제'에 따른 효과로 보인다.

또 하나의 주요 특징은 매년 가을에 송계 전답을 직접 답사하여 작황 상태를 평가하고 현장에서 수납할 도조를 결정했다는 점이다. 이때에는 계임 2명, 간사원 4명, 경작자가 함께 참여하여 결정했다. 경작자를 제외한 계임과 간사원에게는 일급으로 2냥 5전씩 지급토록 했다.[29] 이런 감평과정을 통해 보다 공정한 평가와 현장에서 합의에 의한 결정이 이뤄지도록 하여 공정성을 기하고 갈등을 미연에 방지하도록 했다. 여기에는 현장 중심적이고 합의를 중시하는 사고와 행위 방식이 돋보인다. 또한 벼를 도조로 받는 날에는 계임, 간사원, 말질하는 사람[斗量者] 1명, 키질하는 사람[簸揚者] 1명, 고지기 2명 외에도 기타 2~3명을 더 대동하여 모두 10여 명 정도 참여하도록 했다. 이들에게도 일급으로 2냥 5전씩 지급토록 규정되어 있었다.[30] 이것 또한 현장에서 도조의 수납을 정확하게 하여 추후에 말썽의 소지를 없애고 갈등 상황을 미연에 방지하기 위함이었다.

이리송계에서는 송계산 내에서 베어낸 소나무를 크기(대송, 중송, 소송, 치송)에 따라 일정한 송매가를 매겨 판매했다. 송매가에 대한 규정은 「복내면이리송계안」(10권)(기사년, 1869년) 〈조약〉에서부터 구체적으로 나타나기 시작하며, 같은 규정이 「복내면이리송계안」(11권)(경진년, 1881년)과 「송계안」(12권)(정유년, 1896년)의 각 〈조약〉에서도 반복적으

29) 「松稧案」(十三卷) 〈松契規約〉. 六. 講會經費事. 監坪時日費. 契任二員 幹事員四人 以五六員元定 當日下記 每員下貳兩五錢式 作定則外他及作人 不可入用下.

30) 「松稧案」(十三卷) 〈松契規約〉. 六. 講會經費事. 捧禾日日費. 契任及幹事員 又斗量者一人 簸揚者二人 庫直二名外 他使用人二三者則以十餘人定數 每人貳兩五錢式 外不許入用下.

로 확인된다. 규정에 따르면, 소나무 한 그루당 큰 소나무는 1냥, 중간 소나무는 7전, 작은 소나무는 5전을 받고 판매하도록 되어 있다.[31] 그 후 「송계안」(13권)(경신년, 1920년) '삼림금양에 관한 사항' 조목에 따르면, 큰 소나무는 5냥, 중간 소나무는 4냥, 작은 소나무는 3냥을 받고 팔며, 외지인의 경우에는 미리 값을 받고서 벌목을 허용하며, 벌목 이후 검사를 받도록 규정하고 있다. 만일 외지인이 나무 크기와 그루 수를 어겼을 경우 돈을 배로 물리고 '금화에 관한 조항'에 따라 벌을 주도록 규정하고 있다.[32] 또한 어린 소나무에 대해서는 구체적인 송매가가 명시되어 있지 않지만, 미리 돈을 지불하고 벌목을 하도록 하며, 추후에 나무 크기와 짐 수를 검사하도록 규정하고 있다. 만일 이를 어겼을 경우 작은 소나무에 해당하는 돈(즉 5전)을 물리고 '금화에 관한 조항'에 따라 벌을 주도록 했다.[33] 어린 소나무는 그루당 값이 매겨진 게 아니라 짐당 값을 시가에 따라 매겼던 것으로 보인다.

송계산 내 입장에 대해서도 송계원과 비송계원(외지인)에게 분묘의 대가를 받도록 규정하고 있다. 앞에서 이미 언급했듯이, 「복내면이리송계안」(10권)(기사년, 1869년) 〈조약〉에 따르면, 송계산 내에 분묘 대가로 송계원에게는 5냥, 외지인에게는 10냥을 내도록 했다.[34] 이런 규

---

31) 「福內面二里松稧案」(十卷) 〈條約〉. 一. 松契山大松價 以一兩 中松價 以七錢 小松價 以五錢式 爲定是齊.

32) 「松稧案」(十三卷). 〈松契規約〉. 三. 森林禁養事. 松價. 契員中成造 大松價五兩 中松價四兩 小松價三兩式爲定 外他人則 時價捧之而價格先入後 斧斤許入 伐後監考大中小株數 若濫伐 無異偸斫者 松價倍徵罰同禁火例.

33) 「松稧案」(十三卷). 〈松契規約〉. 三. 森林禁養事. 穉松發賣. 每坪 二株式 擇立長養 或同村人 或連帶人 捺印 定價先入 刈後監考 若有犯禁 或越界者 以所刈樵負較量價額 穉松每株 以小松價作定若不足 則連帶人所刈充數 執留會中 永無異議 罰同禁火例.

34) 「福內面二里松稧案」(十卷) 〈條約〉. 一. 松契山入葬者 壙中價 五兩式責捧 而外

정은 「복내면이리송계안」(11권)(경진년, 1881년)과 「송계안」(12권)(정유년, 1896년)의 각 〈조약〉에서도 그대로 나타난다. 그 후 「송계안」(13권)(경신년, 1920년)에서는 송계원은 10냥, 외지인은 20냥을 내도록 했다.

3) 집합적 선택 장치

이리송계는 매년 정기적인 모임을 통해, 계임 선출, 송계원의 추입 및 신입례, 송계산의 이용과 관리, 나무 판매, 곡식의 출납, 도조 수납, 기금의 결산과 감사, 기타 송계 업무를 논의하고 결정했다. 그리고 지역공동체가 해결해야 할 주요 현안들을 정기모임에서 집중적으로 논의하고 결정했다. 과거에는 요역, 부세 등을 지역공동체 구성원들이 함께 연대하여 대처했기 때문에 정기모임에서 중요한 의사결정들이 이뤄졌을 것으로 보인다. 인륜을 위반하고 미풍양속을 해친 구성원에 대해서는 도덕적 질책과 함께 공동체 차원에서 처벌이 행해졌다. 효행자, 지역사회의 도덕적 기풍을 진작한 자 등에 대한 포상도 함께 이뤄졌던 것으로 짐작된다.[35] 또한 이리송계는 일 년에 두 번(3월, 9월) 마을 성인과 어린이[冠童]를 대상으로 교육이 이뤄졌으며, 구한말과 일제 초기에는 학교 관련 회의, 운영경비, 교사 보수 등을 지원하기도 했다.[36]

「통호조급예죽조구마조계안」(3권)(경진년, 1820년) 〈조약〉에 따르면, 매년 5월, 11월에 정기적으로 강회가 열렸음을 알 수 있다. 하지만 임

處之人 則以什兩爲定是齊.

35) 예를 들어, 1919년 음력 12월 15일 출납회계장부에서는 '蘇ㅁ祚의 효행'에 대한 포상으로 20냥을 지출한 것으로 기재되어 있다.

36) 「이리송계출납장부(二里松契出納帳簿)」(1908~1934년)에는 학교 경비 관련 기록이 1909년부터 1913년까지 보인다.

시강회에 대한 기록은 보이지 않는다. 매회 강회의 개최 비용은 1냥 5전으로 제한했다.[37] 「복내면이리송계안」(10권)(기사년, 1869년) 〈조약〉에서는 강회 시 나이순으로 나누어서 앉게 하는 규정, 강회 시 주정을 부리거나 패습(悖習)을 일삼는 자는 회의에서 중론으로 벌하고 만일 순응치 않는 경우에는 관에 보고하여 조치를 취하도록 하는 규정 등이 명시되어 있다.[38] 강회 시 준수해야 할 사항은 「복내면이리송계안」(11권)(경진년, 1881년)과 「송계안」(12권)(정유년, 1896년)에서도 문구만 약간 다를 뿐 반복적으로 언급되고 있다.

「송계안」(13권)(경신년, 1920년)에서는 강회 일시, 비용 등 강회 관련 규정들이 보다 세부적으로 명시되어 있다. 〈송계규약〉 '강회 경비에 관한 사항[講會經費事]' 조목에서 구체적인 내용을 살펴보면 다음과 같다.[39]

> 강회는 매년 음력 6월 15일과 12월 15일에 정기적으로 개최되는데, 이는 옛날부터 정해져 내려온 날이다. 만일 임시강회를 소집할 때에는 계임이 고지기를 통해 사리(四里)의 간사원들에게 알리도록 한다. (강회는) 일찍 모여 강토(講討)하고, 만일 늦게 참석하는 자가 있으면 벌을 논하고 별도로 마련된 좌석에 앉도록 한다.

37) 「統戶租及刈竹租驅馬租稧案」(三卷). 〈福內二里築下補民稧案〉〈條約〉. 講會時下記 錢壹兩五錢式定限爲齊.

38) 「福內面二里松稧案」(十卷) 〈條約〉. 一. 講會時 老少序齒 分坐是齊. 一. 講會時或有酗酒悖習者 自會中論罰 而如有不順之端 則報官措處是齊.

39) 「松稧案」(十三卷). 〈松契規約〉. 六. 講會經費事. 講會每年六月望日 十二月望日 古來元定期日也 若臨時講會 契任 使庫直 輪告四里幹事員 早會講討 若晚叅 論罰別座. 時到記. 講會時 必書時到記 會有定時 會畢序齒定座 以尊長敵少幼五等設席 別設公事席于中 序立行相揖禮 因其位皆坐 講會飮會 亦因其位罰座設於會席範圍外 退時亦須相揖而退. 元定講會日費. 酒壹尊 午飯 每員下三合糧 饌價十五兩 庫直例給 兩以外不許濫用.

참석시간을 기록함[時到記]. 강회 시에는 반드시 (송계원의) 도착시간을 기록하는데, 회의의 시작된 시간과 끝나는 시간은 정해져 있다. 회의시에는 반드시 나이의 순서대로 좌석이 정해져 있으며, 존(尊), 장(長), 적(敵), 소(少), 유(幼) 등 다섯 가지 등급으로 나누어 자리를 마련하고 (계임이 앉는) 공사석(公事席)은 중앙에 별도로 마련한다. (회의가 시작되면 먼저) 일어서 상읍례(相揖禮)를 행하고 그 자리에 앉아서 회의를 하고 (또한) 술자리모임[飮會]을 갖는다. 벌좌(罰座)는 회의석 밖에 따로 마련한다. 물러갈 때도 상읍례를 행하고 물러간다.

본디 정해진 강회 비용[元定講會日費]. 술 한동이[壹尊]와 점심밥[午飯]을 제공하는데, 계원 일인당 삼홉[三合]의 양곡과 함께 반찬값 15냥을 고지기[庫直]에게 지급한다. 이 두 가지 외에는 헛되이 쓰는 것을 허용치 않는다.

위의 규정을 통해, 과거 어느 시점에서부터 관례상 매년 음력 6월 15일과 12월 15일에 두 번 정기적으로 강회가 개최됐다는 점, 도정·공원·집강 등 계임들이 필요 시 임시강회를 소집·개최했다는 점, 회의시각을 엄격하게 지켰고 지각 참석자에게는 별도의 좌석에 앉게 하는 등 송계 차원에서 벌칙을 마련했다는 점, 전통사회에서 도정과 같은 계임에 대한 존경심이 굉장히 높았다는 점, 회의석도 나이의 순서에 따라 배치하여 연장자에 대한 존중을 표현했다는 점, 상당한 예의를 갖추었으며 회의 후 점심식사가 이뤄졌다는 점, 강회 비용을 일정하게 정하여 낭비의 요소를 없앴다는 점 등을 확인할 수 있다.

오늘날 이리송계에는 정기총회, 임시총회, 임원회의, 특별위원회 모임 등 네 종류의 회의가 존재한다. 각 회의에 대해 간략하게 살펴보기로 한다. 과거와 달리, 이리송계에서는 매년 한 번씩 전체 계원을 소집하여 정기총회를 개최하고 있다. 이리송계에서 중요한 안건을 논의하고 의결하는 방식을 살펴보면, 직접민주주의 방식과 간접민주주의 방식을 혼용하고 있는 것을 알 수 있다. 이리송계 총회는 정기총회와 임시총회로 구성된다. 정기총회는 매 회계년도마다 1회에 걸쳐 계장(법인에서는 대표이사)이 소집하며, 보통 음력 12월 15일에 열린다. 「이리송계 회의록」에는 1984년도(제182차) 정기총회 회의록부터 시작하여 2014년도(제212차) 정기총회 회의록까지 기록되어 있다.[40) 정기총회에서는 당회계년도 결산과 감사보고가 있고, 이에 대해 참석계원(법인에서는 조합원)들의 질의, 응답, 승인 등을 받게 된다. 그 외에도 이리송계의 주요 현안들이 정기총회에서 집중적으로 논의되고 의결된다. 정기총회와 임시총회는 총 계원 과반수의 출석으로 개의하고 출석 계원 과반수의 찬성으로 의결한다.

회계연도마다 1회씩 열리는 정기총회 이외에도 송계원 전원이 참석 대상인 임시총회가 개최된다. 〈이리송계영농조합법인 정관〉 49조 2항에 따르면, ① 조합원 1/3 이상의 소집 요구가 있을 경우, ② 이사회에서 임시총회 개최의 필요성이 있다고 판단하여 소집 요구가 있을 경우, ③ 대표이사(송계장)가 필요하다고 인정할 경우 대표이사가 임시총회를 소집한다. 또한 49조 3항에 명시되어 있듯이, ① 대표이사의 직무를 행할 자가 없는 경우, ② 49조 2항에서 규정되어 있는 소집 요구가 있음에도 대표이사가 정당한 이유 없이 2주일 이내에 총회 소집 절차를 취하지 않는 경우, ③ 감사가 조합법인의 재산상황 또는 사업의 집행에 관하여 부정 사실을 발견하여 이를 신속히 총회에 보고할 필요가 있을 경우에 한하여 감사가 임시총회를 소집할 수 있다. 회계연도 1985년부터 2014년까지 4번에 걸쳐 임시총회가 개최됐다.

40) 따라서 회계연도 1984년에 있었을 임원회의 및 임시총회의 개최 여부, 횟수, 회의 내용 등에 대한 회의록이 남아 있지 않다.

주된 회의 내용은 송계 재산인 계당산(桂堂山) 매도, 계원의 가입자격 및 탈퇴 관련 정관 변경 등에 관한 사항이었다. 하지만 정관의 변경, 계원의 가입 승인 등은 '총 계원 2/3의 출석과 출석 계원 2/3 이상의 의결'에 따라 결정되는 사항임에도 불구하고, 4번에 걸친 임시총회 모두 정족수를 충족시킬 수 없었다.

임원회의는 송계 임원회, 대의원회의, 이사회의, 임시이사회의, 임시회의 등으로 불리기도 한다. 지난 30년 동안(1985~2014년) 매 회계연도에 적어도 1번(1986년, 1988년, 1989년, 1992년, 2004년, 2008년, 2011년, 2013년)에서 최대 12번(2000년)까지 임원회의가 열렸다. 정기총회가 있기 전에 적어도 한 번씩 임원회의를 소집하는데, 여기서는 송계자금의 결산 보고, 송계 전답의 경작료 결정, 정기총회 예상경비, 세찬대금 등 주로 정기총회에 상정될 주요 안건들을 다룬다. 그 외에도 송계 재산의 매매 및 매입, 송계원 추입자격 등 정관 수정 논의와 같은 주요 안건이 있을 때 임원회의가 소집됐다. 2000년에 임원회의가 12회 개최됐던 것은 주로 '송계사력비(松契事歷碑)'(이하 송계비)의 건립과 관련된 안건 때문이었다. 1997년에도 7번의 임원회의가 소집됐는데, 송계산이던 계당산 매도의 건, 송계답(용동리 118-1번지, 176평) 매도의 건, 송계책 16권의 원고 편찬 등이 주요 안건으로 다뤄졌기 때문이다.

정기총회, 임시총회, 임원회의 이외에도 한시적으로 구성·운영되는 특별위원회도 있다. 한 예로, 송계비 건립을 추진하는 과정에서 '송계비건립추진위원회'와 그 산하에 '송계비건립집행위원회'가 구성·운영됐다. 다음은 2000년대 들어오면서 주요 현안이었던 송계비의 건립에 관한 특별위원회의 구성과 운영을 간략하게 살펴보기로 한다.

(1) 임원회의(2000년 1월 15일)에서 송계비 건립을 정기총회 안건으로 상정하기로 의결했다.

(2) 제197차 정기총회(2000년 1월 21일)에서 송계비 건립을 최종 결의하고 '송계비건립추진위원회'를 구성키로 합의했다.

(3) 임원회의(2000년 2월 8일)에서 '송계비건립추진위원회' 구성을 위해 각 마을별로 추천받아 '송계비건립추진위원'을 선정했다.

(4) 그 이후로 회계연도 2000년 기간 동안 총 8회에 걸쳐 추진위원회 및 집행위원회가 개최됐다.

(5) 송계비건립추진위원회 위원 수는 총 25명이며, 당시 임원인 계장 1명, 감사 2명, 이사 7명과 간사 1명 등 11명 모두 위원으로 참여했다. 그러나 송계비건립진행위원회(7명)에는 계장만이 집행위원회에 참여했다.

흥미로운 점은 송계비의 건립을 추진하는 데 나름대로 '견제와 균형' 원리가 작동하고 있었다는 사실이다. 송계비 비문의 작성 의뢰, 비석 재질, 업체 선정, 비용 지출 등 중요 사항은 송계비건립추진위원회의 의결과 허락을 받아 송계비건립진행위원회에서 집행했고, 사후 보고로 다시 한 번 검증을 받게 했다. 이러한 검증장치를 통해 송계 운영과 관리에서 투명성과 신뢰성을 확보해 나갈 수 있었던 것으로 보인다.

4) 감시 활동

이리송계가 관할하던 4개의 송계산, 즉 방동산, 가야산, 계당산, 압곡산은 상당한 규모의 면적을 차지하고 있었다. 현재 이리송계의 소유로 남아있는 방동산과 가야산의 면적만을 계산하더라도 약 75만 평에 달한다. 송계산의 순산과 산림감시 활동에 대한 구체적인 규정은 「복내면이리송계안」(10권)(기사년, 1869년)에서 나타나기 시작한다. 물론 그 이전에도 이미 관행적으로 순산과 산림감시 활동이 이뤄지다가 1869년에 비로소 규정으로 명문화됐으리라 짐작할 수 있다. 「복내면이리송계안」(10권)(기사년, 1869년)과 「복내면이리송계안」(11권)(경진년, 1881년)의 각 〈조약〉에 따르면, "송계산 산지기는 각자 찾아내어 심문하고[推尋] (집강에게) 와서 보고해야 한다"라는 규정이 있다.[41] 그리고 「송계안」(12권)(정유년, 1896년) 〈조약〉에 따르면, "송계산 산지기는 간혹 찾아내어 검사하고[推檢] 금지된 사항을 범한 자[犯禁者]를 당시 집강에게 상세하게 사유를 보고하여야 한다"라고 규정하고 있다.[42]

1920년에 들어오면, 간사원, 송금원, 산지기들의 순산과 산림감시 활동이 보다 자주 이뤄지고 벌칙조항들도 보다 정교화되고 있다. 앞서 언급한 명문 규정과 함께, 오래전부터 내려오던 관행을 당시 상황에 맞게끔 수정·보완했던 것이다. 「송계안」(13권)(경신년, 1920년) 〈송계규약〉에 따르면, 송계산의 순산과 산림감시 활동을 담당하던 사람으로 송금원 4명을 비롯하여 16명의 산지기를 두었다. 송금원은 복내리, 반석리, 용동리, 진봉리 각 리별로 1명씩 선임됐다. 16명의 산지기 중에는 풍치, 진척, 서봉 각 마을별로 2명씩 방동산과 가야산의 산지기로 총 6명을 두었고, 입석, 내동, 화령 각 마을별로 2명씩 계당산과 압곡산의 산지기로 총 6명을 두었다. 그리고 반곡, 원봉 각 마을별로 2명씩 산지기를 두어 4개의 송계산을 모두 관할하도록 했다. 이를 통해 당시 나무장사꾼들의 무단 입산과 남벌이 심했다는 것

---

41) 「福內面二里松稧案」(十卷) 〈條約〉. 一. 松契山山直 各推尋來告是齊. 「福內二里松契案」(十一卷) 〈條約〉의 규정도 이와 동일하다.

42) 「松稧案」(十二卷) 〈條約〉. 一. 松契山山直 別般推檢 犯禁者一一告由於時執綱是齊.

을 유추할 수 있다.[43] 산지기들은 평소 송계산 구역으로 나무장사꾼들이 몰래 입산하는 것을 막고 금양에 힘쓰도록 했다. 산지기에게는 자신의 임무를 맡는 동안 송계 소유의 전답을 경작토록 했다.[44] 화전민이 송계산에 불을 질러 밭을 개간할 때, 간사원 1명과 송금원 1명씩 2인 1조로 현장을 방문하여 감독하도록 했고, 화전 개간자의 성명, 화전 위치 및 평수 등을 정확하게 기입하도록 하여 추후에 관리와 감독을 용이하게 했다.[45]

이렇게 송금원과 산지기의 숫자만 보아도 순산과 산림감시 활동이 상당히 충실하게 이뤄졌으리라 짐작할 수 있다. 그리고 계임들에 의해서도 자주 순산과 산림감시 활동이 이뤄졌던 것으로 보인다. 정기적으로 매년 봄과 가을에 집강이 간사원과 송금원을 대동하고 송계산을 직접 순산하고 산림감시 활동을 행했다.[46] 이들은 송계산을 순시하면서 송계산 내의 산림상태, 남벌 여부 등을 확인했으며, 이를 근거로 산지기의 근무태도와 성실성을 평가했다.[47] 송계산의 보호와 관리는 단지 계임, 간사원, 송금원, 산지기뿐만 아니라 "자리중 동성엄금사(自里中 同聲嚴禁事)"라고 명시하여 이리지역의 모든 마을 주민들

43) 「松稧案」(十三卷). 〈松契規約〉. 三. 森林禁養事. 松禁維重. 山峽居人 不知長養 幾至童濯 非徒火田濫伐 至於樵商偸斫 一切嚴禁 若或犯禁者 受贖同火田例 論同禁火例 斷無異議事.

44) 「松稧案」(十三卷). 〈松契規約〉. 四. 土地定作事. 山直. 各村山直 旣擇可堪人 則隨意定作 考其勤慢 非徒作農 必觀禁松.

45) 「松稧案」(十三卷). 〈松契規約〉. 六. 講會經費事. 火田草灰巡山. 契任 使幹事員四人 松禁員四人 相換 二人式巡山四山 昭詳紀錄 某嶝某谷 某人幾坪 幾負定數 南草待捧禾日備捧.

46) 「松稧案」(十三卷). 〈松契規約〉. 三. 森林禁養事. 山直 以附近村勤實人 擇定 而執綱 同幹事員 松禁員 春秋巡山 或臨時巡山檢察各項禁養松雜木事.

47) 「松稧案」(十三卷). 〈松契規約〉. 四. 土地定作事. 山直. 各村山直 旣擇可堪人 則隨宜定作 考其勤慢 非徒作農 必觀禁松.

이 공동으로 책임을 지고 송계산을 엄격하게 보호・관리해야 한다고 명문화하고 있다.[48]

한편 벌목이 허가된 경우에도 철저한 사전・사후 감독이 이루어졌다. 소나무를 발매할 때도 베어낸 나무의 크기, 그루 수 등을 세세하게 점검하고 이를 위반한 경우에는 갑절에 해당하는 돈을 물리고 강회에서 위반자를 어떻게 벌할 것인지 논의했다.[49] 송계산 내에 화전을 개간할 시에 남벌이나 실화가 발생하지 않도록 감독했고, 위반자에 대해서도 벌금을 물리도록 했다.[50] 송계산 내에 입장을 허가하되 묘소 대가를 받도록 하고 분묘의 위치, 시간 등을 세세하게 기록하여 광점화에 따른 부작용을 최소화하려고 했다.[51]

오늘날 비료와 연료를 굳이 산에서 확보할 필요가 없어지면서 공유산림에 대한 의존성이 낮아짐에 따라 송계산의 순산과 산림감시 활

---

48) 「松稧案」(十三卷).〈松契規約〉. 三. 森林禁養事. 桂棠山局內. 自圓峯鴨谷 至桂棠山 西綾州界 南三里界以內也 山下 花嶺村最近 立石內洞兩村又近 則別定山直而他里樵夫之偸斫侵伐之弊 若不禁斷 不免童濯之患 中間納贖之擧 彼旣自絶 今春偸犯之習 彼又自斷一依流來立案 訴訟定規 使他里樵夫 不許入境採樵 別般禁斷拒絶 非徒三寸自里中 同聲嚴禁事.

49) 「松稧案」(十三卷).〈松契規約〉. 三. 森林禁養事. 松價. 契員中成造 大松價五兩中松價四兩 小松價三兩式爲定 外他人 則時價捧之而價格先入後 斧斤許入 伐後監考大中小株數 若濫伐 無異偸斫者 松價倍懲 罰同禁火例.
穉松發賣. 每坪 貳株式 擇立長養 或同村人 或連帶人 捺印 定價先入 刈後監考若有犯禁 或越界者 以所刈樵負較量價額 稚松每株 以小松價作定 若不足則連帶人所刈充數 執留會中 永無異議 罰同禁火例.

50) 「松稧案」(十三卷)〈松契規約〉. 三. 森林禁養事. 火田起墾. 該村幹事員 記其姓名及某山某谷 起墾幾坪 連帶捺印 備爲監考切 禁濫伐失火 若或犯禁 穉松如小松價例 大中小松價 加倍懲贖若不足 則連帶人 所作充數 論罰如禁火例 南草灰數 每百巴 以大草拾五 巴式納于會中非徒南草 其他火田 雖雜穀類灰數 監考備捧 該村幹事員 專爲擔責.

51) 「松稧案」(十三卷)〈松契規約〉. 三. 森林禁養事. 契山入葬壙中價. 契員十兩 外地人二十兩爲政 使入葬人 具書某山某嶝內某坐 一壙地 某親某月日入葬 年月日下書姓名捺印 以爲後考而壙外 不許廣占 不得侵害松雜木 若犯禁則 罰同禁火例.

동에 과거와 같은 적극성을 찾아보기 어렵다. 이런 현상은 오늘날 명맥을 유지하고 있는 대부분의 송계에서 나타나는 보편적인 모습이라고 할 수 있다. 이리송계에서는 방동산 1명, 가야산 1명씩 산림수호인(山林守護人)을 선정하여 송계산의 보호와 관리 책임을 맡기다가 2010년부터는 유명무실하게 된 것으로 판단된다. 구체적으로 2009년까지 '이리송계 결산보고서' 지출 항목에는 산수호인 2명에게 각각 3만원씩 지급한 내역이 기록되어 있으나, 2010년부터 산수호인 지출 항목이 없어졌다. 하지만 산림수호인의 기능과 역할을 다시 강화하자는 의견이 간헐적으로 송계회의에서 나오고 있다. 최근에는 송계 임원들이 비정기적으로 방동산과 가야산의 산림상태를 확인하기 위해 직접 순산한 뒤 임원회의를 개최하고 있다.

5) 점증적 제재 조치

과거 전통사회에서는 지역공동체의 존속과 번영을 위해 관례, 불문율 혹은 명문 규정을 통해 구성원의 언행을 규율했다. 즉 구성원의 도덕적 해이, 무임승차와 같은 공동이익에 반하는 사항은 공동체 차원에서 대처하여 왔다. 이와 동시에, 지나친 규율과 제재는 자칫 공동체의 유대감과 존속에 치명적인 영향을 줄 수도 있기 때문에 양자 사이의 조심스런 접근과 균형이 필요한데, 이것이 점증적인 제재 방식으로 나타났던 것이다.

조선시대와 같이, 자신과 집안의 체면·명예를 중시하던 사회에서 공동체 구성원이 모두 모인 자리에서 위반 사항과 심각성을 여러 사람에게 알리고 공동체 차원에서 도덕적 질책과 비난을 행하는 것은 상당한 효력을 발휘할 수 있었으리라 추측된다. 한 예로, 마을 차원에서 행해지던 '멍석말이'는 위반자와 그 가족에게 상당한 정도의 체면 손상과 명예 실추를 안겨주었을 뿐만 아니라, 다른 구성원들에게도 경각심을 일으키기에 충분했을 것이다. 이리송계에서도 이런 도덕적 질책과 비난이 광범위하게 활용됐던 것으로 보인다. 예를 들어, 송계 강회의 참석이 늦은 자는 별도로 마련된 좌석에 앉게 했다. 그리고 강회에서는 송계 혹은 송계산과 관련된 관행이나 규정을 위반한 자, 인륜에 어긋난 언행을 한 자 등을 '벌좌(罰座)'라는 별도의 좌석에 앉게 하고 도덕 차원의 힐책과 비난, 벌금, 기타 벌을 논하여 시행했다. 송계 혹은 송계산과 관련한 위반 행위에는 화전 개간 시 남벌이나 실화, 송계산 내 벌목한 나무의 크기, 그루 수, 짐 수 등이 허가된 범위를 벗어난 경우, 산불 진화 시 불참했던 마을이나 늦게 참여한 자가 있는 경우, 송계산 내 분묘의 광점, 불법적인 벌목 등이 포함된다.[52] 일부의 경우에는 연대책임을 지우기도 했다.[53] 특히 강회 시 술주정이 심하다든가 패악을 일삼으면 송계 차원에서 논죄했지만, 이에 불응할 경우 관에 보고하여 조치토록 했다. 하지만 송계 관련 중대한 사안의 경우에는 점증적인 제재보다는 관에 소송장을 제출하여 관청의 도움으로 해결하고자 했다.[54]

송계산 내에서 풀을 베거나 나무를 벌목하다 적발된 자에게도 나름대로 점증적 제재 조치가 마련되어 있었다. 생계를 목적으로 송계산 내에서 벌목을 했을 경우에는 가벼운 처벌만이 행해졌던 것으로

52) 「松稧案」(十三卷) 〈松契規約〉. 三. 森林禁養事. 火田起墾 조항, 松價 조항, 穉松發賣 조항, 林埜禁火 조항, 契山入葬壙中價 조항 등에 나타난다.

53) 「松稧案」(十三卷) 〈松契規約〉. 三. 森林禁養事. 穉松發賣 규정에서 보인다.

54) 1920년에 작성된 「송계안(松稧案)」(13권)에는 5건의 소송장 목록이 언급되어 있다. 을사년(1845년 추정) 1건, 병오년(1846년 추정) 1건, 갑자년(1864년 추정) 3건이다. 구체적인 소송 내용은 알 수 없으나, 당시 산송(山訟)이 빈번했던 점으로 미루어 송계산의 점유와 이용에 관한 소송으로 추정된다.

보인다. 「송계안」(13권) 〈송계규약〉의 '삼림금양에 관한 사항' 조목에 따르면, 다른 마을의 나무꾼이 송계산 내로 들어와서 풀이나 나무를 베다가 적발되는 경우 "각 마을의 송금원과 산지기가 나무꾼에게 (앞으로) 마을의 규칙을 성실하게 지키도록 일일이 깨우치게 하나 때리지는 말도록" 하며, 이것은 "(송계산 내) 소나무와 잡목을 금양하는 데 있으므로 이치를 따라 (이들을) 쫓아내라"고 규정하고 있다.[55]

하지만 나무를 시장에 팔아 이득을 챙기는 목적으로 송계산에 무단 입산한 나무장사꾼[樵商]에게는 매우 엄격한 처벌을 세부적으로 규정하고 있다. 「송계안」(13권) '삼림금양에 관한 사항' 조목에 따르면, "산골에 사는 사람들은 (나무를) 잘 기르는 것을 알지 못하여 거의 헐벗은 산이 됐는데, 이것은 비단 화전과 남벌 때문만이 아니라 나무장사꾼들의 작벌 때문이다. (이에 따라) 일절 엄하게 (이들의 입산을) 금하기로 한다. 혹여 범금자가 있으면, '화전에 관한 조항'에 해당하는 돈을 물리고 '금화에 관한 사항'과 같이 (강회에서) 논하기로 하며, 단연코 다른 의견이 없도록 한다"[56]라고 규정하고 있다.

6) 갈등 해결 장치

조직을 운영하는 데 늘 갈등 상황에 직면하기 마련이다. 조직 관리에서 중요한 점은 이러한 갈등 상황을 어떻게 표출하고 조정·해결

55) 「松稧案」(十三卷) 〈松契規約〉. 三. 森林禁養事. 我里境界. 境界內 不許他里樵夫侵犯 流來立案定規 各里松禁員及山直 一一曉諭樵夫 謹守里規 毋相毆打 從理逐出以禁養松雜木爲意.

56) 「松稧案」(十三卷) 〈松契規約〉. 三. 森林禁養事. 松禁維重. 山峽居人 不知長養幾至童濯 非徒火田濫伐 至於樵商偸斫 一切嚴禁 若或犯禁者 受贖同火田例 論同禁火例 斷無異議事.

해 나가는가이다. 이리송계도 예외는 아니었을 것이고, 운영 과정에서 정도의 차이는 있을지라도 늘 갈등 상황에 노출됐을 것이다. 하지만 이리송계는 200년이 넘는 기간 동안 갈등 상황을 슬기롭게 방지하고 조정·해결해 왔던 성공적인 사례라고 할 수 있다.

이리송계의 역사에서 송계원 간의 갈등이 초창기부터 있었음을 「이리송계안(二里松稧案)」(2권)(임신년, 1812년) 〈완약(完約)〉에서 추측해볼 수 있다. 〈완약〉은 결의문의 성격을 띠는 계원들 간의 '굳은 약속'을 뜻한다. 다음은 창계 이후 10년쯤인 1812년(임신년) 음력 1월 12일에 결의된 내용이다.

> 위에서 결의한 약속은 우리 동네의 송계가 원래 소·채·염·손(蘇·蔡·廉·孫) 사성(四姓)이 창설한 계로서 동네의 모든 일들이 모두 사성의 결정에서 나왔다. (계가 운영되는) 중간에 타성[散姓]이 계원으로 추입이 됐는데, 동수(洞首)를 뽑자는 날에 타성들이 다분히 소란을 피우므로 지금부터는 비록 타성이더라도 삼대가 지난 후에야 옛 계원의 예에 따라 시행하기로 이렇게 결의하여 약속한다. 이후에 만일 소란을 피우게 되면 공론(公論)에 따라 벌을 주기로 한다.[57]

위의 내용을 정리하면, 이리송계는 원래 '소·채·염·손' 사성들이 주도하여 창계한 계로서 사성씨 송계원들의 의견에 따라 마을의 모든 일들이 이뤄졌는데, 운영 중간에 추입된 타성씨 송계원들이 마을의 웃어른인 동수를 뽑는 날 자신들의 목소리를 냈던 것으로 보인

57) 「二里松稧案」(二卷) 〈完約〉 右完約事 我洞松稧 自是蘇蔡廉四姓創設之契 而洞中百事 皆出於四姓指揮之中矣 中間散姓 推入於稧中 至於洞首請標之日 散姓 多有紛紜之端 故自今爲始 雖散姓 過三代後 一依舊員例 施行 如是完約之後 若有隨二之端則從公論付罰事.

다. 이런 갈등 상황에서 타성씨 송계원이 옛 계원들인 사성 송계원들과 같은 권한을 갖기 위해서는 3대가 지나야 한다고 결의하고 있다. 만일 또다시 이런 일이 발생하면 공론에 따라 벌을 주겠다는 것이다. 또 한 가지 사실은 이리송계가 사실상 동계의 역할과 기능을 수행했다는 점이다. 이는 이리송계 회의에서 지역사회의 가장 큰 어른인 동수(후에 도정, 계장)를 선출했다는 것에서 짐작할 수 있다.

이리송계는 창계부터 지금까지 큰 규모의 지역자치공동체를 운영해 오면서 발생했던 갖가지 갈등 상황을 나름대로 슬기롭게 극복하여 왔다. 여기에는 여러 성공요인들이 복합적으로 얽혀 있겠지만, 특히 몇 가지 중요한 요인들이 긍정적으로 작용했던 것으로 보인다. 무엇보다도 이리송계라는 지역자치공동체의 동질성을 들 수 있다. 지역사회의 구성원들이 친인척, 동문수학 등으로 끈끈하게 얽혀 있었고, 이리지역이 하나의 골짜기를 중심으로 형성되어 있어 공동체 구성원들 간의 비공식적인 접촉과 왕래가 잦을 수밖에 없었다는 점이다. 이런 상황에서 구성원들 간의 극단적인 반목과 대립은 서로에게 치명적이었을 것이다. 이는 이리송계 총무 손육근 씨의 면담에서도 확인된다.

> 애착심이라고 (할 수 있습니다). 이리 동네가 복내면 한 골짜기지 않습니까. 전부다 친척이고 인척 관계가 많이 맺어져 있고. 통행 방법이 한골이에요. 아무튼간 자주 만나고 그 다음에, 시장이 형성되어 있고 그래가지고 5일 마다 매주 모여 만나서 같이 놀고 이렇게 일도 하면서.[58]

또한 전통사회에서 지역사회 유지와 웃어른의 역할도 중요했던 것으로 보인다. 이들의 명망과 권위로 갈등 상황을 미연에 방지하고,

58) 2015년 07월 21일 현장조사에서 이리송계 총무 손육근 씨의 도움말.

만일 갈등 상황이 발생하면 이들이 적극 중재 역할을 했을 것이다. 역설적이게도 「이리송계안」(2권)(임신년, 1812년) 〈완약〉을 통해서도 지역사회에서 유지와 웃어른의 중요성을 짐작할 수 있다. 당시에 동수와 같은 지역사회 어른의 선출은 지역사회 현안들을 해쳐나가는 데 중요한 사안이었음을 의미한다.

마지막으로 위반자에 대한 처벌과 벌칙은 관례와 불문율로 오랫동안 지켜져 왔거나 명문으로 규정되어 있어 구성원들에게 처벌 수위에 대한 예측이 가능토록 했다. 그리고 처벌 수위를 결정할 때에는 강회 등을 통해 송계원 모두가 참석한 자리에서 위반 사항, 해당 벌칙, 처벌 수위 등이 논의됐다. 이런 절차와 과정을 통해 송계원들은 자신들이 지켜야 할 준수사항을 다시 한 번 숙지할 수 있었고, 장래에 조건부적 협동전략을 채택할 가능성을 높였을 것이다. 이는 송계원의 무임승차, 도덕적 해이와 같은 기회주의적 행태를 예방하는 데 실질적인 효과를 발휘할 수 있었을 것이다. 또한 이런 절차와 과정은 위반자가 계임들에게 사사로이 접근하여 문제를 해결하려는 편법의 유혹을 차단함으로써 처벌의 공정성을 확보할 수 있었으리라 짐작된다.

현재 이리송계에는 몇 가지 주요 갈등 상황이나 이견이 존재한다. 그중 하나가 송계책 1권(계해년, 1803년)을 분실한 일이다. 송계책 1권에는 〈송계안서(松契案序)〉와 함께 창계 당시 송계원 명단인 〈좌목(座目)〉이 있을 것인데, 책 분실을 둘러싼 송계원 간의 갈등이 여전히 남아 있다. 송계책 1권의 분실과 책임 소재에 대한 논의가 정기총회, 임시총회, 임원회의 등에서 꾸준히 제기되고 있다.[59] 그 외에도 계당

59) 송계책 1권을 찾기 위해 송계 차원에서 적극 노력했고, 1권 분실로 인한 송계 내부의 갈등이 있어 왔음이 현장조사(2015.07.21.)에서 확인된다. 송계장 염태환 씨, 총무 손육근 씨의 도움말.

산 매도대금의 활용 방안을 놓고 이견이 존재한다. 송계원 간의 분배, 송계 전답과 같은 부동산 매입, 공동수익 사업 추진 등 여러 방안을 놓고 고심하고 있다. 송계원의 추입 문제도 앞으로 이리송계가 풀어 나가야 할 주요 현안이다. 현재는 이리송계 구역(복내리, 반석리, 용동리, 진봉리)에 실제로 거주하거나 주소지를 둔 자 중에서 송계책 1권, 13권, 15권, 16권에 등록된 계원의 후손에 한하여 추입 신청이 가능하고, 이리송계 자체에서 심사를 거친 후 정기총회에서 추입이 이뤄진다. 외지에서 새로 전입하는 사람에게도 신입계원으로 허용할 것인지, 차자나 차손 등 원계원의 후손에게 어느 정도 개방할 것인지 등은 앞으로 이리송계 내에서 심층적인 논의와 합의가 이뤄져야 할 것이다.

7) 최소한의 자치조직권 보장

이리송계는 관청으로부터 송계산을 입안받았기 때문에 송계의 조직, 운영, 관리 등에서 상당한 수준의 자치권과 자율성을 확보할 수 있었던 것으로 보인다. 1803년(계해년, 순조 3년) 동수(洞首) 채경윤(蔡慶潤), 공원(公員) 현재욱(玄載旭), 전곡(典穀) 염상철(廉相哲) 등이 주도적으로 참여하여 이리송계를 창설하였다. 따라서 당시 계임직은 동수, 공원, 전곡 등이었던 것으로 보인다. 「통호조급예죽조구마조계안」(3권)(경진년, 1820년) 〈조약〉에 따르면, 아주 공정하게 계무를 처리하는 사람을 공원으로 선임하고 임기는 1년으로 규정하고 있다. 또한 송계공원(松契公員)을 함께 정하여 훗날 폐단이 없도록 하며, 곡식의 출납을 맡을 전곡도 함께 선정하도록 규정하고 있다.[60] 여기서 송계공원은 송

60) 「統戶租及刈竹租驅馬租稧案」(三卷). 〈條約〉 一. 至公幹事之人 擇定 公員 一年式交遞是齊. 一. 上松契公員 兼定 備無日後紊亂之弊是遣 典穀亦以兼定是齊.

계산의 이용, 유지 및 관리에 관한 업무를 전담하고 송계산 구역의 순산과 산림감시 활동을 총괄했을 것으로 추측된다. 그리고 본조(本租)와 이자 산정, 곡식의 출납 등은 전곡이 담당하도록 했다.

이리송계의 계임직인 공원, 송계공원 및 전곡의 선정과 업무에 관한 규정은 「통조예죽구마계안(統租刈竹驅馬稧案)」(5권)(갑신년, 1824년)과 「구마예죽통계안(驅馬刈竹統稧案)」(7권)(경인년, 1830년)의 각 〈조약(條約)〉에서도 확인할 수 있다. 그 이후 「복내면이리송계안」(10권)(기사년, 1869년)에는 계임직으로 계장(稧長), 공원(公員), 집강(執綱)이 명시되어 있다. 「송계안(松稧案)」(12권)(정유년, 1896년)에는 송계책 앞머리에 당시 계임직으로 도정, 공원, 집강이 쓰여 있는 반면, 〈조약〉에서는 계장, 공원, 집강으로 쓰여 있다. 이로 미루어 볼 때, 당시 송계의 최고 수장을 도정 혹은 계장으로 통칭했던 듯하다. 「복내면이리송계안」(10권)(기사년, 1869년), 「복내면이리송계안」(11권)(경진년, 1881년), 「송계안」(12권)(정유년, 1896년)에서 산지기는 송계산을 자주 순시하고 범금자를 적발하여 상세하게 집강에게 보고하도록 하는 등 그 업무를 구체적으로 명시하고 있다. 또한 송계의 임시 계임직으로 추정되는 계안수정유사(稧案修定有司)도 언급되어 있다.[61]

그 후 「송계안」(13권)(경신년, 1920년) 〈송계규약〉에 보면, 이리송계의 조직 체계가 상당히 정교하게 짜여 있었음을 알 수 있다. 당시 송계 조직을 운영·관리하는 계임직은 총 10명으로 구성됐는데, 구체적으로 도정 1명, 공원 1명, 집강 1명, 훈장 1명, 강장 1명, 직월 1명, 강사 4명이었다. 도정은 이리송계의 수장으로 송계 전반을 책임지고 있었고, 공원과 집강은 계무를 총괄하여 집행했다. 그 외에도 간사원

---

61) 「二里松稧案」(9권) (1842년, 임인년)에 '稧案修定有司 李啓源'이 보인다.

4명, 송금원 4명, 고지기 약간 명, 산지기 16명이 있었다. 이들은 이리송계의 계임직으로는 간주되지 않았던 듯하다. 간사원은 각 리별로 1명씩 선임되며, 마을 주민에게 송계 관련 연락사무를 담당하고, 본조와 이자 수납 등 각 리별 송계 관련 실무를 집행했다. 송금원 역시 각 리별로 1명씩 선임되며, 송계산의 운영과 관리 및 실무를 담당했다. 고지기는 송계의 결정사항이나 위급상황(예: 산불)을 마을이나 계임들에게 전달하는 업무를 담당하고, 강회가 있을 때 술과 음식을 장만하는 일 등을 담당했다. 또한 16명의 산지기를 두어 송계산인 방동산, 가야산, 계당산, 압곡산을 직접 순산하며 산림감시 활동을 수행했다. 방동산과 가야산의 산지기로 풍치, 진척, 서봉 각 마을별로 2명씩 두었고, 계당산과 압곡산의 산지기로 입석, 내동, 화령 각 마을별로 2명씩 두었다. 그리고 반곡, 원봉 각 마을별로 2명씩 산지기를 두어 4개의 송계산을 모두 관할하도록 했다. 산지기들은 평소 송계산에 나무장사꾼들이 불법으로 입산하는 것을 막고 금양에 힘쓰도록 했다.

2006년 이리송계는 법인으로 등록되면서 새로운 도약의 기회로 삼고 있다. 이제 법인체로서 이리송계는 정기총회, 임시총회, 임원회의에서 주요 안건들이 상정되고 결정된다. 현재 법인의 대표이사는 송계장이 맡고, 임원회는 대표이사를 포함하여 이사 8명, 감사 2명, 총무 1명, 고문 약간 명으로 구성된다. 송계장과 감사 2명은 정기총회에서 선출하며, 이사는 8개의 마을(복내리 1, 2구, 반석리 1, 2구, 용동리 1, 2구, 진봉리 1, 2구)에서 각각 1명씩 자체적으로 선임한다. 이사는 각 마을을 대표하고 중요한 안건이 있을 시 마을 송계원의 총의를 모아 임원회의, 정기총회와 임시총회에 전달하고 마을을 대변한다. 또한 이리송계 회의에서 의결된 사항을 마을 송계원들에게 진달하는 '심부름꾼' 역할을 담당한다. 총무는 송계장의 추천과 정기총회/임시총회에서 송계원들의 추인으로 선임되는데, 총무에게만 수당으로 매년 20만 원을 지급하고 있다. 총무는 송계장을 보좌하여 회의록 작성, 송계 기금의 출납 관리, 부세・조의금 등 각종 경비 지출, 송계 전답 소작료 수납 등 송계의 실무를 담당한다.

8) 중층적 사업단위

이리송계는 복내리, 반석리, 용동리, 진봉리 등 4개 마을이 참여하는 연합송계의 성격을 띠고 있다. 따라서 각 리에 1명씩 간사원을 두어 송계 관련 마을 업무를 총괄 집행하도록 했다. 간사원은 송계 관련 중대 사안에 대해 마을의 의견을 취합하여 전달하는 업무, 화전개간 정보(개간자 이름, 위치, 평수 등)를 파악하고 기록하는 업무, 매년 송계 전답의 작황을 평가하고 도조를 매기는 데 참여하는 업무, 송계산을 순산・감시하는 업무, 미수납된 전곡(錢穀)을 책임지고 수령하는 업무 등을 담당했다.

이리송계의 중층적 구조는 송계원의 추입 심사와 절차에서도 잘 드러난다. 마을에 새로 전입한 자를 추입하는 심사에서 각 마을의 중론에 따라 추입 여부를 결정하고, 추입이 허가된 자는 가을걷이가 끝나고 소집되는 강회에서 추입금을 내도록 했다. 이는 각 마을이 추입 심사와 절차에서 상당한 자율성을 가지고 있었음을 의미한다. 「복내면이리송계안」(10권)(기사년, 1869년) 〈조약〉에 "마을에 새로 전입하여 추입할 사람을 각 마을에서 자유롭게 정하되 매년 가을 강회 시에 추입전 5전을 마련하여 내도록 한다"[62]라는 규정이 실려 있다. 이런

62) 「福內面二里松稧案」(十卷) 〈條約〉 一. 各村新寓追入員 自其村村 任采摭 而每年秋講會時 追入 出伍錢式 備捧是齊.

전통은 상당히 오래전부터 형성된 관례로 보이며, 그 후로도 오랫동안 이어져 왔다. 「복내면이리송계안」(11권) 〈조약〉과 「송계안」(12권)의 각 〈조약〉에 "마을에 새로 전입하여 추입할 사람을 각 마을에서 자유롭게 정하되 매년 가을 강회 시에 추입전을 각자 형편에 따라 마련하여 내도록 한다"라는 규정이 명시되어 있기 때문이다.[63] 오늘날에는 추입 심사와 절차가 마을 단위로 이뤄지지 않고 전체 송계 차원에서 이뤄지고 결정된다.

오늘날 이리송계의 임원회는 계장 1명, 이사 8명, 총무 1명, 감사 2명, 고문 약간 명 등으로 구성되어 있다. 임원회의에서 송계 관련 안건을 우선 논의한 뒤, 정기총회(혹은 임시총회)에 안건을 상정한다. 이리송계에서 긴급히 결정해야 할 사안은 이사가 각 마을의 의견을 취합하고 임원회의에서 마을을 대표하여 마을의 총의를 전달한다. 한 예로, 1993년 계당산 매도 당시 이사들이 적정 매도가에 대한 각 마을 송계원들의 의견을 취합하여 임원회의에 전달하기도 했다.

4. 이리송계의 특징

이리송계는 산림공유자원의 지속 가능한 이용과 관리에서만 머무르지 않았다. 이는 뒤에서 자세히 다룰 충청남도 금산지역이나 계룡산 국사봉지역 송계들과 크게 다르지 않은 특징이라고 할 수 있다. 송계산을 단순히 퇴비와 연료를 확보하기 위한 생존 수단으로만 여기는 게 아니라, 지역공동체가 보다 장기적으로 존속하고 번영할 수 있는 방향으로 산림자원을 활용했다. 송계산의 이용과 관리는 지역공동

63) 「福內面二里松稧案」(十一卷)과 「松稧案」(十二卷)의 〈條約〉. 一. 各村新寓追入員 自其村村 任采摭 而每年秋講會時 追入錢 隨其勢 備捧是齊.

체의 유대의식, 공동체의식 및 응집력을 형성하고 강화하는 데 기여했다. 송계산을 기반으로 형성된 공동 자금은 지역사회에서 미풍양속을 선양하는 데 적극 활용했다. 반상의 구분 없이 70세 이상 남녀 노인에게 '양로세찬(養老歲饌)' 명목으로 돼지고기, 생선 등을 드렸고, 효열자에게는 송계 차원에서 포상을 했다. 그리고 농한기인 3월과 9월에는 지역사회의 어른과 젊은이들에게 교육을 실시하고, 성적이 우수한 사람에게는 표창을 하기도 했다. 이리송계는 송계원의 사망 시 부의금을 제공하는 등 지역사회의 애경사에 적극 참여했다. 또한 기우제(祈雨祭)를 지낼 때 송계 차원에서 경비를 지원하기도 했다. 이로써 이리송계가 단순히 퇴비와 연료의 확보 차원을 넘어 이리 지역사회를 실질적으로 이끌어가는 구심점으로 기능했다는 것을 알 수 있다.

이리송계 사례가 오늘날 우리에게 안겨주는 시사점은 단순히 공유자원 그 자체의 이용, 보호 및 관리에만 초점을 맞추어서는 성공할 가능성이 그리 크지 않을 수 있다는 점이다. 보다 거시적인 틀, 이를테면 '지역공동체'라는 큰 틀 속에서 공유자원을 접근해야만 비로소 성공 가능성이 제고될 수 있을 것이다. 공유자원 문제를 공동체라는 큰 틀 속에서 파악하고 접근할 때만 구성원들은 비로소 공유자원을 매개로 보다 큰 의미를 체득할 수 있고, 그 속에서 삶의 진정한 의미를 각성하고 실천할 수 있을 것이기 때문이다.

이리송계는 복내리, 반석리, 용동리, 진봉리 등 4개 마을이 참여한 연합송계의 성격을 띠고 있으면서도 상당한 동질성을 확보하고 있었다. 이리 지역사회에 뿌리 내린 구성원들은 친인척, 친구 등 비공식적인 친밀성으로 끈끈하게 얽혀 있었다. 이와 더불어, 한 골짜기를 따라 형성된 마을들은 사람들이 오가며 자연스럽게 만나게 되고 대화할 수 있는 지리적 이점도 갖추고 있었다. 이런 요인들이 복합적으로 작용한 덕분에, 퇴비와 땔감 확보 등에서 산림자원의 중요성이 급감한 오늘날에도 이리송계는 건실하게 지역사회의 중추적 역할을 수행하고 끈질긴 생명력을 지탱할 수 있는 것이다.

박종채(2000)는 시행주체 측면에서 이리송계가 당시 지역사회와 지역민들의 주요 현안이었던 통호조, 구마조, 예죽조 등 요역을 공동으로 대처하는 보민계의 성격을 강하게 띠고 있으므로 '기층민 주도의 송계'라 파악한다. 하지만 이리송계는 '재지사족 주도의 송계'라는 특징도 함께 지닌다. 이리송계는 소·채·염·손(蘇·蔡·廉·孫) 사성(四姓)이 각 마을을 대표하여 창계했고, 창계 이후 한동안 네 성씨 주도로 송계를 이끌어 갔던 것으로 보인다. 그 이후 타성들이 추입되면서 보다 다양한 구성원을 확보하게 됐다. 따라서 이리송계는 기층민 주도의 송계와 재지사족 주도의 송계라는 두 가지 특징을 모두 가지고 있던 경우라고 할 수 있다.

이리송계가 갖는 또 다른 주요 특징은 상당한 규모의 송계 기금을 운용했다는 사실이다. 지금까지 보고된 대부분의 송계들이 송계산에서 목재 판매, 전답 도조 수입, 식리 활동 등을 통해 공동기금을 마련했는데, 이렇게 형성된 자금은 공동체의 각종 행사, 사업 및 주요 현안에 대처하는 데 사용됐다. 1913년 당시 이리송계의 수익금 총액은 411냥이 넘었다. 역시 연합송계의 성격을 지닌 전남 완도군 금당도 차우리 목계는 같은 해 수익금이 276냥 5전 9푼이었다(김경옥, 2005). 1926년에는 이리송계의 계자금이 1만 5,407냥에 달했다. 또 하나 흥미로운 점은 이리송계가 상당한 규모로 식리를 했음에도 이자가 원곡(혹은 원금)의 50%에 달하는 장리(長利)가 아니라 대략 20% 정도만을 이자로 받았다는 것이다. 당시 농촌사회에서 장리는 가장 흔한 대출 방식이었던 점을 감안하면, 이리송계의 대출 방식과 식리에서도 나름대로 공적 특성이 보인다고 할 수 있다.

현재 이리송계가 직면한 가장 중요한 도전은 이리송계 자체의 지속성이다. 앞으로 이리송계가 송계산을 매개로 지역사회의 구심점으로서 자신의 역할과 기능을 수행할 수 있을까. 오늘날 남아있는 송계들의 운영 현황을 살펴보면, 대부분 '친목'에 치중해 있는 실정이다. 송계산을 활용한 각종 수익사업, 산림공유자원의 보호와 관리 등의 중요성은 최근 산업화와 근대화 과정을 겪으면서 급감했다. 그나마 이리송계에서는 송계산 내에 고로쇠나무 식재 등 수익사업을 꾸준하게 시도하여 왔고, 임도(林道) 건설, 벌목 판매 등 자체 사업을 하고 있다. 그러나 오늘날 이리송계는 과거의 모습과는 많이 다르다. 수익사업조차도 송계 내에서 자체적으로 추진했다기보다는 국가나 지방자치단체에서 주관하여 시행하던 사업이었다.

송계원의 추입 문제도 앞으로 이리송계의 주요 현안이다. 인구 고령화와 이농현상 속에서 현재 송계원의 대부분은 고령이며, 과거 송계원의 후손들은 대부분 객지에 살고 있다. 이는 장래 지속성을 위협하는 요인이다. 현재 이리송계 구역(복내리, 반석리, 용동리, 진봉리)에 실제 거주하거나 주소지를 둔 자 중에서 이리송계안 1권, 13권, 15권, 16권에 등록된 계원의 후손에 한하여 추입 신청이 가능하고, 이리송계 자체에서 추입 심사를 거쳐 추입이 이뤄진다. 최근 외지에서 이리지역으로 새로 전입하는 사람에게도 추입을 허용할 것인지, 차자나 차손 등 원계원의 후손에게 어느 정도 개방할 것인지 등은 이리송계 내에서 앞으로 심층적인 논의와 합의가 이뤄져야 할 것이다.

제3절 금산지역 송계[64)]

1. 금산군과 금산지역 송계의 개괄적 현황

충청남도 금산군은 대부분 산악 지형이며, 충청북도 영동군, 전라북도 무주군과 경계를 두고 있다. 금산군은 행정구역 상 1개 읍(금산읍)과 9개 면(추부, 복수, 제원, 군북, 금성, 진산, 부리, 남일, 남이)으로 구성되어 있다.[65)] 금산지역은 예부터 생활에 필요한 많은 부분을 산림자원에 의지하여 왔기 때문에 송계의 전통이 여전히 많이 남아 있다. 남이면, 부리면, 진산면, 제원면 등은 산간지대가 대부분을 차지하는 반면, 금산읍, 추부면, 금성면은 상대적으로 넓은 들을 가지고 있거나 산림이 비교적 많지 않다.

조선 전기에 산림은 공리지로서 모든 인민이 이용할 수 있도록 했으나, 양란이 끝난 조선 후기에 접어들면서 국가, 아문, 왕실, 권문세가 등이 주도하여 산림자원의 사점화가 광범위하게 진행됐고, 백성들이 이용할 수 있는 공리지로서 산림은 점점 줄어들게 됐다. 이에 따라 백성들은 땔감[火木] 수급, 퇴비 확보, 산전 개간, 묏자리[入葬] 확보 등 막대한 어려움에 직면하게 됐다. 땔감과 퇴비를 산림지역에서 직접 확보해야 했던 과거 농경사회에서 공리지의 분할과 축소는 백성의 생존과 직결되는 심각한 사안이었다. 이를 타개하기 위한 자구책으로 등장하게 된 것이 바로 송계이다. 조선 후기에 들어오면,

---

64) 과거 운영됐거나 현재에도 운영 중인 금산지역 송계에 대한 강성복(2001)의 연구를 바탕으로 연구와 분석이 이뤄졌다. 문헌을 별도로 달지 않은 경우 강성복(2001)의 연구를 바탕으로 했음을 밝힌다.

65) 1963년 행정구역 개편으로 금산군은 전라북도에서 충청남도로 이관됐다.

남벌에 따른 산림 황폐화는 상당히 심각한 수준에 이르렀던 것 같다. 조선 정부는 금산, 봉산, 송전 등에서 도벌에 대한 처벌을 강화하는 법률을 계속하여 발표했으나, 산림의 황폐화는 계속됐다(박종채, 2000).

이러한 현상은 금산지역도 마찬가지였을 것으로 보인다. 금산지역 기층민들 또한 생존을 위한 집단적 노력을 모색했으리라 추측되며, 이는 곧 '송계'라는 산림공유자원의 자치적 관리 조직으로 표출됐던 것이다. 일차사료만 놓고 보면, 금산지역 송계는 다른 지역의 송계 발생 시기보다는 다소 늦었던 것으로 보인다. 그 이유는 금산지역의 지리적 여건과 어느 정도 관련이 있다. 산간분지에 입지한 지리적인 특성상 공리지의 침탈로 인한 퇴비와 땔감 문제가 상대적으로 늦게 대두됐을 가능성을 생각해볼 수 있다(강성복, 2001: 9). 그럼에도 18세기 말부터 19세기를 전후한 시기에 금산지역에서도 송계가 넓게 분포했을 것으로 추측된다(강성복, 2001: 14).

금산지역은 대부분 산악 지형이기 때문에 많은 송계 조직이 만들어져 운영됐는데, 거의 모든 마을이 송계에 가입하고 있었던 것으로 파악된다. 강성복(2001)에 따르면, 금산지역 송계 조직의 수는 163개로 95%에 달하는 자연마을들이 송계에 참여했던 것으로 보인다.[66] 이 수치는 일제강점기인 1917년 조사 당시에 강원도 양양군에서 파악된 90여 개의 송계보다도 더 많은 것이다(淺野力, 1918; 田添元, 1924).

금산지역에서 과거 존재했거나 여전히 존재하는 163개 송계의 읍면별 분포 현황을 살펴보면 〈표 5-5〉와 같다. 남이면, 부리면, 진산면, 제원면과 같은 산간지역에서 송계가 활발하게 조직·운영됐는데,

---

66) 여기서는 산주와의 계약을 통해 송계산의 산림이용권을 확보하여 연료와 비료를 얻고자 한 7개의 '산주계약송계(山主契約松契)'를 포함했다. 강성복(2001)이 보고한 156개의 송계에서는 7개의 산주계약송계를 포함하지 않고 있다.

〈표 5-5〉 금산지역 읍면별 송계 분포 현황

	개수	비율(%)
금산읍	3	1.8
추부면	11	6.7
복수면	12	7.4
제원면	18	11.0
군북면	14	8.6
금성면	12	7.4
진산면	22	13.5
부리면	24	14.7
남일면	17	10.4
남이면	30	18.4
합계	163	100

출처: 강성복(2001). "<표 1> 금산군 송계 분포현황" 재구성.

이는 송계산 확보가 직접적인 이유라고 볼 수 있다. 이들 산간지역에서는 자연마을 단위로 조직·운영되던 독송계가 주로 발달했다. 반면, 금산읍, 추부면, 금성면과 같이 넓은 들이 있거나 산림이 부족한 지역에는 여러 마을들이 함께 결성한 연합송계가 발달했다. 흥미로운 점은 한 마을이 2~3개의 송계, 심지어는 4~6개의 송계에 중첩적으로 가입되어 있었다는 사실이다. 이런 경우는 땔감, 퇴비 등 기층민의 생존에 필요한 산림자원을 충분히 확보하기 어려웠던 마을들에서 주로 나타난다. 한 예로, 제원면 저곡리는 자신의 독송계뿐만 아니라, 신안골 열두송계, 성재산 오동(五洞)송계, 화상동 삼동(三洞)송계, 퇴수골 사동(四洞)송계, 소골 육동(六洞)송계에 참여했다(강성복, 2001: 각주37).

1) 금산지역 송계의 유형

조선 후기 국가나 지방관청에서 주도적으로 송계를 창설・운영하고자 하는 시도가 여러 번 있었으나, 대부분 실패하고 말았다. 기층민들은 관으로부터 송계산의 이용권을 입안받아 자체적으로 송계를 만들어 운영하거나, 재지사족 주도로 결성된 송계에 하계원으로 참여하기도 했다. 현재 자료의 한계로 판단에 어려움이 있으나, 송계의 시행주체 측면에서 금산지역 송계 대부분은 관 주도 혹은 재지사족 주도의 송계보다는 기층민들이 자체적으로 창설・운영하던 송계였던 것으로 보인다. 이 같은 판단의 근거는 다음과 같다. 첫째, 금산지역은 대부분 산간지대여서 기층민들이 타지역에 비해 상대적으로 산림지역에 대한 접근이 용이했다. 둘째, 금산지역 송계들에서 송계 관련 규칙이나 규약이 많이 발견되지 않는다. 이는 금산지역 송계가 마을 공동체에서 오랫동안 전래되어 온 불문율과 관습법에 의해 자치적으로 운영됐기 때문으로 추측된다. 셋째, 〈표 5-6〉에서 보는 바와 같이, 주로 자연마을 단위로 하는 독송계가 많이 결성・운영됐다는 점이다. 이는 첫 번째 이유와 긴밀하게 연계되는 것으로 금산지역이 산간지대로 상대적으로 산림자원이 풍부하기 때문일 것이다.

송계가 시행됐던 주요 목적은 국가 수요에 대비한 공용산림의 보호, 묘산금양, 보민 및 보역, 땔감 및 퇴비 확보 등으로 구분할 수 있다(박종채, 2000). 금산지역의 대부분 송계에서는 땔감 및 퇴비 확보를 주된 목적으로 시행됐던 것으로 보인다(강성복, 2001: 25). 이는 땔감이 주된 연료였고 퇴비가 주된 비료였던 시기에는 땔감 및 퇴비 확보는 기층민들의 삶과 직결되는 중대 사안이었기 때문이다.[67] 이와 더불어, 송계산에서 시초 방매, 장리를 통한 식리, 화전

〈표 5-6〉 송계의 조직범위에 따른 유형

	독송계	리송계	연합송계						합계	산주계 약송계
			양동	삼동	사동	오동	육동 이상	소계		
금산읍							3	3	3	
추부면	3	4				1		1	8	3
복수면	7	1					1	1	9	3
제원면	7	4	2	1	1	1	2	7	18	
군북면	10	1	1			1	1	3	14	
금성면	8	1	1				1	2	11	1
진산면	19	1		1			1	2	22	
부리면	16	1	1	2	1		3	7	24	
남일면	10	3		2		2		4	17	
남이면	27	2					1	1	30	
합계	107	18	5	6	2	5	13	31	156	7

출처: 강성복(2001). "<표 5> 읍면별 유형분류" 재구성.

개간, 밤나무·감나무 등 유실수 식림 등을 통해 송계 기금과 재산을 확보하여 송계의 운영경비와 '초장길 닦기', '풀령'과 같은 공동체 행사의 경비로 충당했다. 하지만 나주목 금안동 송계나 보성군 복내이리송계에서와 같이, 송계의 운영을 통해 송계 기금을 확충하고 국가의 요역과 부역에 적극적으로 대처했는지는 자료의 한계로 파악하기 어렵다.

송계의 조직범위 측면에서 금산지역 송계 대부분은 독송계에 해당한다. 7개의 산주계약송계를 제외한 156개 송계 중에서 독송계는 약 69%를 점하고 있었다. 이에 비해 리송계나 연합송계는 각각 18개,

67) 금산지역 어르신들의 회고담에서도 알 수 있듯이, 과거 금산지역에서 "얼어 죽으나 굶어 죽으나 죽기는 마찬가지다"라는 이야기가 널리 퍼져 있었다(강성복, 2001: 480). 이렇게 연료 확보는 기층민의 생존과 직결됐다.

31개로 그리 많은 비중을 차지하지 않았다. 또 하나의 중요한 특징은 산간지대를 많이 점하고 있는 남이면, 부리면, 진산면 등에서는 독송계가 다른 유형에 비해 압도적인 숫자를 차지하고 있었다는 점이다.

송계산을 확보하는 것은 곧 송계를 결성하고 운영하기 위한 핵심적인 토대이자 존재의 근간이라 할 수 있다. 금산지역에서 송계산을 확보하는 방식은 ① 국가나 관청으로부터 공리지인 산림을 인정받은[立案, 立旨] 사양산(私養山)의 경우, ② 송계원들이 기금을 갹출하여 공동으로 송계산을 매입하는 경우, ③ 산주와 계약을 통해 송계산의 이용권을 확보하는 경우, ④ 무후자가 기부하는 경우 등으로 나눌 수 있다. 기록이 남아있지 않아 확인하기 어렵지만, 조선 후기 산림공유자원의 보호·관리를 위해 국가에서 송계를 적극적으로 권장했던 점에 비추어 볼 때, 많은 송계들은 국가나 관청으로부터 송계산을 입안받았을 것으로 추측된다(강성복, 2001: 48, 54). 일부 송계에서는 결성될 당시 입계(入契)를 희망하는 가구에서 전곡(錢穀)을 갹출하거나 마을 공동기금을 마련하여 송계산을 매입하기도 했는데, 이런 방식은 주로 일제강점기에 나타났다. 진산면 행정리 살구쟁이 송계와 복수면 백암리 원백암 송계가 대표적인 경우이다. 그 외에도 산림을 소유한 산주인과의 계약을 통해 땔감과 퇴비를 확보하는 경우도 있었다. 금산지역에는 7개 송계에서 확인되는데,68) 그 대가로 매년 일정량의 수곡을 지급하거나(주로 보리 한말과 나락 한말) 산주인에게 벌초, 초장길을 닦아주는 등 노동력을 제공하기도 한다(강성복, 2001: 29~30). 마지

68) 이들 7개의 산주계약송계는 금성면 상신리 하신, 추부면 마전리 미삭이, 복수면 수영리 중두문, 복수면 지량리 구만이, 복수면 구례리 원구례, 추부면 장대리 윗숭암, 추부면 신평리 등이다. 추부면 신평리의 경우, 90정보 정도의 송계산이 있었음에도 산주와의 계약을 통해 땔감을 추가 확보했던 사례이다.

〈표 5-7〉 금산지역 송계산 면적[69]

면적	개수	비율(%)
20정보 미만	56	43
20~50정보	27	21
50~100정보	18	14
100~500정보	27	21
500정보 이상	2	2
합계	130	100

출처: 강성복(2001). "<표 7> 송계산의 면적" 재구성.

막으로 후사가 없이 죽은 무후자가 동네에 산림을 기증한 경우는 매우 드물다.

〈표 5-7〉에서 보는 바와 같이, 금산지역에서 송계산의 면적은 10정보(3만평)에서 500정보(150만평) 이상에 이르기까지 다양하다. 대체적으로 독송계와 리송계는 송계산의 규모가 작았던 반면, 연합송계의 경우는 100정보를 넘는 경우가 많았다. 50정보 미만인 송계산이 83개에 달해 전체 약 64%를 차지했다. 이에 비해, 100정보 이상인 송계산은 29개에 불과하며, 약 23%에 이르렀다. 이것은 〈표 5-6〉에서 독송계, 리송계 및 연합송계의 분포 비율과 비슷하다.

2) 오늘날 금산지역 송계의 현황

송계의 전통은 일반적으로 1918년부터 실시된 일제의 '임야조사사업(林野調査事業)'(1918~1924)을 계기로 급속하게 해체된 것으로 알려져 있다. 임야조사사업으로 마을의 공유입회림이 대부분 국유림으

69) 송계산의 소재와 면적을 파악하기 어려운 30개 송계산은 여기에서 제외했다.

〈표 5-8〉 금산지역 송계의 전승 현황

	송계산 존치	전체 매각	부분 매각	계 전승 + 송계산 존치	계 전승 + 전체 매각	기타 (확인 불가)	합계
금산읍		2				1	3
추부면	5		3				8
복수면	3	3	1		2		9
제원면	5	5	4			4	18
군북면	2	7		1	1	3	14
금성면	1	6		1		3	11
진산면	5	14	1		1	1	22
부리면	9	9		3		3	24
남일면	4	6	6			1	17
남이면	6	14	2			8	30
합계	40	66	17	5	4	24	156

출처: 강성복(2001). "<표 3> 송계의 전승현황" 재구성.

로 편입되면서 송계는 해체의 길로 접어들었다는 것이다(박종채, 2000; 이만우, 1974). 하지만 금산지역 송계들에서는 일제 임야조사사업이 일부 송계를 제외하고는 그리 큰 영향을 미치지 않았다(강성복, 2001). 1926년 4월 '조선특별연고삼림양여령' 공포로 재사정(再査定)을 거쳐 기존에 "국유로 편입된 송계산을 무상으로 양여받아 구장이나 유력자의 공동(혹은 단독)명으로 설정됐다"는 것이다(강성복, 2001: 24). 금산지역에서 송계의 해체는 다른 중요한 이유 때문이었다. 강성복(2001: 25)에 따르면, "오히려 해방 이후에 열악한 경제사정으로 인한 재정난의 타개와 공공사업을 추진하기 위하여 송계산은 매각되고 급격한 해체의 길로 접어들었다. 특히 1970년대 이후 눈부신 경제성장과 그에 수반되는 연료 체계의 변화 그리고 비료의 출현은 전통적인 송계의 기능을 사실상 유명무실하게 만들었고, 더 이상 송계산이 필요없게 된 많은 마을에서는 송계산을 매각하여 호당분배하거나 동중재원으로 활동하게 됐다"는 것이다. 또 다른 주된 이유는 많은 송계들이 마을 단위의 촌계, 동계, 대동회의 등 촌계류 조직의 하부조직으로 기능했고 독자적인 조직과 운영 체계를 갖추지 못했기 때문으로 보인다.

〈표 5-8〉은 금산지역 송계의 전승 현황을 보여 준다. 7개 산주계약송계를 제외한 156개 송계 중 83개 송계에서 송계산 전체 혹은 부분 매각이 이루어졌다. 그리고 40개 송계에서는 송계산을 그대로 유지하고 있었다.

조직 체계와 임원 구성을 갖추고 정기적인 결산 모임 등 송계의 전통을 전승하고 있는 경우는 5개 송계뿐이었다. 이들은 대개 송계가 마을공동체의 상위조직으로서 촌계, 동계, 대동회의 등과 같은 역할과 기능을 행하고 있었거나 새로운 전입자에 대해 "애당초 추입을 허용하지 않았거나 제한했던", 즉 배타적으로 운영되던 송계에 해당한다(강성복, 2001: 20). 특히 송계산이 그대로 남아있거나 부분적으로 매각한 57개 송계에서는 별도의 계모임이 열리지 않고 있다. 앞서 언급했듯이, 이들 송계가 마을 단위의 촌계, 동계, 대동회의 등의 하부조직으로 기능했기 때문으로 보인다(강성복, 2001: 21). 송계산을 전체 혹은 일부 매각한 자금은 동답 구입, 송계 기금, 공공사업, 호당분배 등으로 사용됐다. 공공사업의 사용처를 살펴보면, "도로확장, 교량건설, 제방 및 저수지 축조, 지붕개량, 전기·전화가설, 상수도 설치, 마을회관·경로당 건립" 등 마을 주민과 마을공동체를 위해 다양하게 사용됐다(강성복, 2001: 22).

2. 금산지역 송계규약 사례

금산지역 송계들은 명문화된 규정보다는 대부분 전래의 불문율, 관습 및 관례에 따라 운영됐다. 여기서는 명문화된 송계규약을 갖췄던 세 송계, 즉 남일면(南一面) 신동리(新洞里) 수천송계(壽泉松契), 복수면(福壽面) 백암리(白巖里) 원백암송계(原白巖松契), 부리면(富利面) 매너머 팔동송계(八洞松契)를 중심으로 살펴보기로 한다.

1) 남일면 신동리 수천송계

남일면 신동리 수천마을은 전라북도 진안군과 경계를 이루는 마을로, 강성복(2001)의 조사 당시 가구 수 16호에 40여 명의 주민들이 농사를 주업으로 살아가고 있었다. 신동리 수천송계(이후 수천송계)에서 오래전부터 운영·관리하던 송계산의 면적은 43정보(약 13만 평)이었는데, 마을 뒷산인 물방골(13정보, 약 4만 평)과 불(분)무골(30정보, 9만 평)이었다. 송계가 운영될 당시까지 산림이 울창하고 건강한 숲을 지니고 있었다고 한다. 하지만 1987년 송계산 대부분을 매각하여 여덟 마지기의 동답을 구입하고 나머지는 가구당 40만원씩 분배했다고 한다. 과거부터 전해오던 송계 관련 자료와 문서는 1980년 소실됐다고 한다. 강성복(2001)의 조사 당시 수천송계는 해체되어 더 이상 운영되지 않았다. 「수천송계규약(壽泉松契規約)」 9개 조항은 다음과 같다.

「**수천송계규약**(壽泉松契規約)」

- 수천리 거주세대는 의무적으로 가입해야 한다.
- 타동에서 들어오거나 분가자는 신입전으로 백미 일두(一斗)를 내

고, 신입례로 술 한 말과 콩두부 한 매를 내야 한다.

- 송계원은 매년 호당 5전의 임야세를 내야 한다.
- 지엽 석 다발을 베면 벌금 1원을 징수한다.
- 작벌(斫伐)한 자는 말구(末口)에 따라 벌금을 부과한다.
- 사전 승인 없이 서까래감에 준하는 나무를 베면 1주당 3원의 벌금을 징수한다.
- 만일 작벌 현장을 목격하고도 이를 말리지 않거나 마을에 신고하지 않은 자는 벌목을 행한 자보다 더 무거운 벌금을 징수키로 한다.
- 송계산에 산전(山田)을 금(禁)하고 입장(入葬)을 불허한다.
- 전 호구가 매년 삽작돌림으로 번갈아가며 송계산의 산림수호(山林守護)를 맡는다.

수천송계는 하나의 자연마을 단위로 운영되던 전형적인 독송계의 사례이다. 수천송계는 위의 규약과 더불어 전래되어 오던 불문율과 관습에 따라 실제로 운영됐으며, 송계산의 경계는 마을 뒷산인 물방골과 불(분)무골로 나름대로 명확하게 설정되어 있었다. 독송계에서 나타나는 주요 특징과 마찬가지로, 수천마을에 거주하는 모든 주민들은 의무적으로 송계에 가입하도록 했다. 천야력(淺野力, 1918)의 분류에 따르면, 이는 수천송계가 공유계(마을공유계)였음을 말해준다. 송계의 가입 시에는 신입전 납부와 함께 신입례라는 통과의례가 있었다. 전입자나 분가자는 쌀 한 말을 납부하고 신입례로 계모임에서 술 한 말과 콩두부 한 매를 내도록 했다. 모든 계원들에게 해마다 가구당 5전의 임야세를 내도록 했는데, 이는 조선 후기나 일제강점기에 마을 단위의 부세, 요역 등에 공동 대응하기 위한 것으로 보이며, 특히 일제강점기에 마을 동산에 대한 납세 목적으로 계원이 임야세를 의무적으로 부담했던 것으로 추측된다.

송계산에의 접근이 용이하기 위하여 수천송계 차원에서 매년 봄과 가을에 기일을 정하여 산으로 통하는 '초장길'을 마을 공동작업으로 닦았다. 공동작업에 불참한 가구에서는 일정 금액의 속전(贖錢)을 내도록 했는데, 자료 부족으로 금액은 알 수 없다. 수천송계에서는 목재 판매, 추입금, 벌금 징수 등을 통해 곗돈을 마련하여 운영했을 것으로 추측되나, 역시 자료 부족으로 자세한 내막은 알 수 없다.

수천송계에서는 송계산에 대한 금양과 산림감시・보호 활동이 철저하게 이뤄졌던 것으로 보인다. 우선 송계에 가입한 전 가구가 삽작돌림으로 순번을 정하여 송계산 내 순시와 불법적인 작벌을 감시하도록 했다. 송계원이 송계산 내에서 작벌 현장을 목격하고도 이를 말리지 않거나 신고하지 않을 경우 범금자보다 더 무거운 벌금을 물리게 하여 산림 감시와 보호의 실효성을 높이고자 했다. 또한 송계산 보호를 위해 구역 내에 개간과 분묘를 일절 허용하지 않았다. 송계산 내의 조림사업도 수천송계 차원에서 행해졌는데, 일제강점기에는 왜솔과 오리목을, 해방 이후에는 리기다소나무를 주로 심어 가꾸었다고 한다.

철저한 산림감시 활동과 함께, 송계산 내 범금행위에 대한 처벌 조항도 마련하고 있었다. 범금자에 대해서는 밑둥치의 크기[末□]에 따라 벌금을 징수했는데, (아마도 사전 승인 없이) 낙엽 채취와 가지치기를 했을 경우 석 다발에 벌금 1원을 징수토록 했다. 사전 승인 없이 서까래감에 해당하는 나무를 베었을 경우에는 그루당 벌금 3원을 징수토록 했다. 또한 다른 마을에 거주하는 나무꾼이 송계산에 무단 침입하여 작벌하다 적발되면 나뭇짐은 압수되고 벌금을 내도록 했으며, 마을로 불려가 무릎을 꿇고 용서를 빌도록 했다. 외지인의 경우 벌금액이 송계원의 불법 작벌의 경우와 똑같이 적용됐는지는 확실하지 않다.

「수천송계규약」의 명문 조항 이외에 운영 과정에서 발생하는 여러 상황과 문제들을 해결하는 데 많은 부분은 불문율과 관습에 의존했지만, 현재 자료의 부족으로 자세하게 파악하기 어렵다. 이를테면, 송계의 조직 체계, 계임 구성, 회의 진행 방식, 회의 안건, 동계 및 기타 촌계류와의 관계 등은 더 이상 확인할 수 없다.

2) 복수면 백암리 원백암송계

복수면 백암리 원백암은 강성복(2001)의 조사 당시 가구 수 27호에 80여 명의 주민들이 살고 있었다. 백암리 원백암송계(이후 원백암송계)는 1913년경에 창계됐다고 알려져 있으며, 창계 당시 마을 전체 27가구 중 24가구가 참여했다고 한다.[70] 그 이후 4가구가 추가 가입했다. 천야력(淺野力, 1918)의 분류에 따르면, 이러한 특성은 원백암송계가 공유계(정원공유계)이었음을 말해 준다. 원백암송계의 창계 당시 국유림이던 마을 앞산[案山]을 24가구에서 전곡 거출금으로 구입했는데, 송계산의 면적은 약 22정보(65,108평)이었다. 원백암송계는 자연마을 단위로 운영되던 독송계 전통을 유지하고 있으며, 동계의 하부조직으로 편제되어 독자적인 조직과 운영 체계를 갖추지 못했다. 1930년에는 동계금 7원 50전으로 김인수(金寅洙), 최석종(崔石鐘), 김수천(金壽天), 김순길(金順吉) 등 4인 명의로 등기를 내어 양여장을 받았다고 한다. 그 후 1971년 당시 마을 대표 최면식, 최수현, 강두성, 김수원, 최광석 앞으로 소유권 보존등기를 내었다가 1974년 10월 12일 '원백암마을회' 명의로 이전등기를 마침으로써 원백암송계의 전통은 강

70) 창계 당시 가입하지 않은 3가구는 자체 사유림을 가지고 있었거나 호당 거출금을 낼 형편이 되지 않던 가구였다고 한다(강성복, 2001: 각주187).

성복(2001)의 조사 당시까지 유지되고 있었다. 현재까지 원백암송계는 과거의 전통과 관습이 상당 부분 남아 있다. 「원백암 동유림 보호규약(原白巖 洞有林 保護規約)」 6개 조항을 살펴보면 다음과 같다.

「원백암 동유림 보호규약(原白巖 洞有林 保護規約)」
제1조 동유림(洞有林)은 공동으로 보호육성하여야 한다.
제2조 동유림 내에는 현재 산전(山田) 외에 개간을 하지 못한다.
제3조 정해진 산세(山稅)를 납부하지 않을 때에는 경작하지 못한다.
제4조 현재 임목(林木)은 상호 공동책임으로 보호한다.
제5조 임목을 도벌한 때에는 다음의 벌과금을 징수한다.
1. 말구(末口) 삼촌(三寸)미만 오백원정
2. 말구(末口) 오촌(五寸)미만 일천원정
3. 말구(末口) 오촌(五寸)이상 이천원정
*전 각항의 임목은 수종(樹種) 여하를 막론하고 동일하다.
제6조 동계(洞契)의 의결로써 동산(洞山)을 용도 변경할 때에는 현재 경작하고 있는 산전은 조건 없이 모두 반환하여 경작하지 못한다.

원백암송계는 1913년경 송계원들이 송계산을 공동구매하여 결성했기 때문에 송계산의 소유권과 경계가 명확하게 설정되어 있었다. 일제강점기와 해방 이후 근대화와 산업화 과정을 겪으면서 많은 송계산들이 매각됐지만, 드물게 원백암송계는 아직까지 창계 당시의 송계산을 그대로 유지하고 있다. 원백암송계가 동계의 하부조직으로 편제 · 운영되고 송계산은 마을산으로 취급됐던 점, 자연마을 단위로 결성된 독송계인 점 등을 통해 원백암 마을 주민 (거의) 모두가 송계원이었음을 알 수 있다. 창계 당시 가입하지 않았던 3가구는 추후에 가입했거나 송계산의 지속 가능한 이용과 보호·관리에서 송계원에 준하는 권한과 의무를 지녔을 것으로 추측된다.[71]

앞서 언급한 바와 같이, 원백암송계는 동계의 하부조직으로 편제되어 독자적인 조직 체계를 갖추지 못했다. 원백암의 동계 규약인 「동헌부제규칙(洞憲附諸規則)」(1973년 중수)에 따르면, 동계의 조직 체계는 동계장 1명, 부계장 2명, 총무 1명, 재무 1명, 유사 3명(조사 당시 2명)으로 구성됐다.[72] 송계산의 이용·보호·관리에서 중요 사항들은 동계 차원에서 논의되고 의결됐다. 유사는 계원명부의 순서에 따라 선정되며 동계의 제반 업무를 실질적으로 수행했다. 또한 유사는 순산원을 겸임하여 송계산의 순시와 보호·관리를 책임지며, 그 대가로 송계산 내 밤나무 수확권을 부여받았다.[73] 원백암송계의 '초장길 닦기' 전통은 지금까지 전승되고 있는데, 해마다 기일을 정해 음력 7월 30일 이전에 마을 차원에서 공동작업으로 초장길과 동네길을 닦는 작업을 행하고 있다. 「동헌(洞憲)」 '공동작업수행에 관한 수칙'(1973년 중수)에 따르면, 공동작업 날짜에 혼례, 대소상 같은 경우를 제외하고는 예외를 인정하지 않고, 병중이거나 부득한 경우 부녀자나 미성년자의 참여를 출석으로 인정하고 있다. 무단으로 출석하지 않을 경우 백미 한 말, 정당한 사유가 인정될 경우 백미 5되, 지각한 경우 10분마다 50원을 벌금으로 부과하도록 규정하고 있다.

원백암송계에서는 송계산 내 순시와 산림보호 활동이 철저하게 이

71) 마을 주민인 비송계원에게는 송계산의 소유권과 이용권이 분리되어 있었을 것으로 추측된다. 하지만 현장조사를 통해 확인할 필요가 있다.

72) 동계장의 임기는 4년이었다.

73) 「동헌부제규칙(洞憲附諸規則)」(1973년 중수) 부칙(附則) 제43조. "본계를 원활하게 운영하기 위하여 계원명부 순으로 유사를 정하여 연중 제반 업무를 수행한다. 유사는 동유림(송계산)의 관리를 겸하여 행하며 그 보수로 동유림 내에 있는 밤나무(별도지정)의 수확을 허용한다."

뤄졌던 것으로 보인다. 「원백암 동유림 보호규약」에서 "동유림은 공동으로 보호육성", "현재 임목은 상호 공동책임으로 보호"하도록 선언적으로 규정하고 있다. 또한 동계의 계임인 유사로 하여금 송계산 내 순시와 산림감시 활동을 전담하도록 하며, 현재까지(1973년 당시) 개간된 산전 이외에는 더 이상 개간을 허용치 않고 있다. 이와 더불어, 송계산에 무단으로 들어가 도벌행위를 한 자에게는 엄격한 벌금 규정을 두고 있다. 나무 종류에 상관없이 도벌자에게는 밑둥치 크기에 따라 벌금을 차등 부과하도록 규정하고 있다. 하지만 상습적인 도벌자에 대한 점증적인 제재가 어떤 방식으로 행해졌는지는 알 수 없다.

원백암송계는 동계의 하부조직으로 송계산과 송계 관련 주요 안건, 이를테면 공동작업일 결정, 송계 관련 기금 결산, 송계원 간의 갈등 표출・조정・해결 등은 동계모임에서 논의되고 결정됐다. 따라서 원백암송계는 '송계—동계'라는 중층적인 구조 속에서 운영됐다고 할 수 있다. 산전에서 나오는 도조, 목재 판매수익 등은 임야세 납부 및 기타 동계 운영에 필요한 자금으로 활용됐다. 도조는 콩으로 받았는데, 매년 가을에 동계장과 유사가 직접 산전의 작황을 확인하고 결정했다고 한다(강성복, 2001: 81). 또한 「원백암 동유림 보호규약」에서는 도조를 제때 납부하지 않거나 동계의 의결로 송계산의 용도 변경이 있을 경우 경작자는 산전을 송계에 반환하도록 규정하고 있다. 송계원 간의 갈등과 이견은 동계 차원에서 조정되고 해결됐다. 동계모임은 주민 모두가 참석하여 자유롭게 의견을 나누고 오해를 풀 수 있는 장을 제공했으며, 설령 갈등 상황이 있더라도 동계장을 비롯한 마을 주민의 중재를 통해 대부분이 해결됐을 것이다.

3) 부리면 매너머 팔동송계

부리면 매너머 팔동송계는 양각산 주변으로 평촌리를 포함한 6개의 리, 8개의 자연마을이 참여하고 있다. 1914년 이전 부동면(富東面)의 관할이던 평촌리(벌말, 물폐기), 예미리(예미, 승재), 방우리, 수통2리(도파), 어재2리(압수골)와 전라북도 무주군 내도리(굴천이)가 참여하여 결성한 연합송계이다. 과거에는 8개 자연마을에 거주하던 모든 주민이 매너머 팔동송계에 참여했다고 한다. 매너머 팔동송계의 역사는 정확하게 알 수 없으나, 적어도 200여 년 전에 창계됐던 것으로 보인다. 일제강점기에 실시된 '임야조사사업'(1918~1924) 이후 '조선특별연고삼림양여령'(1926년 4월)에 따라 6개 리의 대표를 공동명의로 송계산을 등록했다고 한다. 한국전쟁 이후 매너머 팔동송계는 사실상 와해됐다가 1966년 2월 26일에 '부동산림계(富東山林契)'로 재편됐다. 재편 당시 8개 자연마을의 500가구 이상이 참여했고 가구당 100원을 갹출했는데 그때 마련된 기금은 5~6만 원 내외였다고 한다. 이러한 변화과정은 송계원의 구성 측면에서 매너머 팔동송계가 마을공유계에서 정원공유계로 송계의 유형이 변천했음을 말해준다.

매너머 팔동송계는 양각산 일대의 약 449정보(약 134만 7천 평)를 송계산으로 삼아 운영·관리하여 왔다. 이 중에서 금산군 부리면 관내 380정보는 1980년대 후반이나 1990년대 초반에 모두 매각됐고 무주군 관내 약 100정보(약 29만 3천 평)는 아직 부동산림계의 송계산으로 남아 있다. 당시 매각 대금 일부는 산림계의 기금으로 예치됐고, 나머지는 가구당 150만 원씩 분배했다고 한다. 현재에도 매년 11월에 임원과 대의원이 참석하는 부동산림계의 정기 대의원대회가 열린다. 하지만 과거 전통사회에서만큼 산림계는 활성화되고 있지 못한 듯하며 산업화와 근대화를 거치면서 송계산의 중요성도 점차 감소되어 왔다. 1966년 2월 26일자로 발효된 「부동산림계 규약(富東山林契規約)」 16개 조항을 살펴보면 다음과 같다.

「부동산림계 규약(富東山林契 規約)」

- 계 명칭: 부동산림계(富東山林契)라 칭한다.
- 계 사무소: 부리면 평촌리에 위치한다.
- 계 목적: 당 산림계는 양각산 일대 산림을 보호하기 위하여 계를 조직함을 목적으로 한다.
- 계 범위: 당 산림계의 범위는 평촌, 수촌, 예미, 승재, 도파, 방우리, 압수, 내도리 주거자에 한정한다.
- 본 송계는 각 항의 임원을 둔다.
  계장 1명, 부계장 1명, 간사 약간 명, 감사 2명, 고문 약간 명, 순시원 1명, 대의원 약간 명.
- 회의는 제반을 대의원대회에서 결의하고 결정한다.
- 임원의 임기는 만 3년으로 한다.
- 순시원의 임명·완직은 간사회의에서 결의하고 결정한다.
- 순시원은 하시(何時)든지 계장의 지시를 받는다.
- 본 계의 재정은 회비와 기타 찬조비로 충당한다.
- 순시원은 유보수제로 하되 년 조(粗)(보리 나락) 1승씩을 거출 충당하기로 한다.
- 순시원이 순행도중 벌목을 압수했을 경우에는 벌목 또는 화목은 순시원이 임의 매각처분 사용한다. 단, 압수자는 성명을 기재, 계장에게 제출하여 벌과금을 처리케 한다.
- 벌칙
  ① 원목 1주 도벌 시 300원 이상
  ② 총대 정도 1주 도벌 시 200원 이상

③ 지엽 일부 100원 이상

④ 활엽수 일부 300원 이상

- 묘에 관한 조문

① 송계원(松稧員)이 앞으로 묘소를 이용할 경우에는 백미 1두로 한다.

② 송계원 외인이 묘소를 이용할 경우에는 백미 1두 이상으로 한다.

- 계장은 임원의 2/3가 회의소집을 요구할 시에는 이에 응해야 한다.
- 본 규약은 1966년 2월 26일자부터 효력을 발생한다.

매너머 팔동송계의 목적은 송계산인 양각산 일대의 산림보호였으며, 「부동산림계 규약」(1966년)에도 이를 분명하게 명시하고 있다. 매너머 팔동송계에서 운영·관리하던 송계산의 구역과 경계는 명확하게 설정되어 있었다. 매너머 팔동송계에서는 송계산 내 개간을 송계원 모두에게 허용하는 대신 매년 도조를 내도록 했다. 하지만 1983년 11월 3일 「부동산림계 규약」이 개정되면서 사전 허가 없이 개간을 허용하지 않게 됐다.[74]

과거에는 6개 리에 속하는 8개 자연마을의 주민 모두가 매너머 팔동송계에 가입했던 것으로 보인다. 전입자나 분가자는 마을 단위로 신입례를 베풀고 각 마을 대동회의에 가입하면 송계원 가입도 자동적으로 이뤄졌다. 가입 세대는 매년 일정액의 임야세를 내도록 하여 송계산의 세금 납부와 운영 기금으로 활용했다. 1966년 매너머 팔동송계가 '부동산림계'로 재편될 때 참여 범위가 예전의 8개 마을로 같았으나, 모든 가구가 참여한 것이 아니라 500가구 이상만이 참여했던

74) 1980년대 이후 많은 산전들이 소멸됐고, 강성복(2001)의 조사 당시 산전의 규모는 5,149평으로 무주군 내도리 관내 송계산에 주로 위치했다고 한다.

것으로 봐서 주민의 의무 가입은 아니었던 듯하다. 따라서 송계원과 비송계원 간의 구분과 차등이 어느 정도 존재했던 것으로 보인다. 송계산 내 분묘의 경우, 「부동산림계 규약」(1966년) 제정 이전에는 송계산 내 입장은 송계원에게 무료로 허락됐던 반면, 비송계원은 입장의 대가로 쌀 한 말을 납부해야 했다. 1966년 이후부터는 송계원은 입장 시 쌀 한 말, 비송계원은 쌀 한 말 이상을 납부하되 묘지의 위치에 따라 차등 부과했다. 1983년 11월 3일 「부동산림계 규약」이 개정되면서 송계원이나 비송계원 모두 송계산 내 입장을 일절 금지했다.

「부동산림계 규약」(1966년)에 따르면, 매너머 팔동송계의 의사결정은 대의원대회와 간사회의에서 이뤄졌다. 송계 관련 제반 현안들은 대의원대회에서 논의되고 결정됐는데, 참석 대상은 계장, 부계장, 간사, 감사, 고문, 순시원, 대의원 등이었다. 대의원대회는 정기회의와 임시회의가 있는데, 정기회의는 매년 11월 중에 열려 기금의 출납 내역과 결산, 도조액 결정 및 수납, 계임 선정 등 주요 안건을 논의·의결했다. 반면 임시회의는 임원의 2/3 이상의 요구에 따라 계장이 임시 소집할 수 있으며 긴급한 사안에 대한 논의를 진행할 수 있도록 했다. 간사회의에서는 순시원의 임명과 완직 사항을 의결했다.

매너머 팔동송계에서는 유보수 순시원제도를 운영했는데, 순시원 1명을 임명하여 상시적으로 송계산의 순시와 산림감시 활동을 하도록 했다. 그 대가로 조(보리 나락) 1승씩 송계원에게서 매년 거출하여 순시원에게 지급했다. 순시원은 언제든지 계장의 지시에 따라 순시 업무를 집행했으며, 불법적으로 행해진 벌목과 화목은 순시원이 임의로 처분하여 개인적인 용도로 사용하게 했으며, 범금자의 성명을 기재하고 계장에게 제출하여 추후에 벌금을 부과할 수 있도록 했다. 송계산 내 범금행위에 대한 벌금은 "① 원목 1주 도벌 시 300원 이상,

②총대 정도 1주 도벌 시 200원 이상, ③지엽 일부 100원 이상, ④활엽수 일부 300원 이상"으로 규정하고 있다.

매너머 팔동송계의 조직 구성은 계장 1명, 부계장 1명, 총무 1명, 송계유사 8명(각 마을에서 1명씩), 유급 순시원 1명으로 구성되어 있었다. 「부동산림계 규약」(1966년)이 제정되면서 계장 1명, 부계장 1명, 간사 약간 명, 감사 2명, 고문 약간 명, 순시원 1명, 대의원 약간 명으로 송계 조직 체계가 재편됐다. 하지만 기존의 조직 체계를 대체적으로 유지했는데, 총무 1명이 간사 약간 명으로, 송계유사 8명이 대의원 약간 명으로 변경됐으며, 감사 2명과 고문 약간 명이 보강됐음을 알 수 있다.

매너머 팔동송계는 8개 자연마을이 연합하여 결성된 송계로서 '동계(혹은 대동회의)-송계'라는 중층적 구조로 운영됐을 것으로 보인다. 송계 관련 중요 사안들은 대동회의에서 우선적으로 논의됐으며 각 마을의 대표로 간사와 대의원이 대의원대회에 참석하여 마을의 전체의견을 전달·대변했다. 이러한 중층적 구조 속에서 대동회의에는 마을 단위의 전 주민이 참여했으나, 송계의 대의원대회에는 각 마을 대표가 참석하는 간접민주주의 방식을 채택했다.

이후 「부동산림계 규약」(1983년)은 개정됐는데, 주요 내용을 살펴보면, 우선 각 마을 이장이 당연직으로 간사를 맡도록 하여 8명의 간사를 두었다. 대의원은 각 마을에서 2명씩 위촉하여 16명을 두었다. 계원과 비계원 여부와는 상관없이 송계산 내에 분묘를 일절 허용하지 않으며, 이미 들어선 분묘의 경우에도 총회의 결의로 임대료를 징수토록 했다. 또한 도벌에 따른 벌칙 조항을 없애고 순시원제를 폐지했으며, 나아가 사전의 허가 없이는 산전의 개간이나 벌목을 원천적으로 금지하는 조항을 추가했다.

3. 제도설계원칙 적용

1) 명확하게 정의된 경계

일반적으로 국가나 중앙정부 차원에서 관리하던 금산, 봉산, 송전의 경우에 금표(禁標)를 세워 산림 구역의 경계를 표시했다. 재지사족의 문중산이나 사찰 소유의 임야에 금표를 설치하기도 했다. 대체적으로 기층민 주도의 송계에서는 송계산의 경계구역을 표시하는 금표를 사용하지 않았던 것으로 보인다. 그렇더라도 지역공동체 구성원들은 누구나가 송계산의 경계구역을 명확히 인지했을 것이다. 특히 자연마을 단위로 형성된 송계의 경우, 송계산 구역은 공동체 구성원이면 누구나 알기 쉬웠을 것이다. 송계의 역사, 전통, 전승 현황 등을 오랫동안 연구해 온 3명의 전문가도 대체로 공통된 의견을 제시한다.[75] 따라서 굳이 송계산의 경계를 표시하는 표시물을 남길 필요가 없었던 듯하다. 그럼에도 송계원이나 비송계원들이 송계산 내에 허가 없이 들어가 벌목하고자 하는 유혹은 상당히 컸으리라고 판단된다. 이는 조선 후기에 폭발적으로 증가한 산송(山訟) 사례들을 보더라도 쉽게 짐작할 수 있다. 금산지역 송계에서는 초군대방, 산림순시원 등을 두어 자신의 송계산 구역 내에 불법 입산과 벌채를 철저하게 감시했다(강성복, 2001: 59).

금산지역 송계에서는 송계원과 비송계원 간의 권리와 의무에 있어 확실한 구분과 차등이 존재했다. 비송계원에게는 송계산 내에 땔감, 퇴비, 분묘 등에서 여러 가지 제약이 있었다. 연합송계와 같이 큰 규모의 송계를 제외하고는 대부분의 송계에서 송계원과 비송계원은 쉽

75) 3명의 전문가 면담조사(2015.05.12., 2015.05.19., 2015.06.02.)에서도 확인했다.

게 구분할 수 있었다. 일부 연합송계에서는 나무지게에 찍은 불도장[火印]을 통해 송계원과 비송계원 간의 식별을 용이하도록 하여 비송계원의 무단 벌목을 쉽게 감시할 수 있도록 했다. 앉은대방, 계장, 초군대방, 순산원 등은 초군들이 송계산으로 모여드는, 발매 및 풀령과 같은 기간에 송계원의 표식으로 불도장을 찍어 주었다(강성복, 2001: 46~47).[76] 즉 송계원이나 산림순시원은 이런 방법을 통해 낮은 감시비용으로 무임승차와 같은 기회주의적 행태를 쉽게 관리・감독할 수 있었던 것이다.

송계에 가입하는 과정에는 신분, 계급, 빈부와 관계없이 누구나 참여할 수 있었던 것으로 보인다. 연료와 퇴비의 확보가 기층민의 생존과 직결되는 문제이기 때문에 입계는 강제성과 자발성을 동시에 띠고 있었다. 입계 이후 송계원은 동등하게 산림이용권을 보장받았다. 또한 공동기금 충당을 위한 매년 호당조 및 임야세 납부, 발매・초장길 닦기・조림사업과 같은 공동작업 참여 등 여러 의무도 함께 송계원에게 주어졌다. 자연마을 단위의 독송계에서는 주로 세대 단위로 입계가 이뤄졌던 반면, 여러 마을이 참여하던 연합송계에서는 창계 당시 입계 여부를 자연마을 단위로 결정했던 것으로 보인다. 이는 추입이나 탈계 과정에서도 마찬가지이다(강성복, 2001: 47~49).

추입(追入)은 송계가 이미 결성・운영되는 동안 신규자를 새롭게 송계원으로 받아들이는 것으로 주로 전입자(轉入者)나 분가자(分家者)를 대상으로 이루어졌다. 이에 대해서는 추입의 일정한 전제조건과

---

76) 화인(火印)은 연합송계에서 전형적으로 나타난다. 수리너머재 송계, 보티재 송계, 열두봉재 송계, 월봉재 송계, 마당재 송계, 귀덕이 송계, 무주티 송계 등 연합송계의 경우는 송계원이 500~2,000명에 달하는 대규모이기 때문에 송계원과 비송계원 간의 식별이 용이할 필요가 있었다. 화인의 모양은 주로 사각형이나 둥근 형태였으며, 쉽게 식별할 수 있도록 지게목발에 화인을 찍었다(강성복, 2001: 46~47).

절차가 있었는지의 여부, 전입자와 분가자와의 차등 여부를 확인할 필요가 있다. 금산지역 송계에서는 대부분 전입자나 분가자 모두에게 일정한 전제조건과 절차가 마련되어 있었다. 정기계회, 대동회의 등 송계원이 모두 모이는 날에 신입금(新入金)을 걷거나 신입례(新入禮)를 베풀었다. 한 예로, 남일면 신동리 수천송계에서는 "타동에서 들어오거나 분가자는 신입전으로 백미 일두(一斗)를 내고, 신입례로 술 한 말과 콩두부 한 매를 내야 한다"고 규정하고 있다. 금산지역 일부 송계에서는 전입자와 분가자의 신입금이나 신입례에 차등을 두기도 했다. 차등을 두는 경우 분가자에게는 일정한 조건 없이 추입을 허용하거나 신호주(新戶酒)만 내고 신입금은 면제해 주기도 했다.

송계원의 유고 시 계원 자격은 장자(혹은 장손) 등 가족에게 승계됐다. 복수면 곡남리 안골내미 송계에서는 송계원 자격은 장자(또는 대리인) 한 사람에게만 인정되고, 분가한 자는 별도의 추입 과정을 거쳐야 한다. 복수면 곡남리 수심대 송계에서는 아예 추입이 허용되지 않고 송계원 자격이 오로지 장자에게 승계된다(강성복, 2001: 51). 이러한 폐쇄성으로 인해 수심대 송계는 드물게 아직까지 송계의 전통이 유지되고 있는지도 모른다. 조직의 폐쇄성은 때로는 안정성과 지속 가능성을 담보하기 때문이다. 송계 탈퇴는 송계원의 사망, 타지로의 이거, 출동(黜洞)에 의한다. 대개의 경우 타지로의 이거에 따른 탈계(脫契)가 이루어졌다.

앞서 언급했듯이, 송계산의 이용・보호・관리에서 송계원과 비송계원은 엄격하게 구분됐다. 모내기철 퇴비를 위한 풀베기, 화목 채취, 분묘 등에서 비송계원에게는 일정한 제약을 두었다. 문중산이나 사유림을 확보하지 못한 송계원에게 송계산은 분묘지를 제공할 수 있는 공간이기도 했다. 송계산에서 선재목(船材木)을 확보하는 경우(부리면 수통리 수통골 송계) 혹은 풍수지리상 마을 뒷산에 송계산이 위치한 경우(남일면 신동리 신동송계, 남일면 신동리 수천송계) 등 예외적인 경우를 제외하면, 대부분 송계원에게는 분묘가 허락됐다. 여기에는 다시 외지인과 비송계원에게는 분묘가 일체 허용되지 않는 경우(부리면 양곡리 미랭이 송계, 부리면 예미리 예미송계), 외지인에게 제한적으로 허용되는 경우(부리면 평촌리 매너머 팔동송계, 제원면 금성리 송계), 계원과 외지에게 아무런 조건 없이 허락되는 경우(제원면 용화리 독송계)가 있다.

2) 사용 및 제공 규칙의 현지 조건과의 부합성

금산지역 송계들은 사용 규칙과 제공 규칙에서 많은 편차를 보인다. 이는 송계원의 규모, 송계산의 면적과 지리적 여건, 각 송계에 내려오던 불문율과 관습 전통 등에 기인한 것이다. 금산지역 송계에서는 나름대로 현지 조건에 부합하는 사용 규칙과 제공 규칙을 마련·시행하여 산림공유자원을 지속 가능하게 이용·관리하고 보호할 수 있었다. 모내기에 필요한 바닥풀을 얻기 위한 풀령, 화목을 얻기 위한 발매(發賣), 초장길 닦기, 다리놓기 등을 중심으로 살펴보기로 한다.

과거 전통농경사회에서 퇴비 확보는 땔감 구입만큼 중차대한 사안이었다. 특히 모내기 시기에 논에 깔 '바닥풀'과 가을갈이에 쓰이던 '보리풀'은 농사에 반드시 필요한 것이었다. 그리고 금산지역에선 겨울동안 인삼의 냉해 피해를 막기 위한 '인삼덮개풀' 용도도 중요했다. 무엇보다도 바닥풀은 시기상 풀 자체가 매우 귀한 봄철에 필요했고 많은 사람들이 한꺼번에 산에 들어가 풀을 벨 경우 산림공유자원은 막대한 손실을 입고 재생 불가능하게 될 수 있었다. 이러한 '공유지의 비극'을 방지하기 위한 지혜로 나타난 것이 바로 '풀령' 전통이었다. 풀령을 트기 전에는 입산과 풀베기가 일체 금지됐다. 이는 공유림이던 송계산뿐만 아니라 사유림까지 포함하여 엄격하게 준수되던 사항으로, 풀이 막 자라기 시작하는 시기에 풀을 베어내 자칫 초래할 수 있는 공유자원의 파괴와 손실을 막기 위한 조치였다. 풀령을 트는 날짜를 정하는 방식은 송계의 규모에 따라 달랐던 듯하다. 일반적으로 소규모로 운영되던 독송계나 리송계에서는 마을 전체 회의(예: 진산면 행정리 살구쟁이 송계)나 마을 원로들이 모여 풀령을 트는 날짜를 정했다. 연합송계와 같이 대규모 송계에서는 앉은대방, 계장, 초군대방을 비롯한 마을대표자들이 모여 풀령을 트는 날짜를 정하기도 했다. 풀령이 트이는 이 시기에는 비송계원이나 다른 마을 사람들이 입산하여 풀을 베는 행위를 엄격하게 제한했다. 풀령이 트이면, 대부분의 송계에서는 송계원들이 입산하여 자유롭게 풀 베는 것을 허용했다. 하지만 일부 송계에서는 심지뽑기로 풀 벨 구역을 가구에 할당하는 경우(예: 군북면 상곡리 진의말 송계), 가구 수대로 구역을 정하고 각 구역에서의 풀 채취권을 각 가구에 방매한 경우(예: 남이면 구석리 높은논이 송계), 풀베기 공동작업으로 확보한 풀을 방매하여 공동기금으로 활용한 경우(예: 부리면 수통리 도파 송계) 등이 있었다(강성복, 2001: 63~69).

금산지역 송계에서 송계원이 땔감을 확보하거나 목재 판매로 공동기금을 확보하기 위한 목적으로 발매가 행해졌다. 일반적으로 농한기를 이용하여 발매가 이루어졌다. 대개의 경우 송계산에서 금양하던 목재를 목재상에 팔아 얻은 수익은 공동기금으로 적립했다. 땔감을 얻기 위한 발매에는 송계원들이 직접 참여했는데, ① 공동작업 · 공동분배 방식, ② 산판을 구획하여 가구당 배당하는 방식, ③ 공동작업 후 판매하는 방식, ④ 발매를 일절 금하는 경우 등이 있었다. 첫 번째 방식은 땔감 구입을 위한 전형적인 발매 방식으로, 송계원 모두 참여하여 공동작업으로 확보한 땔감을 제비뽑기와 같은 방법을 통해 공평하게 나눈다(예: 남이면 역평리 송계). 두 번째 방식에서는 산판을 가구수에 맞게 구획한 다음 제비뽑기와 같은 방법으로 공평하게 분배하는데, 자신에게 할당된 산판 외에 남의 구역에는 일절 침범할 수 없었다(예: 진산면 행정리 살구쟁이 송계). 세 번째 방식은 울력을 통해 획득한 화목을 가구당 염가로 판매하는 것으로, 이를 통해 공동기금을 확보할 수 있었다(예: 남이면 흑암리 성산 송계, 남이면 구석리 높은논이 송계, 남이면 하금리 원하금 송계). 마지막으로 선재목 확보를 위해 벌목을 일체 허용하지 않는 경우도 있었다(예: 부리면 수통리 도파 송계)(강성복, 2001: 59~62).

송계산 입구에서부터 나뭇길을 트는 '초장길 닦기' 관행은 금산지역 송계에서 오랫동안 내려오던 전통이었다. 초장길 닦기는 송계산의 이용과 관리를 지속 가능하게 하는 데 매우 중요한 역할을 했다. 초장기 닦기를 통해 공동체의 집단 노력을 엿볼 수 있고, 지역사회의 공동체의식과 유대감을 강화시킬 수 있었다. 이는 지역차원의 공동체 축제로 승화됐고, 공동작업, 집단축제, 풍물놀이 등이 어우러져 공동체의 문화 계승과 발전에도 이바지했다. 초장길 닦는 시기는 본격적으로 논농사가 시작되는 '풀령'을 앞두거나, 여름철 칠석 또는 백중 무렵이었다. 이때는 송계에 가입한 가구마다 한사람씩 품을 내 참여해야 하며, 품을 내지 않은 가구는 벌금으로 궐전(闕錢)을 내게 했다.

연합송계에서 초장길 닦기는 송계에 참여한 각 마을별로 구역을 정해 이루어졌다. 다음 글에서 이를 확인할 수 있다.

연합송계의 초장길 닦기는 각 마을별로 정해진 구역이 존재한다. 이것은 예로부터 내려오는 하나의 불문율인데, 대개는 마을에서 멀고 가까운 정도와 평소에 주로 이용하는 초장길이 어디인지를 고려하여 배당하기 마련이다. 즉 송계산과 가까운 마을은 먼 구역을 떼어주고, 반대로 송계산과 멀리 떨어져 있는 마을은 초입을 닦도록 하는 것이다. 아울러 작업구간의 거리도 마을의 규모에 따라 차등을 두어 공평하게 분담하도록 했다(강성복, 2001: 88).

초장길 닦기는 지역공동체의 축제로 인식됐는데, 다음 글에서 이를 확인할 수 있다.

초장길을 닦는 날은 너나 할 것 없이 깨끗하게 옷을 차려 입고 집을 나섰다. 심지어 머슴살이를 하는 사람도 이 날만은 말끔하게 옷을 차려 입고 신발도 새로 엮은 짚세기를 신었다. 풍물패들[이] 복색을 온전하게 갖추었음은 물론이다. 공동작업에 출역(出役)하면서 이처럼 의복을 갖춘 것은 초장길 행사가 초군들의 커다란 축제로 인식됐던 까닭이다. 지정된 날짜가 도래하면 각 마을의 초군들은 농기와 풍물패를 대동하고 장쾌한 길군악을 울리며 송계산으로 행진하는데, 풍물패 뒤에는 초군들이 열을 지어 홍겹게 지게목발을 두드리며 따라간다. 아울러 입산할 때에는 각자 지게, 낫, 괭이, 톱 등의 작업도구와 도시락을 지참한다. 이와 같이 농기를 펄럭이며 속속 입산하는 광경은 장관을 이루었고, 이를 보기 위한 구경꾼들의 행렬이 줄을 이었다. [중략] 한편 초군들이 송계산에 도착하면 눈에 잘 띄는 잿날망에 농기를 세워놓고 합심으로 초장길을 닦는다. 일을 하다가 힘이 들면 마을별로 공터에 모여 술을 나누어 마시고 풍장을 치면서 놀았다. 초장길 닦기는 한나절이면 작업을 마치고 하산하는데, 하산길에도 입산할 때와 마찬가지로 농기를 앞세우고 길군악을 울리며 내려온다. 그리고 각 마을의 초군들은 주변의 넓은 공터나 고목나무 밑에 집결하여 주연을 베풀고 신명나는 대동놀이를 펼치게 된다(강성복, 2001: 86~88).

초장길 닦기와 더불어, 송계산 구역 내에 '다리놓기'가 진행됐다. 작은 개울에 다리를 설치하여 초군이나 우마(牛馬)가 송계산으로 통행할 수 있도록 했다. 다리놓기 관행은 송계의 규모와 관계없이 많은 송계에서 나타나던 관행이었다(예: 부리면 수통리 수통골 송계, 복수면 구례리 운곡 송계, 남일면 덕천리 월평 송계). 대체로 연합송계의 경우, 관리하던 송계산 규모가 크고 많은 인원과 우마들이 송계산으로 왕래했기 때문에 다리를 설치하고 관리하는 문제는 산림공유자원의 접근·이용·관리에서 중요한 부분을 차지했다. 전형적인 예로는 제원면 신안골 열두송계를 들 수 있다. 신안골 열두송계는 435정보(약 130만 평)에 달하는 송계산을 소유하던 대규모 송계였는데, 다리놓기는 초장길 닦기 행사에서 대미를 장식했다고 한다(강성복, 2001: 93; 강성복, 2003). 특히 흥미로운 점은 다리를 놓고 관리하는 책임을 마을별로 할당했다는 사실이다. 이를 통해 공유자산 창출과 관리의 효율성과 책임성을 제고할 수 있었으리라 추측된다. 다음 글에서 가교의 설치와 관리가 어떻게 이뤄졌는지 확인할 수 있다.

> 신안골에는 속칭 '여덟 다리' 또는 '열두 다리'로 불리는 가교가 설치되어 있었는데 각각의 다리는 예부터 가설을 책임진 마을의 지명을 따서 이름을 붙였다. 이를 순서대로 열거하면 신안골 초입에 위치한 '대산다리(대산리 딤딩)'를 위시하여, '북촌다리(제원리)'—'큰동네다리(제원리)'—'명암다리(명암리)'—'새동네다리(제원리)'—'닥실다리(저곡리)'—'장선이다리(천내리)'—'신안다리(신안리)'가 그것이다. 여기에 '창평다리' 등 소소한 다리를 합치면 열두 다리가 됐다. 한편 교량을 설치하는 일은 임시방편의 가교라고는 하지만 이 길을 통해 땔나무도 하고 외지를 왕

래해야 하므로 가급적 견고하게 작업을 해야 한다. 그렇기 때문에 마을별로 하나의 교량을 지정하여 전적으로 책임을 맡도록 한 것인데, 다리를 놓은 뒤에 늦장마가 지거나 파손되면 해당 동리에서 따로 울력을 내어 보수공사를 했다(강성복, 2003).

3) 집합적 선택 장치

과거 전통농경사회에서 송계원들이 함께 모여 송계의 운영과 관리에 관한 제반 사항들을 논의하고 토론했다. 촌계나 동계 하부조직으로 운용되던 대부분의 송계에서는 가을걷이가 끝나고 정기모임을 개최했다. 이러한 전통은 독송계, 리송계, 소규모의 연합송계에서 광범위하게 활용됐던 듯하다. 송계의 운영과 관리와 관련하여 송계원이면 누구나 송계 모임에 참여하여 자유롭게 의견을 개진할 수 있었다. 이렇게 절차적 합리성, 참여의 자율성, 숙의성과 성찰성을 보장함으로써 풀뿌리민주주의 전통을 유지할 수 있었다. 이렇게 결정된 사항들은 구성원들의 위반 가능성을 낮추고 순응 가능성을 강화할 수 있었을 것이다. 더불어 구성원 상호 간 신뢰를 높이고 상호협력의 유인을 촉진할 수 있었을 것이다. 진산면 막현리 원매현 동계에서 송계 관련 사항들을 어떻게 의결했는지 다음 인용문에서 확인해 볼 수 있다.

> 진산면 막현리 원매현 동계는 대동상여계와 송계를 아우른 형태의 조직으로서 제반 동사가 논의되고 집행되는 핵심조직으로 기능했다. 역원(役員)은 수장인 동계장(洞契長)을 비롯하여 총무유사(總務有司)·산림유사(山林有司)·혼구유사(婚具有司)·상여유사(喪輿有司) 등을 두었다. 동계장은 마을을 대표하는 상징적인 존재로서 학덕을 겸비한 원로 중에 선정됐으며, 예전에는 구성원들로부터 절대적인 권위와 신망을 인

정받았다. 총무유사는 동기금의 회계관리를 담당하는 직책이었고, 산림유사는 송계산의 남벌 및 산전(山田)의 도조(賭租)·발매·풀령·조림사업 등을 주도하는 인물이었다. 그리고 혼구유사는 주로 혼례와 관련된 비품관리를, 상여유사는 상장(喪葬)과 관련된 일을 주도적으로 처리하는 직책이었다. 이밖에 매년 윤번제로 선정되는 4인의 유사(有司)가 각 역원(役員)을 보좌하여 동계를 운영했다. 동계의 정기계회는 음력 11월 23일인데, 거주세대가 한자리에 모여 규정된 호당조(戶當租)를 거출하고, 기금의 식리(殖利), 산전(山田)과 동답(洞畓)의 운용, 임원 선정, 품삯, 신입례, 공공사업 등 온갖 대소사가 논의됐다. 아울러 당일 아침에는 무후자의 묘에 대한 시사를 지내주었다(강성복, 2001: 104).[77]

이와 대조적으로, 여러 마을이 참여했던 대규모의 연합송계에서는 집합적 의사결정과정에 송계 구성원 모두가 참여하기는 어려웠다. 따라서 각 마을별 대표들이 참여하여 마을의 입장을 대변하는 간접민주주의 방식으로 운영됐던 것으로 보인다. 신안골 열두송계에서는 매년 가을걷이가 끝나고 송계의 수장인 솔대방이 각 마을 대표들을 소집하여 정기계회를 개최하고 "기금의 결산, 호당 산림조합비 거출, 솔대방을 비롯한 역원의 선출" 등 송계 관련 사항들을 논의하고 결정했다(강성복, 2003). 때때로 결정해야 할 주요 안건들이 있을 경우, 연합송계에서는 송계원 전체회의를 개최하지 않고 송계 수장과 마을 대표자들이 모여 처리했다. 한 예로, 금산지역 대표적인 연합송계인 수리너머재 송계에서는 송계의 수장인 앉은대방이 각 마을의 대표자들과 모여 풀령 트는 날짜를 결정했다고 한다(강성복, 2001: 65).

---

77) 강성복의 2000년 11월 4일과 9일 두 차례 현지조사에서 원매현 주낙종(남, 80세) 씨, 백귀분(여, 77세) 여사, 신서균(남, 72세) 씨, 강문명(남, 66세) 씨의 도움말.

4) 감시 활동

송계산 내의 도벌을 막기 위한 산림감시 활동은 송계산의 지속적인 이용과 관리를 위해 중요하게 취급되던 사안이다. 대개 송계산의 면적이 상당히 넓기 때문에 비송계원이나 심지어는 송계원조차도 도벌에 대한 유혹을 항상 느낀다. 송계산에의 무단 입산과 범금행위에 대한 적발률을 높이고 범금자를 적절하게 처벌해야만 송계원들에게 조건부적 협동전략(contingent cooperation strategy)의 채택 가능성을 높일 수 있는 것이다. 금산지역 송계에서는 송계 자체적으로 순산과 산림감시 활동을 활발하게 전개했다. 이는 금산지역 거의 모든 송계에서 순산원(巡山員)을 두었던 점에서도 충분히 짐작할 수 있다. 송계산을 감시・수호・관리하는 역원인 순산원은 산림순시원(山林巡視員), 산감(山監), 감금인(監禁人), 사찰(査察) 등으로 불리기도 한다.

순산원의 선정 방식, 수당 지급 등에 따라 몇 가지 특징을 발견할 수 있다. 일부 송계에서는 송계원들이 삽작돌림(윤번제)으로 돌아가면서 송계산을 금양・수호했으며, 이때는 수당을 별도로 지급하지 않았다(예: 제원면 용화리 독송계, 남일면 신동리 수천송계). 대부분의 송계에서는 삽작돌림이 아니라 순산・금양・수호를 전담하는 순산원을 별도로 선정했다. 예외적으로 이장, 계장, 초군대방과 같은 다른 역원이나 임원이 순산원 업무를 겸하게 하거나, 송계산이 지리적으로 멀리 떨어져 직접 순산이 어려울 경우 인근 주민을 순산원으로 정하여 송계산을 금양・수호토록 했다.[78]

순산원을 별도로 선정・활용하던 송계에서는 순산원에게 수당을

78) 송계산 인근 주민을 순산원으로 두는 방식은 금성면 상미수・돌고개 양동(兩洞)송계, 남일면 초현리 송계 등에서 활용됐다.

지급했는데, 수당 지급 방식은 송계마다 많은 편차를 보인다. 가장 보편적인 방식은 매년 순산원에 곡식을 지급하는 것이었다(예: 부리면 매너머 팔동(八洞)송계, 추부면 요광리 오동(五洞)송계). 매너머 팔동송계에서는 매년 봄과 가을에 계원으로부터 조(租) 한 말씩을 거출하여 순산원에게 수당으로 지급했다. 또한 적발한 벌목과 땔감은 순시원이 임의로 매각처분하여 사용토록 했다. 복수면 마당재 열두송계의 경우 4~5명의 순산원을 두었는데, 수당으로 매년 곡식을 지급하지 않고 압수한 땔감을 임의로 처분할 수 있는 권한을 주었다. 하지만 벌채를 묵인했을 경우 그 양의 두 배에 해당하는 벌금을 순산원에게 부과했다. 일부 송계에서는 매년 곡식을 지급하지 않는 대신 송계산 내에 도조를 받지 않고 산전 경작권을 부여하는 경우(예: 남일면 초현리 송계, 금성면 마수리 상마수·돌고개 양동(兩洞)송계), 송계산 내에 식수된 밤나무와 같은 유실수를 수확할 수 있는 권리를 부여하는 경우(예: 복수면 백암리 원백암 송계, 부리면 수통리 도파 송계) 등이 있었다. 이렇게 유급순산원제를 실시함으로써 순산과 산림감시 활동의 실효성을 높여 송계산의 금양·수호에 기여할 수 있도록 했다.

5) 점증적 제재 조치

불문율이든 명문 규정으로 명시됐든 간에 송계에서 운영되던 규칙을 위반했을 경우 처벌 가능성과 처벌 수위는 '송계'라는 공동체의 존속과 번영에 필요한 중요한 사항이었다. 금산지역 송계에서는 규칙이나 규율을 어겼을 경우 처음에는 공동체 내의 도덕적 비난이나 가벼운 벌금 수준에서 끝났던 것으로 짐작된다. 송계산 내의 도벌에 대해 수화불통(水火不通)이나 출동(黜洞)과 같은 엄한 처벌을 내리지 않았던 것 같다. 송계는 대개 자치적 공동체로 운영되기 때문에 도덕적 비난이나 가벼운 벌금 수준을 넘어서 관에 고소하거나 출동과 같은 극단적인 조치는 그리 흔치 않았을 것이다. 공동체는 친구, 친외척 등으로 긴밀하게 연계되어 있는 경우가 대부분이고 경제적인 상호의존관계가 높을 수밖에 없는 특수적 여건에 있었다. 따라서 과도한 처벌은 자칫 공동체 구성원의 결속력과 유대의식에 악영향을 미치고 공동작업에 중대한 차질을 빚을 수 있었다.[79] 이 점은 금송계를 오랫동안 연구·조사해 온 전문가 A의 면담(2015.05.12.)에서도 확인할 수 있다.

> 마을에서 쫓겨나는 경우는 거의 없었을 것이다. 매를 맞거나 벌금을 냈을 것이다. 과거에는 문란하거나, 부모를 모시지 않거나, 아니면 정말 음란행위를 한 것이 아니라면 쫓아내지는 않았다. 나무를 벤 것은 인륜과 관련된 것은 아니었기 때문에 쫓아내지는 않았다.

범금행위를 한 자가 송계원인지 비송계원(혹은 외지인)인지에 따라 처벌 수위도 송계마다 달랐던 것 같다. 이는 송계마다 처한 여건이나 상황이 달랐기 때문으로 보인다. '외지인의 작벌과 송계원의 작벌에 대한 처벌에 정도의 차이가 있었는가'에 대해 전문가 A(2015.05.12.)는 다음과 같이 말한다.

> 정해진 바가 없다. 마을마다 다 다르다. 규정이 마을에 따라 다르고

79) 이는 김민주(2015)의 연구에서도 확인된다. 부산 가덕도 대항마을의 '숭어들이' 어장관리에서 계원이 규칙을 위반할 때는 공동체 내에서 도덕적 비난을 받는다든지 다음 연도 숭어들이에 참여를 제한하는 등의 수준에 머무른다고 한다. 대부분의 경우, 첫 번째 제재 조치는 공동체 내의 도덕적 비난으로 끝난다고 한다.

상황에 따라 다르다. 심한 경우에는 두들겨 맞을 수도 있고 보상을 물릴 수도 있고, 지게 같은 것을 부술 수도 있다. 피해가 크면 관에 고발도 한다. 송계마다 다르다.

구체적으로, 명문화된 송계규약을 갖췄던 남일면 신동리 수천송계, 복수면 백암리 원백암송계, 부리면 매너머 팔동송계 사례를 중심으로 처벌의 정도와 차이를 살펴볼 수 있다. 수천송계에서는 지엽 석 다발을 불법으로 채취하면 벌금 1원을 징수하고, 작벌한 자에게 밑둥치의 크기에 따라 벌금을 차등 부과하며, 서까래감에 해당하는 나무 1주당 3원을 징수하도록 규정하고 있다. 또한 수천송계에서는 작벌하는 행위를 말리지 않거나 마을에 신고하지 않은 송계원에게 작벌자보다 더 무거운 벌금을 매기도록 규정하고 있다. 이것은 송계원으로 하여금 작벌에 대한 경각심을 높이고 상호 감시하는 기제를 강화하기 위한 것으로 해석된다.

원백암송계에서는 동유림 내 임목에 대한 금양·수호가 구성원 공동 책임임을 선언하고 작벌에 대한 처벌 규정을 보다 세분화하고 있다. 수종에 관계없이 밑둥치의 크기가 삼촌(三寸) 미만인 경우 1주당 500원, 삼촌 이상 오촌(五寸) 미만인 경우 1,000원, 오촌 이상인 경우 2,000원씩 벌금을 부과하도록 규정하고 있다. 매너머 팔동송계에서는 "원목 1주 도벌 시 300원 이상, 총대 정도 1주 도벌 시 200원 이상, 지엽 일부 100원 이상, 활엽수 일부 300원 이상" 등 작벌에 대한 벌칙을 규정하고 있다.

그 외에도 초장길 닦기와 발매 등 공동작업에 빠질 경우 궐전(闕錢)을 부과하는 등 일정한 제재를 가하여 무임승차와 기회주의 행태(opportunistic behavior)를 방지하려 했다. 하지만 궐전은 하루 품에 해당될 정도로 크지 않았고, 부득이한 경우에는 예외도 인정했던 것으로 보인다(강성복, 2001: 86).

6) 갈등 해결 장치

어느 조직에서나 구성원 간의 이견과 갈등은 상시적으로 표출되기 마련이고 이를 조정·해결하는 과정은 관례나 불문율에 따르거나 규정으로 명문화되어 있다. 독송계와 같이 한 마을 단위로 송계가 운영되어 송계원들이 이웃집에 숟가락 개수까지 알 수 있을 정도로 친밀성과 동질성을 확보하고 있던 경우는 여러 마을의 참여로 형성된 연합송계와는 갈등의 조정·해결과정이 사뭇 달랐을 것이다. 독송계와 같이 동질성이 높은 마을공동체는 친구, 동문수학, 친인척 등으로 상호 복합적으로 얽혀 있기 때문에 비록 갈등이 표출되더라도 집안회의, 비공식적인 술자리 모임, 동네를 오고가면서 나누는 길거리 대화 등 비공식적인 절차를 통해 갈등을 쉽게 해결할 수 있었으리라 짐작할 수 있다. 또한 마을 어르신들의 영향력은 당사자 간 갈등의 조정과 해결을 더욱 쉽게 했을 것이다.[80)]

그렇다면 여러 마을이 대규모로 참여했던 연합송계에서는 갈등 상황이 상시적으로 나타날 개연성이 높았을 것인데 어떻게 조정하고 해결해 나갔을까? 이에 대한 해답의 실마리는 현재로서 명확하지 않다. 하지만 다음과 같이 두세 가지 정도의 추측은 가능하다.

첫째, 연합송계의 수장인 대방(大方), 앉은대방, 솔대방의 절대적인 권위와 권한으로부터 그 해답의 실마리를 찾을 수 있다. 대방은 각

80) 갈등을 조정하고 해결하는 데 마을 어르신들의 영향력과 역할에 대해서는 전문가 B의 면담(2015.05.19.)에서도 확인된다.

마을 대표자가 참여한 정기계회에서 선출됐고, 대개의 경우 한 번 선출되면 특별한 사유가 없는 한 연임됐다.[81] 금산지역에서 "대방 한 번 하는 것이 군수보다 낫다", "대방으로 선출되는 것이 군수 되기보다 어렵다"는 말이 회자되는 점에서 알 수 있듯이 학식과 덕망을 갖춘 지역사회 유력자들이 대방으로 선출됐다(강성복, 2001: 33~34). 따라서 대방의 언행은 송계 안에서 상당한 영향력과 파급력을 가졌을 것으로 추측된다. 대방은 송계원 간, 마을 간, 송계 간 발생할 수 있는 갈등 상황을 미연에 방지하고 이미 표출된 갈등 상황에 적극적으로 개입하고 중재하여 해결할 수 있었을 것이다. 초장길 닦기 행사에서 대방의 절대적 권위를 강성복(2001: 34)의 다음 글에서 가늠해 볼 수 있다.

> 유사시 대방의 명령과 지시사항은 절대적인 것이어서 초군들은 감히 이의를 제기하거나 거역하지 못했다. 실제 그 권위가 얼마나 대단했던지 초장길 닦는 날 싸움이 일어나면 일본 순사도 말리지 못하는 험악한 상황을 앉은대방의 말 한마디면 수습이 됐고, 군수나 경찰서장이 부임하면 인사를 올 정도로 초군들 사이에서 신임을 받았다는 것이다(강성복, 2001: 34).[82]

둘째, 연합송계에 참여하던 마을들 중에서 유력 마을의 영향력은 상당했을 것으로 추측된다. 대개 이런 마을 출신 인사가 대방에 선출됐다는 사실에서도 이를 짐작할 수 있다. 한 예로, 금산읍 보티재 송

81) 제원면 신안골 열두송계의 경우 2~3년마다 동리 대표자들이 모여 솔대방을 선출했고, 임기기간은 분명치 않다(강성복, 2001: 34; 강성복, 2003).

82) 강성복의 1998년 12월 8일과 2001년 5월 23일 두 차례 현지조사에서 금산읍 음지리 장동이 양귀석(남, 90세) 씨, 남이면 하금리 고촌 정태옥(남, 85세) 씨의 도움말.

계의 대방은 금산읍 중도리에서, 수리너머재 송계의 앉은대방은 금산읍 하옥리에서, 열두봉재 송계의 앉은대방은 금산읍 아인리에서 각각 배출됐다(강성복, 2001: 35). 그리고 제원면 신안골 열두송계의 솔대방은 제원리에서 배출됐다(강성복, 2001: 35; 강성복, 2003). 이들 마을은 송계의 조직, 운영, 관리에서 상당한 영향력을 행사할 수 있었고, 갈등 상황의 표출 가능성을 낮추고 조정과 해결 가능성을 높였을 것으로 추측된다.

셋째, 연합송계의 결속력을 강화하려는 노력들이 공동체 축제와 놀이문화를 통해 이루어졌다. 초장길 닦기 행사 기간 동안 행해지던 각종 축제와 민속전통에서 그 일단을 찾을 수 있다. 초장길 닦기 행사 기간 동안 행해지던 서낭제 및 산신제, 기세배, 풍물싸움, 농기싸움, 들돌놀이, 공치기 등은 초장길 닦기가 단순히 공동체의 집단 노동에만 국한되지 않고, 공동체 축제와 놀이가 함께 어우러졌음을 의미한다. 이러한 공동체 축제와 놀이 전통은 송계원 간의 공동체의식 고취와 상호의존성을 보다 공고히 하는 데 상당히 이바지했을 것이다.

7) 최소한의 자치조직권 보장

금산지역 송계들은 상당한 수준의 자치조직권을 향유했던 것으로 파악된다. 앞에서도 언급했듯이, 금산지역 많은 송계들이 조선 후기 국가나 관청으로부터 송계산을 입안받았는데, 이는 송계들이 자체적으로 조직권, 운영권, 처벌권을 행사하고 상당한 독립성과 자율성을 가졌음을 의미한다. 송계원의 공동 거출과 마을 공동기금으로 송계산을 매입했거나 산주계약에 의해 송계산의 산림이용권을 확보한 경우에도 상당한 수준의 독립성과 자율성을 가졌을 것으로 보인다.

송계 조직은 송계마다 다양한 모습과 특성을 보이지만, 크게 ① 동계, 촌계, 대동회의 등과 같은 촌계류 조직의 하부조직으로 운영되는 경우, ② 독립적인 조직으로 운영되는 경우로 구분해 살펴볼 수 있다. 송계가 촌계류 조직의 하부조직으로 운영되던 경우는 동유림을 마을 공동체의 소유로 하고 있던 독송계나 리송계에서 주로 나타난다. 금산지역 125개의 독송계와 리송계에서 독자적인 조직과 운영기구를 갖춘 경우는 15여 개에 불과했다(강성복, 2001: 42). 이는 많은 독송계와 리송계가 촌계류 조직의 하부조직으로 운영됐음을 보여준다. 이런 경우 촌계류 조직 내에 송계유사, 산림유사, 초군대방, 산림순시원 등을 두기도 했다. 대개 마을 구성원과 송계원이 일치하기 때문에 굳이 별도의 조직을 마련·운영할 필요성이 적었기 때문이다.

상대적으로 큰 규모로 운영되던 독송계나 리송계, 연합송계는 별도의 송계 조직을 운영했다. 여기에는 송계의 총 책임자에 해당하는 대방, 앉은대방, 솔대방, 계장이 있었고, 실제 송계의 집행 업무는 초군대방(樵軍大方), 초정대방(樵丁大房), 산림유사(山林有司)가 담당했으며, 그 외에도 순산원, 유사 등이 있었다. 하지만 송계마다 계임의 명칭이 상이하고 한 계임이 여러 업무를 한꺼번에 맡는 경우가 많았다. 한 예로, 제원면 신안골 열두송계에서 솔대방은 송계에 대한 전반적인 관리 책임을 맡으면서 송계산 관할구역을 순시하고 작벌을 감시했다(강성복, 2003).

대방이나 앉은대방은 대규모 연합송계의 총 책임자를 지칭했다. 독송계, 리송계, 중소규모의 연합송계에서는 송계의 수장을 보통 계장이라 칭했는데, 금산지역 19개의 송계에서 확인된다. 구체적으로, 독송계 8개, 리송계 1개, 연합송계 10개(십동(十洞) 미만의 송계 9개, 십동 이상 송계 1개)에서 송계의 수장을 계장이라 칭했다. 대규모 연합송계의 초군대방은 송계의 수장인 앉은대방을 보좌하고, 송계산의 금양·수호, 산전의 도조 수급, 송계산 관할구역 순시, 작벌 감시와 처벌 등 실질적인 집행업무를 담당했다. 이에 반해, 독송계, 리송계, 중소규모의 연합송계에서 초군대방은 실질적으로 송계를 운영하기도 했다(강성복, 2001: 33~44).

독자적인 조직과 운영기구를 갖추고 있던 송계는 매년 가을걷이가 끝나고 정기적으로 송계회의를 개최하여 송계 관련 제반 사항을 다루었다. 송계회의에서 공동기금 출납 내역과 관리, 산전 도조액 책정과 수납, 송계산 조림사업, 추입 계원 자격 심사, 신입례, 송계 수장 및 역원 선출 등 제반 사항을 논의하고 결정했다. 이와는 별도로 임시회의를 개최하여 풀령, 초장길 닦기 등 송계의 주요 행사 날짜 정하기, 관청과의 관계 등 시급한 현안을 논의하고 결정하기도 했다.

8) 중층적 사업단위

자연마을 단위로 결성된 독송계와는 달리, 리송계와 연합송계에서는 여러 마을공동체가 송계에 참여했다. 여기에는 적어도 두 개의 중층구조가 나타나기 마련이다. 송계 관련 주요 안건은 일단 마을회의에서 의견을 수렴한 다음, 송계 차원의 전체 회의에서 송계유사, 이장과 같은 마을 대표자가 각 마을의 의견을 대변했다. 의사결정에서 간접민주주의 방식을 활용하고 있었던 것이다. 또한 마을 간의 갈등이나 이견은 송계회의에서 적극 조정·해결됐다.

한편 한 마을공동체가 2~3개 송계, 심지어는 4~6개 송계에 중첩적으로 가입했던 경우를 생각해 볼 수 있다. 제도주의적 관점에서 볼 때, 이런 상황은 제도 운영의 불확실성과 불안정성을 높일 수 있다.

즉 감시 및 감독 비용, 정보교환 비용, 의사결정 비용과 같은 거래비용을 높이고, 상호 간의 신뢰 형성을 어렵게 할 수도 있기 때문이다. 한 마을공동체가 여러 송계에 참여하는 경우, 송계마다 각기 다른 규정과 의결 사항들이 어떻게 충돌 없이 준수될 수 있었는지 현재로서는 명확하지 않다. 예를 들어, 풀령 트는 날짜, 초장길 닦기, 발매 등이 송계 간에 겹칠 수도 있기 때문이다. 하지만 자료상 한계로 인해 더 이상의 확인은 불가능하다. 다만 한 마을공동체가 중첩적으로 여러 송계에 가입한 경우, 이를 고려하여 송계가 보다 신축적으로 운영되지 않았나 추측할 뿐이다.

송계 간의 현안—이를테면, 송계산 경계에 대한 이견 및 갈등, 연합송계 간의 분쟁—은 송계 수장 간의 대화와 협의를 통해 해결을 모색했던 것으로 보인다. 예를 들어, 진악산 자락을 송계산으로 삼던 보티재 송계, 수리너머재 송계, 열두봉재 송계 등 3개의 연합송계에서는 송계의 수장인 앉은대방들이 회합을 통해 초장길 닦기 날짜가 서로 겹치지 않도록 조정했다(강성복, 2001: 86). 추측컨대, 송계 수장들은 회합을 통해 갈등을 미연에 방지하거나 이미 표출된 갈등과 이견을 조정하고 때로는 협력했을 것으로 짐작된다.

4. 금산지역 송계의 특징

금산지역 송계의 두드러진 특징은 송계의 결성과 운영에서 제도나 규칙의 역할보다는 오히려 공동체의식, 공동체 유대감이 훨씬 중요한 역할을 했다는 점이다. 과거 공동체 유대감과 공동체적 강제력이 산림이라는 공유자원을 유지하고 관리하는데 무임승차, 지대 추구와 같은 부정적 요소를 예방하고 감시 비용과 처벌 비용을 낮추는 데 상당한 기여를 했다. 이는 결국 송계의 공평하고 효율적인 운영을 가능하도록 했고 송계 조직의 장기지속성을 보장했다. 이런 사실은 전문가 A의 면담(2015.05.12.)에서도 확인된다.

> 공동체적 강제력은 누구나 받아들이는 상식이었던 것이다. 오히려 그것에 어긋나는 것이 이상한 것이었다. '초장길 닦기'와 같은 경우가 대표적이다. 그때가 엄청난 축제인데, 어렸을 때 추석 기다리듯이 이 날을 사람들이 기다리는 것이다. 그때는 일하러 가면서도 옷을 깨끗이 차려 입고 농기를 휘날리면서 신나서 가는 것이다. 그러니까 포인트를 어떻게 두느냐에 따라서 전혀 상반된 결론이 나올 수 있는데, 규약이나 이런 것이 있었다고 하더라도 사실은 그게 없어도 공동체는 그냥 돌아갔다. 규칙 때문에 송계가 유지된 것이 아니다.

또한 금산지역 송계의 결성과 운영은 단순히 생존 차원에서 땔감과 퇴비 확보에 그치는 것이 아니었다. 산전 개간을 통한 도조 확보, 유실수 식림 등을 통한 공동기금의 창출을 통해 공동체의 안녕과 번영을 추구했다. 특히 이러한 공동체 전통은 자연마을과 같은 소규모 공동체로 꾸려진 송계에서 강하게 나타났다. 따라서 송계를 단순히 생존과 경제적 차원에서만 접근해서는 안 된다. 이것은 결국 공유자원의 지속 가능한 이용·보호·관리를 단순히 경제적 이익, 제도적 장치의 유무만으로 접근할 경우, 공유자원의 자치적 관리의 성공가능성을 담보할 수 없음을 시사한다. 공동체의 생존과 공동 번영이라는 큰 틀 속에서 공동체의식과 유대감, 소속의식, 관계성 등을 함께 고려해야만 비로소 성공가능성을 높일 수 있는 것이다.

금산지역에는 상당히 큰 규모의 송계들이 존재했다. 여러 마을로 구성된 대규모의 연합송계는 초군 수만 해도 1,000~2,000명에 이르는 거대한 조직이었다. 금산지역 최대 규모의 송계였던 금산읍 수리너머재 송계에는 금산읍, 남일면, 남이면에 속한 12개리 40여 자연마을이 참여했다. 그 외에도 제원면 신안골 열두송계에는 20여 자연마을, 금성면 월봉재 열두송계에는 30여 자연마을이 참여했다(강성복, 2003). 이렇게 송계 조직의 대규모성은 여타지역에서는 아직까지 보고되지 않은 금산지역 송계의 특성이라고 할 수 있다.

금산지역 송계의 지도자들은 상당한 권위와 권한을 가지고 있었다. 이것은 비단 금산지역 송계뿐만 아니라 과거 전통사회에 존재하던 많은 송계에서도 보편적으로 나타나던 현상이다. 금산지역에서 특히 연합송계의 지도자인 앉은대방, 초군대방 등은 상당한 권위와 권한을 가졌는데, 이들의 권위와 권한은 구성원 간 갈등과 이견을 조정·해결하는 데 큰 역할을 했다.

하지만 현재 금산지역에서 상당한 수의 송계는 이미 사라져 존재하지 않는다. 아직 남아있는 송계들은 대부분 촌계, 동계, 대동회의와 같은 촌계류 조직의 하부조직인 경우가 많다. 독자적으로 송계 조직과 운영기구를 갖추고 있는 일부 송계에서도 송계산의 이용·보호·관리 관련 업무가 주를 이루기보다는 송계원 간의 친목도모와 송계 전통의 계승 차원에 국한되어 있다.

제4절 계룡산 국사봉(國師峰)지역 송계[83]

1. 계룡산 국사봉지역과 국사봉지역 송계의 개괄적 현황

충청남도 논산시, 공주시, 계룡시, 대전광역시 유성구에 걸쳐 있는 계룡산(鷄龍山)은 오랫동안 사람들에게 신성시되어 왔고, 조선시대에는 국가의 주요 제사처인 중악단(中嶽壇)이 위치하여 있었다. 향적산(香積山) 국사봉(國師峰, 574m)은 계룡산의 주봉인 천황봉(天皇峰, 845m)으로부터 서남쪽으로 갈라져 나와 논산시와 계룡시의 경계를 이루며 우뚝 솟아있다(강성복, 2009). 지역민들은 국사봉을 오랫동안 신성한 장소로 인식하고 해마다 산신제를 지내왔다. 계룡시 엄사면(奄寺面) 향한리(香汗里)에서는 음력 정월 14일에 산신제를 지내며, 논산시 상월면 대명리 띠울 산신제, 큰말 산신세, 별바위 산신제는 음력 10월에 지낸다.

과거 국사봉지역 산하민(山下民)들에게 국사봉은 시초(柴草)를 공급하는 매우 중요한 곳이었다. 국사봉은 과거 지역민들이 바닥풀, 보리풀과 같은 퇴비 및 땔감을 확보하기 위해 지속적으로 보호·관리해야 했던 소중한 공유산림이었다. 오랫동안 정착·운영되어 오던 입회관행과 불문율을 통해 지역민들은 국사봉에서 땔감과 퇴비를 확보하여 왔고, 이런 관행은 공유산림의 지속 가능한 이용과 관리를 위한 '송계'라는 자치적 자율공동체를 결성하는 바탕으로 작용했다. 국사봉지역에서 송계는 모두 6개로 파악된다. 계룡시 향한리 송계, 엄사리

83) 국사봉지역 송계, 특히 향한리(香汗里) 송계에 대한 연구는 강성복(2009, 2010)의 내용을 바탕으로 연구와 분석이 이뤄졌다.

송계, 향한리-엄사리 양동(兩洞)송계, 논산시 대명리 띠울 송계, 유동리 송계, 대우리 송계 등이다.

국사봉지역 여섯 송계 중에서 적어도 향한리 송계는 기층민 주도로 형성된 지역공동체 조직으로 보인다. 대한제국 시기 「광무양안(光武量案)」[84]에 실린 향한리 농지 소유 현황으로부터 이를 유추할 수 있다. 이 시기에 향한리에서 경작지를 보유한 농민의 수는 총 160명에 달하는데, 이 중 1,500평 이하의 토지를 소유한 농민의 수는 105명으로 압도적으로 다수를 차지하며, 6,000~9,000평을 소유한 중상농의 수는 단지 3명에 불과했다. 전체 농지 약 25만 평 중 자작농지가 약 21만 평(약 83%)을 차지했다는 사실에서도 이를 짐작할 수 있다(김현숙, 2010: 87~89). 당시 향한리 79세대 중 27세대가 2칸 가옥을, 48세대가 3칸 가옥을 소유했던 반면, 오직 4세대만이 큰 규모인 4칸 가옥을 소유하였다(김현숙, 2010: 75).

향한리 송계는 조선 후기 오랜 입회관행을 바탕으로 1870년(경오년, 고종 7년)에 관청으로부터 송계산을 입안받아 창계됐던 것으로 보인다. 강성복(2009, 2010)은 현재 남아있는 향한리-엄사리 산송(山訟) 관련 소지(所志), 송계장부 등을 바탕으로 1860~1870년 사이에 창계된 것으로 추정한다. 1908년부터 해마다 송계의 기금 관리, 수입 및 지출내역, 추진 사업 등을 기록한 「향한리송계장부(香汗里松稧帳簿)」의 말미에 '1870년 송계 결성 후 (향적산 명칭) 소유로서 수호관리하고 있음'의 기록이 남아있는 것으로 봐서(강성복, 2009), 향한리 송계의 창

84) 「광무양안(光武量案)」(1898~1904년)은 대한제국 시기에 양전사업으로 실시됐던 토지문서를 말한다. 여기에는 "마을 토지의 면적과 종류 및 비옥도, 호구 수와 가옥 주인, 토지 소유자 및 작인, 그리고 물레방앗간 등" 마을 및 주민의 경제적 상황을 파악할 수 있는 귀중한 정보가 담겨 있다(김현숙, 2010: 72).

계 시기를 1870년쯤으로 보아도 무방할 듯하다. 향한리 송계는 창계 당시 연산현(連山縣) 식한면(食汗面) 향한(香汗), 운전(雲田), 외송(外松), 용계(龍溪), 종평(宗坪), 운동(雲東) 등이 참여한 연합송계의 성격을 띠고 있었다. 1997년 이전까지 적어도 한번 추입(1921년)이 이루어졌고, 1997년에는 송계원 수가 당시 70명에서 235명[85]으로 대대적인 추입이 이뤄져 송계 조직을 확대·개편했다. 이와 동시에 '향한리 송계' 법인으로 재출범하면서 오늘에 이르고 있다.

엄사리 송계 또한 향한리 송계와 비슷한 시기에 관청으로부터 송계산을 입안받아 창계됐던 것으로 보인다. 한국전쟁 이후에 출범한 대우리 송계는 다른 다섯 송계에 비해 가장 늦게 만들어졌다. 과거 두레를 조직해 논을 맨 품삯을 모은 마을 기금으로 송계산을 공동매입하여 창계했다(강성복, 2009).[86] 대명리 띠울 송계와 유동리 송계의 창계 내역은 확실치 않다. 향한리－엄사리 양동송계가 창계된 시기는 명확하지 않으나, 송계산 연고권과 산림이용권을 둘러싼 향한리와 엄사리 간의 반목과 갈등으로 인해 1900년 전후 10여 년 동안 산송이 진행되면서 해체된 것으로 보인다.[87]

1) 국사봉지역 송계의 유형

국사봉지역 여섯 송계 모두 퇴비,땔감 등 시초를 확보하기 위한 목

85) 강성복(2009, 2010), 유보경(2010) 등에서는 1997년 송계의 재개편 후 송계원 수가 225명으로 확충됐다고 하는데, 1997년 음력 1월 15일자로 작성된 「송계계칙」 〈송계원명부〉에는 235명의 송계원 명단이 실려 있다.

86) 강성복의 현지조사(2009.03.14.) 기간에 대우리 송계장 김동춘(남, 1939) 씨의 도움말. 강성복(2009: 각주37)을 참조하기 바란다.

87) 강성복(2009)은 향한리－엄사리 양동송계의 해체 시기를 1905년쯤으로 보고 있다.

적으로 창계됐던 것으로 보인다. 이는 금산지역 대부분의 송계가 결성된 계기와 비슷하다(강성복, 2001: 25). 과거 농경사회에서 바닥풀, 보리풀 등 퇴비 확보와 더불어, 땔감을 확보하는 일은 생존과 직결되던 사안이었기 때문이다. 이로써, 국사봉지역 여섯 송계는 모두 기층민 주도의 송계라고 짐작이 된다. 대우리 송계는 공동매입 방식으로 송계산을 확보하였던 반면, 향한리 송계, 엄사리 송계, 향한리–엄사리 양동송계는 확실하게 관청으로부터 송계산을 입안받아 결성되었다. 하지만 대명리 따울 송계와 유동리 송계는 어떠한 방식으로 송계산을 확보했는지는 현재로서는 확인하기 어렵다.

송계의 조직범위 측면에서 보면, 향한리 송계와 향한리–엄사리 양동송계만이 연합송계의 성격을 띠었으며, 나머지 송계들은 자연마을을 단위로 결성된 독송계의 성격을 띠고 있었다고 할 수 있다. 향한리–엄사리 양동송계는 국사봉 석령(石嶺) 일대를 송계산으로 향한리와 엄사리 두 개의 마을이 참여한 연합송계였다. 하지만 송계산 연고권과 이용권을 둘러싼 두 마을 간의 갈등이 첨예하게 나타났고, 10여년 동안의 산송에 휘말리게 됐다. 이 과정에서 향한리–엄사리 양동송계는 해체의 길로 접어든 것으로 보인다(강성복, 2009).[88)]

다른 촌계류 조직과의 관계 측면에서 볼 때, ① 동계의 하부조직으로 운영되는 경우, ② 촌계류 조직의 일부 기능을 대신하는 경우, ③ 촌계류 조직보다 상위에 위치하는 경우 등 세 가지 유형의 송계가 모두 나타난다. 동계의 하부조직으로 운영되던 경우는 대명리 따울 송계와 엄사리 송계를 들 수 있는데, 동계 조직 내에 송유사(松有司)를 두고 송계산의 순산, 감시, 보호, 관리 등의 업무를 담당했다. 마을에서 두

---

88) 향한리–엄사리 양동송계의 창계과정, 갈등 및 산송과정 등은 강성복(2009)을 참고하기 바란다.

례를 조직하여 마련한 품삯을 공동기금으로 송계산을 확보했던 대우리 송계는 송계산 관련 업무뿐만 아니라, 동계의 일부 기능과 역할을 대신했다. 대명리 띠울 마을에서는 동계를 조직하는 대신에 상여, 차일(遮日), 병풍, 혼구(婚具) 등을 대여하여 주고 셋돈[貰錢]으로 마을 공동 기금을 운영했다(강성복, 2009). 향한리 송계는 동계를 대신하여 산제와 거리제를 주관하고 비용을 직접 충당하고 있다. 현재에도 향한1리, 2리 마을회관 유류비 지원, 한가위 노래자랑 등 많은 행사와 사업을 주관하고 있어 동계의 기능과 역할을 대신하고 있다. 아마도 향한리 송계가 전래로부터 상당한 규모의 자체 기금과 재산을 확보하고 있었기 때문에 이러한 역할이 가능했던 것으로 보인다.

2) 오늘날 국사봉지역 송계의 현황

오늘날 국사봉지역 여섯 송계의 현황을 보면, 〈표 5-9〉와 같다. 이들 가운데 향한리 송계가 유일하게 국사봉 남록에 44만 평이 넘는 송계산을 최근까지 보유한 채 송계 조직을 지속적으로 운영하고 있다. 일제강점기 '임야조사사업'(1918~1924) 시기인 1919년 2월 당시 이장 박정래(1830~1926) 명의로 사정(査定)됐다가 해방 이후 특별조치법에 따라 6명의 명의로 이전했다. 다시 1971년 박영신, 임재신, 유지남 3명 명의로 이전했다가 1997년 송계의 법인화로 송계산을 '향한리 송계'로 최종 이전했다(강성복, 2009).[89] 2016년 3월 19일 향한리 송계는 계원 224명 중 151명이 참석한 임시총회에서 송계산을 63억 7,800만 원에 계룡시에 매각하기로 결정했다(아시아뉴스통신, 2016.03.21).

89) 박영신 씨는 박정래 이장의 손자이며, 임재신 씨, 유지남 씨는 당시 향한1리, 2리 이장이었다고 한다(강성복, 2009).

〈표 5-9〉 국사봉지역 송계 현황

송계	송계(산) 유래	송계산 위치	면적(평)	송계 존속 여부
향한리 송계	입안, 19세기 후반	국사봉 남록	444,752	지속(송계산 매각)
엄사리 송계	입안, 19세기 후반	국사봉 동북	78,000	해체(송계산 매각)
대명리 띠울 송계	확인 불가	국사봉 서록	210,000	지속 (송계산 매각)
대우리 송계	송계산 공동매입 (한국전쟁 이후)	국사봉 서남록	69,000	해체(송계산 매각)
향한리-엄사리 양동 송계	19세기 후반	국사봉 남동록	확인 불가	해체(1905년경)
유동리 송계	확인 불가	국사봉 주변산록	확인 불가	해체(송계산 매각)

출처: 강성복(2009). "<표 1> 국사봉 주변 마을의 송계 현황" 재구성 및 최근 현황 반영.

앞으로 계룡시는 송계산 일대에 '향적산 치유의 숲' 조성을 추진한다고 한다.[90] 엄사리 송계, 대명리 띠울 송계, 대우리 송계는 모두 송계산을 매각했으며, 대명리 띠울 송계는 동계 조직의 하부조직으로 남아 있다. 엄사리 송계는 20여 년 전에 7만 8천 평에 달하는 송계산을 매각하여 일부는 동중재산으로 남기고 나머지 일부는 송계원에게 골고루 배분했다. 대명리 띠울 송계와 대우리 송계는 각각 21만 평과 6만 9천 평에 달하는 송계산을 매각했다. 두 송계 모두 송계산의 매각 시기는 확실치 않다. 유동리 송계는 일제강점기에 송계산이 매각되면서 가장 일찍 폐계(廢契)됐다.

90) 향한리 송계 총무 안영상 씨는 면담(2015.07.19.)에서 계룡시가 '향적산 치유의 숲' 조성을 위해 송계산 매입을 추진하고 있다고 언급했다. 계룡시에 매각된 송계산은 계룡시 엄사면 향한리 산 50-1로 1,463,620m²(약 44.4만 평)에 달한다(아시아뉴스통신, 2016.03.21).

2. 향한리 송계계칙

향한리 송계는 1997년 법인화 이후 몇 차례 「송계계칙(松契契則)」 개정 후 오늘에 이르고 있다. 특히 흥미로운 점은 부칙 2조에서 "본 계칙에 기재되지 않은 사항은 본계가 승계하여 전래해온 관례로 한다"라고 규정하여 전통적으로 내려오던 관례와 불문율에 따라 송계가 운영되고 있음을 천명하고 있다는 사실이다.

1997년 '향한리 송계' 법인의 출범 시 제정된 「송계계칙」(1997.(음) 01.15.)을 살펴보면 다음과 같다.

「송계계칙(松契契則)」

제1장 총칙

제1조(명칭) 본 계의 명칭은 향한리 송계라 칭한다.

제2조(소재지) 본 계의 사무실은 향한리 338-1번지에 둔다.

제3조(목적) 본 계는 계원 상호 간에 친목을 도모하고 향한리 일원에 문화적 사회적 발전을 기여하며 예부터 승계하여 오는 재산을 선량히 관리함을 목적으로 한다.

제2장 계원

제4조(계원)

1) 본 계의 계원은 기 조직되어 승계하여 오는 자로 하고 계원이 유고시에는 특별한 사유가 없는 한 장자에 승계한다.
2) 본 계의 승계는 여식에게는 승계할 수 없으며 승계할 자손이 없을시 계원의 처까지 승계가 끝난다.
3) 계원의 처가 사망했을 시 2년 이내에 출가한 장녀가 계원승계 신청을 송계에 출원하면 임원회에서 결의하여 송계원으로 인

정한다.

제5조(계원의 자격상실) 다음의 경우에는 계원의 자격을 상실한다.

1) 자퇴대상자

가. 전 가족이 국외로 이주하여 계원과 같은 행동을 할 수 없을 때

나. 계원 가족 전부가 행불 또는 불명일 때

2) 제명대상자

가. 본 계의 재산에 많은 훼손(약 1,000만 원 이상)을 가해하거나 계의 명예를 극히 훼손했을 때

제6조(의무) 본 계가 주관하여 재산관리를 위시한 제 사업과 회칙 준수 및 부과금 납부 등을 의무로 한다.

제7조(권리)

1) 계원은 발언권, 의결권, 임원선거권 및 피선거권을 갖는다.

제3장 임원

제8조(임원) 본 계는 다음의 임원을 둔다.

1) 계장 1명
2) 부계장 3명(향한 1명, 서울지역 1명, 대전지역 1명)
3) 총무 1명
4) 재무 1명
5) 감사 2명
6) 운영위원 6명(향한 2명, 서울지역 2명, 대전지역 2명)
7) 고문 약간명(임원회에서 선정된 자)
8) 임원 선거인단 11명(향한지역 6명, 서울지역 2명, 대전 기타지역 3명)

제9조(임원의 선임과 임기) 본 계의 임원선출과 임기는 다음과 같다.

1) 계장, 부계장, 감사, 운영위원은 선거인단 회의에서 선출하고, 총무, 재무는 계장이 임의 선정 선거인단 과반 수 이상의 의결

을 거쳐 업무를 집행하고, 고문은 2명으로 하되 1명은 전임계장(당연직)과 1명은 계장이 선임할 수 있고, 계장은 향한 거주 계원으로 한다.

2) 임기 기간 중 결원이 생길 시에는 후임자를 보선하고 전임자의 잔여 기간만 재임한다.

3) 임원의 임기는 공히 3년으로 하되 연임할 수 있다.

제10조(임원 임무)

1) 계장: 본 계를 대표하며 계무를 총괄한다.

2) 부계장: 부계장은 계장을 보좌하고 계장 유고시 계장을 대행한다. 서울, 대전 기타 부계장은 그 지역에 거주 계원과 계무를 협의 유대를 갖는다.

3) 총무: 계장의 지시에 따라 회의 등 행정적 업무를 수행하고 제회무기록유지와 행사진행의 실무업무를 담당한다.

4) 재무: 계 소유의 재산을 선량하게 관리 보존하고 계비를 총괄하며 입출금을 관장한다.

5) 감사: 계비 입출금의 관리상태와 제 자산의 운영상황 등을 년 1회(필요에 따라 수시) 감사하고 총회 시 감사보고한다.

6) 운영위원: 임원과 같은 임무를 가지며 분담지역의 제 업무를 관장한다.

7) 고문: 계원이 아닌 자로 계 또는 계에서 관리하는 재산 등을 보호하는데 공로가 있는 자를 임원회에서 선임하고 계원과 동일한 권리와 의무를 가지며 운영위원과 동일한 자격을 갖는다.

제4장 회의

제11조(회의) 본 계의 회의는 정기총회와 임시총회로 하되 정기총회는 매년 음력 1월 15일로 하고 필요에 따라 임시회의를 소집할 수 있다.

제12조(성원 및 의결)

1) 정기총회는 매년 1월 15일(음) 실시하고 임시총회는 필요 시

계장이 총무, 재무, 감사, 운영위원 등과 협의 일시를 정하되 회의를 소집할 수 있다.

2) 본 계칙 개정, 계의 부동산 매각처분, 매입 현금 1,000만 원 이상과 계원의 징계 등에 관한 사항은 제적인원 과반 수 이상 참석 참석인원 3분의 2 이상으로 결의한다(회의 참석은 위임장으로 대신할 수 있다).

기타 매년 집행하는 산신제 비용과 임원 선출 및 1,000만 원 이하 지출금액은 참석 계원 과반수 이상 찬성으로 의결한다.

*회의 참석은 위임장으로 대신할 수 있다.

제5장 사업

제13조(사업) 본 계에서는 재정이 허락되는 범위 안에서 향한리 일원에 문화적, 사회적, 복지사업을 할 수 있다.

제6장 상벌

제14조(포상) 계에서 관리하는 부동산관리 또는 계에서 관장하는 제 사업에 공로가 있는 사람은 이에 적응한 포상을 한다. 포상의 발의와 포상의 내용은 임원회에서 결정한다.

제15조(징계)

제5조에 의한 징계는 임원회에서 발의, 총회에서 결정하고 기타 징계는 임원회에서 결정하고 총회 시 보고한다.

제16조(징계의 종류)

징계의 종류는 아래와 같다.

1) 주의
2) 경고
3) 변상
4) 제명

제7장 재정

제17조(재정) 본 계가 관리하는 부동산은 아래와 같다.

소재지		지목	지적(m²) (평)	소유자	
리동	지번			주소	성명
엄사면 향한리	산 50-1	임야	1,463,620 (442,743)	향한리 338-1	향한 송계
〃	338-1	대지	779 (236)	〃	〃
〃	338-3	도로	285 (86)	〃	〃
〃	491-1	대지	176 (53)	〃	〃
〃	654	〃	473 (143)	〃	〃
〃	655	〃	513 (155)	〃	〃
〃	656	〃	368 (111)	〃	〃
〃	657	〃	815 (247)	〃	〃
〃	658	〃	653 (198)	〃	〃
〃	659	〃	267 (81)	〃	〃
〃	660	〃	698 (211)	〃	〃
〃	661	〃	181 (55)	〃	〃
〃	662	〃	356 (108)	〃	〃
〃	663	〃	655 (198)	〃	〃
〃	664	〃	421 (127)	〃	〃
계	15필지		1,470,260m²(444,752평)		

제8장 부칙

제1조(비치서류) 아래서류 및 대장은 반드시 비치하여야 한다.

1) 계원명부
2) 금전출납부
3) 재산대장
4) 제 증빙서류
5) 예금통장
6) 회칙(다수 인쇄 보유)
7) 신상기록카드
8) 참석자 명부

제2조(관례) 본 계칙에 기재되지 않은 사항은 본계가 승계하여 전래해온 관례로 한다.

제3조 본 계칙은 의결한 날부터 시행한다.

향한리 송계의 「송계계칙」에서 몇 가지 주된 특징이 발견된다. 첫째, 향한리 송계는 다소 폐쇄성을 지니고 있다. 계원 자격 승계 원칙에서 장자(혹은 장손) 승계를 고수하고 있다. 1997년 법인 출범 당시까지도 계원의 딸에게는 계원 자격 승계를 불허했다. 즉 "본 계의 승계는 여식에게는 승계할 수 없으며 승계할 자손이 없을 시 계원의 처까지 승계가 끝난다"로 규정했다. 그 이후 "계원의 처가 사망했을 시 2년 이내에 출가한 장녀가 계원 승계 신청을 송계에 출원하면 임원회에서 결의하여 송계원으로 인정한다"는 계칙 조항이 추가됐다.[91] 그럼에도 계원 자격 승계에서는 여전히 폐쇄성이 보인다. 둘째, 더 이상 송계산에서의 식림, 산림감시와 보호 활동, 자체 수익 사업 등에 대해

91) '계원 장녀의 자격 승계 신청'에 관한 조항이 언제 추가됐는지 확실치 않다.

서는 언급이 아예 없거나 구체적이지 않다. 그보다는 상호 친목 도모, 송계 재산 관리, 기타 상부상조 기능을 주로 담당하고 있다. 셋째, 향한리 송계는 상당한 규모의 계 재산을 보유하고 있었다. 이는 향한리 송계가 지역사회의 구심점 역할을 수행할 수 있는 기반이 됐다.

이제부터는 향한리 송계를 중심으로 제도설계원칙 적용 여부를 분석하고자 한다. 현재까지 향한리 송계가 지속 가능하게 운영되고 있고, 송계 관련 자료가 상대적으로 풍부하게 남아 있기 때문이다.

3. 제도설계원칙 적용

1) 명확하게 정의된 경계

조선 후기 향한리는 두 번의 산송에 휘말렸는데, 밀양 박씨와 조씨 간의 산송[92]과 향한리–엄사리 간의 산송이 그것이다. 이는 조선 후기 전국적으로 들풀처럼 번졌던 산 관련 송사가 향한리에서도 예외가 아니었음을 말해준다. 송계산과 직접 관련이 있는 향한리–엄사리 간의 산송은 당시 송계산 경계가 명확하지 않았다는 점을 말해준다. 엄사리 송계가 국사봉 석령(石嶺) 일대를 자신의 송계산으로 입안하면서 산송이 시작됐다가, 두 마을이 1890년경 석령 일대를 공동으로 금양·수호하기로 약조하고 양동(兩洞) 연합송계를 출범시켰다. 하지만 두 마을이 송계산의 금양·수호를 위한 중요한 안건(예: 발매, 순산, 풀령, 초장길 닦기)을 함께 협의하고 의사결정을 하기 위한 조직 체계는 구성하지 못했던 것으로 보인다. 10여 년 동안의 송계 운영 이후 갈

92) 산송은 박준용 씨와 조씨 사이에 있었던 소송으로 1858년부터 1869년까지 10여 년 동안 지속됐다(강성복, 2009).

등이 불거졌고, 1901년 두 마을이 재차 조약을 맺었으나 1903년 엄사리 주민들이 향한리 초군들을 구타하고 낫과 지게를 빼앗는 사건이 발생했다. 이에 대응하여 1904년 통정(通政) 이응원(李應遠)을 포함한 향한리 여섯 마을 주민 78명이 충청감영에 집단소송인 소지(所志)를 제출하기에 이른다(이연숙, 2010).[93] 1905년 충청감영의 판결이 있게 됐고, 결국 향한리–엄사리 양동송계는 해체되고 말았다.

이렇게 송계산을 둘러싼 갈등과 반목이 있었고 비록 경계가 불안정적·불확정적이었다고 하더라도 대체로 송계산의 구역과 경계는 송계원, 비송계원, 외지인들에게는 충분히 인식되고 있었을 것으로 보인다. 오히려 대개의 경우 송계산 면적 자체가 워낙 넓기 때문에 송계원이든 비송계원, 외지인이든 간에 사전 허가 없이 불법으로 작벌하고자 하는 유인이 강하게 작용했을 것이다.

향한리 송계는 주로 자연마을 단위로 형성됐던 독송계와는 달리, 여섯 마을이 참여했던 연합송계이었다. 따라서 창계 당시 입계(入契)는 신분, 계급, 빈부와 상관없이 주민들의 자유로운 의사에 따랐다. 그렇다고 하더라도 비송계원인 마을 주민들이 송계산 구역 내에 들어가 풀을 베고 화목을 구입하는 것은 자유롭게 허용했으며, 대신 매년 일정액의 산세(山稅)를 내게 했다. 이에 반해, 다른 마을 주민의 입계는 일절 허용하지 않았던 것 같다. 이미 송계가 운영되는 도중에 신입자를 받아들이는 추입에는 일정한 전제 조건과 절차가 부과됐다. 향한리 마을 내의 분가자나 새로 이사 온 전입자를 대상으로 추입이 이뤄졌는데, 추입조(追入租)와 추입전(追入錢)을 내었고 송계의 정기총회가 열리던 날에 신입례(新入禮)를 치렀다. 1920년까지는 추입조

93) 1904년 송사에 참여한 78명은 통정, 유학, 참봉, 주사로 기록된 65명과 한량 13명이었다(이연숙, 2010: 43~69).

1두(斗)와 추입전 50전을 내었고, 1920년 이후로 추입조 1두, 추입전 1원 50전, 그리고 술 한 동이를 신입례로 내었다. 또한 향한리 송계에서는 전입자와 분가자에게 차등을 두었는데, 1921년의 경우 마을 내에서 분가한 자 6명에게는 추입조 1두, 추입전 1원 50전, 그리고 술 한 동이를 내게 했던 반면, 마을에 새로 들어온 전입자에게는 추입조와 술 한 동이는 같으나 추입전으로 3원을 내도록 했다(강성복, 2009).

이와 대조적으로, 독송계로 동계의 하부조직으로 운영됐던 대명리 띠울 송계와 엄사리 송계에서는 동계의 가입이 곧 송계의 가입을 의미했다. 여기에는 일종의 강제성을 띠고 있었다고 볼 수 있다. 대명리 띠울 송계에서는 상하 신분 구분 없이 모든 주민은 반드시 동계에 가입해야 했다. 전입자는 1959년까지 추입조로 백미 2두, 그 후로는 백미 3두를 내게 했던 반면, 분가자에게는 전입자가 내던 추입조의 반액만을 내게 했다. 엄사리 송계는 분가자와 전입자 모두 음력 11월 15일 대동회의에서 백미 1두와 막걸리 한 동이를 내게 했으며, 분가자와 전입자 간에 차등은 없었다. 대우리 송계의 신입례에서도 대명리 띠울 송계와 마찬가지로 분가자와 전입자 간에 차등을 두었다. 1970년 이전에는 분가자에게 분가조(分家粗)로 조(粗) 2두(斗) 5승(升)을 내게 한 반면, 전입자에게는 신입조(新入粗)로 조 5두와 탁주 대 1두를 내게 했다. 그러다가 1970년 이후에는 분가자와 전입자에게 분가조로 백미 1두, 신입조로 백미 2두를 각각 내도록 했다. 한편 향한리 송계에서는 송계원의 유고 시 계원 자격은 장자에게 자동 승계됐다. 송계를 탈퇴하는 과정은 송계원의 사망, 타지로의 이거, 출동(黜洞)에 의해 이뤄지는데, 일반적으로 타지로의 이거에 따른 탈계(脫契)가 주를 이루었다.

1997년 향한리 송계는 대대적인 입계·추입 과정을 통한 조직 확대가 있었고 재도약을 위한 계기를 마련했다. 이 시기에 송계원의 장자뿐만 아니라 차자에게도, 비록 고향을 떠났더라도 연고자(부모나 형제)가 아직 남아 있거나 전입자로서 일정한 거주 기간(3년)이 넘어선 경우에도 대폭적인 입계와 추입이 허용됐다. 당시 5~6명으로 구성된 '입계추진위원회'에서 입계 및 추입 희망자에 대한 엄격한 심사 과정을 거쳤다. 이 과정을 통해 기존 계원 수 70명에서 235명으로 확대됐는데, 거주 기간이 짧은 전입자, 평판이 좋지 않은 현지인, 무속인 등은 추입과 입계 과정에서 제외했다. 입계금은 회원에 따라 차등을 두었는데, 기존 계원과 장자에게는 100만 원, 차자에게는 150만 원, 새로운 전입자에게는 300만 원씩 차등 부과했다. 이러한 입계·추입과정을 통해 상당한 규모의 송계 기금(약 3억 원)을 마련할 수 있었다(유보경, 2010).

향한리 송계는 송계원뿐만 아니라 비송계원인 마을 주민에게도 송계산 내에 입산하여 퇴비를 위한 풀베기, 땔감 채취를 허용했는데, 비송계원인 마을 주민들은 그 대가로 매년 일정한 금액의 산세를 내게 했다. 「향한리송계장부」에 따르면, 1920~1930년대 기간 동안 비송계원인 마을 주민이 송계산 내의 산림 이용 대가로 매년 쌀 2~3두를 내게 했다. 하지만 다른 마을 주민들에게는 입산이 일절 허용되지 않았다. 또한 송계산 내에서 분묘는 원칙적으로 송계원에게만 허용됐지만, 산세를 내던 비송계원인 마을 주민도 미리 허락을 받고 입장(入葬)이 가능했다. 하지만 묏자리 값에서 송계원과 비송계원 간에 차등이 있었는지는 명확하지 않다.

2) 사용 및 제공 규칙의 현지 조건과의 부합성

사용 및 제공 규칙에서 국사봉지역 여섯 송계 사이에 어느 정도 편차가 있었는지를 파악하기가 쉽지 않다. 한 가지 흥미로운 점은 금산지역 송계들에서 보편적으로 나타나던 풀령 전통이 적어도 향한리 송계에서는 보이지 않았다는 것이다. 모내기철 바닥풀을 얻기 위해 특정 날짜에 입산이 허용되던 '풀령 트는' 절차 없이 송계원과 비송계원인 마을 주민 모두 언제든 송계산으로 들어가 자유롭게 풀을 베어올 수 있었다. 겨울 농사에 필요한 보리풀도 언제든 입산하여 얻을 수 있었다. 이렇게 풀령 전통이 없었던 가장 직접적인 이유는 송계산 구역이 넓어 '풀'이라는 공유재가 소멸될 가능성이 극히 낮았기 때문으로 보인다.

땔감을 얻기 위한 발매는 먼저 관의 허가를 얻어 실시했으며, 보통 가을걷이가 시작되기 전인 음력 7월에 행해졌는데, 금산지역 송계의 전형적인 방식인 공동작업·공동분배 방식을 취했다. 단 분배 방식이 제비뽑기와 같은 방식이었는지는 확실치 않다. 매년 음력 7월 백중 무렵에 각 가구마다 한 사람씩 울력을 내어 초장길 닦기, 다리놓기 등 공동작업에 참여했다고 한다. 즉 초장길을 닦고 징검다리와 나무다리를 놓아 초군들의 입산을 수월하게 하여 풀, 땔감 등 공유자원에 대한 접근과 이용을 용이하도록 했다.

또 하나의 흥미로운 사실은 향한리 송계는 송계산을 활용하여 지역공동체의 생존과 번영을 적극 모색했다는 점이다. 특히 이러한 전통은 보성군 복내이리송계, 장흥부 금당도 차우리 목계 등에서도 두루 나타난다. 향한리 송계는 송계산 내에 개간된 전답으로부터 도조 수입, 목재 발매를 통한 송추전(松楸錢), 비송계원인 마을 주민이 산림

이용대가로 내던 산세, 분가자와 전입자로부터 받던 추입조와 추입전, 송계산 내에 집(곳당 등)을 짓고 사는 주민으로부터의 텃도지인 가도(家賭), 분묘의 대가로 받는 수입 등 다양한 방식을 활용하여 송계 기금을 증식해 왔다. 그리고 장리(長利)를 통해서도 송계 기금을 확충하기도 했다(강성복, 2009, 2010; 유보경, 2010).[94]

이렇게 다양한 방식으로 적립된 송계 기금은 지역공동체의 존속과 번영을 위해 요긴하게 활용됐다. 송계 기금에서 송계산에 대한 세금 납부, 산제와 거리제의 제수 비용 충당, 송계 전답 구입, 마을 저수지 축조와 도로 건설 비용 지원, 야유회비 지원, 향한1리, 2리 마을회관 유류비 지원, 송계총회 등 각종 회의의 식대와 기타 비용 등 다양한 용도로 지출됐다.

한편 향한리 송계는 매년 송계 전답에서의 작황을 기반으로 그 해 도조를 결정했다. 해마다 가을걷이를 시작하기 전에 송계 임원, 작인, 그리고 마을 사람들이 함께 전답을 돌아다니면서 한해 농사의 풍흉을 확인하고 그 자리에서 도조액을 결정했는데, 이를 통해 공평성, 공개성과 투명성을 확보하고자 했던 세심한 노력을 엿볼 수 있다. 이것은 공동체의 구성원들에게 송계가 공평하고 효율적으로 운영되고 있음을 확인시켜 주었을 뿐만 아니라, 송계원 누구나가 협력해야 함을 무의식중에 인식시켜 주었을 것이다. 과거에는 음력 10월 20일에 열리던 '초군총회(樵軍總會)'라는 송계총회에서 도조액을 작인으로부터 받았다고 한다.

94) 일부의 내용은 향한리 송계 총무 안영상 씨와 송계원 류기선 씨의 면담(2015.07.19)에서 확인했다.

3) 집합적 선택 장치

대명리 띠울 송계와 엄사리 송계는 동계의 하부조직으로 운영됐기 때문에 대동회의와 같은 마을 전체회의에서 충분한 논의와 토론과정을 거쳐 모든 안건을 결정했으리라 짐작할 수 있다. 이 자리에서는 누구나 자유롭게 참여하여 자신의 의견을 표출할 수 있었다. 한편 향한리 송계는 과거 한해 두 번에 걸쳐서 총회를 개최했다. 송계 관련 중요 안건을 집중적으로 논의하던 회의는 가을걷이가 끝나는 즈음인 음력 10월 20일에 개최되던 '초군총회'이었다. 초군총회에서는 송계원 전원이 참석하여 한해 송계 기금의 출납, 도조 수납 현황, 공동사업 등 송계 관련 제반 사항과 다음해 주요 안건을 집중적으로 논의하고 결정했다.

또한 음력 1월 15일 오전에 개최하던 송계총회는 송계원의 '잔치성 모임' 성격이 강했다. 그 전날인 음력 1월 14일 자시(子時)에는 산신당에서 산제를 지냈고, 다음날 15일 축시(丑時)에는 마을 입구에 서 있는 선돌과 장승에 거리제를 지냈다. 같은 날 오전 송계총회를 개최하고 송계원 모두 둘러앉아 음식을 나누어 먹고 윷놀이, 풍물놀이 등 동네 잔치를 베풀었다. 그 외에도 주요 안건이 생길 때 송계 임원 위주로 임시회의를 개최했다. 퇴비, 연료 등에 대한 송계산 의존 정도가 크게 약해진 요즈음에는 초군총회 모임은 없어지고 음력 1월 15일에 개최되는 송계총회에서 송계 관련 제반 사항을 논의하고 결정한다. 송계총회는 계원 누구나 자신의 의견을 제안하고 논의할 수 있는 장을 제공한다. 이런 숙의과정은 송계원 모두 송계 관련 사항을 숙지하고 회의에서 결정한 사항에 순응하도록 하는 긍정적 기능을 한다. 더불어, 송계원 상호 간의 신뢰와 협력 가능성도 높인다.

4) 감시 활동

대개 송계산은 넓은 지역을 차지하기 때문에 송계산 구역 내 순산과 산림감시 활동은 송계 조직의 중요한 업무였다. 국사봉지역에서는 송계 조직 내에 산림순시원을 별도로 두고 감시 활동을 전담하도록 했다. 산림순시원이 아니더라도 송계원은 송계원 상호 간의 감시, 외지인의 무단 입산과 벌목 등에 대한 감시 활동을 행했을 것으로 추측된다. 향한리 송계에서는 각 마을별로 금송유사(禁松有司)[95]를 두어 송계산의 순산과 산림감시 업무를 담당하도록 했다. 향한리 송계에 참여한 여섯 마을, 즉 향한(香汗), 운전(雲田), 외송(外松), 용계(龍溪), 종평(宗坪), 동촌(東村)에서 각각 1명씩 삽작돌림(윤번제)으로 선발된 6명의 금송유사들이 송계산 산판을 여러 구역으로 나누어 순산과 산림감시 업무를 담당했다. 그 후 1912년부터는 만운(萬云) 마을, 1923년부터는 탱석(撑石, 괸돌) 마을에서 각각 1명씩 추가되어 총 8명의 금송유사를 선발해 해당 업무를 수행하도록 했다. 금산지역 일부 송계에서 보듯, 삽작돌림으로 산림순시원을 선발하는 경우에는 별도의 보수를 따로 지급하지는 않았던 듯하다. 다만 산림 내 무단 침입과 도벌이 횡행하던 봄철에는 금송유사들에게 약간의 금전적 보상을 했다.[96] 산림자원의 의존도가 낮아진 오늘날에는 산림순시원을 별도로 두지 않고 순산과 산림감시 활동은 계장, 총무 등 송계 임원들에 의해 비정기적으로 이뤄지고 있다.[97]

---

95) 「향한리송계장부」에 때로는 송금유사(松禁有司) 혹은 범금유사(犯禁有司)로 기록되어 있다.

96) 1934년 「향한리송계장부」에 봄철 산림순시를 맡은 순산원에게 15일분에 해당하는 1인당 4원 50전을 지급한 기록이 있다(강성복, 2009: 각주52).

97) 향한리 송계 총무 안영상 씨의 도움말(2015.07.19.).

한편 대명리 띠울 송계와 엄사리 송계에서는 동계의 하부조직으로 존재했는데, '송유사(松有司)'라는 산림순시원를 별도로 두어 송계산 구역의 순산과 산림감시 활동을 수행하도록 했다. 대명리 띠울 송계에서는 송유사에게 수고료로 매년 백미 1~2두를 지급했다(강성복, 2009).[98)]

5) 점증적 제재 조치

국사봉지역 송계에서 송계 관련 규칙과 관례를 위반하는 경우 처벌 수위는 어떠했는지, 점증적 제재 조치가 어떻게 작동했는지는 자세히 알 수 없다. 하지만 다른 지역 송계와 마찬가지로 점증적 제재 조치 기제를 마련하고 있었던 것으로 보인다. 대개의 경우 처음에는 공동체 내에 도덕적 비난이나 가벼운 벌칙에서 시작해 점차 처벌 강도를 높여 나갔을 것이다. 현재에는 단편적인 몇 가지 정보를 알 수 있는데, 국사봉지역 모든 송계에서 불문율이든 명문 조항으로든 나름대로 벌칙 조항이 있어 실제 집행했던 듯하다. 일례로 향한리 송계의 1935년 「향한리송계장부」에는 소나무를 베다가 적발된 자에게 1원의 벌금을 물린 기록이 남아 있다(강성복, 2009, 각주53). 대명리 띠울 송계에서는 동계규약에 "동산에서 사사롭게 벌목을 하다 적발된 자는 타동과 본동을 막론하고 송목대로 한 짐당 100원을 징수했고, 차후의 벌송(伐松)을 엄단하기 위해 한 짐에 300원을 부과한다"는 벌칙 조항이 마련되어 있었다(강성복, 2009).[99)] 대명리 띠울 송계에서는

98) 수고료는 송유사뿐만 아니라, 기타 동사를 맡던 전유사(錢有司), 혼구유사(婚具有司), 공물유사(供物有司) 등에게도 매년 같은 금액을 지급했다(강성복, 2009, 각주55).
99) 이는 1959년 음력 10월 3일에 대명리 띠울 동계(洞契)의 결의사항이었다(강성복, 2009: 각주54).

송계산 내 범금행위에 대한 벌칙에서 동네주민과 외지인에게 차등을 두지 않았다.

한편 1997년 향한리 송계에서 대대적인 입계·추입 심사가 이뤄졌는데, 여기에 '평판이 좋지 못한 마을 주민은 가입을 허용하지 않는다'는 엄격한 심사기준을 적용했던 점으로 볼 때, 과거 송계의 운영과 관례에서 나름대로 점증적 제재 조치를 위한 기제가 마련되고 작동됐으리라 유추해 볼 수 있다. 그럼에도 동질성이 강했던 향한리 송계에서는 관에 고소하거나 수화불통, 출동과 같은 극단적인 조치는 극히 예외적인 경우에만 적용됐을 것으로 추측된다.

하지만 이질성이 강한 송계에서는 마을 주민이 모인 자리에서 도덕적 비난, 멍석말이, 속전과 같은 가벼운 조치보다는 좀 더 극단적인 조치를 채택할 가능성이 높았다. 앞에서 설명했듯이, 향한리–엄사리 간의 법적 소송은 이런 사례를 극명하게 보여준다.

6) 갈등 해결 장치

어느 조직이든 운영 과정에서 구성원 간의 이견과 갈등은 필연적으로 나타나기 마련이다. 조직의 존망과 흥쇠는 이러한 갈등을 어떠한 방식으로 표출하고 해결해 나가느냐에 달려 있다. 송계 조직도 예외일 수는 없다. 따라서 어느 송계든지 갈등의 표출과 해결을 위한 집단적 지혜가 불문율, 관례, 명문 규정 등으로 나타나기 마련이다. 특히 동질성이 강한 송계에서는 상대적으로 갈등 해결이 쉬웠을 것으로 추측된다. 자연마을 단위로 이뤄진 독송계의 경우 대개 촌계류 조직의 하부조직으로 위치하기 때문에 대동회의 같은 공식 모임에서 송계원들이 갈등 상황을 충분히 논의할 수 있었다. 그 외에도 술자리

모임, 비공식적인 길거리 대화, 집안회의 등 비공식적인 해결 또한 적극적으로 모색했을 것이다. 따라서 송계원 간에 극단적인 대치 상황이 발생하는 경우는 많지 않았을 것이다. 물론 조선시대의 통치 이념상 인륜과 관련된 사항은 중차대한 사안으로 취급됐기 때문에 많은 분란을 일으킬 소지는 충분히 있었다. 하지만 송계의 운영과 관련해서는 갈등의 해결 모색이 상대적으로 쉬웠을 것이다. 예를 들어, 엄사리는 전주 이씨 집성촌이었고, 향한리는 구성원 간 동질성이 강한 마을공동체이었다. 향한리의 경우 "특정 성씨의 주도 종족 마을이 아니라 문화 류씨, 순흥 안씨, 진주 강씨, 전주 이씨, 광산 김씨 등이 연혼관계에 있는 이성 친족이 세거해 온 마을"(이연숙, 2010: 53)이라는 사실에서 동질성이 강한 공동체임을 알 수 있다. 이런 공동체에서는 갈등 해결이 한결 수월했으리라 쉽게 짐작할 수 있다.

또한 공동체 행사와 축제는 송계 구성원 간의 단합과 공동체의식을 제고하는 중요한 역할을 했다. 대표적 사례로 향한리 송계의 산제와 거리제, 대명리 띠울 산신제 등을 들 수 있다. 향한리의 경우, 송계가 산제와 거리제를 직접 주관하여 왔으며, 이를 통해 공동체의 단합을 일구어 나갈 수 있었다. 향한리에서는 매년 음력 1월 14일 자시(子時)에 산신당에서 지내는 산제와 다음날 15일 축시(丑時)에 마을 입구에 세워진 선돌과 장승에 지내는 거리제를 중요한 공동체 행사로 여겨 왔다. 향한리 산제는 그 해 곡물유사, 제관, 축관이 직접 주재하고 엄격한 유교식으로 진행된다. 향한리 산제는 외지인은 물론 주민들에게 공개되지 않는다. 산제와 거리제의 준비 절차, 금기사항, 제수 품목 및 제물 진설, 축문, 제의 절차 등은 세세하게 문서화되어 있다(강성복, 2010). 제사 준비 과정과 절차는 매우 조심스럽고 경건하게 진행되어 왔다고 한다.[100] 이런 과정과 절차는 공동체 구성원 간의 연대의식을 더욱 강화할 수 있었을 것이다.

향한리—엄사리 양동송계의 경우, 연합송계의 성격을 띠고 있었다고 할지라도 금산지역에서 행해지던 연합송계 조직과 같은 중층적 구조를 갖추지 못했던 것으로 보인다. 또한 두 마을 간에는 동질성 보다는 오히려 이질성이 강했던 것 같다. 이는 두 마을 간에 발생한 갈등 상황을 해결하기 위한 비공식적 장치와 노력뿐만 아니라 공식적 기제도 마련되어 있지 않았음을 의미한다. 두 마을 간에 벌어진 송계산의 연고권과 이용권 분쟁이 결국 법정 소송으로 이어지면서 향한리—엄사리 양동송계는 해체됐던 것으로 보인다.

7) 최소한의 자치조직권 보장

국사봉지역 송계들은 상당한 수준의 자치조직권을 향유했던 것으로 파악된다. 조선 후기에 공유림의 기존 입회관행(入會慣行)에 근거하여 국가나 관청으로부터 송계를 입안받았던 점을 상기할 때, 향한리-엄사리 양동송계를 제외한 향한리 송계와 엄사리 송계는 자체적으로 조직권, 운영권, 처벌권에서 상당한 독립성과 자율성을 유지했던 것으로 추측된다. 또한 마을 공동기금으로 송계산을 매입한 대우리 송계도 상당한 수준의 자율성을 가졌으리라 짐작이 된다.

송계 조직은 송계마다 다양한 모습과 편차를 보인다. 송계가 동계, 촌계, 대동회의 등과 같은 촌계류 조직의 하부조직으로 운영되던 경우는 송계 조직이 별도로 있지 않았다. 대명리 띠울 송계와 엄사리 송계가 대표적인 예인데, 동계 조직 내에 송유사(松有司)를 두어 송계

100) 향한리 산제와 거리제의 준비 과정, 금기, 제사 절차 등에 대한 자세한 사항은 강성복(2010: 130~153)을 참고하기 바란다.

산의 순산과 산림감시 활동이 이뤄지도록 했다. 송계산 내의 발매, 초장길 닦기와 같은 공동작업은 동계에서 결정했다. 대명리 띠울 동계에서는 송계산을 관리하는 송유사뿐만 아니라, 마을 자산과 기금을 관리하는 전유사(錢有司), 혼구를 관리하는 혼구유사(婚具有司), 띠울 산신제 제물을 담당하는 공물유사(供物有司) 등을 두고 있었다(강성복, 2009).

여섯 마을의 연합송계인 향한리 송계는 보다 복잡한 조직 체계를 갖추고 있었다. 송계의 역원(役員) 구성은 다음과 같다(강성복, 2009, 2010).[101]

- 상유사(上有司): 송계의 수장으로 전반적인 운영 책임을 지고 있다.
- 공사원(公司員): 상유사를 보좌하여 계무를 처리한다.
- 조유사(租有司): 송계의 자산에 대한 식리(殖利), 매년 거두어들이는 산세 도조, 추입조 등에 대한 주로 곡식의 출납과 관리 업무를 담당한다.
- 전유사(錢有司): 조유사와 함께 송계의 재정을 담당했는데, 주로 금전의 출납과 관리를 담당한 것으로 추정된다.
- 별유사(別有司): 조유사와 전유사의 기능을 담당한 역원으로 추정되는데, 1917년부터 「향한리송계장부」에서 보이기 시작한다.
- 금송유사(禁松有司): 송계산의 순산과 산림감시 업무를 담당한 역원으로 여섯 마을 즉 향한, 운전, 외송, 용계, 종평, 동촌에서 각각 1명씩 삽작돌림(윤번제)로 선발됐다. 그 후 1912년부터는 만운 마을, 1923년부터는 탱석(괸돌) 마을에서 각각 1명씩 금송유사를 두어 총 8명의 금송유사를 선발했다.
- 곡물유사(穀物有司): 대명리 띠울 동계 등 국사봉 다른 지역에서

101) 이외에도 '감사(監事)'는 1970년대부터 「향한리송계장부」에 등장하는 역원으로 송계의 운영, 금전 출납 등 송계 관련 수입, 지출, 기금에 관한 감사 업무를 담당한다(강성복, 2009, 2010).

불리는 공물유사(供物有司)의 기능을 담당한다. 매년 산제를 앞두던 음력 1월 3일에 생기복덕(生氣福德)이 있는 마을 주민 1명을 선정한다. 곡물유사는 제관, 축관과 함께 산제와 거리제의 준비와 진행을 주관한다. 오늘날에는 곡물유사, 제관, 축관이 되기를 서로 꺼려하여 향한리 10개반이 매년 삽작돌림으로 선정하는데, 각 반에서 자체적으로 곡물유사, 제관, 축관을 정하도록 한다.[102]

독자적인 조직과 운영 기구를 갖춘 향한리 송계에서는 매년 가을걷이가 끝나던 시점인 음력 10월 20일 초군총회라는 정기총회를 개최했는데, 여기서 공동기금의 출납 내역과 관리, 산전의 도조액 수납, 송계산 조림사업, 추입 계원의 자격 심사, 신입례, 송계 수장과 역원 선출 등 제반 사항을 논의하고 결정했다. 하지만 산림자원의 중요성이 사라지면서 1980년대 이후부터는 초군총회가 폐지되고, 산제와 거리제가 끝나는 음력 1월 15일 대보름날 정기총회로 대체됐다. 과거 대보름날 송계 모임은 '음복성 잔치모임'에 가까웠는데, 이제는 두 개의 총회를 하나로 통합하여 운영하고 있다.

향한리 송계는 1997년 법인화와 더불어 대대적인 조직 확장과 개편이 이루어졌으며 이후 몇 차례 개정을 거쳐 오늘에 이르고 있다. 현재 계장 1명, 부계장 3명(향한 1명, 서울지역 1명, 대전·기타지역 1명), 총무 1명, 재무 1명, 감사 2명, 운영위원 6명(향한 2명, 서울지역 2명, 대전·기타지역 2명), 고문 약간명(임원회에서 선정된 자), 임원 선거인단 11명(향한지역 6명, 서울지역 2명, 대전·기타지역 3명) 등으로 송계 임원이 구성되어 있다. 오늘날 향한리 송계의 회의는 정기총회와 임시회의로

102) 곡물유사, 제관, 축관을 일러 '산제유사(山祭有司)'라고 한다. 산제유사의 선정은 2008년 송계총회에서도 집중적으로 논의될 만큼 향한리 송계의 주된 현안이었다(강성복, 2010).

구성되는데, 정기총회는 매년 음력 1월 15일에 정기적으로 개최되며, 계장이 총무, 재무, 감사, 운영위원 등과 협의하여 필요 시 임시회의를 소집할 수 있다.

8) 중층적 사업단위

향한리 송계는 여섯 마을이 참여한 연합송계의 성격을 띠고 있지만 중층적 사업단위를 가지고 있지 않았던 것으로 보인다. 이에 대해서는 몇 가지 추론이 가능하다. 우선 송계에 참여한 향한, 운전, 외송, 종평, 용계, 동촌이 모두 한 마을이라는 동질성과 공동체의식을 강하게 가졌던 점에 기인한다(이연숙, 2010). 따라서 굳이 중층적 조직구조를 갖출 필요가 없었던 듯하다. 또 하나의 중요한 이유는 여섯 마을이 참여했다 하더라도 조직의 규모가 그리 크지 않다는 사실이다. 이는 대한제국시기에 작성된 「광무양안」에 향한리의 호수가 79세대였던 점(김현숙, 2010), 엄사리와의 석령 일대 송계산의 연고권 문제로 1904년 충청감영에 집단소송한 소지(所志)의 서명자 명단에 여섯마을 주민 78명이 기재되어 있던 점(이연숙, 2010), 「송계원명부」에 구계원 45명과 추입계원 87명의 명단이 실려 있는 점(강성복, 2010) 등으로 충분히 짐작할 수 있다. 비록 향한리 송계가 연합송계라고 하더라도 소규모였던 점을 감안할 때, 굳이 조직의 층위와 구조를 복잡하게 구성할 필요는 없었을 것이다. 그것이 오히려 효율적이고 투명한 운영을 방해하는 요인으로 작용할 수 있기 때문이다. 향한리 송계에서는 충청남도 금산군 제원면 신안골 열두송계, 금산읍 수리너머재 송계 등 대규모의 송계와 같은 간접민주주의 방식보다는 송계회의에 송계원 모두 참석하여 자유로운 논의와 토론과정을 거쳐 합의와 의사결정을 이끌어내는 직접민주주의 방식이 더 효과적이었을 것이다.

하지만 향한리—엄사리 양동송계가 실패할 수밖에 없었던 근본적인 이유는 '중층적 사업단위(nested enterprise)'가 제대로 갖추어져 있지 않았기 때문으로 생각된다. 향한리와 엄사리는 서로 이질적인 공동체로서 공동체의식과 공동체 유대감은 희박했고, 서로 간의 경쟁의식도 상당했으리라 짐작된다. 엄사리의 경우 전주 이씨 집성촌으로 아랫말, 검은바위, 음절(원엄사) 3개의 자연마을이 동계를 함께 구성하고 있었다(강성복, 2009). 향한리와 엄사리 구성원들이 조건부 협동전략을 채택하기 위해서는 제도 설계부터 제도 안착까지 상당한 시간과 노력이 요구됐을 것이다. 이 과정에서 향한리—엄사리 양동송계는 성공보다는 실패의 길로 들어섰다. 송계산 내 발매에서 서로 간의 협의가 제대로 이뤄지지 못했고, 송계 자체적인 해결 역량이 구비되지 않은 상황에서 결국 관에 호소하는 송사로 이어지게 된 것으로 보인다(강성복, 2009).

4. 국사봉지역 송계의 특징

계룡산 국사봉지역 송계, 특히 향한리 송계에서 퇴비와 연료 확보가 창계의 주된 목적이었던 듯하다. 그럼에도 향한리 송계는 서까래목 등 목재 판매, 억새풀 가격 책정, 분묘의 대가, 식리 활동, 송계산 내 전답 개간을 통한 도조 등 다양한 방법으로 공동기금을 적립·증식하려고 노력했다. 이렇게 마련된 송계 기금으로 공동체의 사회부조사업, 공동체 운영사업 등을 추진하는 데 필요한 재원을 조달할 수 있었다. 향한리 송계가 단순히 기층민의 생존뿐만 아니라 공동체 구성원의 공존공생과 번영에도 이바지했음을 알 수 있다.

전통적으로 향한리에 촌계, 종계, 부녀계, 상여계 등 다른 촌계류 조직이 향한리 송계와는 독립적으로 나름대로 조직 체계를 갖추고 운영되어 왔더라도, 향한리 송계는 다른 촌계류 조직보다 상위에 놓여 있는 대동계의 기능과 역할을 실질적으로 수행했다. 향한리 동제인 산제와 거리제를 송계에서 직접 주관했고, 지역의 향론이 초군총회와 같은 송계 모임을 통해 주도적으로 이루어졌다는 사실에서도 이를 확인할 수 있다. 향촌사회에서 향한리 송계가 가진 주도적인 위치와 역할은 오늘날에도 여전히 계승되고 있다(강성복, 2009, 2010).

향한리 송계의 장래에는 명과 암이 공존한다. 2009년 8월 현재 향한리 전체 102세대 중 부모를 모시고 살거나 부모와 함께 사는 미혼 자녀를 가진 세대는 모두 36세대에 달한다. 급속하게 고령화되고 있는 다른 농촌사회에 비하여 향한리는 상대적으로 청장년층 인구가 많음을 의미한다. 그리고 향한리가 계룡시, 대전시와 인접한 거리에 있기 때문에 고령화된 주민과 도시에 사는 자녀와의 교류 또한 상대적으로 활발한 편이다. 향한리 송계의 지속 가능성 측면에서 긍정적 신호로 해석될 수 있다(유보경, 2010). 하지만 향한리 송계는 최근 계룡시에 송계산을 매각했고, 이로써 산림이라는 공유자원의 지속 가능한 이용과 관리라는 측면에서는 더더욱 멀어지게 되리라 예상된다. 비록 '향한리 송계' 법인은 남아 있더라도 더 이상 송계의 본질적 기능과 역할을 수행하기 어려울 것이다. 전국에 아직 남아있는 거의 대부분의 송계가 그러하듯이, 송계원 간의 친목 도모와 상부상조에 그 기능과 역할이 국한될 수밖에 없을 것으로 보인다.

금산지역이나 다른 지역 송계에서도 파악되는 바와 같이, 향한리 송계의 운영과 관리에 있어 제도나 규칙의 역할보다는 오히려 '우리'라는 공동체의식이 짙게 배여 있었다. 일례로 마을 주민이 비송계원이더라도 송계산에서의 산림자원을 이용할 수 있도록 배려하는 등 지역자치공동체로서 나름대로 개방성을 지니고 있었다. 다른 한편, 다른 마을 주민에게는 입산을 일체 허용하지 않았던 점에서는 폐쇄성도 함께 지니고 있었다.

다른 지역 송계와 마찬가지로, 향한리 송계가 오늘날까지 전승되고 있는 가장 큰 이유는 끈끈한 공동체 유대의식을 그 바탕으로 하고 있기 때문이다. 거기다가 향한리 송계는 최근까지 상당한 규모의 부동산을 소유하고 있었고 나름대로 탄탄한 재정 기반을 갖추고 있다. 이것이 향한리 송계가 단순히 친목 모임으로 격하되지 않고 상당한 재정 기반을 바탕으로 오늘날까지 지역사회의 구심점으로서 자리매김하고 있는 요인으로 보인다. 이러한 사실은 앞서 살펴본 보성군 복내 이리송계에서도 확인되는 바이다.

제5절 영암군 구림리(鳩林里) 서호송계(西湖松契)

1. 영암군 군서면 구림리와 서호송계의 개괄적 현황

현재 행정구역상 전라남도 영암군(靈岩郡) 군서면(郡西面)에 위치한 구림촌은 오랜 역사와 전통을 간직하고 있는 마을이다. 과거 구림촌은 '12동네'라고 불리었는데, 양지촌, 음지촌, 쌍취정, 학암, 알뫼, 동계, 고산, 동정자, 북송정, 국사암, 남송정, 신흥동을 일컫는다(향토문화진흥원 편, 1992: 33; 김경옥, 2006 재인용). 구림촌은 오래전부터 마을에서 구림대동계를 결성하여 조선 전후기, 일제식민지 시대, 해방 이후 오늘날까지 지역공동체의 결속을 다지고 공동체의 발전과 번영에 이바지하여 왔다. 이미 역사학, 향촌사회사, 민속학 등의 분야에서 구림마을에 대한 연구가 활발하게 진행됐다(김경옥, 2006; 이해준, 1988; 최재율, 2004; 향토문화진흥원 편, 1992). 구림대동계가 공식적으로 발족한 시기는 1565년(을축년, 명종 20년)이었다. 현재 가장 오래된 향약으로 전해지는 예안향약(禮安鄕約, 명종 11년, 1556년)과 파주향약(坡州鄕約, 명종 15년, 1560년)보다는 각각 9년과 5년 뒤에 구림대동계가 창설됐다(최재율, 2004: 17~60).[103] 그 이후로 임진왜란, 정유재란, 일제식민지 시기, 해방과 6.25전쟁 등을 거치면서 여러 번의 침체와 해체 위기를 슬기롭게 극복하고 오늘날까지 자랑스러운 전통과 역사를 계승·발전하고 있다. 구림대동계는 오랜 기간 동안 구림촌 마을 사람들이 하나의 공동체로 번영할 수 있는 실질적인 구심점으로 작동해 왔다(김경옥, 2006; 최재율, 2004).[104]

구림대동계의 역사를 간략하게 살펴보면, 1565년(을축년, 명종 20년)에 당시 동장(洞長)이던 박규정(朴奎精)과 임호(林浩)를 중심으로 이광필(李光弼), 박성정(朴星精), 류발(柳潑), 박대기(朴大器), 임완(林浣) 등 7명

---

103) 예안향약은 퇴계 이황의 주도로 창설됐고, 파주향약은 율곡 이이가 파주군수에 재임하던 시절에 창설됐는데 율곡향약으로 분류된다. 그 외에도 율곡 이이가 주도적으로 참여한 향약은 청주목사 재임 시절에 창설된 청주향약(淸州鄕約, 선조 4년, 1571년)과 은퇴 이후 창설된 해주향약(海州鄕約, 선조 10년, 1577년)이 있다(최재율, 2004: 17~23).

104) 구림대동계의 창설과 운영에 관련하여 살펴보면, 1540년경 임구령(林九齡)이 주도하여 구림촌으로 흘러들어오는 영산강 지류를 막는 둑을 건설하여 1천여 두락에 달하는 거대한 간척지를 조성했다. 이때 만들어진 둑을 진남제(鎭南堤), 간척지들을 '진남들' 혹은 '지남들'이라고 한다. 대규모 토지간척사업을 통해 구림촌 마을 사람들의 경제적 기반이 확고하게 마련되면서 구림촌이 오랫동안 공동체를 영위할 수 있었다(김경옥, 2006). 토지간척사업을 주도한 임구령은 선산 임씨로 구림촌의 입향조이며, 그 두 아들인 임호(林浩)와 임완(林浣)은 구림대동계가 처음 창설될 때 핵심 역할을 수행했다.

이 주도적으로 참여하여 구림대동계를 창설했다(최재율, 2004: 25).[105) 그러나 임진왜란과 정유재란을 거치면서 구림대동계는 사실상 유명무실하게 됐고, 1609년(기유년, 광해군 1년)에 재건 시도가 있었으나 역시 활성화되지는 못했다. 그러다가 1613년(계축년, 광해군 5년)에 구림대동계가 다시 정상화됐고, 이듬해인 1614년(갑인년, 광해군 6년)에 〈완의(完議)〉와 함께 〈계약 구강령(稧約 九綱領)〉이 작성됐다. 여기에는 '죄가 있으면 계에서 출적하도록 하고[有罪黜稧]', 대동계의 재산을 증식하기 위한 노력으로 '보미수합(補米收合)'과 '보미수합을 미루는 자에 대해 징계하는[補米收合時遷延者笞罰]' 강령들이 포함되어 있다. 임진왜란과 정유재란 이후에 재건된 구림대동계는 '상하합계'의 성격을 띠었다. 1613년(계축년, 광해군 5년)에 작성된 계안에는 상계원 21명, 하계원 23명이 기록되어 있다. 그 이후 계원 명단에는 상계원 명단만 기록되어 있고, 하계원 명단은 기록되어 있지 않다. 그럼에도 구림대동계는 조선 후기 동안 '상하합계'의 성격을 계속 유지했던 것으로 보인다. 〈계약 구강령〉(1614년, 광해군 6년)의 '유사택정(有司擇定)' 조항에서 상유사 2명, 하유사 2명을 두고 일 년마다 교체하기로 한 점, 〈계약 십일강령(稧約 十一綱領)〉(1641년, 인조 19년)의 '유사택정(有司擇定)' 조항에서 상유사 2명, 하유사 1명을 두고 일 년마다 교체하기로 한 점에 비추어 볼 때, 구림대동계는 임진왜란 이후 계가 중수되면서도 계속 '상하합계' 형태로 존속됐음을 알 수 있다. 구림대동계의 창설 초기에 설립됐다가 정유재란 중에 소실(燒失)된 회사정(會社亭)은 1628년(무진년, 인조 6년)에 복원됐다.

병자호란(1636년, 인조 14년)을 겪으며 계가 다시 침체기에 접어들었

105) 박규정, 박성정, 박대기는 함양(咸陽) 박씨, 임호와 임완은 선산(善山) 임씨, 이광필은 전주(全州) 이씨, 류발은 진주(晉州) 류씨이다(최재율, 2004: 25).

으나, 1641년(신사년, 인조 19년)과 1646년(병술년, 인조 24년)에 조행립(曺行立), 박성오(朴省吾), 현건(玄健), 문진창(文晉昌), 임정(林楨), 이세징(李世澂), 임익서(林益瑞), 최석징(崔石徵), 고두춘(高斗春), 박순(朴淳), 최진하(崔鎭河), 박이충(朴而忠) 등이 주도하여 구림대동계를 크게 중수했다. 특히 1641년(신사년, 인조 19년)에 작성된 구림대동계 〈계약 십일강령〉을 〈계약 구강령〉(1614년, 광해군 6년)과 비교하면 다음과 같은 주된 특징을 지닌다. 첫째, 대동계 내에서 죄를 지을 경우 범칙 조항이 훨씬 강화됐다. 죄를 지으면 계에서 출적시키는 '유죄출계(有罪黜稧)' 대신에 더 엄격한 벌칙으로 죄를 지으면 마을에서 쫓아내는 '유죄출동(有罪黜洞)'으로 대체했다. 출동(黜洞)은 과거 공동체 사회에서 가장 무거운 벌칙에 해당된다. 둘째, '보미수합(補米收合)', '보미수합시천연자태벌(補米收合時遷延者笞罰)' 대신에 '태만동사(怠慢洞事)' 강령이 포함됐다. 셋째, 가장 흥미로운 점은 '춘추교량급도로수치사(春秋橋樑及道路修治事)'와 '사산금벌사(四山禁伐事)' 두 강령이 새롭게 포함됐다는 사실이다. 이것은 구림대동계가 계원들만의 상부상조 차원을 넘어 구림촌 내 마을 주민 모두를 대상으로 활동 반경이 넓어지게 되고, 단순하게 양반 사족 간의 계모임이 아니라 지역공동체의 자치단체적 성격을 띠기 시작했음을 의미한다. 또한 '유죄출계'에서 '유죄출동'으로의 개정은 구림대동계 규약의 적용 대상이 계원뿐만 아니라 마을 주민 전체로 확장됐음을 의미하는 것이다(최재율, 2004: 33).

그 이후 몇 차례 계가 중수되어 오다가 1743년(계해년, 영조 19년)에 이르러 완성된 체계를 갖추게 됐고, 「동헌(洞憲)」에 훨씬 많은 조항을 포함하게 됐다. 이때 만들어진 「동헌」은 오늘날까지 구림대동계 운영의 근거자료로 활용되고 있다. 〈동헌십이강령(洞憲十二綱領)〉은 상장상부(喪葬相賻)(30개 조목), 대거요거조부(大擧腰擧條附)(3개 조목), 혼인상자

(婚姻相資)(7개 조목), 환난상구(患難相救)(1개 조목), 강신수목(講信修睦)(3개 조목), 동임윤정(洞任輪定)(4개 조목), 유사상체(有司相遞)(24개 조목), 답조(畓條)(3개 조목), 후입행례(後入行禮)(3개 조목), 과실상규(過失相規)(5개 조목), 태만치벌(怠慢致罰)(6개 조목), 유죄출동(有罪黜洞)(1개 조목), 사산금벌(四山禁伐)(3개 조목), 잡규(雜規)(9개 조목)로 구성되어 있다.

구림대동계의 가장 큰 특징은 구림촌 일대의 재지사족들이 계 활동과 지역사회 운영을 주도했으며, 이러한 경향은 조선 후기에도 지속됐다는 점이다. 우선 구림대동계는 특정 성씨가 주도해 왔다. 1613년(계축년, 광해군 5년) 이후부터 2003년 현재까지 대동계의 역대 계원은 총 1,087명으로 이 중에서 함양(咸陽) 박씨 356명, 창녕(昌寧) 조씨 194명, 낭주(朗州) 최씨 145명, 해주(海州) 최씨 108명, 전주(全州) 이씨 81명, 연주(延州) 현씨 50명, 선산(善山) 임씨 33명, 함평(咸平) 이씨 15명, 장택(長澤) 고씨 15명 등이 포함되어 있다. 함양 박씨, 창녕 조씨, 낭주 최씨, 해주 최씨 등 사성씨(四姓氏)가 약 74%를 차지하고 있었다. 특히 구림대동계 계원들은 거의 모두 친척, 인척관계로 얽혀 있었다. 구림대동계의 창립 혹은 그 이후에 참여한 함양인 박규정(朴奎精), 선산인 임호(林浩), 연주인 현건(玄健)은 모두 난포(蘭浦) 박씨와의 혼인을 통해 구림촌에 정착한 후손들이다. 초창기 계원인 전주인 이광필(李光弼)과 진주인 류발(柳潑), 그리고 낭주 최씨 첫 계원인 최진하(崔鎭河)는 함양 박씨의 외손들이다. 그리고 인조조에 구림대동계가 크게 중수될 당시 계원으로 참여한 창녕인 조행립(曺行立)과 해주인 최석징(崔碩徵)은 선산 임씨의 외손들이다(김경옥, 2006; 정근식, 2002; 최재율, 2004). 이렇게 계원들은 구림지역의 재지사족으로 혈연관계로 끈끈하게 연결되어 있었음을 알 수 있다. 결국 구림대동계는 계급단체적, 혈연단체적 성격을 강하게 띨 수밖에 없었고, 구림대동계의 결성과 유지를

〈표 5-10〉 구림대동계 연혁(계속)

연도	계원 수	주역인사	계 문서[106]	비고
1565년경 (명종 20년)	상계원 (확인불가)	박규정(朴奎精) 임호(林浩) 이광필(李光弼) 박성정(朴星精) 류발(柳潑) 박대기(朴大器) 임완(林浣) 등	<구림동중수계서(鳩林洞中修稧序)> <회사정병서(會社亭幷序)>	정유재란 당시 계문서, 장부 등이 소실되어 계원 명단은 전해지지 않음.
1609년 (광해군 1년)			<완의(完議)>	-정유재란 이후 계 중수 -정유재란 당시 회사정(會社亭) 소실(燒失)
1613년 (광해군 5년)	상계원 21명, 하계원 23명 등 총 44명			-대동계가 다시정상화됨.
1614년 (광해군 6년)			<완의(完議)> <계약 구강령(稧約 九綱領)> ① 상장상부(喪葬相賻) ② 환난상구(患難相救) ③ 과실상규(過失相規) ④ 보미수합(補米收合) ⑤ 강신수목(講信修睦) ⑥ 유사택정(有司擇定) ⑦ 후입행례(後入行禮) ⑧ 유죄출계(有罪黜稧) ⑨ 보미수합시천연자태벌(補米收合時遷延者笞罰)	
1641년 (인조 19년)	상계원 26명	조행립(曺行立) 박성오(朴省吾) 현건(玄健), 문진창(文晉昌), 임정(林楨), 이세징(李世澂), 임익서(林益瑞), 최석징(崔石徵), 고두춘(高斗春), 박순(朴淳), 최진하(崔鎭河), 박이충(朴而忠) 등[107]	<계약십일강령(稧約 十一綱領)> ① 상장상부(喪葬相賻) ② 혼인상자(婚姻相資) ③ 환난상구(患難相救) ④ 강신수목(講信修睦) ⑤ 유사택정(有司擇定) ⑥ 후입행례(後入行禮) ⑦ 유죄출동(有罪黜洞) ⑧ 과실상규(過失相規) ⑨ 태만동사(怠慢洞事) ⑩ 춘추교량급도로수치사(春秋橋樑及道路修治事) ⑪ 사산금벌사(四山禁伐事)	춘추교량급도로수치사(春秋橋樑及道路修治事), 사산금벌사(四山禁伐事)가 추가됨.

1646년 (인조 24년)	상계원 42명	조행립(曺行立) 박성오(朴省吾) 현건(玄健) 문진창(文晉昌) 임정(林楨) 이세징(李世澂) 임익서(林益瑞) 최석징(崔石徵) 고두춘(高斗春) 박순(朴淳) 최진하(崔鎭河) 박이충(朴而忠) 등	<계약십일강령(稧約十一綱領)> 18조목(條目)	춘추교량급도로수치사(春秋橋樑及道路修治事)가 삭제되고 잡규(雜規)가 추가됨.
1662년 (현종 3년)			<동헌십일강령(洞憲十一綱領)> 47조목(條目)	
1681년 (숙종 7년)			<동헌십이강령(洞憲十二綱領)> 79조목(條目)	
1702년 (숙종 28년)			<동헌십이강령(洞憲十二綱領)> 102조목(條目)	
1743년 (영조 19년)			<동헌십이강령(洞憲十二綱領)> 102조목(條目)	
1940년	63명			
1983년	80명으로 증원			

출처: 김경옥(2006), 박원표(1988), 최재율(2004: 17~60)을 토대로 작성.

통해 계원들은 향촌사회에서 자신들의 지위와 권한을 확고히 하고 주도권을 행사하고자 했던 것이다.

서호송계(西湖松契)는 1768년(무자년, 영조 44년)에 구림대동계로부터 분리·창설됐다. 오늘날 서호송계는 주로 '구림송계(鳩林松契)'로 불리고 있다. 서호송계 창계 이전에는 구림대동계에서 구림촌 주변 산들

---

106) 최재율(2004: 17~60)과 김경옥(2006)을 토대로 작성했다.

107) 최재율(2004: 32)에는, 1641년(신사년, 인조 19년)과 1646년(병술년, 인조 24년) 구림대동계 중수의 주도인사로 조행립(曺行立), 현건(玄健), 박이충(朴而忠) 등이 언급되어 있다. 나머지는 「구림대동계연혁비(鳩林大洞契沿革碑)」(단기 4336년)에 언급된 인물들이다. 박이충(朴而忠)은 연혁비에 언급되어 있지 않으며, 연혁비에는 현징(玄澄)이 언급되어 있는데 현건(玄健)과 동일인인지는 확실하지 않다.

〈표 5-11〉 서호송계 책 및 문서 현황

연도	계 문서	비고
1641년 (신사년, 인조 19년)	<계약 십일강령(稧約 十一綱領)>	'사산금벌(四山禁伐)' 강령이 처음으로 계약(稧約)에 포함됨.
1743년 (계해년, 영조 19년)	「동헌(洞憲)」 <계해춘강신중수(癸亥春講信重修)> 십이강령(十二綱領) 102조목(條目)	'제십일 사산금벌사(第十一 四山禁伐事)'는 3개 조목(條目)으로 구성됨.
1768년 (무자년, 영조 44년)	「서호송계안(西湖松契案)」	- '서호송계' 창설 - 名案 99명
연대미상	<송계약조 십이조목(松契約條 十二條目)>	
1892년~1915년	<송계전여기(松契傳與記)>	추간심기(秋看審記), 실재총약(實在總額), 본계(本契) (매년 結總과 稅米)
정축년(丁丑年)	<구림송계규약(鳩林松契規約)>	
연대 미상	<구림송계후입원씨명(鳩林松契後入員氏名)>	
을축년(乙丑年)	<구림송계후입원명전(鳩林松契後入員名錢)>	

출처: 김경옥(2006) "<표 1> 18~19세기 서남해 도서 · 연안지역 송계자료" 토대로 재작성.

을 직접 금송하고 관리했다. 그러다가 마을 주민과 공동으로 마을 주변 산들을 관리하기 위한 목적으로 서호송계를 창계했는데, 임야 30여 정보를 마을 주민에게 위탁 · 관리하도록 했다(최재율, 2004: 55). 여기에는 몇 가지 주된 요인들이 있었으리라 추측된다. 첫째, 구림대동계는 임진왜란 이후 일시적으로 상하합계의 형태로 운영되다가 조선 후기로 갈수록 지역사회의 사족 지배가 공고화되면서 하계원의 참여를 배제하고 상계원 중심으로 재편됐다(정재근, 2002). 그러나 구림촌 주변 산들에 대한 금송과 보호 · 관리는 마을 주민의 참여와 협조 없이는 실효성을 거두기 어려웠고, 이미 상계원 중심으로 운영되던 구림대동계를 기층민까지 확대하는 대신에 별도로 송계를 만들었던 것으로 보인다. 둘째, 조선 후기에 접어들면서 목재 수요가 급격히 증가했고 이에 따른 중앙정부의 금송정책 또한 강력한 방향으로 전환됐다. 이러한 시대 배경 속에서 구림촌에서도 자체적인 자구 노력이 필요했는데, 기존의 구림대동계만으로는 실천의 한계가 있었던 것으로 보인다. 이렇게 여러 요인들이 복합적으로 작용하여 1768년(무자년, 영조 44년)에 구림대동계로부터 분리되어 별도로 서호송계가 창설됐던 것으로 보인다. 창설 시 작성된 「서호송계안(西湖松契案)」(무자년, 1768년) 〈좌목(座目)〉에는 재지사족을 중심으로 총 99명이 수록되어 있으나, 서호송계에는 상하민 모두가 참여했다.

1768년 창설 이후 서호송계는 마을 사산(四山)의 금송, 식림 및 육림뿐만 아니라 지역공동체의 존속과 번영에 지대한 영향을 미쳤다. 서호송계는 마을 도로・교량・제방의 보수와 관리를 주도적으로 담당했고, 마을 사산의 운영과 관리에 따른 이익금으로 당산제 비용과 같은 마을의 공동 경비를 충당할 수 있었다. 서호송계는 조선 후기 청장년 교육을 위한 문사재(文士齋)와 양사재(養士齋)의 창건과 이전, 구한말-일제 초기 약 10년 동안 사립학교 운영(1907~1917년), 1917년 구림공립보통학교 설립 기금으로 계답(契畓), 현금 및 부지 기증, 구림실업고등학교 부지 기증 등 지방교육지원 활동에 적극적으로 참여・지원했다.[108)]

108) 「구림대동계연혁비(鳩林大洞契沿革碑)」에 따르면, "[중략] 英祖 4년(1727) 聖基洞에 文士齋를 創建하여 著名人士를 招聘하여 青壯年 教育을 擔當했고 [중략] 純祖 32년(1832)에 文山齋를 道岬里 月臺巖下 文殊庵터에 移建하여 運營했고, 純宗 원년(1907)에 新學文 教育을 爲해 私立學校을 設立하여 10년간 經營하다가 倭政의 强壓으로 1917년 鳩林公立普通學校設立基金으로 契畓 600두락, 林野 20정보, 現金 壹萬九仟圓, 敷地 3,000여 평을 靈巖郡學校費에 내놓았다. [중략] 1973년 鳩林實業高等學校敷地로 松契에서 管理하던 四山林野 壹萬九仟余坪을 道教育委員會에 寄贈했다. [중략]"

1) 서호송계의 유형

서호송계는 구림촌 12개 자연마을의 상하민들이 참여하여 결성한 연합송계로, '상하합계'의 성격을 띠고 있었다. 계임이 유사(즉 上有司에 해당), 하유사(下有司)로 구분되어 운영됐다는 점에서도 이를 확인할 수 있다. 서호송계는 명백하게 재지사족 주도로 창설된 송계였다. 이것은 다음과 같은 이유에서이다. 첫째, 창계 당시 계원 명단에 수록된 총 99명은 최씨 27명, 박씨 27명, 조씨 13명, 이씨 8명, 윤씨 7명, 현씨 5명, 임씨 3명, 정씨 3명, 류씨 2명, 나씨 2명 고씨 1명, 양씨 1명이었다(김경옥, 2006). 창계 계원들의 성씨가 앞에서 언급한 구림대동계 계원들의 성씨와 거의 겹치는 것으로 볼 때, 구림마을 유력 성씨들이 주도하여 서호송계를 창계했음을 알 수 있다. 또한 구림대동계가 기존에 '사산금벌(四山禁伐)' 강령을 별도로 두어 마을 사산을 관리하다가 보다 효과적이고 효율적인 보호·관리를 위해 별도로 분리하여 송계를 창설했기 때문에 기층민 주도라기보다는 재지사족 주도로 결성된 송계라고 보는 것이 타당하다. 따라서 서호송계가 구림대동계에서 분리됐더라도 구림대동계의 일정한 영향하에 운영·관리됐을 것으로 추측된다.

과거부터 구림촌을 '열두 동네'라고 불러 왔던 점에서, 서호송계는 12개 자연마을이 참여하던 연합송계의 성격을 띠고 있었다는 것을 알 수 있다. 이들이 대개 함양 박씨, 선산 임씨, 낭주 최씨, 해주 최씨, 창녕 조씨 등 유력 성씨의 동성마을이었던(김경옥, 2006) 사실을 볼 때, 서호송계 또한 구림대동계에서와 유사한 혈연적 성격을 강하게 띠었을 것이다. 각 자연마을에는 서호송계 이전부터 촌계가 이미 운영되어 왔던 것으로 보인다(최재율, 2004: 39). 따라서 서호송계는 '촌계—서호송계—구림대동계—관청'의 중층적 사업구조를 띠었을 것으로 추측된다.

2) 오늘날 서호송계의 현황

오늘날에도 서호송계는 여전히 그 명맥을 유지하고 있다. 근래에는 서호송계 대신에 '구림송계'라는 명칭을 보편적으로 사용하고 있다. 하지만 과거에서부터 구림마을을 '서호'로 불렀던 점을 상기하면 서호송계 혹은 구림송계 어느 명칭을 사용하든 간에 그 차이는 없다. 250여 년 동안 운영되면서 서호송계는 구림촌 주변 산에서 산림공유자원의 지속 가능한 이용과 보호뿐만 아니라, 하천둑의 보수, 도로·교량의 보수, 당산제 주관, 교육기관 지원 등 지역공동체의 존속과 번영에 많은 기여를 해 왔다. 지금은 친목 도모 위주의 조직으로 운영되고 있다.

2. 서호송계규약

구림대동계에서 오래전부터 관행과 불문율로 마을산을 이용·보호·관리했던 것으로 추측된다. 그러다가 계의 대대적인 중수가 이뤄졌던 1641년(신사년, 인조 19년)부터 지역공동체의 주요 현안에 관한 사항들을 처음으로 규정했다. 그 이전에는 계 조항 대부분이 계원의 관혼상제(冠婚喪祭)에 관한 계원 간의 상부상조와 벌칙에 관한 것이었다. 하지만 1641년 계 중수에서 춘추교량급도로수치(春秋橋梁及道路修治), 사산금벌(四山禁伐)에 관한 사항이 새롭게 추가된 것이다. 이것은 봄과 여름에 마을 도로, 교량, 제방을 수리·보수하고 마을 사산을 보호·관리하기 위함이었다. 〈계약 십일강령〉(1641년, 인조 19년)의 '사산금벌사(四山禁伐事)' 강령에는 다음과 같은 규정이 실려 있다.[109)]

> 매월 마지막 날 서얼(孼屬) 1명이 사령(使令)을 대동하고 돌아가면서 순산하고 만일 작벌처(斫伐處)가 있을 경우 대동계 유사에게 와서 일일이 보고한다. 그 일을 담당하는 향도(香徒)에게는 (벌로) 쌀 한 말[斗]을 내게 하고 작벌자를 데리고 와서 나무 한 그루당 벌을 주고 징계하기로 한다.

1743년(계해년, 영조 19년)에 구림대동계는 강령을 크게 개정하고 규약을 완성했는데, 이것이 오늘날까지 근거자료로 활용되고 있다. 「동헌(洞憲)」〈계해춘강신중수(癸亥春講信重修)〉는 '사산금벌(四山禁伐)'에 관한 3개 조목을 싣고 있다.[110)]

---

109) 「稧約 十一綱」(1641년, 인조 19년) 〈四山禁伐事〉. 每於月晦 使孼屬一人率使令輪次巡山 有斫伐處 則一一來告有司 令其所掌香徒 白米一斗 爲斫伐者現損則木一疋式罰懲事.

110) 「洞憲」〈癸亥春講信重修〉第十一 四山禁伐. 巡山有司以中庶輪回定行 而每於月晦巡山有司一員率下有司及各里座上 巡看四山有斫伐處 則大小株數一一置簿來納本有司 本有司受其巡山記而當次月各里座上 招來嚴勅使之現告犯禁者而 不告則治罪 而後其犯松多少加減其杖數 (舊約 罰米於各里而 大松米一斗中松米五升稚松米一升 犯者現損則罰米倍數笞三十 癸酉春以 徵米煩撓革罷而以笞代之) 而告其犯禁者則犯者大松笞三十箇中松笞二十箇稚松笞十箇而知 而不告者與犯者同罪事.
- 一. 巡山有司 每朔巡山 而其間不無勤慢之不同 本有司每於四孟月一番別巡 以察巡山有司之勤否以告契中而論罰事.
- 一. 四山禁伐解弛不振者 盖由於上契員之乖異 下人之潛竊 若不別樣申勅 則不過一二年 若干所存殆 將無餘 契員使喚奴犯斫而現損 則犯禁奴笞二十其上典酒罰 契外奴子現損 則笞三十箇 (舊約 二十箇) 且四山之頹落稚松之不長皆是起茅之害也 其罰一依犯松條施行事 (辛巳春 完議).
- 一. 我洞左右村居自古慮有水患 每於有司遆月前 (舊約 遆月) 使之修補防川以爲奠居之計 而左右之石雖一拳 莫非洞力之所致 而人心渝薄洞法解弛 暗夜潛竊所築空缺採草 狼藉西岸頹圮倘有黃潦橫奔 則難免蕩析之患有司別

순산유사(巡山有司)는 중인과 서얼이 번갈아가면서 맡는데, 매월 마지막 날에 순산유사 1명은 하유사, 각 리 좌상(座上)을 인솔하여 사산을 순찰하여 살펴보고, 만일 작벌처(斫伐處)가 있으면 나무 크기, 그루 수를 일일이 기록하여 본유사에게 와서 바치도록 한다. 본유사는 그 순산 기록을 받아 돌아오는 달에 각 리 좌상을 불러 범금자를 엄히 보고하도록 문초하고 만일 보고하지 않으면 죄로 다스린다. 잘려진 소나무의 수량에 따라 장(杖)의 대수를 정하도록 한다. [옛날 동약(洞約)에서는 (범금에 대해) 각 리에 벌미(罰米)를 부과했는데, 큰 소나무는 쌀 한 말[斗], 중간 소나무는 쌀 다섯 되[升], 어린 소나무는 쌀 한 되로 했다. 범금자에 대해서는 손해의 크기에 따라 쌀을 갑절로 물리게 하고 태 30대를 부과했다. 계유년 봄부터는 쌀을 거두는 게 번거로워 없애기로 하고 태로 대신하기로 했다.] 만일 범금자가 보고된 경우에는 범금자에게 큰 소나무는 태 30대, 중간 소나무는 태 20대, 어린 소나무는 태 10대를 하도록 한다. 만일 범금자를 알고도 보고하지 않는 자는 범금자와 같은 벌을 주기로 한다.

一. 순산유사는 매달 초하루 산을 순시하는데, 그 사이에 게으른 때도 있을 것이므로 본유사는 사맹월(四孟月)(1월, 4월, 7월, 10월)에 별도로 순시하여 순산유사의 근무태도를 살펴서 (계에 보고하고) 벌을 논하기로 한다.

一. 사산금벌(四山禁伐)이 해이해지고 부진한 것은 모두 상계원의 잘못 때문이다. 하인들의 도둑질을 특별히 경계하지 않는다면, 일이년이 지나지 않아서 약간 남아있는 것도 거의 남아나는 것이 없게 될 것이다. 계원의 노비가 범금하여 손해가 있을 경우 범금한 노비에게는 태 20대를 부과하고 상전에게는 벌로서 술

樣申勅上自間竹亭下至西湖亭 修補其頹落處 其偸石竊草者使下有司及各里座上 看察現告而其罰依犯松條施行事 (庚午春 完議).

을 내도록 한다. 계원이 아닌 자의 노비가 손해를 끼쳤을 경우 태 30대(과거 동약(洞約)에서는 태 20대)를 부과하도록 한다. 마을 사산이 퇴락(頹落)하여 어린 소나무가 자라지 못하는 것은 띠(잡초)의 피해에서 비롯된다. 이에 대한 벌은 범송조(犯松條)에 의거하여 시행한다. (신사년 봄에 의논 결의함.)

一. 우리 마을에서는 옛날부터 수해를 걱정하여 매년 유사가 그 달로 바뀌기 이전에(과거 동약(洞約)에서는 그 달에) 방천(防川)을 보수하게 했는데, 이것은 살기 위한 방책이다. 비록 좌우의 돌들이 한 주먹 크기이지만 온 마을의 힘이 모이지 않은 것이 없다. 그러나 인심이 투박(偸薄)해지고 동법(洞法)이 해이(解弛)해져서 어두운 밤에 몰래 빈틈을 메웠던 돌을 훔쳐가고 풀을 뽑고 짓밟아 서안(西岸)이 무너져 내려 황하와 요하처럼 멋대로 흐르니 쓸어버리고 조각내는 재해를 면하기 어렵게 된 것이다. 유사는 별도로 특별히 경계하여 위로는 간죽정(間竹亭)에서 아래로는 서호정(西湖亭)에 이르기까지 퇴락처(頹落處)를 보수하고 돌을 훔치고 풀을 몰래 베는 행위를 하유사와 각 리 좌상(座上)들이 순시하고 와서 보고하게 하고, 그 벌은 범송조(犯松條)에 의거하여 시행한다. (경오년 봄에 의논 결의함.)

1768년(무자년, 영조 44년)에 서호송계가 구림대동계로부터 분리・창설된 이후에 작성된 〈송계약조 십이조목(松契約條 十二條目)〉(작성연대 미상)에는 송계 관련 규정이 구체적으로 나열되어 있는데, 금송, 육림, 계임의 선출과 역할, 벌칙, 상호감시와 고발 등의 내용이 두루 담겨 있다.[111)]

111) 〈송계약조 십이조목〉(작성연대 미상)은 김경옥(2006)의 번역을 재인용했다.

一. 대송(大松)과 치송(稚松)은 작벌할 수 없고, 종송(種松)을 뽑지 않는다. 이를 범한 자는 벌로 쌀 5되를 부과한다.

一. 우마(牛馬)를 방목하지 말고, 청지(靑枝)나 청초(靑草), 갈기(葛箕)를 채취하지 않는다. 이를 범한 자는 태 15대를 부과한다.

一. 유사(有司)는 하유사(下有司)와 함께 매월 초하루와 보름에 순산하도록 한다.

一. 촌인(村人)은 물론 상하(上下)를 막론하고 범금자를 발견하는 즉시 유사나 하유사에게 고발하여 기록하도록 하고 매월 초하루와 보름에 계원들이 모두 모였을 때 논죄한다. 혹 대송과 치송을 작벌하거나 종송을 뽑았을 경우, 이를 발견하고도 신고하지 않는 해당 자연촌 주민을 모두 벌하되, 벌미(罰米)로 5되를 부과하고 하유사를 죄로 다스린다.

一. 풍락송(風落松)을 비록 한 가지라도 사사로이 가져간 자가 있을 경우 해당 자연촌 주민들의 죄를 논하고 하유사를 죄로 다스린다.

一. 비록 죄목이 가볍다 할지라도 범금자를 발견하면 서로 고발해야 하고, 혹시 신고하지 않고 발각될 경우 죄로 다스린다.

一. 각리(各里) 각인(各人)이 종송처(種松處)를 표시하고 혹은 고사(枯死)한 즉시 계원들을 동원하여 다시 파종하도록 한다.

一. 송가(松價)는 각 마을에 분급하여 성실한 자로 하여금 이를 취하게 하여 촌중(村中)에 필요한 용도로 사용하도록 하고, 3년에 한하여 이자를 모은 후에 동중(洞中)에 사용하도록 한다.

一. 약조(約條)를 지키지 않는 자는 상하를 막론하고 물과 불을 서로 통하지 않도록 하고[水火不通][112], 상(喪)을 당한다 할지라도 조문하지 않으며, 화란(禍亂)을 당하여도 서로 구제하지 않으며, 농사에 있어서도 서로 종자를 제공하지 않으며, 평상시에도 서

112) 수화불통은 같은 마을에서 불씨를 빌려주지 않고 마을 우물을 쓰지 못하도록 금하는 것이다. 사실상 출동(黜洞)에 가까운 처벌이다.

로 왕래하지 말 것이다.

一. 이웃마을 사람들이 죄를 범하여도 죄를 벌하고, 이를 수용하지 않을 시 한 마음으로 관(官)에 고하여 중죄로 다스리도록 한다.

一. 마을 사람이 혹 타처(他處)에서 소나무를 작벌해 왔다 할지라도 촌중에 알리도록 한다.

一. 상유사 · 하유사 · 감고(監考)는 매년 교체하고, 담당하던 물건을 모두 봉납(奉納)한 후에 체직을 허용하도록 한다.

3. 제도설계원칙 적용

1) 명확하게 정의된 경계

앞에서도 이미 밝혔듯이, 서호송계는 구림촌 주변에 있는 사산(四山)을 수호하기 위해 구림대동계와는 별도로 창설된 지역자치공동체 조직이다. 따라서 사산의 구역과 경계가 나름대로 명확하게 설정되어 있었다.

1768년 서호송계가 창설될 당시에 작성된 「서호송계안」(무자년, 1768년)에는 총 99명의 계원 명단이 수록되어 있는데, 상계원과 하계원 모두를 망라한 것인지는 알 수 없다. 계원의 본관, 추입 조건 등을 명시하지 않고 성명만이 기재되어 있는데, 최씨 27명, 박씨 27명, 조씨 13명, 이씨 8명, 윤씨 7명, 현씨 5명, 임씨 3명, 정씨 3명, 류씨 2명, 나씨 2명, 고씨 1명, 양씨 1명이었다. 이들 대부분이 함양 박씨를 비롯하여 구림촌의 유력 성씨들이었던 점을 고려할 때 상계원일 가능성이 높다(김경옥, 2006). 따라서 서호송계는 구림마을 재지사족에 의해 주도됐고, 기층민들은 의무적으로 참여시켰던 것으로 보인다. 하지만 자료의 부족으로 송계의 추입 조건, 신입례 등에 대해 자세하게 알 수 없다.

그럼에도 서호송계에는 상하민 모두가 참여했던 것으로 추측된다. 우선 서호송계를 창계하면서 마을 주변 임야 30여 정보를 마을 주민들에게 위탁·관리하게끔 했고, 당시 공유림에 대한 접근과 이용은 지역민의 생존과 농경생활에 중요했기 때문에 지역공동체 구성원 모두가 참여했을 것으로 충분히 짐작된다.

2) 사용 및 제공 규칙의 현지 조건과의 부합성

조선 후기 대부분의 송계와는 달리, 서호송계에서는 송계산 구역 내에서 소극적인 금송에만 머무르지 않고 보다 적극적으로 소나무를 심고 가꾸었다. 조선 후기 중앙정부의 금송정책뿐만 아니라 대부분의 송계에서는 식림과 육림보다는 소극적 차원에서 소나무를 비롯한 산림공유자원의 보호·관리에 치중했다. 하지만 서호송계에서는 각 마을에서 소나무를 심고 이를 표시하여 철저하게 관리하도록 했으며, 만일 소나무가 죽었을 경우 다시 심도록 장려했다.

또한 마을 주민과 하유사에게 상호 연대책임을 지움으로써 마을 사산의 보호와 관리에 실질적인 효과를 높이도록 했다. 상하 신분의 구분 없이 마을 주민이면 누구나 범금자를 발견하는 즉시 (상)유사와 하유사에게 보고하도록 했고, 이를 발견하고도 신고하지 않을 경우 마을 주민 전체에게 연대책임을 물어 쌀 5되씩 물리게 하고 하유사에게도 벌을 부과했다. 그리고 풍락송(風落松) 한 가지라도 사사롭게 가져간 경우 마을 주민 전체와 하유사에게 죄를 물어 처벌하도록 했다. 평소에 마을 주민 상호 간에도 범금 여부를 서로 감시하도록 하고 위반자가 있을 경우 즉시 신고하도록 했으며, 만일 이를 어기고서 위반행위를 눈감아주었을 경우에도 역시 벌을 주도록 규정하고 있다. 이런 규정들은 마을 주민 간의 상호감시체계를 효과적으로 작동시켜 대규모 면적의 임야를 감시하는 비용을 낮추고 산림감시 활동의 실질적인 효율성과 효과성을 높이기 위한 조치였던 것이다.

서호송계에서는 송가의 이익금을 마을별로 분배하여 각자 동중재산으로 활용토록 했다. 즉 목재 판매대금을 밑천으로 동중재산을 늘리고 마을의 각종 용도에 사용토록 했던 것이다. 이는 대부분의 송계에서 공통적으로 나타나던 특성인데, 송계가 단순히 풀과 나무를 보호·관리하는 차원을 넘어 지역공동체 차원의 생존과 번영을 도모하는 차원까지 포괄했음을 말해준다.

3) 집합적 선택 장치

서호송계에서는 매달 초하루와 보름 두 번에 걸쳐 정기적인 계모임을 가졌는데, 계모임에서 소나무 작벌 등 범금행위에 대한 처벌 수위가 논의되고 범금자에 대한 처벌이 행해졌다. 그 외에도 계 운영의 전반적인 사항들이 계모임에서 집중적으로 논의됐을 것이다. 구림대동계의 강신회(講信會)에서도 송계 관련 주요 안건들이 다루어졌던 것으로 추측된다. 송계산, 송계 전답 등 서호송계 재산을 구림대동계 차원에서 관리하고 처분했던 사실로도 강신회는 중요한 집합적 의사결정기구로 기능했음을 알 수 있다. 서호송계의 계회에서 제기된 주요 안건들은 강신회에서 재차 논의되고 최종 결정됐을 것으로 보인다.

4) 감시 활동

서호송계가 창설되기 이전부터 구림대동계에서는 순산유사를 두어 하유사, 각 마을의 좌상(마을의 웃어른)과 함께 정기적으로 마을산을 순시하고 작벌 여부와 임상을 살피도록 했다. 이런 전통은 오래전부터 내려온 것으로 보인다. 1641년(신사년, 인조 19년)에 작성된 구림대동계 〈계약 십일강령〉의 '사산금벌사(四山禁伐事)'에 따르면, 서얼 1명이 사령을 대동하고 매월 마지막 날에 순산하고 만일 작벌처가 있을 경우 대동계 유사에게 일일이 보고하도록 규정하고 있다.

1743년(계해년, 영조 19년)에 작성된 〈동헌십이강령〉의 '사산금벌(四山禁伐)'에 따르면, 순산유사는 중인과 서인이 번갈아가면서 맡고, 매월 마지막 날에 순산유사 1명은 하유사, 각 마을의 좌상을 인솔하여 사산을 순찰하여 살펴보고, 작벌처가 있으면 나무 크기, 그루 수를 일일이 기록하여 상유사에게 보고하도록 규정하고 있다.

서호송계 창계 이후에 작성된 〈송계약조 십이조목〉(작성연대 미상)을 보면, 서호송계 차원에서 마을산에 대한 보다 체계적이고 철저한 감시 활동이 이뤄지고 있었음을 알 수 있다. 우선 (상)유사는 하유사와 함께 매월 초하루와 보름 두 번에 걸쳐 마을산을 순산하여 산림감시 활동을 수행하며 작벌처를 조사하도록 했다. 마을 주민들에게도 평소에 마을산 내 도벌을 감시하고 범금한 자를 발견하는 즉시 (상)유사나 하유사에게 고발하도록 했다. 만일 범금한 자를 신고하지 않을 경우 마을 주민이 연대책임으로 벌로 쌀 5되씩 내도록 했고 하유사 또한 벌을 받았다. 마을 주민이 마을산이 아닌 다른 곳에서 소나무를 작벌했더라도 이를 마을에 보고하도록 하여 마을산에 대한 효율적이고 효과적인 감시 활동이 이뤄지도록 여러 규정과 벌칙을 마련하고 있었다.

5) 점증적 제재 조치

서호송계에서는 송계산 내 큰 소나무, 작은 소나무 등을 베거나 종송(種松)을 뽑지 못하도록 했는데, 이를 위반한 마을 주민이나 외지인에 대한 벌미와 벌칙을 마련했다. 그리고 범금의 도가 지나치게 크거나 여러 번 금송을 위반했을 경우에 강력한 제재 조치를 단계적으로 취하도록 했다.

큰 소나무, 작은 소나무를 작벌하거나 종송을 뽑은 자에게는 벌로 쌀 5되를 물렸고, 소나 말을 송계산 내에 방목하거나 살아 있는 가지, 풀, 칡덩굴을 채취하는 자에게는 태 15대를 부과하도록 했다. 송계산 내에서 범금을 한 자를 발견하고도 신고하지 않으면 해당 마을 주민 모두에게 벌로 쌀 5되를 물리고 하유사에게 벌을 주도록 했다. 금송 위반자에 대한 처벌은 아마도 회사정(會社亭)에서 집행됐던 것으로 보인다. 회사정 앞에는 범금자에게 매를 치던 곤장터가 있어 그 개연성을 높여준다. 범금의 도가 지나치거나 반복적으로 범금을 하는 자에게는 신분의 구분 없이 "물과 불을 서로 통하지 않도록 하고, 상을 당한다 할지라도 조문하지 않으며, 화란을 당하여도 서로 구제하지 않으며, 농사에 있어서도 서로 종자를 제공하지 않으며, 평상시에도 서로 왕래하지 못하도록" 했다. 이와 같은 처벌은 과거 전통농경사회에서 공동체 차원에서 행해지던 가장 불명예스러운 처벌이면서 생존 문제와 직결되는 것이었다. 따라서 누구나 이런 수준의 처벌은 피하고자 했을 것이다. 한편 마을 주민이 아닌 외지인이 송계산 내에 들어와 범금을 했을 경우에도 처벌했는데, 만일 외지인이 이를 수용하지 않으면 관에 고발하여 조치토록 했다.

6) 갈등 해결 장치

조직을 운영하는 과정에서 구성원 간에 혹은 구성원과 외부인 간에 갈등 상황은 늘 발생할 수 있다. 서호송계도 예외는 아니었을 것이다. 보다 중요한 문제는 어떻게 갈등 상황을 미연에 방지하고 이미 발생한 갈등을 조정・해결해 나가는가에 있다. 서호송계가 갈등 상황을 조정・해결하기 위해 어떤 제도적 장치를 마련하고 운영했는지 파악하는 데는 다소 어려움이 있다. 우선 〈송계약조 십이조목〉(작성연대 미상)에는 갈등해결을 위한 어떤 규정도 명시되어 있지 않기 때문이다.

서호송계는 열두 동네가 참여한 연합송계였고, 각 마을에는 촌계가 따로 운영되고 있었다. 결국 서호송계는 '촌계–서호송계–구림대동계–관청'의 중층적 사업구조 속에서 운영됐던 것으로 파악된다. 갈등 상황이 크게 노출되기 전에 촌계나 서호송계 자체적으로 해결했거나 나름대로 대책을 강구했을 것이다. 서호송계의 계원, 적어도 상계원들은 상당수가 친척 및 인척 관계로 강한 혈연적 유대와 결속을 지니고 있었다. 이런 관계에서 갈등이 지나치게 확대되는 것을 다들 원치 않았으리라 생각한다. 또한 서호송계가 상하합계의 성격을 띠고 있었더라도 재지사족 중심으로 운영됐고, 서호송계와 구림대동계의 밀접한 관계 속에서 지역사회 원로들이 갈등 상황에 개입하여 상당한 영향력을 행사했을 것으로 추측된다. 따라서 서호송계 내에서 발생한 갈등이 구림대동계의 범위를 벗어나는 경우는 흔치 않았을 것이다.

7) 최소한의 자치조직권 보장

서호송계는 1768년 구림대동계로부터 임야 30여 정보를 마을 주민들이 위임받아 위탁·관리하기 위해 창설됐다. 그 이전에는 구림대동계가 마을산을 국가나 관으로부터 입안받아 자체적으로 보호·관리했던 것으로 보인다. 따라서 서호송계는 관으로부터 그리고 구림대동계로부터 어느 정도의 자치권을 보장받았을 것이다. 그럼에도 서호송계는 보성군 복내이리송계, 국사봉지역 향한리 송계, 금산지역 연합송계들에 비해 자치권과 자율성이 현저히 낮았을 것으로 추측된다. 왜냐하면 서호송계는 구림대동계로부터 분리됐더라도 여전히 구림대동계의 제약과 영향하에 있었기 때문이다. 구림대동계는 향촌사회를 아우르며 향촌사회의 제반 사항을 실질적으로 다스리는 자치단체적 성격을 띠고 있었다. 비록 서호송계가 마을산의 금송과 육림을 담당했더라도 중첩적으로 나타나는 사항들에 대해서는 구림대동계의 의견과 영향력은 상당할 수밖에 없었을 것이다.

서호송계는 (상)유사, 하유사, 감고 등을 중심으로 운영됐다. (상)유사는 서호송계 내에서 최고 높은 계임이었고 송계를 대표하는 최고의 수장이었다. 하지만 서호송계는 구림대동계와 밀접하게 연계하여 운영됐기 때문에 연합송계의 형태를 띠었던 보성군 복내이리송계나 금산지역 연합송계의 수장들에 비해 권한과 역할이 그리 크지는 않았을 것으로 판단된다. 구림대동계와의 자리매김 속에서 서호송계가 어느 정도 독립성과 자율성을 가지는지, (상)유사의 권한과 역할이 어느 정도인지가 결정됐기 때문이다. 하유사에게는 상당히 많은 계무와 책임이 따랐던 것으로 보인다. 하유사는 (상)유사와 함께 매달 두 번씩 순산하고 산림감시 활동에 직접 참여했으며, 다른 사람의 범금행위에 대해서도 연대책임을 져야만 했다. 하유사는 하계원으로 마을 주민을 대표하는 임무를 맡았기 때문에 하계원 중에서 연장자 혹은 존경받던 사람으로 선정됐을 것이다. (상)유사, 하유사, 감고의 임기는 1년이었으며, 담당하던 송계의 재산과 물건을 완전하게 반납한 후 교체가 허용됐다.

8) 중층적 사업단위

과거부터 구림촌이 '열두 동네'라고 불리었고 각 자연마을마다 촌계가 만들어져 운영되고 있었다(최재율, 2004: 39). 이렇게 서호송계는 여러 자연마을들이 참여하는 연합송계의 성격을 띠었다. 촌계와 서호송계의 관계, 촌계와 구림대동계의 관계, 서호송계와 구림대동계의 관계 등 과거 구림촌에서 마을산을 이용하고 보호·관리하는 데 나름대로 중층적인 구조를 띠었을 것으로 추측된다. 더구나 송계산 구역 내 외지인의 무단 입산과 작벌에 대해 다른 마을의 범금자를 관에 고발하게 하는 등 관청과의 관계까지 고려한다면, 중층적 구조는 복잡해진다. 종합하면, 과거 서호송계는 '촌계—서호송계—구림대동계—관청'이라는 4층적 사업구조 속에서 운영됐으리라 추측된다.

일례로 〈송계약조 십이조목〉(작성연대 미상)에 따르면, 명문화된 조항을 지키지 않는 자에 대해서 상하인의 신분 구분 없이 "물과 불을 서로 통하지 않도록 하고, 상을 당한다 할지라도 조문하지 않으며, 화란을 당하여도 서로 구제하지 않으며, 농사에 서로 종자를 제공하지 않으며, 평상시에도 왕래하지 못하게 하는" 극단적인 처벌은 구림대동계와의 관계 속에서만 이해될 수 있기 때문이다. 한편 송계산 이용과 보호·관리뿐만 아니라, 하천 둑, 도로·교량의 보수 등 지역

차원에서 이뤄지는 대규모 공동작업의 날짜 선정, 인력 동원 등은 각 마을 촌계와의 협조 관계 속에서 가능할 수밖에 없었다. 따라서 어떤 방식으로든 중층적 구조와 관계 속에서 서호송계가 운영됐을 것으로 보인다.

4. 서호송계의 특징

조선 중기에 창설, 조선 후기를 거쳐 오늘날까지 운영되고 있는 구림대동계는 상당한 수준의 계급성과 배타성을 견지하여 왔다. 지금까지 알려진 바로는 임진왜란 이후 형성된 동계나 대동계에서는 '상하합계' 형태를 띤다고 알려져 있다. 하지만 구림대동계는 임진왜란 직후 계 중수에서는 상하합계 형태를 띠고 있었으나, 그 이후 작성됐던 계원 명단에 하계원의 명단은 없고 오직 상계원 명단만이 있다. 서얼의 경우는 계원 명단에서 한 단계 아래에 기재되어 있다. 조선 후기로 갈수록 구림대동계에서 하계원은 배제되고 상계원 위주로만 운영되면서 배타성과 계급적 질서가 강화됐던 것으로 보인다. 그 과정에서 구림촌 주변의 사산에 대한 금송과 보호·관리를 목적으로 서호송계가 별도로 창설된 것으로 짐작된다. 마을 사산의 보호와 관리는 상계원으로만 구성된 구림대동계의 역량으로는 한계가 있을 수밖에 없었고, 당시 지역사회 기층민들의 협조가 절대적으로 필요했기 때문이다. 그럼에도 구림대동계의 계급성과 배타성은 서호송계의 입계, 운영 및 관리에도 어느 정도 투영됐을 것으로 보인다.

서호송계는 여러 마을에서 상하민이 참여한 연합송계였더라도 여전히 상계원 위주로 운영됐을 것으로 생각된다. 이것은 서호송계가 구림대동계로부터 마을 사산을 위탁받아 운영했던 사실이나 서호송계 창계 시(1768년, 영조 44년) 작성된 계원 명단에 수록된 99명 대부분이 당시 구림촌을 중심으로 세거하던 재지사족의 성씨였다는 사실에서도 확인된다.

구림대동계와 서호송계는 혈연결속적 성격을 띤 지역자치공동체였기 때문에 상당한 동질성을 확보하고 있었다. 어쩌면 이러한 동질성 속에 배태되는 배타성이 오늘날까지 구림대동계와 서호송계가 명맥을 유지하고 있는 동인(動因)이었는지도 모른다. 하지만 다양성과 민주성을 중시하는 현대사회에서 어느 정도 함의와 교훈을 끌어낼 수 있을지 조심스럽다.

제6절 나주목(羅州牧) 금안동송계(金鞍洞松契)[113]

1. 나주목 금안동과 금안동송계의 개괄적 현황

전라남도 나주시 노안면(老安面)에 위치한 금안동(金鞍洞)은 나주 정씨의 입향조인 설재(雪齋) 정가신(鄭可臣, 1224~1298)이 정착하면서 형성됐다. 정가신이 고려 충렬왕 때 원나라에 사신으로 파견되어 공을 세우고 돌아와 이곳에 정착했는데, '금으로 만든 말안장을 가져온 동네'라는 의미에서 금안동(金鞍洞)으로 불리게 됐다고 한다(나선하, 2011; 박종채, 1995, 1996, 2000). 그 이후 나주 정씨를 중심으로 '서류부가(壻留婦家)' 전통에 따라 창녕 성씨, 여산 송씨, 서산 정씨, 풍산 홍씨, 하

---

113) 박종채(1995, 1996, 2000)와 나선하(2011)의 내용을 비탕으로 연구와 분석이 이뤄졌다.

동 정씨, 서흥 김씨 등 타 성씨들이 입주했고, 조선 후기로 가면서 나주 정씨, 하동 정씨, 풍산 홍씨, 서흥 김씨 등 사성씨가 주류를 형성하게 됐다. 금안동은 예로부터 '열두 동네'로 불려왔는데, 이는 인천(仁川), 천변(川邊), 광곡(廣谷), 송대(松大), 수각(水閣), 반송(盤松), 원당(元堂), 송쟁이[松亭], 등머리[越松], 금곡(琴谷), 사리실[舊杻], 영안(永安) 등 자연마을을 일컫는다.

금안동은 오랜 역사와 전통을 간직하고 있는 마을로 이름나 있는데, 이는 오래전 형성된 동계가 오늘날까지 이어져 오기 때문이다. 임진왜란 직후인 1601년(신축년, 선조 34년)에 정상(鄭詳)이 주도하여 금안동 동계(洞契)가 중수(重修)됐던 점으로 보아 적어도 동계와 유사한 결사(結社)가 임진왜란 이전에 이미 존재했던 것으로 추정된다. 임진왜란 이전에 운영되던 금안동에서의 결사는 금안동 재지사족 간의 혈연적 유대관계와 친목을 돈독히 하기 위한 목적으로 결성됐을 가능성이 높다(나선하, 2011).[114] 나주 지방에는 임진왜란 전에 금안동의 결사뿐만 아니라 금강11인계(錦江11人契),[115] 거평동(居平洞) 동계(1523년, 중종 18년),[116] 초동(草洞)의 결사(1570년대)[117] 등 여러 계 조직이 결성

114) 금안동은 나주 정씨를 중심으로 친인척 관계를 형성한 창녕 성씨, 여산 송씨, 서산 정씨, 풍산 홍씨, 하동 정씨, 서흥 김씨 등 여러 사족 집단들이 애경혼상(哀慶婚喪)의 상부상조를 위한 결사 조직을 15세기 중엽에 이미 결성했을 것으로 추정된다. 금안동의 결사는 친인척을 포괄하는 족계의 성격을 띠고 있었다(나선하, 2011).

115) 금강11인계(錦江11人契)는 조선 초기 사화기에 낙향한 사림들인 진세공(陳世恭)(여양), 김식(金軾)(광산), 진이손(陳二孫)(여양), 김구(金臼)(당악), 임붕(林鵬)(나주), 정호(鄭虎)(나주), 정문손(鄭文孫)(하동), 진삼손(陳三孫)(여양), 김두(金
斗)(당악), 나일손(羅逸孫)(나주), 김안복(金安福)(김해) 등 11명이 나주 왕곡에 금사정(錦社亭)을 짓고 수계(修契)했다. 금강11인계 계원들은 혈연과 사마 동방으로 연결되어 있었는데, 동지적 결사체로 친목모임의 성격을 지녔다. 자세한 내용은 나선하(2011)를 참조하기 바란다.

116) 거평동(居平洞) 동계는 유교적 향촌질서를 확립하기 위한 향약보급운동의 일환으로 나세찬(羅世纘, 1498~1551)의 주도로 1523년 설립됐다. 자세한 내용은

됐다(나선하, 2011). 이들 계 조직은 임진왜란 이후 혈연적·사승적 유대관계 및 친목 도모에서 벗어나 점차 지역을 기반으로 하는 동계로 발전하게 됐다.

임진왜란이 끝난 후인 1601년(신축년, 선조 34년) 정상(鄭詳)이 주도하여 금안동 동계가 중수됐는데, 전후 복구와 함께 향촌사회의 질서를 회복하기 위해 상계원과 하계원이 참여하는 '상하합계' 방식이었다. 그 이후 금안동 동계는 여러 차례 중수되거나 분동(分洞) 및 합동(合洞), 분계(分契) 및 합계(合契) 과정을 거치게 됐다. 여기에는 관이 주도한 향약의 추진과 재지사족 간의 분열이 직접적인 요인으로 작용했던 듯하다. 금안동에서는 1681년(신유년, 숙종 7년) 당시 나주목사였던 이희룡(李喜龍)이 주도한 향약을 받아들였는데, 이때 작성된 「향약상계안(鄕約上契案)」에 금송 관련 처벌 조항들이 처음으로 명문화됐다. 한편 금안동 재지사족 간의 알력과 갈등은 분동 및 합동, 분계 및 합계를 반복케 했다. 재지사족들은 기축옥사(己丑獄死) 당시 정개청(鄭介清) 고변 관련 갈등과 붕당 간 노선 차이 등으로 분동과 분계됐다가 1668년(무신년, 현종 9년)에 다시 계를 중수했다. 이후 1714년(갑오년, 숙종 40년)에 마을 앞 금송처(禁松處)에서 송목과 시초의 방매로 확보한 재물의 소유권을 놓고 다시 갈등을 겪게 됐다. 즉 "금송처인 '동전

나선하(2011)를 참조하기 바란다.

117) 나주 초동(草洞)에서 혈연과 사승관계로 맺어진 이유근(李惟謹)(함평), 장이길(張以吉)(홍성), 정상(鄭詳)(나주), 류주(柳澍)(고흥), 류은(柳溵)(고흥), 최희설(崔希說)(수성), 이언상(李彦詳)(양성), 최사물(崔四勿)(탐진) 등 8인이 보산정사(寶山精舍)를 짓고 수계했다. 임진왜란 이후인 1602년 정인심(鄭仁諶)(광산), 정인근(鄭仁謹)(광산), 전여수(田汝需)(담양), 오봉종(吳奉宗)(나주), 이유회(李惟誨)(함평), 배경복(裵景復)(대구), 김언곤(金彦鵾)(광산), 최희설(崔希說)(수성), 이우춘(李遇春)(고성), 장이경(張以慶)(홍성) 등 10명이 초동의 결사를 잇는 사동십호계(莎洞十皓契)를 창설했다가 일 년 후에 지역을 기반으로 하는 사동계(莎洞契)로 다시 바뀌었다. 자세한 내용은 나선하(2011)를 참조하기 바란다.

(洞前) 대로변(大路邊)'과 대로 아래쪽 '남산(南山)'에 인접한 남동[로하](南洞[路下])과 대로 위쪽의 금안동 본터인 서동[로상](西洞[路上])으로 나누"어져 서로 반목했고, 결국 관청에서 서동(西洞)의 기득권을 인정하면서 마무리됐다(나선하, 2011: 107). 이로써 금안동은 남동(南洞)과 서동(西洞)으로 다시 분동했고, 각자 계를 창설했다. 서동에서는 나주 정씨가 주도하여 1715년(을미년, 숙종 41년)에 「송금동약안(松禁洞約案)」을 마련하면서 금안동송계(金鞍洞松契)가 시작됐으며, 같은 해 남동에서도 자체적으로 「동계안(洞契案)」을 마련하여 계를 결성했다. 그 후 1757년(정축년, 영조 33년)에 다시 합동하여 「동안(洞案)」을 마련했다(나선하, 2011; 박종채, 1995).

이제까지 학계에 보고된 최초의 금송계는 1715년(을미년, 숙종 41년)에 창설된 금안동송계로 알려져 왔다. 하지만 1715년 이전에 나주 지방에는 이미 금송계가 시행됐을지도 모른다. 1663년(계묘년, 현종 4년) 나주목사의 주도로 초동향약(草洞鄉約)이 시행됐는데, 초동의 「동중향약문」에는 금송 관련 조항이 실려 있다. 즉 "금송과 관련한 조약은 이미 동약에 세워졌으니 동중에서 혹 침범하여 해치는 자는 관에 고하여 벌 줄 일"이라 명시하고, 금송 관련 시행규칙들은 과거부터 행해져 온 대로 동계에서 담당하도록 일임했다(나선하, 2011: 96). 이를 통해 추측해보면, 초동향약 이전에 초동의 동계에서는 이미 금송 관련 조항들을 마련하고 산림공유자원에 대한 금송과 보호・관리를 행했던 것으로 보인다. 초동의 「동중향약문(洞中鄉約文)」에서 금송 관련 조항은 1681년(신유년, 숙종 7년)에 작성된 금안동의 「향약상계안」보다 20년 정도 앞선 것이다. 또한 나주목 거평동에 1689년(기사년, 숙종 15년) 금송계 기록이 있었다는 것으로 보아(나선하, 2011), 나주 지방의 금송계 역사가 17세기 후반까지 거슬러 올라갈 가능성이 있다. 이에 대한 연구가 앞으로 이뤄져야 할 것이다.

금안동 「송금동약안」(1715년, 숙종 41년)은 〈금안동송금동약안서(金鞍洞松禁洞約案序)〉, 〈송금동약완의서(松禁洞約完議序)〉, 〈약규(約規)〉, 〈좌목(座目)〉으로 구성되어 있다. 〈금안동송금동약안서〉와 〈송금동약완의서〉는 정언복(鄭彦復)과 정오(鄭伍)가 각각 작성했다. 특히 정언복이 작성한 〈금안동송금동약안서〉의 일부 내용을 살펴보면, "우리가 능히 이 마을을 애호(愛護)할 수 있으니 이 소나무를 오래 (우리 마을의) 얼굴로 삼는다면 이를 지칭하는 자는 필시 금안대동(金鞍大洞)은 정설재유지(鄭雪齋遺址)인데 동구(洞口)에는 그 자손들이 창졸하여 우리보다 잘 지키니 또한 영화로운 일이 아닌가 할 것이다. 하물며 송금(松禁)을 세우는 것 또한 각가부형(各家父兄)으로부터 나와 동중자제(洞中子弟)를 위하는 일이라 하니 어떤 때는 열심히 하고 어떤 때는 소홀히 한다면 과연 잘 될 것인가. 이런즉 금송의 절목은 없을 수 없다."118) 즉 설재(雪齋) 정가신(鄭可臣)이 고려 말에 처음 정착한 금안동에서 소나무를 금양·수호하는 것은 영화로운 일이며, 금송의 효과를 높이기 위해서 금송절목이 필요하다는 내용이다.

〈약규〉는 24개 조목(條目)으로 구성되는데, 금송 관련 조항이 11개 조목, 혼상부조 관련 조항이 6개 조목, 관정(官政)과 동강(洞綱)에 관한 윤리기강 조항이 4개 조목이고, 나머지 3개 조목은 상유사, 하유사 등 계임과 공회에 관한 조항이다. 특히 금송 관련 11개 조목 중에서 8개 조목이 처벌에 관한 조항이다. 〈좌목〉에 수록된 49명의 상계원

118) 박종채(1995)의 번역을 재인용했다. 「松禁洞約案」〈金鞍洞松禁洞約案序〉. [中略] 吾能愛護是洞 使是松永有顔色 則指點而稱之者 必將曰金鞍大洞 鄭雪齋遺址 而洞口蒼翠其子孫 世守之於吾不亦榮乎 況且松禁之說 亦出於各家父兄 而爲洞中子弟者 或謹之 或忽之 則其爲賢不肖 何如也 若是則禁松之節 不可已野. [中略].

명단 중에서 나주 정씨 45명, 창녕 성씨 4명으로 금안동송계가 나주 정씨 주도로 결성됐음을 말해준다(박종채, 2000: 131).

1) 금안동송계의 유형

금안동송계는 시행주체의 측면에서 나주 정씨를 중심으로 재지사족층이 주도했던 송계의 특성을 지니고 있다. 그리고 관청으로부터 송계산을 입안받아 금송계가 창설·운영됐다. 송계산은 오늘날 나주 정씨 문중산으로 남아있는데, 과거 송계산의 자체인지 혹은 그 일부인지는 확실하지 않다. 다만 3~5월 사이에 모내기용 바닥풀을 베고 8~9월경 벌목을 하던 금성산 안쪽 '재너머'산이 바로 나주 정씨의 문중산인 것으로 보아(박종채, 1995), 금안동송계는 역시 재지사족 주도의 송계였음을 알 수 있다. 금안동송계는 상하합계의 성격을 띠고 있었는데, 「송금동약안」(1715년, 숙종 41년) 〈약규〉에는 상유사(上有司)와 하유사(下有司)가 함께 명시되어 있는 점, 각 자연마을에서 감고(監考)를 선정하여 송계산을 금양·수호하도록 한 점, '하계(下契)'라는 용어가 언급된 점 등에서 확인된다.

'묘산금양'을 위한 목적으로 재지사족 주도로 금안동송계가 시작됐다고 하더라도 기층민의 협조 없이는 실효성을 확보하기 어려웠다. 한편 기층민의 입장에서는 송계에 참여해야만 퇴비와 연료를 확보할 수 있었다. 재지사족은 송계산을 관청으로부터 입안받고 처벌권을 포함한 지역자치권과 자율성을 행사하여 향촌사회에서 자신의 기득권을 공고히 하고 기층민들을 통제할 수 있었다(박종채, 2000: 117~119).

금안동송계는 동계와 긴밀하게 연계되어 운영됐다. 금안동송계의 주요 안건은 동원(洞員)들만의 모임인 봄과 가을 강신회(講信會)에서 결정됐는데, 강신회는 매년 음력 3월 3일, 9월 9일 두 차례씩 열렸다. 매월 초하루와 보름날에 열리는 공회(公會)는 하계원들을 처벌하고 규율하는 데 초점을 두었던 것으로 보인다(박종채, 1996: 183). 따라서 금안동송계는 동계로부터 독립된 자체조직이었기보다는 동계와 밀접한 관계를 맺으면서 하계원들을 통제・지배하기 위한 목적을 가지고 있었다. 이런 특성은 영암군 구림촌 서호송계에서도 유사하게 나타난다. 과거 금안동은 '열두 동네'라는 자연마을로 이뤄졌던 것으로 봐서, 금안동송계는 자연마을들이 참여한 연합송계의 성격을 띠고 있었다.119) 따라서 금안동송계는 '촌계—송계—동계—관청'의 중층적 사업구조 속에서 운영・관리됐음을 짐작케 한다.

2) 오늘날 금안동송계의 현황

과거 금안동송계의 송계산은 금성산 자락에 나주 정씨의 문중산으로 남아 있다(박종채, 1995). 이제는 퇴비와 연료를 산림자원에 의존하지 않게 되면서 금안동송계는 더 이상 운영되지 않고 소멸된 것으로 보인다. 오늘날 금안동은 매년 음력 4월 20일에 정기적으로 동계 모임을 갖는 등 동계가 지속적으로 운영되고 있다(박종채, 1995).

119) 「송금동약안(松禁洞約案)」(1715년, 숙종 41년) 〈약규(約規)〉에는 "신기, 원당, 남산, 신뉴곡, 구뉴곡 마을에서는 각자 감고(監考) 한명씩 내어 돌아가며 (송계산을) 금양, 수호하도록" 했던 점으로 보아 금안동송계의 창계 당시 적어도 5개의 자연마을이 참여했다.

2. 금안동송계규약

금안동은 1681년(신유년, 숙종 7년) 당시 나주목사 이희룡이 주도한 향약을 수용하여 「향약상계안(鄕約上契案)」[120]을 작성했다. 「향약상계안」에 금송 관련 조항들이 처음으로 포함됐는데, 그 내용은 다음과 같다.[121]

> 一. 생송(生松)을 작벌할 경우 1주면 송속미(松贖米) 한 말[斗]을 징수하며, 3주면 태(笞) 10도(度)로 다스리고 송속미 한 말을 징수하며, 5~6주면 태 30도로 다스리고 송속미 한 말을 징수토록 하며, 10주면 관에 고발조치하여 법률에 따라 처리토록 하며 송속미를 징수하도록 한다. 죽은 소나무[枯松] 5주를 벨 경우 이를 빼앗고 차후에 벌을 논하기로 한다. 집이 심하게 훼손되어 살기 어렵게 된 자는 산주인에게 재목을 사고 그 양을 헤아려 관에 보고하여 허가를 받도록 한다. (이상으로 벌칙을 상중하(上中下)로 구분하여 (실시하는데) 상벌(上罰)은 물과 불을 통하지 않게 하고[水火不通], 중벌(中罰)은 태 30도로 다스리고, 하벌(下罰)은 태 20도로 다스리도록 한다.)

---

120) 「향약상계안(鄕約上契案)」은 〈향약서(鄕約序)〉, 〈차벌조(次罰條)〉, 〈좌목(座目)〉으로 구성되어 있다(박종채, 1996: 189~192). 〈차벌조〉는 48조항, 부가조항 9조항으로 되어 있다.

121) 「鄕約上契案」(1681년) 〈次罰條〉.
一. 松木斫伐者 生松一株徵米一斗 三株笞十度米一斗 五六株笞三十度米一斗 滿十株則告官依律徵贖 枯松滿五株浚次次論罰 家舍毁敗不可容ㅁ者 山主處 或買材則量其容入 報官許斫事(以上次罰分作上中下 上罰不通水火 中罰結笞三十 下罰結笞二十).
一. 每村各出常漢監考一人每月輪次付標 每面各出兩班直月一人周年一遞.
一. 松贖米 直月收藏 而講信時 酒進程事.

一. 각 마을에서는 상한(常漢) 출신의 감고(監考) 1명씩 선정하여 매월 돌아가면서[輪次] 순산[付標]하도록 하고, 각 면에서는 양반 출신의 직월(直月) 1명씩 선정하며 1년씩 교체하도록 한다.
一. 송속미는 (범금자로부터) 직월이 거두어 보관하고 있다가 (봄과 가을) 강신회에 술을 올리도록 한다.

이후 금안동에서는 1715년(을미년, 숙종 41년)에 관으로부터 송계산을 입안받아 금송계가 결성됐는데, 이때 작성된 「송금동약안」〈약규〉에는 24개 조목(條目)이 실려 있다. 이들 조항은 「향약상계안」(1681년, 숙종 7년)의 금송 관련 조항들을 계승하여 보다 구체화한 것이다. 「송금동약안」(1715년, 숙종 41년) 〈약규〉 24개 조목은 다음과 같다.[122]

---

122) 「松禁洞約案」〈約規〉.
一. 稚松一株 杖十度
一. 生大松一株 杖十五度
一. 松根一本 杖十度
一. 自枯松一株 杖十度
一. 生松一枝 杖五度
一. 松田放火者 杖二十度
一. 有司 每月朔望 巡到摘奸 如有斫伐處 其次知監考 杖十五度
一. 各宅奴子 三度犯禁 則其上典家 徵罰酒一海肴五[祉+皿] 其犯禁奴子 則杖二十度
一. 新基 元堂 南山 新·舊柤谷 出監考一名 循環禁護而如有違令告官重治事
一. 契中之人 凡有慶弔婚葬大事 極力援助事
一. 約內有父母夫妻之喪 則有司傳文 各出壯奴 持椽杜盖草等物 監董成殯 限成服前 徹夜事
一. 葬時 給擔軍二十名 賻粟二石 徹夜護喪事
一. 下有司傳文 隨其殯葬 極力援助事
一. 下契 則給軍十名 租一石事
一. 約內有子女成婚 則魚蔬米果中 隨力惠扶事
一. 約內之人 有不順父母 不和兄弟者 告官論罪事
一. 約內之人 有以孽凌貴者 孽則笞奴二十度 賤則杖二十度
一. 約內之人 有是非官政 乖亂洞綱者 告官課罪事

一. 어린 소나무를 벨 경우 1주당 장(杖) 10도(度)에 다스린다.
一. 생송 큰나무를 벨 경우 1주당 장 15도에 다스린다.
一. 소나무 뿌리를 캘 경우 1주당 장 10도에 다스린다.
一. 저절로 말라죽은 소나무[自枯松]를 벨 경우 1주당 장 10도에 다스린다.
一. 생송 가지를 벨 경우 1가지마다 장 5도에 다스린다.
一. 솔밭[松田]에 방화하는 자는 장 20도에 다스린다.
一. 유사는 매월 (송계산을) 돌아다니면서 작벌 유무를 조사하는데, 만일 작벌처(斫伐處)가 있으면 담당 감고는 장 15도에 다스린다.
一. 각 집안 노비가 3번 범금하면 그 상전댁이 벌주 1동이와 안주 5그릇을 내게 하고 그 범금한 노비는 장 20도에 다스린다.
一. 신기, 원당, 남산, 신뉴곡, 구뉴곡 마을에서는 각자 감고 한 명씩 내어 돌아가며 (송계산을) 금양·수호하도록 하며, 만일 금송을 어길 경우에는 관에 고하여 엄중하게 다스린다.
一. 계원들은 무릇 경조혼상(慶弔婚喪)의 큰 일이 있을 시 힘을 다하여 도움을 주기로 한다.
一. 약내(約內)에서 부모, 부처(夫妻)의 상이 나면 유사는 글을 띄워 알리고 각자 노비를 보내 서까래[椽杜], 이엉[盖草] 등을 지참하여 빈소를 차리는 것을 돌보아 주고 상복을 입기 전에 한하여 밤을 새우도록 한다.
一. 장례 시에 상여꾼 20명을 보내고 조(粟) 2섬[石]을 부의(賻儀)로 내고 밤을 새며 호상(護喪)하도록 한다.

一. 旣約之後 異議乖悖者 出洞事
一. 上下有司 周年改遞事
一. 每月朔望 行公會事
一. 雖在約外之人 犯此條 禁者摘發
一. 犯禁之人 雖逢杖致斃 契中合力援助事
一. 上下所任 不勤約條 則上則罰(酒) 下則笞事

一. (하계에서는) 하유사가 글을 띄워 그 염하고 장사지내는 데 힘을 다하여 도움을 주기로 한다.

一. 하계에서는 상여꾼 10명을 보내고 조 1섬을 (부의로) 내도록 한다.

一. 약내에서 결혼하는 자녀가 있거든 생선, 채소, 쌀, 과일[魚蔬米果] 중에서 여력에 따라 도움을 주기로 한다.

一. 약내에서 부모에게 불순(不順)하고 형제와 불화(不和)가 있는 자는 관에 고발하여 죄를 논하도록 한다.

一. 약내의 사람 중에 천한 자가 귀한 자를 능멸하면, 서얼의 경우에는 노비에게 태 20대로, 천민의 경우에는 장 30대로 다스린다.

一. 약내의 사람 중에서 관의 행정[官政]에 옳고 그름을 따지고 마을 기강을 어지럽히는 자가 있으면, 관에 고발하여 죄를 주도록 한다.

一. 이미 동약이 만들어진 후에 이의를 달고서 패악을 부리는 자는 마을에서 쫓아내기로 한다.

一. 상유사, 하유사는 1년씩 교체하기로 한다.

一. 매월 초하루와 보름날에 공회(公會)를 열기로 한다.

一. 비록 약내에 있지 않는 자[約外之人]라 하더라도 이 조항들을 위반할 시에는 범금자를 적발하여 관에 고하도록 한다.

一. 범금한 자가 장을 맞아 죽음에 이른다[逢杖致斃] 하더라도 계에서 힘을 합쳐 돕도록 한다.

一. 계임을 맡은 상하인이 동약의 조항을 성실히 수행하지 않을 경우 상계 계임에게는 벌주를 내도록 하고 하계 계임에게는 태(笞)를 부과하도록 한다.

같은 해인 1715년에 작성된 「송금동약안」〈추약(追約)〉에 "담당 유사는 소나무 그루 수를 「전장록(傳掌錄)」에 기록하고, 만일 그루 수가 맞지 않는데도 작벌을 적발하지 못하면 똑같은 벌을 내리도록 한다"[123]라는 조항을 추가했다. 즉 금송을 담당하는 유사가 책임을 완수하지 못했을 경우 벌을 줄 수 있도록 구체적인 벌칙 조항을 추가했다.

3. 제도설계원칙 적용

1) 명확하게 정의된 경계

1715년 금안동송계가 관으로부터 송계산을 입안받아 창계된 점, 금안동송계가 나주 정씨 주도로 결성됐고 나주 정씨의 문중산이 송계산 자체이거나 그 일부를 구성했을 것으로 추정되는 점 등으로 미루어 송계산의 구역과 경계가 상당히 명확했을 것으로 보인다. 앞에서 살펴보았듯이, 금송계 창계 이전 금안동은 금송처(禁松處)에서 송목과 시초의 방매로 획득한 수익금을 놓고 재지사족 간에 갈등하면서 남동(南洞)과 서동(西洞)으로 분동됐다(나선하, 2011). 역설적이게도 이러한 일련의 과정을 통해 금안동송계에서 관리하던 송계산의 규모, 구역과 경계가 나름대로 명확해졌을 것으로 짐작된다.

1715년 금송계 창계 당시 「송금동약안」 〈좌목〉에 나주 정씨 45명, 창녕 성씨 4명 등 49명의 명단이 수록되어 있어, 상계원의 인적 구성은 명확하여 보인다(박종채, 2000: 131).[124] 즉 금안동송계가 나주 정씨를 주축으로 결성·운영됐음을 짐작케 한다. 하계원의 경우에는 금안동송계에 가입한 자연마을의 주민 모두가 참여 대상이었던 것으

123) 「松禁洞約案」 〈追約〉. 當任有司 松株數計錄傳掌 而如有失數 不能摘發 則一同施罰事
124) 같은 해 남동(南洞)에서 마련된 「동계안(洞契案)」에서는 전체 56명 중 풍산 홍씨 24명, 서흥 김씨 20명, 하동 정씨 4명, 본관이 명시되지 않는 장씨와 이씨 각각 4명으로 구성됐다(박종채, 2000: 131).

로 보인다. 하계원들은 금안동송계에 가입한 자연마을에 거주하는 한 송계에의 자동 가입과 참여가 의무적으로 이뤄졌을 것이다.

금안동송계에서 계원의 추입은 상계원과 하계원에 따라 달랐으리라 추측된다. 상계원의 경우 일정한 심사 기준과 추입 절차에 따라 동상례(東床禮)[125]를 거쳐 정식 계원으로 가입했던 것으로 보인다. 하계원들은 특별한 추입 절차 없이 금안동송계 소속 자연마을에 거주하는 주민 모두가 자동적으로 가입되고 〈약규〉에 명시된 조항들뿐만 아니라 오랜 기간 유지되어 온 불문율, 관행 및 관례를 준수해야만 했다.

2) 사용 및 제공 규칙의 현지 조건과의 부합성

금안동송계의 가장 큰 특징은 중앙정부의 금송정책과 관에서 주도하던 향약을 적극 수용한 모습을 보였다는 점이다. 금안동의 「향약상계안」(1681년, 숙종 7년)에 금송 관련 처벌 조항들이 명시되어 있으며, 「송금동약안」(1715년, 숙종 41년) 〈약규〉에서 일부 처벌 조항을 승계·확대하고 있었다. 이는 금안동송계가 관과 재지사족 간의 타협으로 결성됐을 것으로 추측케 한다(나선하, 2011). 즉 재지사족은 중앙정부의 금송정책과 관 주도의 향약을 수용하면서 마을의 자치권과 형벌권을 보장받게 되는데, 이를 통해 지역사회 내에서 재지사족 자신들의 입지를 공고히 하고 향촌의 지배권을 유지할 수 있었기 때문이다. 이

125) 일반적인 의미에서 동상례(東床禮)는 혼례가 끝난 후 신랑이 신부의 친척, 처가 마을 사람들, 친구들에게 음식을 대접하는 일이나 신랑·신부의 친구나 친척들이 모여 발때리기 등 신랑을 짓궂게 다루고 음식을 대접하는 일을 의미한다. 네이버국어사전(http://krdic.naver.com)(자료접근: 2017년 5월 3일).

것은 조선 후기로 가면서 재지사족이 관과의 긴밀한 관계 속에서 지역사회의 지배권을 확보하고 하층민을 통제했던 반증이기도 하다.

과거 많은 송계들이 관례와 불문율에 근거하여 운영됐기 때문에 명문화된 경우는 그리 많지 않았다(강성복, 2001). 설령 명문 규정이 있더라도 그리 세세하지 않았고 운영·관리상 나타나는 현안들은 과거부터 행해지던 불문율, 관습 및 관례에 근거하여 처리됐다. 그리고 송계산 내에서 작벌을 행했거나 송계의 규칙을 위반한 경우에도 처벌 수위는 대체로 낮았고, 특히 계원이거나 같은 마을 거주민의 경우에는 수화불통(水火不通), 출계(黜契), 출동(黜洞), 더 나아가 관에 고발하는 처벌은 그리 흔치 않았다. 하지만 금안동송계는 송계산 내에서 어린 소나무, 큰 소나무, 살아 있는 소나무, 죽은 소나무 등에 따라 범금 관련 처벌 조항을 세세하게 규정하고 있고, 처벌 수위도 상당히 높은 편이었다. 이것은 금안동송계나 그 이전에 실시된 금안동 향약이 관에서 주도하던 향약과 중앙정부의 금송정책을 적극적으로 수용했던 사실로부터 그 이유를 찾을 수 있다.

금안동송계는 송계산에서 송추 발매를 통해 형성된 동중재산을 지역공동체의 존속과 번영, 상부상조 등 포괄적인 역할과 기능을 수행하는 데 적극적으로 활용했다. 작성 연도는 알 수 없지만 임오년(壬午年)에 작성된 「시초방매기(柴草放賣記)」는 송계산에서 수확한 시초를 방매하여 마련한 동중재산이 어떻게 쓰였는지를 잘 보여준다. 과부와 노약자 배려, 봄과 가을 강신회 경비, 쌍계정(雙溪亭)·차일(遮日) 등의 보수와 수리, 들깨씨·청장(淸漿)과 같은 천재와 구황 대비 등에 동중재산을 활용했음을 알 수 있다(박종채, 1995; 박종채, 1996: 195~196).

3) 집합적 선택 장치

금안동송계에서 집합적 의사결정은 촌회, 공회, 봄과 가을 강신회를 통해 이뤄졌을 것으로 보인다. 자연마을 단위에서 결성된 촌계가 촌회(村會)를 주관했는데, 촌회에서는 마을 운영에 필요한 제반 사항들이 함께 논의되고 다뤄졌다. 음력 12월 중에 날짜를 잡아 개최됐던 촌회에는 신분, 나이, 성별 등에 구애 없이 마을 주민 모두가 참석했고, 촌제(村祭), 두레 공동노동, 제언(堤堰)·도로·교량 등 공동시설의 유지·관리, 차일·상여·병풍 등 공동물품 관리, 식리(殖利)를 통한 마을재산 증산·관리 등 다양한 사항들이 안건으로 포함됐으며(박종채, 1996: 180~188), 송계산의 이용, 보호 및 관리에 대한 논의 또한 이뤄졌을 것으로 보인다. 금안동의 재지사족 입장에서 송계산 내 공유림의 보호·관리를 위해서는 하계원들의 협조와 노력은 절대적으로 필요했기 때문에 송계산 내 공동 울력과 같은 사항들은 촌계와 촌회를 통해 마을 주민들에게 전달됐을 것이다.

공회(公會)는 매달 초하루와 보름에 금안동 내 쌍계정(雙溪亭)에서 열렸다. 공회에서는 상계원과 하계원이 함께 모여 송계산의 관리 상황, 작벌 여부와 정도, 범금자에 대한 처벌 등을 다루었다. 특히 공회에서 '선한 일을 한 자에게 상을 내리고 윤리 문란과 범금과 같은 악한 일을 행한 자에게는 벌을 내리는' 상선벌악(償善罰惡)이 행해졌으며, 〈선악적(善惡籍)〉에 이를 기록하여 차후 참고자료로 활용했다(박종채, 1996: 180~188). 심지어는 공회에서 범금자가 장에 맞아 죽더라도 면책을 받을 수 있었다.

강신회는 매년 두 차례, 음력 3월 3일[踏青節]과 9월 9일[重陽節]에 열렸다. 강신회에는 상계원들만이 참석하여 친목을 도모했으며,

동수(洞首), 장의(掌議), 유사(有司) 등 계임이 선발되고 금안동 지역공동체 차원에서 많은 대소사들이 논의・결정됐다(박종채, 1996: 180~188).[126] 또한 송추 발매, 이웃 송계와의 분쟁, 송계원 간의 알력, 송계산 내의 울력, 동중재산 출납 내역과 결산 등 금송계의 주요 안건들이 강신회에서 논의되고 결정됐을 것이다.

4) 감시 활동

다른 송계들과 마찬가지로 금안동송계에서도 송계산에 대한 순산과 산림감시 활동이 적극적으로 이뤄졌던 것으로 보인다. 「향약상계안」(1681년, 숙종 7년)에 따르면, 자연마을마다 상한 신분의 감고 1명씩을 선정하여 매월 돌아가면서 송계산을 순산하고 감시보호 활동을 하도록 했으며, 만일 작벌과 범금자를 발견하면 면(面) 책임자인 직월에게 즉시 보고하여 조치를 취하도록 했다.

그 이후 「송금동약안」(1715년, 숙종 41년) 〈약규〉에서 순산과 산림감시 활동이 보다 강화됐고 금송・금양이 적극적으로 이뤄지도록 했다. 유사는 매월 송계산을 순산하며 작벌처가 있는지를 조사하고, 만일 작벌처가 발견될 경우 담당 감고에게 장 15도를 부과하여 처벌했다. 금양・수호를 직접 담당하는 감고는 신기, 원당, 남산, 신뉴곡, 구뉴곡 마을에서 한명씩 선정하여 송계산에 대한 실질적인 순산과 산림감시 활동이 이뤄지도록 했다. 감고가 범금자를 발견하면 관에 고발하여 엄중하게 처벌하도록 했다. 또한 해당 유사가 「전장록」에 소

---

126) 그러나 나선하(2011: 91~92)는 강신회에 상계원뿐만 아니라 하계원까지 모두 참석하여 회합했다고 주장한다. 처음에는 상계원만이 모였다가 이후에 하계원들도 참석하여 약법(約法)을 함께 읽는 강신회가 이뤄졌다는 것이다.

나무 그루 수를 기록하고 만일 작벌처가 있는데도 범금자를 적발하지 못할 경우, 범금자에 해당하는 벌칙을 해당 유사에게 부과하도록 했다. 계임을 맡은 상하인이 〈약규〉 조항들을 성실히 수행하지 못한 경우 상계 계임에게는 벌주를 내도록 하고 하계 계임에게는 태를 부과하도록 했다. 이러한 일련의 조항들은 송계산의 금양・수호를 담당하는 유사와 감고의 근무태도와 근무실적을 평가하고 실질적인 책임을 부과함으로써 송계산의 지속적인 이용과 보호・관리가 이뤄지도록 하기 위함이었다.

5) 점증적 제재 조치

금안동송계에는 송계산 내에서 작벌을 행한 자나 명문조항을 준수하지 않는 자에 대한 벌칙 조항이 마련되어 있었다. 또한 범금행위의 정도와 빈도에 따라 점증적이고 단계적인 처벌이 가능하도록 했다. 먼저 「향약상계안」(1681년, 숙종 7년)에 따르면, 생송 1주를 작벌할 시에는 송속미 한 말, 생송 3주면 태 10도와 송속미 한 말, 5~6주면 태 30도와 송속미 한 말을 작벌자에게 부과했다. 생송 10주를 작벌할 시에는 관에 고발조치하여 법률에 따라 처리토록 하며 송속미를 물리도록 했다. 죽은 소나무 5주를 작벌할 경우 이것을 뺏고 벌을 논하여 징죄하도록 했다. 직월은 송속미를 거두어 보관했다가 봄과 가을 강신회에 술을 올리도록 했다. 흥미로운 점은 벌칙 수위를 상・중・하 세 등급으로 나누어 점증적이고 단계적인 벌칙을 부과했다는 것이다. 상벌의 경우에는 물과 불을 서로 통하지 못하도록 했고, 중벌에는 태 30도, 하벌에는 태 20도를 부과했다.

「송금동약안」(1715년, 숙종 41년) 〈약규〉에서는 범금자에게 부과하던 송속미가 없어지고 체벌 조항들이 보다 구체적으로 마련됐다. 즉 어린 소나무를 작벌할 시 1주당 장 10도, 생송 큰나무는 1주당 장 15도, 저절로 말라죽은 소나무는 1주당 장 10도, 생송 1가지마다 장 5도를 부과했다. 그리고 소나무 뿌리를 캔 자에게는 1주당 장 10도를, 솔밭에 방화하는 자에게는 장 20도를 부과했다.

송계원(혹은 마을 주민)과 비송계원에 따라 범금행위에 대한 처벌에 차등을 두었다. 비송계원이 범금을 행했을 경우에는 관에 고발하여 처벌하도록 했다. 당시 송계 차원의 처벌보다 관의 처벌이 엄격하고 무거웠던 사실을 고려하면, 비송계원에게 벌칙을 보다 엄격하게 적용했음을 알 수 있다. 또한 각 집안 노비가 3번 범금하면 상전댁이 벌주 1동이와 안주 4그릇을 내도록 하고 범금한 노비에게는 장 20도를 부과했다.

6) 갈등 해결 장치

금안동송계의 운영 과정에서 발생하는 각종 갈등 상황을 어떻게 해결 혹은 완화했는지를 살펴보면, 세 가지 해결 장치와 기제가 단계적으로 마련되어 있지 않았나 추측된다. 먼저 매월 초하루와 보름날에 열리는 공회에서 범금자의 위반 사항을 확인하고 처벌했다. 이때 모든 상하계원들이 모인 자리에서 갈등 상황을 서로 공유했고, 실질적으로 상당수의 갈등 상황은 공회에서 해결됐을 것으로 추측된다. 공회에서 자체 해결이 어려운 경우, 동수(洞首)를 비롯한 어르신들이 개입하여 갈등 당사자 간의 의견을 청취하고 중재했을 것으로 보인다. 과거 전통사회에서 지역 유지의 역할과 영향력이 지대했던 점으로 봐서, 금안동 동계의 최고 수장인 동수나 어르신들의 중재 노력으로 갈등 상황은 더 이상 악화되지 않고 대부분 완화 혹은 해결됐을 것이다. 만일 동계 차원에서 갈등을 해결하지 못할 경우에는 관의 개입을 통해 해결책을 모색했다. 실제로 금안동송계가 결성되기 전년도인 1714년에 금송처에서 수확한 송목과 시초의 방매로 확보한 재물의 소유권을 놓고 벌어진 심각한 갈등 상황(나선하, 2011)은 결국 관의 개입과 결정으로 해결됐다.

7) 최소한의 자치조직권 보장

금안동송계는 관으로부터 송계산을 입안받아 시행됐기 때문에 일정 수준의 자치권과 자율성을 보장받을 수 있었다. 이것은 「송금동약안」(1715년, 숙종 41년) 〈약규〉 조항에서도 확인할 수 있다. 송계산 내에서 작벌하거나 방화한 자는 관에 고발하기 이전에 금안동 자체에서 벌칙을 정하여 처벌권을 집행할 수 있었다.

〈약규〉에는 금송계를 실질적으로 운영하던 집행부와 사역인으로 상유사, 하유사, 감고만이 명시되어 있다. 상유사와 하유사는 금송계의 실질적인 집행 업무를 담당하며, 송계산을 순산하며 작벌처의 감시와 보고를 담당했다. 또한 상유사와 하유사는 금송 관련 업무뿐만 아니라 혼상부조의 연락과 실무를 담당하고 있었다. 상유사와 하유사는 1년씩 계임을 맡고 매년 교체됐다. 감고는 마을마다 한명씩 선정되며 송계산에 대한 순산과 산림감시 활동을 직접 수행했다. 〈약규〉에는 명시되어 있지 않지만, 감고는 일정한 기간마다 삽작돌림 방식으로 마을 주민들이 돌아가면서 맡았을 것으로 추측된다. 영암군 구림촌 서호송계와 마찬가지로, 금안동송계는 금안동 동계의 하부조직으로 기능하며 상유사와 하유사가 송계를 실질적으로 이끌어 갔던 것으로 보인다. 그럼에도 송추 발매, 동중재산 출납과 관리 같은 주요 안건은 동수를 비롯한 금안동 동계의 계임들도 직간접적으로 관여했을 것이다.

8) 중층적 사업단위

이미 언급했듯이, 금안동송계는 자연마을 단위로 형성된 촌계, 상계원만으로 구성된 동계, '나주목사'라는 관청과의 관계에서 중층적인 구조를 띠고 있었다. 즉 '촌계—송계—동계—관청'이라는 중층적 사업 구조 속에서 금송계가 운영·관리됐음을 알 수 있다. 촌계는 자연마을 단위로 주민들의 실질적인 제반 사항을 다루었으며, 교량 보수, 두레노동, 촌제(村祭) 등 많은 사항들이 여기서 취급됐다(박종채, 1996). 동계가 상하계원 간의 신분 구조 속에서 작동됐던 것과는 달리, 촌계는 상당한 수준의 평등성을 보장받고 상하대소민인(上下大小民人) 구분 없이 마을의 제반 사항들이 자유롭게 논의되고 의결됐다. 동계가 상대적으로 수직적·신분적 운영 방식을 견지했던 반면, 촌계는 수평적·생활밀착적인 운영 방식을 띠었던 것으로 보인다.

금송계 관련 사항들은 자연스럽게 촌계와 동계에서 다뤄졌다. 송계산의 효과적이고 지속 가능한 이용과 관리를 위해서 기층민의 협조가 절대적으로 필요한 상황에서 촌계에서도 송계 관련 사항들—이를테면, 송계산 내에서 공동울력, 순산과 산림감시 활동 등—이 집중적으로 다뤄졌으리라 짐작된다. 동계에서는 상유사, 하유사와 같은 송계 임원의 선정, 송계 재산과 기금 관리, 송추 발매 및 송추값 등과 같은 주요 안건이 논의되고 결정됐을 것이다. 또한 금송계에서는 매월 초하루와 보름날에 공회를 개최하여 금송을 위반한 자에게 벌칙과 제재를 가했다. 금송 관련 중대 위반자는 관에 고발하여 처벌토록 했다.

4. 금안동송계의 특징

조선 후기에 산림공유자원의 황폐화가 급속하게 진행되면서 중앙정부 차원에서 엄격하고 처벌 중심의 금송정책을 실시했다. 이에 따라 일부 지역사회에서는 중앙정부와 관의 금송정책과 연계하여 금송과 금양을 수행했다. 이런 현상은 나주 일부 지역에서도 관찰된다. 조선 후기 중앙정부와 관의 강력한 금송정책과 연계하여, 나주 지방에서는 향약이나 동계 규약에 금송 관련 사항들이 다수 포함됐다. 처벌 조항 또한 정부의 처벌 조항과 유사해지고 있는데, 이는 정부의 시책을 적극 받아들였기 때문으로 보인다. 따라서 나주 지방 금송계는 향약과 중앙정부의 금송정책을 수용하는 과정에서 결성됐된 것으로 추측된다. 1681년 나주목사 이희룡에 의해 주도·결성된 「향약상계안」에 금송 관련 조항들이 명문화됐고, 그 후 1715년 금안동송계가 결성되면서 이들 조항을 계승하여 벌칙 조항을 보다 구체화했다는 사실에서도 이를 확인할 수 있다.

금안동송계는 재지사족과 기층민이 참여하는 상하합계의 성격을 띠고 있었고, 금안동을 '열두 동네'라고 하듯이 여러 마을이 참여하는 연합송계이었다. 「송금동약안」(1715년, 숙종 41년) 〈약규〉에는 "신기, 원당, 남산, 신뉴곡, 구뉴곡 마을에서 각자 감고 한 명씩 내어 돌아가며 (송계산을) 금양, 수호하도록" 했던 점으로 보아 금안동송계의 창계 당시에 적어도 5개의 자연마을이 참여했던 것으로 보인다.

〈약규〉 24개 조목 중에서 8개 조목이 금송 벌칙 조항인 반면, 나머지 16개 조목은 혼상부조, 윤리기강, 계임, 공회 등에 관한 조항들이다. 이는 금안동송계가 송계산의 이용과 보호·관리에만 국한된 것이 아니라, 금안동 지역사회의 전반적인 사항들을 다루고 있었음을 말해준다. 결국 금안동송계는 금안동 내 독립된 조직체로 운영됐던 게 아니라, 자연마을 단위의 촌계와 금안동 전체를 아우르는 동계와의 밀접한 관계 속에서 운영됐던 것이다.

금안동송계는 송계산 내 산림공유자원의 이용·보호·관리를 넘어 금안동 지역사회 차원에서 혼상부조와 같은 공동체 구성원의 복지, 빈민의 유랑화 방지를 위한 구제사업, 공동체의 존속과 번영에도 적극 참여했다. 즉 〈약규〉에서 10개 조목이 지역사회의 혼상부조와 윤리기강에 관한 것이다. 금안동송계는 송계산에서 확보한 시초의 발매 등으로 마련한 동중재산을 활용하여 과부 및 노약자 배려, 춘추강신 경비, 쌍계정·차일 등의 보수와 수리, 들깨씨·청장 등 천재지변과 구황 대비 등 지역사회에서 보다 포괄적이고 광범위한 역할과 기능을 수행했다. 이런 특성은 금안동송계에만 국한됐던 게 아니라 조선 후기, 그리고 일제강점기에 결성된 많은 송계에서 보편적으로 나타나던 현상이다. 이것은 전통사회의 공동체정신과 관행이 공유자원의 이용과 관리에 어떻게 녹아들어 작동됐는지를 잘 보여준다.

제7절 양성현(陽城縣) 가좌동(可坐洞) 금송계(禁松契)[127]

1. 양성현 소고니면 가좌동과 가좌동 금송계의 개괄적 현황

경기도 양성현 소고니면(所古尼面) 가좌동은 오늘날 행정구역으로 평택시 가재동(佳才洞)에 해당한다. 조선시대 양성현은 "동쪽으로 안성군 경계까지 3리이고, 남쪽으로 충청도 직산현 경계까지 27리이며, 서쪽으로 진위현 경계까지 19리, 북쪽으로 용인현 경계까지 15리"로 교통의 요지였고 인구이동이 활발하게 이뤄지던 곳이다(한미라, 2011: 150). 〈표 5-12〉에서 보는 바대로, 조선 후기인 18~19세기에 걸쳐 양성현과 소고니면은 꾸준한 인구 증가를 경험하고 있었다.

양성현이 조선시대 교통의 요지였고, 18~19세기 동안 꾸준한 인

〈표 5-12〉 양성현과 소고니면의 호구변화(戶口變化)

		여지도서(輿地圖書)(1757~1765)	호구총수(戶口總數)(1789)	대동지지(大東地志)(1828)	경기지(京志畿)(1842~1843)	비고
양성현	세대 수	2,321	3,104	3,132	2,972	
	증감율		33.7	0.9	-5.1	
	인구 수	6,169	7,446	7,630	7,522	
	증감율		20.7	2.5	-1.4	
소고니면	세대 수	174	240			
	증감율		37.9			
	인구 수	425	693			
	증감율		63.1			

출처: 한미라(2011: 151~152, 표3).

127) 주로 한미라(2008, 2011)의 내용을 바탕으로 연구와 분석이 이뤄졌다.

구증가로 목재, 땔감 등의 수요가 급증하면서 산림공유자원의 황폐화가 급속하게 진행됐으리라 충분히 짐작할 수 있다. 또한 조선 후기에 들어서면서 양성현과 이웃 고을에서 시장이 매우 활성화됐다. 양성현 관내에는 소사장(素砂場)과 현내장(縣內場)이 있었고, 안성장은 경기도 지역에서 가장 중요한 시장이었다. 또한 진위현(振威縣)의 신장(新場), 평택의 관문장(關門場), 수원의 오산장(烏山場)이 이웃하고 있어 소고니면 가좌동은 시장경제의 직접적인 영향을 받고 있었다(한미라, 2011: 153). 결국 시장의 활성화는 목재와 땔감의 상품화를 촉진시켰고, 이는 양성현 관내 산림공유자원의 고갈과 황폐화를 촉진시켰으리라 추측된다.

가좌동 금송계에 관한 사료인 「금송계좌목(禁松契座目)」(1838년, 헌종 4년)은 〈금송계서(禁松契序)〉, 〈소고니면가좌동대소민인등장(所古尼面可坐洞大小民人等狀)〉, 〈완문(完文)〉, 〈입의(立議)〉, 〈좌목(座目)〉 등 다섯 종류의 문서로 구성되어 있다. 〈금송계서〉와 〈소고니면가좌동대소민인등장〉의 기록 날짜가 무술년 10월로 기재된 것으로 보아 1838년(무술년, 헌종 4년)에 가좌동 금송계가 결성됐던 것으로 추정된다. 하지만 1838년 이전에 이미 송계가 결성·운영되다가 1838년에 와서야 비로소 관으로부터 공식적인 인가를 받았던 것으로 보인다(한미라, 2011). 우선 〈금송계서〉를 작성한 최병옥(崔秉玉, 1736~1825)이 1838년 이전에 활동했던 점, 계원들의 출연금 납부연도가 1770년까지 거슬러 올라가는 점 등을 통해 이러한 사실을 유추할 수 있다. 한미라(2011)에 따르면, 가좌동 금송계는 1838년 이전에 결성·운영됐으며, 「금송계좌목」은 그 이전에 이미 만들어졌다가 1838년에 이르러 중수됐을 가능성이 높다고 한다.[128]

---

128) 자세한 논의는 한미라(2011)를 참고하기 바란다.

가좌동 금송계가 결성·운영된 계기에는 복합적인 요인들이 작용했다. 인구 증가에 따른 땔감 수요 증가, 목재와 땔감의 상품화 등에 따른 산림공유자원의 고갈과 황폐화와 더불어, 선산 파괴가 금송계 결성에 직접적인 계기로 작용했던 듯하다. 이는 〈금송계서〉와 가좌동 상하민인(上下民人)의 집단소장인 〈소고니면가좌동대소민인등장〉에서 확인된다. 〈금송계서〉는 다음과 같이 언급하고 있다.

> 우리나라 조정은 400년 동안 입법(立法)이 매우 엄했지만, 풍속이 날로 변하고 백성들이 금송(禁松)을 모르는 채 심지어 나무 뿌리까지 뽑아 소와 말에 실어 나르고 고삐가 길에 줄줄이 이어지니 옛날의 푸르름이 지금은 벌겋게 변했고 옛날의 울창함이 민둥민둥함으로 바뀌었다. 그리고 사부가(士夫家)의 선산도 분묘가 벌거숭이가 되고 용호(龍虎)가 무너져 한탄스러우니 조정의 금법(禁法)도 장차 무용지물이 되고 위에서 명령하고 아래서 교화되는 도리가 과연 어디에 있는가? 소 먹이는 산이 민둥산이 되는 것은 그 본래 모습이 아니고 무릇 사람이 한 짓이다. 금법이 엄하지 않은 것이 아닌 데도 백성들이 어기는 것이다. [중략] 이제 대소(大小) 백성 50여 명이 각자 조상께 정성을 다하기 위하여 금송계를 만들 것을 의논한다. 상수리나무, 밤나무 종류도 모두 금하고 수십 년 키우면 지금의 벌거숭이 민둥산이 울창하게 될 가망이 있으니, 묘가 무너지고 벌거숭이가 되는 한탄이 없기를 바란다.[129]

129) 「禁松契座目」〈禁松契序〉. 松之用大矣 宮室棺槨皆由是焉 然則生焉葬焉非松亦奚以也 是故松之禁亦古也 我朝四百年來 立法甚嚴 而風化日渝 民不知禁 甚至於拔本採根 而牛載馬運 纙屬道路 則昔之青青者 今爲赭矣 昔之鬱鬱者 今爲濯矣 而士夫家先山亦有穴童龍崩之歎 則朝家禁法將爲弁髦 而上令下化之道 果安在哉 牛山之濯 非其性也 盖人爲之也 禁網之闊 非不嚴也 乃民犯之也 有識君子孰不寒心於風化也 今此大小民人 合五十餘人 各輸爲先之誠 議結禁松之稧 而橡栗之屬 亦皆禁之 以爲數十年長養 則今日之赭焉濯焉者 實有青青鬱鬱之望 而庶幾無穴童龍崩之歎 抑將有生焉葬焉之材矣 惟我僉員 無怠無忽 愼終如始 以爲朝

또한 〈소고니면가좌동대소민인등장〉에서는 다음과 같은 내용이 나온다.

> 옛날에 '소나무 마을[松鄕]'이라 불렸지만 지금은 마을 노인이 어느 골짜기를 가리켜 "이 곳은 왜구들이 쳐들어왔을 때 피난처였다", 어느 산을 가리켜 "이것은 송이산(松栮山)이다"라고 말한다. 그래서 그 '소나무 마을'이라 불린 이유를 대략 알 수 있다. 근년에 이르러 수원(水原), 평택(平澤)의 나무꾼들이 아침에 나가서 저녁에 돌아오는데 소나무가 모두 씨가 마르고 상수리나무, 밤나무 뿌리도 없어지니 옛날의 이른바 '피난했던 골짜기', '송이가 나던 산'이 민둥민둥한 땅이 됐다. 상하인(上下人)의 선산은 이미 흙만 남았고 거죽이 없어 온통 민둥산이 됐다는 탄식이 나온다. 그 고통과 한탄이 얼마나 크겠는가? 소나무를 금양(禁養)하는 길은 계(契)를 만드는 것보다 나은 것이 없고, 금하는 방법은 법에 따라 엄격하게 규제하는 것보다 나은 것이 없다. 따라서 이제 대소민인(大小民人)이 선산을 위하는 정성으로 금송계를 만들어 한 목소리로 금벌(禁伐)하고자 한다.[130]

家之令 自我民禁之 朝家之法自我民行之 則其於風化未必無小補云爾. 戊戌十月二十日 癸未 崔秉玉 謹序.

130) 「禁松契座目」〈所古尼面可坐洞大小民人等狀〉. 右謹言民等所居之地 卽古所稱松鄕也 尙今村翁指某谷曰 此是倭寇時避亂處也 指某山曰 此是松茸山也 然則其所稱松鄕 槪可知矣 近年以來 水原平澤之斤者斧者 朝往而暮來 松皆絶種 橡柢栗根 亦隨而止 古所謂避亂之谷松茸之山 便成濯濯之地 上下人先山已有土無皮山盡童之歎 其爲痛惋孰大於是 禁養之道 莫如結契 而其所以禁之術 亦莫如自官依律重繩 故今此大小民人 各輸爲先之誠 相結爲禁松之契 以謀齊聲禁伐 而東至于孝洞 南至于茅谷 西至于大谷 北至于石井 以爲禁標 而至若更番巡山 日日滋養 官不如契 捉致犯禁 這這懲勵 契不如官 故玆以具由仰訴於公正執法之下爲去乎 特以捉致犯禁者依律抵罪之意嚴明題給 而完文成給是遣 烙印着押於禁松牌以爲永存不廢之地 千萬望良爲只爲 行下向敎是事 城主處分. 戊戌十月日 所志. 禁松成稧事甚可尙 着實禁斷 完文册成■以給向事. 初二日.

종합하면, 소나무를 비롯한 상수리나무, 밤나무 등 공유산림에 대한 감시·보호를 실질적으로 강화하고 선산이 민둥산이 되는 것을 막기 위한 목적으로 가좌동 금송계를 결성하게 됐다는 것이다. 가좌동 금송계의 결성은 조선 후기 공유산림의 광범위한 사점화·광점화가 진행되고 있었고 엄격한 규제와 강력한 처벌 중심으로 추진되던 중앙정부의 금송정책이 더 이상 실효성을 확보하지 못하던 시기에 이뤄진 것으로 공유산림에 대한 지역사회의 자체적인 자구노력이라고 할 수 있다.

1) 가좌동 금송계의 유형

가좌동 금송계가 결성·운영되던 시기에 대해서는 이견이 있지만, 관청에서 공식적으로 인가받은 시점은 1838년(무술년, 헌종 4년)이다. 가좌동이 전주 이씨와 수성 최씨의 동족마을이었던 점을 반영하듯, 〈좌목〉에 기재된 51명의 계원 중 이씨가 30명(상계원 28명, 중계원 1명, 하계원 1명), 최씨가 11명(상계원 11명)으로 전체의 약 80%를 차지하고 있다. 또한 〈좌목〉에는 상계원 45명, 중계원 3명, 하계원 3명 등 상·중·하계원이 모두 기재되어 있다. 이러한 사실로 볼 때, 가좌동 금송계는 전주 이씨와 수성 최씨의 재지사족 주도로 결성됐으며, '상중하합계' 형태를 띠었음을 알 수 있다. 가좌동 금송계가 '상중하합계'이었음은 〈입의〉 조목에서 "상하 계원(上下 契員)", "상하 두사람씩[上下二人式]", "상유사(上有司)", "하별유사(下別有司)" 등에서도 확인된다.

한편 가좌동 금송계는 송계산 내 금송과 식송을 통한 지속 가능한 산림공유자원의 이용과 보호·관리뿐만 아니라 향촌질서를 통제하고 유지하는 동계의 역할도 일정 부분 담당했던 것으로 보인다. 또한 관청으로부터 인가받아 금송계가 결성됐다는 것은 향촌사회에 대한 통제와 자치사법권을 관으로부터 위임받았음을 의미한다. 하지만 재지사족 주도로 결성된 나주목 금안동송계와 영암군 서호송계와는 달리, 혼상시(婚喪時) 상부상조, 환난상휼, 빈민규제 등에 대한 내용은 보이지 않는다(한미라, 2011: 163). 가좌동 금송계가 재지사족 주도로 결성·운영됐더라도 상하민 간의 차별이 그리 크지 않고 상당한 수준의 평등성이 유지되지 않았나 추측된다. 〈입의〉에서 상하민 구분 없이 계의 출연금으로 2전을 내도록 한 점, 벌금 조항이나 계의 재산 배분에서 상하민의 구분이 없었던 점 등으로 이를 짐작할 수 있다.

가좌동 금송계가 독송계인지 2개 이상의 자연마을이 참여하던 연합송계이었는지는 확인할 수 없다. 일반적으로 재지사족이 주도한 금송계에서는 둘 이상의 자연마을이 참여한 예가 많았던 경우를 고려하면, 가좌동 금송계도 몇 개의 자연마을이 참여한 연합송계의 형태를 띠지 않았을까 추측할 뿐이다.

2) 오늘날 가좌동 금송계의 현황

오늘날 가좌동 금송계의 자취는 찾을 수 없다. 도시화의 물결로 과거 가좌동이었던 평택시 가재동에는 전통산림자원의 지속 가능한 보호와 관리 관행은 더 이상 남아있지 않다. 기존 연구에서는 금송계의 해체 계기를 크게 ① 일제식민지시대 '임야조사사업(1918~1924)'과 '조선특별연고삼림양여령'(1926년 4월) 실시, ② 해방과 6.25전쟁, ③ 1970년대 이후 땔감에서 연탄, 도시가스 등으로 연료의 변화, ④ 산업화·도시화 등으로 보고 있다. 하지만 가좌동 금송계가 어느 시점에 어떤 계기로 해체의 길로 들어섰는지 더 이상 파악할 수 없다.

2. 가좌동 금송계규약

앞에서 언급했듯이, 가좌동 금송계는 1838년(무술년, 헌종 4년)에 관청으로부터 인가받았지만, 그 이전에 이미 금송계가 결성·운영됐던 것으로 추정된다. 가좌동 금송계의 규약에 해당하는 〈입의〉는 20개 조목(條目)으로 구성되어 있다. 구체적으로 금송과 식송에 관한 조항이 6개 조목, 처벌과 벌칙에 관한 조항이 8개 조목, 춘추공회에 관한 조항이 7개 조목, 계의 출연금, 이자 및 기타 재정에 관한 조항이 9개 조목, 입계 및 계원의 자격과 임무 등에 관한 조항이 3개 조목이다. 하지만 20개 조목이 관청으로부터 입안받은 1838년 이전부터 그대로 유지되어 온 것인지, 1838년에 보강·수정된 것인지, 그 이후 계 운영 과정에서 추후에 보강·수정됐는지는 확인할 수 없다. 「금송계좌목」(1838년, 헌종 4년) 〈입의〉 20개 조목을 살펴보면 다음과 같다.[131)]

一. 상하 계원(上下 契員)은 각자 조상에 정성을 다하기[爲先] 위해 계를 만든다.

一. 계는 재산이 없어서는 안 되므로 각자 2전(戔)을 내어 계를 결

131) 「禁松契座目」〈立議〉. 一. 上下契員各自爲先以爲修契事. 一. 契則不可無財 故各出二戔 洞結契事. 一. 上下二人式 日日更番 持禁松牌巡山 而如有作梗犯斫之人 則上有司使下別有司 告官懲治事. 一. 禁松牌今日巡山人 傳于明日巡山人俾無出事見闕事. 一. 雖契中人 不得犯斫 而如或犯之 則論以上罰事. 一. 雖比隣之人 不入契中 則勿許樵薪於禁山事. 一. 春公會三月 秋公會十月 觀勢爲之事. 一. 公會時 財差時 晩到者 無故不參者 通文遲滯者 論以中罰事. 一. 春公會時 饒飢以契物辦備 秋捧時 各有司進呈事. 一. 各從望收拾財事. 一. 財差時 公會時 未收論以上罰事. 一. 使酒橫議 以至亂契者 論以中罰事. 一. 己亥秋捧後 特許給財事. 一. 五兩式上下事. 一. 有追人 無自出事. 一. 契財以周年長利納契事. 一. 始勤終怠、好異論數 見闕之人 乃是忘先 契中各別警責事. 一. 上罰三戔 中罰二戔 下罰一戔事. 一. 巡山闕一戔式 春公會時 納契事. 一. 各其先山或柴場處 春秋種松百株事.

성한다.

一. 상하 두 사람씩 매일 교대로 금송패(禁松牌)를 지참하고 순산한다. 만약 법을 어겨 나무를 베는 자가 있으면 상유사(上有司)가 하별유사(下別有司)로 하여금 관아에 보고하여 징치(懲治)한다.

一. 금송패는 금일 순산인(巡山人)이 명일 순산인에게 전해줘서 순산이 빠지는 일이 없게 한다.

一. 계원은 범작(犯斫)을 못하게 돼 있지만, 만약 어길 경우 상벌(上罰)로써 다스린다.

一. 이웃마을 사람은 계에 가입하지 못하며 금산(禁山)에서 땔나무하는 것을 불허한다.

一. 춘공회(春公會)는 3월에, 추공회(秋公會)는 10월에 상황을 보아 개최한다.

一. 공회 때 기금 결산 시 손실이 있는 경우, 지각하는 자, 이유 없이 불참하는 자, 통문(通文)을 지체하는 자는 중벌(中罰)로써 다스린다.

一. 춘공회(春公會) 때 요기(饒飢)는 계물(契物)로써 준비하고, 추공회(秋公會) 때는 각 유사가 낸다.

一. 매 보름 때 기금을 거둔다.

一. 기금 손실이 있는 경우, 공회 때 (원금과 이자를) 내지 않은 경우에 상벌로써 다스린다.

一. 술에 취해 함부로 발언하여 계를 어지럽힌 자는 중벌로써 다스린다.

一. 기해년(己亥年) 추공회(秋公會) 후에는 특별히 기금 나눠주기를 허락한다.

一. 5냥씩 배분한다.

一. 추가 가입은 되나 스스로 탈퇴하는 것은 안 된다.

一. 계의 기금은 1년 장리(長利)로 식리한다.

一. 처음엔 성실했으나 나중에 태만한 자, 헛소리하는 자, 자주 공회에 빠지는 자는 근본을 잊은 것이므로 계에서 각별히 경책(警責)한다.
一. 상벌은 3전, 중벌은 2전, 하벌은 1전으로 한다.
一. 순산을 빠지면 1전씩 춘공회 때에 납부한다.
一. 각 선산(先山) 혹은 시장(柴場)에 봄과 가을로 소나무 백 그루를 심는다.

3. 제도설계원칙 적용

1) 명확하게 정의된 경계

가좌동 금송계는 관청으로부터 입안받은 송계산의 경계구역에 금표(禁標)를 설치하여 송계원과 비송계원 모두 금송계의 관할구역임을 명확히 인지할 수 있도록 했다. 이는 1838년(무술년, 헌종 4년) 관청에 제출한 집단소장인 〈소고니면가좌동대소민인등장〉에 "동(東)으로는 효동(孝洞), 남(南)으로는 모곡(茅谷), 서(西)로는 대곡(大谷), 북(北)으로는 석정(石井)까지 금표(禁標)를 삼는다"[132]라고 명시한 것에서도 알 수 있다. 가좌동 금송계 구성원들은 송계산 구역 내에서 산림공유자원의 접근과 이용에 대한 배타적 권리를 행사할 수 있었다. 금송계 자체적으로 순산조를 편성하여 매일 송계산 내 작벌 감시와 범금자 적발 활동을 실시했다. 순산인은 관의 낙인(烙印)이 찍힌 금송패를 차고 산림 감시 활동을 수행했다.

132) 「禁松契座目」〈所古尼面可坐洞 大小民人等狀〉. "[中略]. 東至于孝洞 南至于茅谷 西至于大谷 北至于石井 以爲禁標. [中略]"

또한 가좌동 금송계에서는 송계원과 비송계원을 명확하게 구분했고, 송계산 구역 내의 접근과 이용, 범금자에 대한 처벌에서도 차등을 두었던 것으로 보인다. 〈소고니면가좌동대소민인등장〉에는 다음과 같이 기록되어 있다.

> 번갈아 순산하여 날마다 자양(滋養)하는 것은 관아보다 계가 나을 것이고, 범금자(犯禁者)를 잡아들여 일일이 처벌하는 것은 계보다 관아가 나으므로 이처럼 공정한 법 집행을 위해 소송하는 것이다. 특별히 범금자를 잡는 데 있어 법에 따라 형벌을 내리는 뜻을 분명히 하여 판결하고, 완문을 만들고 금송패에 낙인을 찍어서 영구히 보존하는 땅으로 삼는다.133)

요약하면, 송계산 구역 내에 공유산림의 감시와 보호 활동을 가좌동 대소민인이 담당할 것이니 범금자에 대한 처벌은 관에서 처리하여 줄 것을 요청하고 있다. 이 요청에 대해 당시 양성현감(陽城縣監)이 작성한 〈완문〉134)은 다음과 같다.

---

133) 「禁松契座目」〈所古尼面可坐洞大小民人等狀〉. {中略}. 而至若更番巡山 日日滋養 官不如契 捉致犯禁 這這懲勵 契不如官 故玆以具由仰訴於公正執法之下爲去乎 特以捉致犯禁者依律抵罪之意嚴明題給 而完文成給是遣 烙印着押於禁松牌 以爲永存不廢之地. {中略}.

134) 「禁松契座目」〈完文〉. 右完文爲成給事 松者乃是三大禁之一 而小者笞大者流 近來頑民不知法意之嚴截 亂斫樹木 以至于拔松根而牛載 採橡柢而馬運 盡入於隣近野人之竈 至有土無皮山盡童之患 則其爲痛駭當如何哉 今聞上下民人等齊聲響應 以爲禁松之契 日日更番巡山禁斷 一以遵朝令 一以養丘木 以圖土有皮山不童之效云 而如非自官痛治犯禁者之擧 則千百人野氓之蠢蠢者 當何以懲戢哉 故玆完文成給爲去乎 此後勿論他官本邑之民 如有犯禁者 自契中這這牒報 則當捉致依律 須體此完文本意 俾無抵罪之弊 亦爲永久遵守之地 宜當向事. 官.

만약 범금자가 생기는 것을 스스로 엄격하게 다스리지 않으면 수천 수백의 어리석은 자의 준동을 어떻게 마땅히 징치하겠는가? 따라서 이 완문(完文)을 만들어 주노니, 차후에 타관(他官) 또는 본읍(本邑) 사람을 막론하고 범금자가 생길 경우 계(契)에서 일일이 보고하면 마땅히 잡아서 법률에 따른다.

부언하면, 범금자가 본읍이나 타관 사람 여부와 상관없이 가좌동 금송계에서 보고할 경우 관에서 모두 처벌하겠다는 것이다. 또한 〈입의〉에서 "만약 법을 어겨 나무를 베는 자가 있으면 상유사가 하별유사로 하여금 관아에 보고하여 징치"하도록 한다든가 "계원은 범작을 못하게 돼 있지만, 만약 어길 경우 상벌로" 다스리도록 명시하고 있다. 즉 비송계원인 본읍 사람이나 타관 사람 모두 송계산 구역 내 무단으로 진입하여 작벌할 경우 이를 관에 보고하여 처벌토록 했던 반면, 송계원인 경우 금송계 자체에서 상벌로 처벌했던 것이다. 상벌은 3전에 해당하는데, 이는 관에 보고되어 처벌받는 것보다 훨씬 가벼웠다.

한편 〈입의〉에 따르면, "이웃마을 사람은 계에 가입하지 못하며 금산에서 땔나무하는 것을 불허"하도록 하여 이웃마을 사람의 금송계에의 가입은 물론 송계산 내 땔나무 채취를 일절 허용하지 않았다. 마을 주민이 송계원으로 "추가 가입은 되나 스스로 탈퇴하는 것은 안 된다"고 하여 송계원의 추입과 탈계에 대한 통제가 있었음을 알 수 있다. 하지만 송계원 자격의 승계가 있었는지, 신규계원의 추입 자격은 무엇인지, 추입 자격이 상·중·하계원에 따라 달랐는지, 추입 심사와 절차는 어떻게 이뤄졌는지, 신입례(新入禮)는 어떻게 치러졌는지 등에 대한 구체적인 내용은 알 수 없다. 다만 〈입의〉에 따르면, 신규

계원의 추입 시 2전을 신입금으로 내도록 했다.

2) 사용 및 제공 규칙의 현지 조건과의 부합성

조선시대 산림정책은 식목과 육림을 장려하기보다는 단지 봉산, 금산, 송전과 같은 산림구역 내 접근금지, 벌목 금지 등 소극적인 차원의 산림 보호와 관리에 치중했다. 이와 대조적으로, 가좌동 금송계에서는 〈입의〉에 "각 선산 혹은 시장에 봄과 가을로 소나무 백 그루를 심는다"고 규정하고 금송계 차원에서 송계산 내에 식송을 적극 추진했음을 알 수 있다.

대부분의 금송계에서 송계산의 경계구역이 관행으로 정해졌던 것과는 달리, 가좌동 금송계에서는 송계산의 사방 경계마다 금표를 설치하여 송계산 구역을 확실하게 인지할 수 있도록 했다. 또한 순산조를 편성하여 순번에 따라 매일 송계산에 대한 순산과 산림감시 활동을 실시했다. 이는 당시 인구 증가와 목재 수요 증가로 가좌동 일대의 산림공유자원에 대한 남벌과 도벌 위험이 그만큼 컸음을 반증하는 것이다. 순산인은 관의 낙인이 찍힌 금송패를 소지하여 순산인의 권위를 높이고 범금자 단속과 그 과정에서 발생하는 시비를 방지하고자 했다.

〈금송계서〉는 "상수리나무, 밤나무 종류도 모두 금하고 수십년 키우면 지금의 벌거숭이 민둥산이 울창하게 될 가망이 있으니, 묘가 무너지고 벌거숭이가 되는 한탄이 없기를 바란다"라고 명시하고 있다. 또한 대소민인 50여 명을 대표하여 최병옥(崔秉玉)이 올린 소지(所志)인 〈소고니면가좌동대소민인등장〉도 "근년에 이르러 수원, 평택의 나무꾼들이 아침에 나가서 저녁에 돌아오는데 소나무가 모두 씨가 마르고 상수리나무, 밤나무 뿌리도 없어지니 옛날의 이른바 '피난했던 골짜기', '송이가 나던 산'이 민둥민둥한 땅이 됐다"고 언급하고 있다. 이로써 알 수 있듯이, 가좌동 금송계에서는 소나무뿐만 아니라 상수리나무와 밤나무도 주요 보호·관리 대상이었다.

3) 집합적 선택 장치

가좌동 금송계는 매년 봄(3월)과 가을(10월)에 날을 택해 공회(公會)라는 정기적인 계모임을 가졌다. 〈입의〉 조목으로부터 추측하면, 공회에서는 기금 결산과 감사, 벌금 책정과 징수, 계원이나 공동체 구성원으로 도덕윤리 위반자에 대한 징계 등을 논의하고 결정했다. 〈입의〉 20개 조목 중 7개 조목이 계 기금 형성·운영·관리에 관한 것인데, 송계산의 이용·보호·관리와 함께 송계 기금에 관한 사항도 주요 안건이었음을 알 수 있다. 그 외에도 공회에서 계임의 선출, 송계산 구역 내 풀베기와 땔감 채취 시기 등 제반 사항들이 집중 논의됐을 것이다.

보통 공회는 정기회의와 식사로 이뤄졌다. 이런 전통은 오늘날까지 계승되고 있는 보성군 복내이리송계나 계룡시 향한리 송계에서 꾸준히 유지되고 있는데, 정기회의가 끝나면 식사와 술자리가 마련된다. 가좌동 금송계에서도 이런 관행이 있었는데, 〈입의〉에 "춘공회 때 요기는 계물로써 준비하고, 추공회 때는 각 유사가 낸다"라는 규정에서 이를 유추할 수 있다. 따라서 상유사와 하별유사에게는 송계산 관리, 기금 운영뿐만 아니라, 봄과 가을에 열리는 공회의 준비도 중요한 업무였던 것이다.

4) 감시 활동

가좌동이 속해 있던 양성현은 경기도 교통의 요지였고 인구 증가와 목재 수요 증가에 따른 산림공유자원에 대한 도벌과 남벌 위험은 늘 있었다. 〈소고니면가좌동대소민인등장〉에서도 나무장사꾼의 도벌과 남벌에 따른 피해가 막대함을 지적하고 있다. 따라서 송계산 구역에 대한 감시와 보호 활동이 철저하게 이뤄졌을 것으로 추측된다.

〈입의〉에 따르면, "상하 두 사람씩 매일 교대로 금송패를 지참하고 순산"했으며, "금송패는 금일 순산인이 명일 순산인에게 전해줘서 순산이 빠지는 일이" 없도록 했다. 송계원이 순산하지 않았을 경우 한번 빠질 때마다 1전씩 벌금으로 부과하고 이를 합산하여 공회에서 내도록 했다. 순산 업무는 조별로 순번제로 이뤄졌던 것으로 보인다. 〈좌목〉에 주원(主員) 1명에 보(保) 2명이 명시되어 있어 1개 조당 3명이 편성됐음을 말해준다. 범금자가 외지인인 경우 상유사가 하별유사로 하여금 관에 보고하여 처벌했던 반면, 송계원이 도벌했을 경우 관에 고발하는 대신 금송계 자체에서 상벌로 3전의 벌금을 범금자에게 물렸다. 또한 이웃마을 사람에게는 계 가입을 허용치 않고 송계산 구역 내에서 땔감 채취를 일절 금지했다. 송계산 내 산림 감시·보호 활동과 함께, 각 선산과 시장에 봄과 가을로 소나무 백 그루를 심는 등 식림·육림사업도 병행했다.

5) 점증적 제재 조치

과거 가좌동 금송계에서 계원이나 공동체 구성원의 도덕적 해이, 무임승차와 같은 기회주의적 행위를 제재하고 공동 이익과 공동 목표에 기여하도록 권장하는 것은 금송계의 유지와 지속 가능한 발전에 중대한 사항이었다. 「금송계좌목」(1838년, 헌종 4년)의 자료만으로는 가좌동 금송계에서 운영하던 처벌 방식, 처벌 수위 등에 대한 자세한 내역을 파악하기 어렵다. 그럼에도 가좌동 금송계에서는 송계 업무를 소홀히 하거나 송계산 내에서 범금 행위를 하는 경우, 관에의 고발, 상벌, 중벌, 하벌 등 나름대로 점증적 제재 조치를 마련하고 있었다. 또한 〈입의〉에서 "처음엔 성실했으나 나중에 태만한 자, 헛소리하는 자, 자주 공회에 빠지는 자는 근본을 잊은 것이므로 계에서 각별히 경책한다"고 규정하고 있다. 전체 송계원이 모이는 공회에서 송계원의 위반 사항, 처벌 수위, 벌금 규모 등을 논의하여 시행했는데, 이는 송계원이나 가족에게 상당한 수준의 체면 손상에 해당한다.

가좌동 금송계에서는 상벌, 중벌, 하벌로 구분하여 위반의 빈도와 정도에 따라 처벌 수위를 달리했고 점증적인 제재 조치를 마련하고 있었다. "상벌은 3전, 중벌은 2전, 하벌은 1전으로" 규정한 〈입의〉를 통해 가좌동 금송계에서 태형, 벌물보다는 벌금이 주로 행해졌음을 알 수 있다. 또한 송계원이 아닌 비송계원이나 타지인이 송계산 구역 내에 무단 침입하여 금송을 위반했을 경우에는 고관치죄(告官治罪)로 엄하게 다스렸다. 송계원이 ① 송계산 내에 무단 침입하여 나무를 벨 경우, ② 원금이나 이자를 갚지 않을 경우에는 상벌로 다스렸다. 또한 ① 공회에서 기금의 내역을 계산할 때 늦게 도착하는 경우, ② 공회 때 이유 없이 참석하지 않는 경우, ③ 통문(通文)을 지체하는 경우, ④ 술에 취하여 함부로 의견을 내어 계를 어지럽히는 경우에는 중벌로 다스렸다. 순산을 1회 빠질 경우 하벌에 해당하여 1전씩 내도록 했다.

6) 갈등 해결 장치

앞에서 언급했듯이, 가좌동 금송계에서는 송계원과 비송계원(타지인)에 따라 갈등 해결 방식이 달랐던 것으로 보인다. 비송계원이나 타지인이 송계산 내에서 범금했을 경우 관에 고발하여 죄를 묻는 고관치죄 방식을 활용했다. 이에 반해 송계원이 범금한 경우 고관치죄보다는 벌금 등으로 계 차원에서 자체적으로 해결했다.

현재 자료가 부족해 확인할 길이 없지만, 가좌동 금송계가 전주 이씨와 수성 최씨 주도로 결성·운영됐고 적어도 일정 부분 동계의 기능을 담당했던 점을 고려할 때, 동수(洞首)와 같은 마을 원로가 당사자 간의 갈등 중재와 해결에 지대한 영향을 미쳤을 것으로 보인다. 이와 더불어, 송계원 전체가 모이는 공회에서 갈등 상황을 송계원들과 충분히 공유하고 이를 집단적인 지혜와 노력으로 해결하고자 했을 것이다. 여기에서도 마을 원로들의 역할은 무게 있게 작동했을 것이다. 매우 드물었겠지만, 마을 원로들의 중재로도 갈등 상황이 해결되기 어려우면, 결국 관에 보고하여 관의 개입과 결정으로 해결했을 것으로 짐작된다.

7) 최소한의 자치조직권 보장

가좌동 금송계는 관청으로부터 송계산을 입안받아 결성됐기 때문에 관으로부터 상당한 수준의 자치권과 자율성을 확보할 수 있었다. 임원의 구성, 임기, 역할 등을 구체적으로 파악하기 어렵지만, 〈입의〉에 '상유사', '하별유사', '유사' 등 계임이 언급된 것으로 보아 상계와 하계에 각자 유사를 두었던 점, 〈좌목〉에 상계원 이동영(李東榮),

최상현(崔象鉉) 명단 아래 '공원(公員)'이 명기되어 있는 점, 〈입의〉에 "상하 두 사람씩 매일 교대로 금송패를 가지고 순산한다"라고 하여 '순산인' 규정을 둔 점 등에서 가좌동 금송계의 임원 구성을 대략적으로 추측할 수 있다. 계장은 가좌동의 최고 수장인 동수가 겸했을 수도 있다. 공원은 송계산의 이용, 유지 및 관리, 송계산 구역의 순산과 산림감시 활동, 본조(本租)와 이자 산정, 곡식 출납과 관리 등 송계의 주요 업무를 전반적으로 책임지고 수행했을 것이다. 상유사와 하별유사는 공원을 보좌하여 계의 실무를 도왔던 것으로 보인다. 혹은 공원이 〈입의〉에 명기된 '상유사'의 별칭이었을 수도 있다. 순산인은 조를 편성하여 매일 송계산 구역 내 작벌 감시, 범금자 검거 등에 대한 실질적인 산림감시 업무를 수행했다. 〈좌목〉에 주원(主員) 1명에 보(保) 2명이 명시되어 있어, 3인 1조로 편성하여 순산 업무가 이뤄졌음을 알 수 있다.

가좌동 금송계는 일정 부분 동계의 특성을 지니고 있는데, 이는 재지사족 주도의 금송계에서 일반적으로 나타나던 보편적 현상이다. 특히 공동체 차원에서 이뤄지던 송계원에 대한 상호규율과 상호규검에서 이런 특성은 두드러진다. 〈입의〉는 ①"공회 때 기금에 손실을 끼친 자, 지각하는 자, 이유 없이 불참하는 자, 통문을 지체하는 자는 중벌로써 다스린다", ②"술에 취해 함부로 발언하여 계를 어지럽힌 자는 중벌로써 다스린다", ③송계원으로의 "추가 가입은 되나 스스로 탈퇴하는 것은 안 된다", ④"처음엔 성실했으나 나중에 태만한 자, 헛소리하는 자, 자주 공회에 빠지는 자는 근본을 잊은 것이므로 계(契)에서 각별히 경책한다"고 명시하고 있는데, 가좌동 금송계가 지역공동체 내 구성원에 대한 상호규검 역할과 기능을 담당했음을 말해준다.

8) 중층적 사업단위

가좌동 금송계가 하나의 자연마을로 구성된 독송계였는지 혹은 여러 자연마을로 구성된 연합송계이었는지 확인할 길이 없다. 다만 가좌동 금송계가 '상중하합계'였던 사실에서 유추하면, 계의 구조나 운영이 중층적이었을 개연성이 크다. 자연마을 단위로 촌계나 향도계와 같은 자치조직이 결성되어 하계원의 의견 취합, 하계원의 순산 순번 결정, 계 원금과 이자 징수, 벌금 징수, 신입계원의 추입 등을 담당했을 수 있다. 그렇다면 가좌동 금송계는 '촌계―금송계―동계―관청' 혹은 '촌계―금송계/동계―관청'의 중층적 사업구조를 띠었을 것이나, 현재 자료로서는 확인하기 어렵다.

4. 가좌동 금송계의 특징

가좌동 금송계는 소나무를 비롯한 산림공유자원의 보호, 선영수호라는 목적 외에 조선 후기 동계가 가지고 있던 특징을 함께 지니고 있었다. 가좌동 금송계는 재지사족 주도로 결성·운영됐는데, 특히 전주 이씨와 수성 최씨가 동족마을을 이루며 금송계의 결성과 운영에서 주도적으로 참여했던 것으로 추측된다. 〈좌목〉에 기재된 전체 계원 수는 51명이며, 그중 이씨와 최씨가 41명(상계원 39명, 중계원 1명, 하계원 1명)으로 약 80%를 차지한다. 가좌동 금송계는 송계산의 금송과 식송을 통한 지속 가능한 산림공유자원의 보호·관리와 선영금양뿐만 아니라, 향촌질서를 통제하고 유지하는 동계의 역할과 기능도 수행했다. 가좌동 금송계가 '상중하합계'이었고, 관청의 입안은 곧 향촌사회에 대한 통제권과 자치사법권을 관으로부터 위임받았음을 의미하기 때문이다. 하지만 재지사족 주도로 결성됐던 나주목 금안동송계, 영암군 서호송계와는 달리 혼상시 상부상조, 환난상휼, 빈민구제 등에 대한 내용은 보이지 않는다. 그리고 가좌동 금송계에서는 상하민인 간의 차별이 그리 크지 않고 상당한 수준의 평등한 대우가 유지되지 않았나 추측된다.

〈좌목〉에 상계원 45명, 중계원 3명, 하계원 3명 등 전체 51명이 기재되어 있는데, 중계원과 하계원의 계원 명단이 적게 기재된 이유를 설명하기가 쉽지 않다. 추측컨대, 첫째, 가좌동에 거주하던 중하민의 수가 원래 적었을 수 있다. 둘째, 〈좌목〉에 중하민의 전체 명단을 기재하지 않고 중하민의 대표자 성명만을 기재한 것일 수 있다(한미라, 2011). 후자의 경우라면, 가좌동에 거주하던 모든 중하민은 송계 가입이 자동적으로 강제됐고, 관행에 따라 누구나 마을산을 이용할 수 있었을 것으로 짐작된다. 〈입의〉의 "상하 두 사람씩 매일 교대로 금송패를 지참하고 순산한다"는 규정에서, 금송계에 참여했던 하민(혹은 중하민)의 수가 훨씬 많았을 것으로 추정된다. 셋째, 재지사족이 주도하는 가좌동 금송계의 결성에 중하민들이 애당초 적극적으로 참여하지 않았을 수도 있다. 조선 후기로 갈수록 기층민들은 재지사족이 주도하는 동계에 참여하기보다는 촌계, 향도계와 같이 자체적으로 계를 조직·운영했기 때문이다(한미라, 2011).

조선 후기에 조직·운영되던 대부분의 금송계는 기존 산림자원의 소극적인 보호와 관리에 치중했던 반면, 송계산 구역 내에 나무를 심고 가꾸는 식림·조림사업을 적극적으로 추진하지 않았다. 하지만 가좌동 금송계에서는 식림·조림에 상당한 관심과 노력을 기울였는데, 당시로서는 상당히 진일보한 것이라 할 수 있다.

제8절 장흥부(長興府) 금당도(金塘島) 차우리(車牛里) 목계(木契)[135]

1. 장흥부 금당도와 차우리 목계의 개괄적 현황

금당도는 오늘날 행정구역상 전라남도 완도군 금당면에 해당한다. 금당도는 "금당면 가학리 서쪽에 위치한 깃대봉 · 공고지 · 학산, 삼산리에 위치한 중골산 · 중암산 · 상랑산, 육산리의 간댓산 · 중맷산 · 짓매산 · 학봉, 신흥리 뒤편의 학봉, 차우리의 독매 · 서당산 등 대체로 높이 200m 내외의 야산지대"로 야트막한 저산성 산지로 이루어져 있다(김경옥, 2006: 32). 주민의 대부분은 반농반어(半農半漁)를 생업으로 하고 있다. 금당도는 차우리, 육산리, 가학리 등 3개 리와 10개의 자연마을로 구성되어 있다.

금당도는 1896년 완도군(莞島郡) 금당면으로 확정되기 이전에는 오랫동안 전라도 장흥부 관할 도서지역이었다. 금당도가 관찬사료에 처음 나타나는 시점은 조선 전기 1431년(신해년, 세종 13년)으로 '金堂島'로 명기됐다가 후에 '金塘島'로 불리게 됐다. 금당도에 사람들이 본격적으로 입도한 시기는 임진왜란과 정유재란을 거치면서이다. 전란으로 인한 피난, 어업 · 염전과 같은 경제적 목적, 유배(流配) 등의 이유로 금당도에 사람들이 본격적으로 정착하게 됐다.

금당도는 오래전부터 구전으로 "서송강이(徐宋姜李)"라고 하는데, 이는 처음 입도한 이천 서씨, 여산 송씨, 진주 강씨, 전주 이씨를 지칭한다. 예로부터 이천 서씨는 육동마을, 여산 송씨는 삼산마을과 신흥

---

135) 김경옥(2001, 2004, 2005, 2006)의 내용을 바탕으로 연구와 분석이 이뤄졌다.

〈표 5-13〉 금당도의 입도성씨 및 거주지 현황

리	자연마을	입도 시기	입도 성씨	현 거주민(호구 수)	비고
차우리	차우	1640년	진주 강씨	진주 강씨(20) 경주 이씨(27) 천안 전씨(32)	
	봉동	1660년	진주 강씨	진주 강씨(16) 여산 송씨(12) 밀양 박씨(5)	
	세포	1730년	천안 전씨	천안 전씨(16) 안동 권씨(15) 밀양 손씨(7)	
	울포	1770년	인천 이씨	인천 이씨(16) 김해 김씨(15) 천안 전씨(10)	
	비견도	1790년	경주 정씨	경주 정씨(14) 김해 김씨(18)	
	허우도	1820년	김해 김씨	김해 김씨(7) 제주 양씨(3)	
육산리	육동	1630년	이천 서씨	이천 서씨(27) 전주 이씨(27) 경주 정씨(16)	
	삼산	1640년	여산 송씨	여산 송씨(70) 전주 이씨(5) 죽산 안씨(4)	
	신흥	1650년	여흥 민씨	여산 송씨(38) 밀양 박씨(8) 동복 오씨(8)	
가학리	가학	1620년	전주 이씨 경주 정씨	전주 이씨(39) 경주 정씨(15) 여양 진씨(12)	

출처: 완도군. (1987). 「마을유래지」.; 김경옥(2001). "<표 1> 조선 후기 금당도의 入島姓氏" 재인용.

마을, 진주 강씨는 차우마을과 봉동마을, 전주 이씨는 가학마을과 육동마을에 각각 정착했다고 한다(김경옥, 2001: 18). 〈표 5-13〉은 조선 후기 금당도에 입도한 주요 성씨와 1987년 현재 거주자 현황을 보여준다. 금당도에는 이들 사성씨뿐만 아니라 천안 전씨, 인천 이씨, 김해 김씨, 경주 김씨, 경주 정씨, 여양 진씨 등이 주요 성씨를 이뤄왔다.

17세기 후반부터 금당도에 본격적인 정착과 함께 토지 개간이 적극 이뤄졌다. 이렇게 경제적 기반이 마련되자 중앙세력과 지방세력은 각종 이권에 개입하기 시작했다. 1755년(을해년, 영조 31년) 김상로(金尙魯)[136]의 제안에 따라 금당도 전체가 봉산(封山)으로 지정됐는데, 그 이전에 이미 금당도에는 둔전(屯田)과 궁방전(宮房田)이 봉산과 함께 설치되어 있었다. 그 후 6년만인 1761년(신사년, 영조 37년) 홍봉한(洪鳳漢)[137]의 건의에 따라 금당도 봉산은 혁파됐는데, 산봉우리는 수영(水營)에서 소나무를 관리하고 산허리 아래에서는 봉산 개간이 허용됐다. 당시 봉산 인근에 거주하던 주민들은 봉산에서의 부역, 황장목과 선재목 조달, 땔감 조달 등으로 많은 어려움에 직면하고 있었다. 이런 일련의 수탈과 폐단을 겪던 과정에서 지역공동체가 공동으로 대처하기 위해 차우리 목계를 결성했던 것으로 보인다. 목계(木契)는 금송계를 의미하는데, 현재 남아있는 「목계책 하기안(木契冊 下記案)」(1870~1986년)에는 '목청계(木廳契)'라고도 기록되어 있다.

현재 차우리 마을회관에 소장 중인 자료와 문서는 「동계책 하기안(洞契冊 下記案)」(1862~1928년), 「수문계책(水門契冊)」(1936~1984년), 「간척지 중요서류(干拓地 重要書類)」(1934년), 「어장분구 중요서류(漁場分區 重要書類)」(1941~1946년) 등이다. 특히 차우리 목계 관련 자료는 목계 회계장부인 「목계책 하기안」(1870~1986년)만이 남아 있다.

---

136) 김상로(金尙魯, 1702~?)는 조선 후기 문신이다. 본관은 청풍(淸風)으로 자(字)는 경일(景一)이고 호(號)는 하계(霞溪) 또는 만하(晩霞)이다. 출처: 한국민족문화대백과사전(http://encykorea.aks.ac.kr/Contents/Index?contents_id=E0009344)(자료접근: 2017년 11월 23일).

137) 홍봉한(洪鳳漢, 1713~1778)은 조선 후기 문신이다. 본관은 풍산(豊山)으로 자(字)는 익여(翼汝)이고 호(號)는 익익재(翼翼齋)이다. 출처: 한국민족문화대백과사전(http://encykorea.aks.ac.kr/Contents/Index?contents_id=E0064114)(자료접근: 2017년 11월 23일).

〈표 5-14〉 금당도 차우리 마을회관 소장 자료

자료명	기간	내용	비고
「동계책 하기안(洞契冊 下記案)」	1862년~1928년	-동계전(洞契錢) 회계장부(세입, 세출) -겉표지에 "동계책 하기 갑진 십월 일가 동계책 하기(洞契冊 下記 甲辰 十月 日 袈 洞契冊 下記)" -매년 6월, 10월에 동계전(洞契錢) 결산	필사본(筆寫本), 1책(冊), 연철(連綴), 21cm × 26cm
「목계책 하기안(木契冊 下記案)」	1870년~1986년	-목계전(木契錢) 회계장부(세입, 세출) -겉표지에 "갑진 십이월 일 가 목계책(甲辰 十二月 日 袈 木契冊)" -강신회(講信會)는 매년 정월에 개최 -전유사(錢有司) 명안(名案)과 식리전(殖利錢)	필사본(筆寫本), 1책(冊), 연철(連綴), 20cm × 20.5cm
「수문계책(水門契冊)」	1936년~1984년	-1936년 금당도간척사업 당시 조직·운영되던 수문계(水門契) 자료 -대제언계서(大堤堰契序), 입규(立規), 토지소유부(土地所有部), 임원명록(任員名錄) 등	필사본(筆寫本), 1책(冊), 연철(連綴), 20.5cm × 27cm
「간척지 중요서류(干拓地 重要書類)」	1934년	-차우리 지선공유수면 간척공사(地先公有水面 干拓工事) 관련 문서 -겉표지에 "소화구년 이월 일 중요서류입 간척지(昭和九年 貳月 日 重要書類入 干拓地)" -차우리 동민(洞民) 공동소유 부동산 매도증서 -제방건설 및 배수시설공사 관련 문서	필사본(筆寫本), 1책(冊), 연철(連綴), 20cm × 28cm
「어장분구 중요서류(漁場分區 重要書類)」	1941년~1946년	-1941년 차우리 동민(洞民) 공동소유 부동자산(不動資産) 관련 문서 -겉표지에 "일구사육년 어장분구 중요서류(一九四六年 漁場分區 重要書類)" -내표지에 "임야순시순번부 차우리 애림계 소화십육년이강(林野巡視順番簿 車牛里 愛林契 昭和十六年以降)"	필사본(筆寫本), 1책(冊), 연철(連綴), 19.5cm × 28cm

출처: 김경옥(2005: 각주7)에서 표 재인용.

차우리 목계의 창설 시기는 현재 남아있는 자료만으로는 확인하기 어렵다. 차우리 목계가 관청의 인가로 결성됐는지, 목계서(木契序), 규약(規約)과 같은 문서들을 작성했는지 등을 파악할 수 없다. 「목계책 하기안」(1870~1986년) 겉표지에 "갑진십이월(甲辰十二月)"이라 기재되어 있는데, 갑진년은 1784년, 1844년, 1904년을 말한다. 하지만 갑진년을 창계 연도로 결론내리기에는 조심스럽다. 우선 차우리 동계의 회계 장부인 「동계책 하기안」(1862~1928년)에도 "갑진십월(甲辰十月)"이라 명기되어 있어, 동계와 목계가 같은 해에 창계된 것으로 보기에는 상당한 무리가 따른다. 같은 해인 갑진년에 목계와 동계의 회계 기록들을 각각 책으로 철(綴)한 것이 아닌가 추측할 뿐이다. 만일 그렇다면, 갑진년은 1784년이나 1844년보다는 1904년을 말한다. 「목계책 하기안」(1870~1986년)이 작성되기 시작한 해가 1870년이므로 차우리 목계는 1870년 이전에 이미 창설·운영됐던 것이다. 특히 1870년 당시 100냥이 넘는 상당한 규모로 목계전이 축적됐던 사실도 이를 뒷받침한다. 또한 금당도 봉산이 공식적으로 혁파된 시점인 1761년 이후 어느 시점에 차우리 마을 주민들이 동산(洞山)을 확보하고 목계를 운영했을 것이다. 종합하면, 차우리 목계는 1761년과 1870년 사이에 창계됐으리라 짐작된다.

차우리 목계의 창설 시기는 명확하지 않더라도 목계의 창설 배경은 비교적 자세하게 알 수 있다. 조선 후기 도서지역 주민들은 봉산이 있는 경우 황장목과 선재목을 비롯한 땔감과 숯의 조달, 그 외에도 각종 부세와 연역(煙役) 의무를 부담했다. 이들은 선세(船稅), 어장세(漁場稅), 미역세, 해의세(海衣稅) 등을 부담했고 각종 노역에도 동원됐다. 따라서 도서지역 주민에게 부과되던 각종 부세와 연역에 대해 공동체 차원에서 대처할 필요성이 대두됐고, 주민들은 필요한 땔감과 재목을 자체 조달해야만 했다. 또한 조선 후기에는 목재 수요가 폭발적으로 증가하면서 목재 판매로 수익을 올릴 수 있었는데, 이와 같은 다양한 정치·사회·경제적 배경이 어우러져 목계의 창설을 촉발시켰을 것으로 보인다.

차우리 목계는 동계와 긴밀하게 연계되어 운영됐던 것 같다. 무엇보다도 목계는 동계의 '특별회계'와 같은 방식으로 운영됐다. 당시 차우리 동계는 마을 내 제반 업무에 대한 비용을 지출했던 것으로 보인다. 차우리 동계전에서 지출된 내역을 살펴보면, ① 곽세(藿稅), 포세(浦稅), 둔세(屯稅), 호세(戶稅), 산세(山稅), 수산세(水産稅), 해세(海稅), 어업세(漁業稅) 등 각종 부세(賦稅), ② 지방관 및 예하 구성원에 대한 각종 보수와 접대비, ③ 면리(面里)의 호적성책(戶籍成冊) 등 행정업무 추진비, ④ 서계(書契)・서당・향교의 교육비, ⑤ 남사당(男士堂)과 가객(歌客) 등 초청비, ⑥ 표류민(漂流民)에 대한 규휼비, ⑦ 천정(泉井)・선창(船艙)・구언(舊堰)・수문(水門)・금고(金鼓) 등 수리비, ⑧ 목계(木契)・산직(山直)・벌목(伐木)・송전(松田) 관련 경비 등이었다. 부언하면, 동계 운영 과정에서 동산 내 목재 판매수익금의 별도 관리와 증식, 연역(煙役) 비용, 도제(都祭) 비용을 전담할 '특별회계'가 필요했던 것으로 보인다.

조선 후기로 들어오면서 인구 증가와 상업 경제의 발달로 목재 수요는 급증했고 목재 판매는 상당한 수익성을 보장하는 사업이었다. 차우리에서는 목재 판매대금으로 상당한 규모의 목돈을 마련할 수 있었고 이를 '특별히' 관리하고 증식할 필요성을 느꼈던 것 같다.[138] 또한 당시 도서지역 주민들에게 상당한 부담이었던 연역 비용을 공동으로 마련하고, 공동체의식과 유대감을 증진시키는 차원에서 도제 비용을 지원할 필요가 있었기 때문으로 보인다. 이와 더불어, 차우리에서는 동계보다는 목계 '동중재산'을 증식했던 것으로 보인다. 동계전의 대부분은 차우리 주민의 대민 업무에 지출됐던 반면, 목계전은 식리를 통해 상당한 규모를 유지할 수 있었기 때문이다. 이것이 결국 동

138) "목계전은 마을 동산에서 나무를 쪄서 이것을 팔아서 마련했다"라는 세보(이금태, 58세, 차우리 차우마을)에서도 확인된다(김경옥, 2001: 39, 각주67).

계가 일제강점기 동안에 해체된 반면, 목계는 1986년까지 지속될 수 있었던 주요 요인으로 작용했다.

1) 차우리 목계의 유형

차우리 목계는 차우리에 속하는 차우(車牛), 봉동(鳳洞), 세포(細浦), 울포(鬱浦), 비견도(飛見島), 허우도(許牛島) 등 여섯 자연마을이 참여하는 연합송계의 특성을 지닌다. 하지만 대소민인이 참여하는 '상하합계' 방식인지에 대해서는 목계 계원의 명단이 남아 있지 않아 확인하기 어렵다. 다만 마을 주민 누구나 목계에 가입했던 것으로 봐서 기층민 주도의 금송계가 아니었을까 추측된다. 또한 섬이라는 지리적 특성과 마을 구성원 대부분이 혈연으로 연결되어 있었던 점에서 차우리 목계는 끈끈한 동질감과 공동체의식으로 모든 주민이 참여하는 기층민 중심의 특성을 지녔을 개연성이 높다. 그럼에도 차우리 목계는 진주 강씨, 천안 전씨, 인천 이씨 등 특정 성씨가 다수를 점하고 있어서 이들 성씨가 주도적으로 운영하지 않았을까 생각된다.

차우리 목계는 차우리 마을이 부담하던 연역과 도제를 위한 비용을 충당하는 데 목계전을 활용했다. 도제 비용은 각 자연마을에서 정월에 지내던 도제, 당산제, 산제, 기제, 당제 등에 대한 비용을 말한다. 〈표 5-15〉에서 1870년에서 1890년까지 21년 동안 목계전의 지출 내역을 종합하여 보면, 일후연역(日後煙役)의 경우, 6년을 제외하곤 매년 목계전에서 지출됐는데 총 지출액의 50% 가까이 차지했다. 지출 규모는 크지 않더라도 1870년과 1881년을 제외하고 매년 적게는 5전 8푼, 많게는 7냥 9전 9푼까지 도제 비용으로 지출됐다. 그 외에도 군기 수리비, 강신회 비용, 송자값, 전답 구매비용, 둔세, 화약비용

〈표 5-15〉 목계전(木契錢)의 회계내역(1870~1890) (단위: 兩/錢/分)

날짜	세입			세출				實在總額(殘額)	錢有司(名)
	錢利本俸	軍器收合	總額	日後煙役	都祭費	其他 費用	總額		
1870.01.21	94/0/8	7/7/1	101/1/0	-	-	各項所費	9/1/9	91/9/1	38
1871.01.10	119/4/5	7/3/4	126/7/9	20/0/0	1/6/9	軍器, 講會,屯稅	32/9/3	93/8/6	38
1872.01.14	121/9/6	1/1/9	128/1/6	24/0/0	1/5/2	-	27/2/9	110/9/1	38
1873.01.14	131/1/2	9/7/3	141/4/9	-	2/2/2	軍器,松子	26/1/3	115/2/7	38
1874.01.08	149/8/3	8/9/1	158/7/4	-	0/9/5	-	24/6/1	134/0/9	41
1875.01.27	174/2/9	32/2/5	219/7/9	-	2/1/5	軍器,火藥	87/7/7	131/9/3	42
1876.01.18	171/1/1	11/0/0	182/7/1	-	1/4/0	-	28/4/9	154/2/1	44
1877.01.	200/8/0	-	200/6/0	29/3/5	4/8/5	場買得,煙役	56/3/9	144/2/1	37
1878.01.	187/2/5	5/3/3	193/5/8	14/1/7	1/3/3	煙役	40/9/3	152/5/7	37
1879.01.11	198/3/2	7/2/0	198/3/1	6/9/0	2/2/0	軍器	58/3/2	139/9/8	42
1880.	181/9/5	25/5/9	181/9/5	20/0/0	1/9/5	買得田	28/8/0	153/1/0	33
1881.01.10	160/4/3	8/0/0	173/4/3	47/0/0	1/5/9	軍器	50/8/7	122/5/3	38
1882.01.06	159/2/7	11/5/0	171/4/5	36/9/2	-	各項改修	48/8/7	122/5/3	38
1883.01.07	159/2/8	8/2/0	167/4/8	33/5/8	1/0/0	軍器,松子	44/9/0	122/5/0	38
1884.01.05	159/2/0	-	159/2/8	35/6/6	0/7/9	軍器,煙役	36/6/7	122/5/3	36
1885.01.08	159/2/0	11/2/5	170/4/6	35/0/0	1/5/8	軍器	45/7/7	124/6/3	46
1886.01.08	162/0/1	9/5/2	171/5/1	42/3/0	0/5/8	軍器	46/8/7	124/6/3	34
1887.01.10	162/0/1	16/1/5	178/1/6	46/5/0	0/8/3	軍器, 講會	53/4/7	124/6/3	36
1888.01.17	162/0/1	16/0/5	178/0/6	29/0/3	1/0/0	軍器	63/9/7	114/6/3	36
1889.01.11	149/0/1	-	149/0/1	-	7/9/9	講會	34/3/7	114/6/3	35
1890.01.24	149/7/0	17/6/0	166/6/1	18/9/9	2/2/3	軍器	53/1/7	113/4/3	35
합계	3,305/72/8	214/5/2	3,509/96/7	434/45/0	28/98/5	424/92/4	888/25/9	2,618/17/1	800

출처: 김경옥(2005: 27). "<표 1> 1870년~1890년 목계전의 세입과 세출"에서 재인용.

등에 지출됐다. 한편 목계전 수입의 90% 이상은 식리에 의해 증식됐다. 그 외에도 정월에 농악을 쳐서 거두어들인 군기수합(軍器收合)과 누룩 판매수익금인 곡자가(曲子價) 등으로 기금을 늘려갔다. 「목계책하기안」(1870~1986년)에는 돈을 빌린 사람이 '전유사(錢有司)'로 명기되어 있다. 매년 33명에서 46명으로 분포되어 있는데, 38명이 7년으로 가장 많았다. 〈표 5-15〉에서 보는 바와 같이, 목계의 강신회는 주로 정월 초중순경에 열렸다.

2) 오늘날 차우리 목계의 현황

차우리 목계는 오랜 세월동안 차우리 지역사회의 구심점 역할을 해오다가 1986년 해체됐다.[139] 그동안 차우리 목계는 역할과 기능의 변화를 몇 차례 겪게 된다. 조선 후기에는 금송 및 산림보호・관리와 함께, 식리전 등을 통한 동중재산의 확보와 증식, 연역(煙役)과 도제 비용을 지원하는 보역(補役)・보민(補民)에 치중했다. 일제강점기에는 목계전을 재원으로 간척사업, 저수지와 수문 개설, 임야와 전답 매입 등에 주력했다. 1960년대 이후에는 저수지 보수(1965년), 소교사택건축비(小校舍宅建築費)(1967년), 도로공사 자체자금 마련, 향토방위대 희사금(1969년), 예비군 희사금(1970년), 새마을 사업(1975년), 중학교 시설비(1976년), 선착장 공사비(1977년) 등 지역주민 현안사업에 목계전이 활용됐다.

차우리 동계에 비하면 차우리 목계는 상당기간 존속되어 왔다. 박종대(朴種大)를 대표로 '금당도 진흥회'가 1915년 4월에 회원 423명으로 발족되면서 차우리 동계는 사실상 해체의 길로 들어섰는데, 동계전의 회계장부인 「동계책 하기안」(1862~1928년)에 1928년까지만 회계 관련 기록이 남아있는 것으로 봐서 그 해를 전후하여 동계가 해체됐으리라 짐작된다. 동계 해체의 직접적 원인은 금당도 진흥회의 업무가 사실상 동계의 업무와 중첩됐기 때문으로 보인다. 이에 비해, 목계는 역할과 기능이 상대적으로 특화되어 있었고 상당한 규모의 동중

139) 과거 목계가 소유하던 동산과 전답은 여전히 남아있는지, 어떻게 관리되고 있는지는 앞으로 추가적인 연구가 필요하다.

재산을 확보하고 있었으므로 장기간 존속할 수 있었으리라 추측된다.

2. 차우리 목계 규약

차우리 목계 관련 자료는 회계장부인 「목계책 하기안」(1870~1986년)만이 유일하게 남아 있다. 그 외에도 차우리 마을회관에는 「동계책 하기안」(1862~1928년), 「수문계책」(1936~1984년), 「간척지 중요서류」(1934년), 「어장분구 중요서류」(1941~1946년) 등이 보관되어 있다. 하지만 차우리 목계 관련 규약은 보이지 않는다.

3. 제도설계원칙 적용

1) 명확하게 정의된 경계

차우리 목계에서 운영하던 공유자산인 동산(洞山)의 구역과 경계는 비교적 명확하게 설정되어 있었다. 「어장분구 중요서류」(1941~1946년) 〈임야순시순번부(林野巡視順番簿)〉에 차우리 목계에서 보호·관리하던 동산의 지도가 첨부되어 있다. 지도에는 "차우리의 경계[里界], 자연촌, 임야[嶺, 嶝, 峯, 坮, 岩], 섬과 바다의 경계지점의 지명, 부속도서" 등이 상세하게 표시되어 있다(김경옥, 2005). 차우리 목계에서 관리하던 동산은 영산봉(榮山峯)과 상산봉(上山峯) 일대에 집중되어 있었고 수재봉(秀才峯)에는 방풍림이 조성되어 있었다.

차우리는 차우, 봉동, 세포, 울포, 비견도, 허우도 등 여섯 자연마을로 구성되어 있다. 목계의 가입은 차우리 소속 자연마을 주민이면 누구나 가입이 가능했던 것으로 보인다. 이는 전 주민의 의무에 해당하는 연역 비용의 충당과 함께 각 자연마을의 제사인 도제 비용을 목계전에서 충당했던 점에서도 확인된다. 목계 가입은 지역주민에게 땔감과 목재 확보, 연역 비용 충당 등 여러 가지 혜택을 제공하는 동시에 동산의 순산 활동, 산판작업의 참가 등 의무도 함께 주어졌다. 목계 가입 시 신입계원은 추입금을 내도록 했다. 계원의 자녀가 혼례를 올려 한 가정의 세대주가 되면 '마을 호수(戶數)로 들어간다'라는 뜻에서 입호금(立戶金)을 납부하도록 했다.

2) 사용 및 제공 규칙의 현지 조건과의 부합성

차우리 목계는 지역사회의 상황과 지역적 특성을 반영하여 운영됐던 것으로 여겨진다. 차우리 목계의 주요 특성은 동산의 경계지역과 지명을 토대로 마을 어장의 경계와 구역을 구분했다는 점이다. 「어장분구 중요서류」(1941~1946년) 〈임야순시순번부〉의 동산 분포지도를 보면, 섬과 바다의 경계지점 지명과 차우리 소속 자연마을의 인구수를 활용하여 자연마을 간 공동어장의 경계를 설정했음을 보여준다. 이것은 차우리 목계가 지역사회에 상당한 영향력을 행사하고 지역사회의 통합과 구심점으로 중요한 역할을 했음을 암시한다.

차우리 동계와 목계는 역할과 기능이 분담되어 운영됐다. 동계는 각종 부세 등 전반적인 업무를 담당했던 반면, 목계는 동중재산의 확보와 증식, 연역과 도제 비용 지원 등 수입과 지출 측면에서 한정되어 있었다. 이것은 차우리 목계가 동산에 대한 금송과 보호·관리뿐만 아니라, 나름대로 특별한 목적의식을 가지고서 창계·운영됐음을 암시해준다.

3) 집합적 선택장치

차우리 목계는 매년 정월에 정기모임을 가졌다. 각 자연마을에서 도제·산제·당산제 등을 지내는 매년 정월에 목계의 강신회가 개최됐다. 차우 마을의 당산제(堂山祭)는 1월 6일, 울포 마을의 용왕제(龍王祭)는 1월 7일, 세포 마을의 당제(堂祭)는 1월 15일, 비견도의 산제(山祭)는 1월 14일에 지냈던 점에서 차우리 자연마을의 도제는 목계의 정기모임과 밀접한 연관성을 지녔음을 알 수 있다. 목계의 정기모임인 강신회에서 목계전의 출납과 결산, 금송과 산림보호 활동, 공동산판작업, 범금행위에 대한 처벌 등이 집중적으로 논의·의결됐을 것이다. 이에 비해, 「동계책 하기안」(1862~1928년)을 보면, 동계전의 결산이 매년 6월과 10월에 이뤄졌던 것으로 봐서 동계의 정기모임은 매년 두 번 개최됐던 것으로 보인다. 동계의 정기모임에서는 부세, 공동작업, 상부상조 등 지역공동체의 제반 주요 쟁점과 현안들이 집중 논의·의결됐을 것이다.

4) 감시 활동

다른 송계에서와 마찬가지로, 차우리 목계에서도 마을공유림인 동산에 대한 감시와 보호 활동이 적극적으로 이뤄졌다. 「어장분구 중요서류」(1941~1946년) 〈임야순시순번부〉는 공유산림에 대한 순산 순서를 기록한 장부이다. 이로써 공유산림자원에 대한 순산과 산림감시·보호 활동이 정기적이고 꾸준하게 이뤄졌음을 알 수 있다.

차우리 목계의 초창기에는 주로 유사 혹은 신유사(新有司)가 주축이 되어 금송과 순산 활동이 이뤄졌고, 일제강점기에 들어와서는 목청(木

廳)이 실질적인 산림 보호와 감독 업무를 담당했던 것으로 보인다.

5) 점증적 제재 조치

차우리 목계에서도 금송을 위반하는 경우, 공동 산판작업에 참여치 않는 경우, 목계전의 본전과 이자를 갚지 않는 경우 등에 대해서 처벌 및 점증적 제재 조치가 명문 규정이든 관행이든 나름대로 마련·운용됐을 것이나, 현재 남아있는 기록으로는 확인할 수 없다.

6) 갈등 해결 장치

현재 남아있는 자료로는 갈등 상황이 어떻게 중재·해결됐는지 파악하기 어렵다. 그럼에도 차우리 목계가 ① 전체 주민이 참여했던 점, ② 마을 공동어장의 경계구역 설정에 중요한 영향력을 행사했던 점, ③ 상당한 규모의 동중자산을 운영·관리했던 점 등을 비춰볼 때 차우리 목계는 지역민 간 혹은 자연마을 간의 갈등을 중재하고 해결하는 데 깊이 관여했을 것으로 보인다. 특히 일제강점기에 동계가 해체된 이후 차우리 목계의 지역사회 통합, 갈등 조정과 해결 기능은 더욱 강화됐을 것으로 짐작된다.

7) 최소한의 자치조직권 보장

차우리 목계가 조선 후기 창계 당시 관청으로부터 공식 인가를 받았는지를 확인할 수 없다. 현재 차우리에서 소장 중인 마을 문서에는 목계서, 입안, 규약과 같은 문서가 보이지 않기 때문에, 차우리 목계가 관의 인가를 공식적으로 받았으나 자료가 과거 어느 시점에 소실된 것인지, 아니면 목계가 비공식적이고 관습적으로 운영됐기 때문인지 현재로서 확인할 수 없다.

또한 차우리 목계는 나름대로 조직 구조와 체계를 갖추었던 것으로 보이나, 이에 대한 구체적인 정보가 없다. 「목계책 하기안」(1870~1986년)의 조선 후기 기록에는 '유사(有司)', '신유사(新有司)', '전유사(錢有司)', '계원(契員)' 등의 명칭이 보이며, 「동계책 하기안」(1862~1928년)에는 '산직(山直)'의 명칭이 보인다. 조선 후기에는 유사 혹은 신유사가 목계의 실질적인 업무를 담당했던 것으로 보인다. 그 외에도 「동계책 하기안」(1862~1928년)에 산지기에 관한 언급(1883년, 1884년)이 있어 산지기가 동산 내의 실질적인 순산과 산림감시 활동을 수행했음을 알 수 있다. 목계전을 빌린 사람을 전유사라고 지칭했던 것으로 봐서 전유사는 계임은 아니었다. 그러다가 일제강점기에는 '화주(化主)', '구장(區長)', '목청(木廳)' 등 계임 명칭이 보인다. 일반적으로 화주는 마을 제사를 준비하는 사람을 말하며, 일제강점기에 구장은 오늘날 마을 이장(里長)을 지칭한다. 따라서 일제강점기에 목계를 실질적으로 운영하던 계임은 목청이었을 것이다. 목청은 동산 내 공동 산판작업 지휘·감독, 벌목 여부 감시, 목계전 관리 등을 담당했던 것으로 보인다.

8) 중층적 사업단위

차우리 목계는 중층적이면서 동시에 중복적인 사업구조를 가지고 있었다. 우선 차우리 목계는 여섯 개의 자연마을로 구성됐기 때문에 중층적이었다고 할 수 있다. 목계전의 출납과 결산, 공동 산판작업, 목재 판매 등 주요 안건들은 목계의 정기모임인 강신회에서 논의되고 결정됐을 것이다. 이에 반해, 산판작업에 실제 노동력 동원, 동산 내 순산 등의 사항은 자연마을 단위로 집행됐을 가능성이 높다.

차우리 동계 또한 여섯 개의 자연마을로 구성됐고 전체 주민이 참여했다. 이는 차우리 동계와 목계의 참여 범위와 대상이 일치했음을 의미한다. 차우리에서 먼저 동계를 결성·운영하다가 목재 판매대금을 목돈으로 동중재산을 자체 운영·관리할 필요성이 대두됐고, 차우리 주민에게 큰 부담이었던 요역 비용을 충당하고 공동체의 종교 기능과 구심점 역할을 하던 도제 비용을 충당하기 위해 목계를 별도로 결성했을 가능성이 높다. 따라서 차우리 동계는 행정, 부세 등 제반 업무에 관한 사항을 다루고 이를 위한 비용을 지출한 반면, 목계는 요역, 도제 등 한정된 항목만 지출했다. 그렇더라도 동계와 목계가 독립적으로 운영되지는 않았다. 때로는 동계에서 목계의 지출을 대신하기도 했다. 또한 동계의 정기모임에서 목재 판매, 금송 등 주요 현안들이 논의·의결됐을 것이다. 「동계책 하기안」(1862~1928년)을 보면, 산지기 관리(1883년, 1884년), 벌목 시 술값(1883년, 1892년, 1893년, 1895년, 1899년), 송전(松田)의 경계 설정(1901년), 송계 분집(松契 分執)(1905년) 등 송계 관련 비용을 동계전에서 지출하기도 했다.[140] 이는 목계가 동계와 밀접하게 연계되어 운영됐음을 말해준다. 이렇게 당시의 사정, 특히 재정상황에 따라 동계와 목계는 보완적 관계 속에서 운영·관리됐던 것이다.

140) 한편 「목계책 하기안(木契冊 下記案)」(1870~1986년)에는 둔세(屯稅) 지출(1871년) 등이 보인다.

4. 차우리 목계의 특징

금당도 차우리 목계는 도서지역에서 창계·전승되던 송계로 현재까지 학계에 보고된 유일한 도서지역 송계이다. 차우리 목계의 큰 특징 중 하나는 차우리 동중재산의 확보와 증식을 목적으로 목계가 결성됐고 '특별회계' 방식으로 운영·관리됐다는 점이다. 보성군 복내이리송계와 마찬가지로, 차우리 목계는 목재 판매수익금을 통해 동중재산의 목돈을 마련하고 증식할 수 있었다. 따라서 차우리 목계의 창계와 운영·관리는 상당한 목적지향성을 띠고 있었다고 할 수 있다. 특히 동중재산의 목돈은 연역 비용, 도제 비용 등 특수 목적과 용도로 지출됐다. 이렇게 차우리 목계는 동중재산의 확보와 증식, 연역과 도제 비용의 충당 등 보역·보민의 역할을 수행했던 것이다.

차우리 목계는 차우리 동계와의 참여 범주와 대상이 일치했고, 목계와 동계는 각자 역할 분담이 이뤄지면서도 상호 간에 긴밀하게 연계되어 운영됐다. 동계는 차우리 전체 주민을 대상으로 하는 부세, 호구조사 등 제반 행정업무를 담당한 반면, 목계는 동중재산의 확보와 증식, 연역과 도제 비용의 충당 등에 특화됐다.

차우리는 금당도에서 사회적·경제적·행정적 중추기능을 담당했던 것으로 보인다. 금당도의 10개 자연마을 중에서 차우리 소속 자연마을은 6개를 차지하며, 상당수의 인구가 차우리에 밀집되어 있다. 결국 차우리 목계(그리고 차우리 동계)는 차우리 주민뿐만 아니라 금당도 전체 주민에게도 상당한 영향력을 행사했고, 그만큼 금당도와 관련된 제반 사항에도 주도적으로 관여했음을 어렵지 않게 추측할 수 있다.

제9절 순흥도호부(順興都護府) 순흥초군청(順興樵軍廳)[141]

1. 순흥도호부와 순흥초군청의 개괄적 현황

경상북도 영주시 순흥면은 조선 초기 경상도 순흥도호부의 읍치였다가 1457년(정축년, 세조 2년)에 금성대군의 단종복위운동으로 도호부가 혁파됐다. 그 후 1682년(임술년, 숙종 8년)에 도호부가 다시 설치됐다. 과거 순흥지역은 지방토호세력의 권한이 막강하여 기층민들은 많은 고통에 시달려 왔다. 지리적으로 순흥지역은 주변에 산이 많지 않고 주변 산도 지주와 지방토호세력에 의한 사점화로 기층민들은 목재, 땔감, 퇴비용 풀을 얻는 데 많은 어려움을 겪었다. 당시 기층민들에게 산림공유자원의 확보는 생존과 직결된 시급한 사항이었다. 이를 해결하려는 노력이 순흥지역에서는 '순흥초군청(順興樵軍廳, 이후 초군청)'의 결성으로 나타났다. 초군(樵軍)은 "자가소비 또는 판매를 목적으로 땔감을 마련하는 나뭇꾼들의 모임"(배영동, 2013)으로, 조선 후기에 광범위하게 통용되던 용어이다. 순흥지역에서 초군들은 퇴비와 땔감을 안정적으로 확보하고 지방토호세력의 침탈에 공동 대응하기 위해 초군청을 결성했던 것이다.

초군청은 순흥지역 최대 부호였던 김교림(金敎林, 1865~1938)이 주도해 창설했다. 김교림은 '지역사회 기업가(community entrepreneur)'로서 당시 순흥지역 기층민들의 피폐된 상황을 잘 인식하고 있었고, 기층민의 힘을 결집시켜 지방토호세력과 대등한 관계를 형성하고 기층

141) 배영동(2013, 2014), 이기태(1997, 2012), 이영재(2008)의 내용을 바탕으로 연구와 분석이 이뤄졌다.

민의 권리를 보호하기 위하여 초군청을 창설한 것이다. 초군청이 언제 창설됐는지는 정확하게 알 수 없다. 다만 1900년 전후로 형성됐던 것만은 확실하여 보인다.[142] 김교림은 초대좌상[143]을 직접 선임하여 집과 전답을 제공했고, 관으로부터 공식 인가를 받고 '순흥초군청인(順興樵軍廳印)' 직인을 만들어 초군청의 권위와 공신력을 높여 주었다. 당시 '순흥초군청인' 직인이 찍힌 사발통문의 위력은 대단하여 순흥부사와 맞먹는 권위를 가졌다고 한다.

초군청을 결성하게 된 직접적인 목적은 무엇보다도 기층민들이 목재, 땔감 및 퇴비를 안정적으로 확보할 수 있도록 하기 위함이었다. 당시 산림공유자원에 대한 사점화와 광점화가 진행되면서 순흥지역 기층민들은 목재, 땔감 및 퇴비를 안정적으로 확보하지 못해 큰 어려움을 겪고 있었다. 기층민들은 공신력과 권위를 담보한 '초군청' 조직을 갖게 되면서 지방토호세력의 횡포와 침탈에 맞서고 목재, 땔감 및 퇴비도 안정적으로 확보할 수 있게 됐다. 또한 오랫동안 순흥지역민들의 정신적 구심점이자 신앙이었던 비봉산(飛鳳山) 성황제를 초군청이 직접 주재하게 되면서 순흥지역을 대표하는 실질적인 구심점이 됐다. 비봉산이 풍수지리상 순흥의 주산(主山)에 해당하는 만큼 비봉산 성황사에서 초군청이 성황제를 주재하게 된 것은 지역사회에서 점하던 초군청의 높은 권위를 말해준다. 또한 1906년부터는 단산면 단곡리 소재 두렛골 성황당을 중수하여 제의를 주관하게 됐다.

초군청과 성황제에 관한 현존 문서와 자료는 「성황사이건기(城隍祠

142) 배영동(2013)은 김교림이 효릉참봉(孝陵參奉)에 제수된 1900년 1월 이후~1906년 이전을 초군청의 결성 시기로 추측한다. 이영재(2008)는 부친 사망 후 김교림이 본격적으로 재산관리하던 1896년 이후~1906년 이전을 결성 시기로 보고 있다.
143) 초대좌상은 순흥읍 태장리에 살던 신영두(申永斗) 씨였다고 한다(배영동, 2013).

〈표 5-16〉 순흥초군청과 성황제 관련 문서와 자료

자료명	시기	내용	비고
「성황사이건기(城隍祠移建記)」	1754년 4월	-비봉산 성황사 이건 이유, 과정 및 의의 등 소개	나무 현판
「성황사중수기(城隍祠重修記)」	1766년 여름	-비봉산 성황사 중수 이유, 과정, 의의 등 소개	나무 현판
「모연문(募緣文)」	1906년	-두렛골 성황당 중수를 위한 경비 모금 내역을 기록함. -모금 이유, 모금 참여 인원/관직/택호 및 금액 등을 기록함.	필사본(筆寫本), 1권
「순흥소농조합 규약(順興小農組合 規約)」	1931년 이전	-일제강점기에 순흥지역에 결성된 '순흥소농조합'의 규약 -1931년 '순흥장농계(順興奬農稧)'로 개칭됨.	필사본, 한지 2장
「임원록(任員錄)」	1945년 7월 7일 ~ 1992년	-초군청 좌상, 총무, 간사 등 임원 명단을 기록함.	1993년부터는 공책에 기록
「두여고사기(斗餘告祀記)」	1948년 ~ 1993년	-'두여동고사수전기(斗餘洞告祀收錢記)'를 지칭함. -1948년 두렛골 성황제 유지를 위한 경비를 모금한 상황을 기록함. -모금 금액으로 장리와 장미를 통한 증식 내역을 기록함. -매년 성황제 수행시 찬조 금액, 소요 경비, 초군청 재산 등 수입, 지출, 잔고 등을 기록한 양성황당수지부(兩城隍堂收支簿)임.	
「소임급찬조방명록(所任及贊助芳名錄)」	1968년 ~ 1992년	-성황제의 제관 명칭, 찬조자 명단 및 금액을 기록함.	

출처: 이기태(1997, 2012)에서 요약·정리.

移建記)」(1754년), 「성황사중수기(城隍祠重修記)」(1761년), 「모연문(募緣文)」(1906년), 「순흥소농조합 규약(順興小農組合 規約)」(1931년 前), 「임원록(任員錄)」(1945~1992년), 「두여고사기(斗餘告祀記)」(1948~1993년), 「소임급찬조방명록(所任及贊助芳名錄)」(1968~1992년) 등이 있다. 〈표 5-16〉은 초군청과 성황제 관련된 문서와 자료를 간략하게 정리한 것이다.

1) 순흥초군청의 유형

순흥초군청은 1900년을 전후하여 김교림의 주도와 지원 하에 관으로부터 공식 인가를 받아 결성됐다. 초군청의 결성 이전에 나무꾼들에게 비공식적이고 자치적인 조직이 존재했는지는 확인할 길이 없다.[144] 일부 마을을 제외하고 순흥지역의 대부분이 소백산에서 멀리 떨어진 평지에 위치하고 있으며, 주변 산들이 지방토호세력에 의해 사점화가 광범위하게 이뤄진 상황에서 기층민은 자신의 생존에 직결된 산림공유자원을 어떠한 방식으로 접근하고 확보했을까.

초군청은 연합송계의 특성을 지닌다(배영동, 2013). 초군청에는 거의 모든 순흥지역 자연마을이 참여했던 것으로 보인다. 「모연문(募緣文)」(1906년)과 「두여고사기(斗餘告祀記)」(1948~1993년)에서 이를 확인할 수 있다. 즉 초군청이 주도하여 두렛골 성황당 중수 비용을 모금했던 1906년이나 두렛골 성황제의 유지 경비를 모금했던 1948년의 경우를 보면, 거의 모든 순흥지역 자연마을과 많은 지역민들이 모금에 참여했다. 한편 초군청은 '초군'이라 불리는 중하층민을 주축으로 구성됐다. 초군청 창설의 중심인물이었던 김교림을 비롯하여 지방토호세력들은 초군청의 구성원이 아니었다.

창설 당시부터 초군청은 기층민을 위한 금송, 산림공유자원 확보, 순흥지역 성황제 주관, 상부상조와 상호규검 등 다양하고 복합적인 역할과 기능을 수행했다. 앞서 언급했듯이, 초군청 결성의 직접적인 계기는 순흥지역 공유산림의 사점화와 광점화에 대응하여 하층민들

---

144) 초군청의 결성 이전에 순흥 전 지역이 아니더라도 자연마을 단위나 몇 개의 자연마을이 연합하여 송계 조직이 실제 결성・운영됐는지에 대한 보다 면밀한 연구와 현장조사가 이뤄져야 할 것이다.

이 산림공유자원의 입회권과 이용권을 확보하고 나아가 이를 보호하고 관리하는 것이었다.

초군청은 전통 두레농민조직에서 행해지던 푸구[풋굿, 草宴] 행사를 주관했다. 푸구의 가장 중요한 행사는 '산실이를 위한 길닦기'로 소백산에 땔나무를 하러 다니는 길을 닦아 나뭇꾼들이 용이하게 통행하도록 하기 위함이었다. 초군청 좌상이 사발통문을 돌려 푸구 날짜를 알리면, 각 마을에서는 음식을 장만하고 초군들을 대동하여 당일 아침에 읍내리로 이동하여 초군청 소속 모든 마을이 읍내리에 모이면 소백산에 이르는 배점마을까지 이동하여 재집결했다. 초군청 소속 마을은 각자 구역을 나누어 길닦기 공동작업을 실시했다. 작업이 끝나면 함께 먹고 마시며 풍물을 치면서 어울려 놀았다.

또한 초군청은 중요 행사로 매년 성황제를 직접 주관했다. 1900년대 전후 초군청이 발족하면서 순흥의 주산인 비봉산에 위치한 성황사에서 성황제를 주관했다. 그 이후 1906년 두렛골 성황당을 중수하여 제의를 주관했다. 이로써 초군청은 비봉산 성황제(정월 13일 자시)와 두렛골 성황제(정월 14일 자시)를 병행하여 주관하게 됐다. 1930년을 전후하여 죽동(竹東 혹은 竹洞)에 모시던 금성대군의 혈석(血石)을 두렛골 성황당으로 이안하면서 두렛골 성황당에서는 '두곡성황'을 모시는 산신각보다는 '금성대군'을 모시는 금성대군당이 중요시됐다. 그 이후 두렛골 성황제에서는 소고기보다는 살아 있는 소를 제향하면서 성황제 일정에서 약간의 조정이 있었다. 오늘날까지 비봉산 성황제는 정월 13일 오전, 두렛골 성황제는 정월 14일 자시에 행해지고 있다. 초군청에서는 지역사회의 상징적 행사로서 성황제의 전통을 오늘날까지 꾸준하게 계승하고 있다.

초군청은 지역민들에 대한 상호규검, 풍기단속 등 지역자치기구의 역할과 기능을 수행했다. 이는 순흥부사로부터 관리감독과 자치사법의 권한을 위임받았기 때문에 가능한 것이었다. 푸구행사가 열리는 날에 초군청의 정기회의가 개최됐는데, 여기에서 마을에서 큰 물의를 일으킨 자에 대한 제재, 효행자 표창 등 권선징악을 행하는 상호규검의 기능도 수행했다. 또한 초군청은 지역사회에서 상부상조의 기능을 담당했던 것으로 보인다. 일제강점기에 초군청에서 분리되어 결성된 '순흥소농조합(順興小農組合)'은 '농사 장려', '노동자의 일고임(日雇賃), 월고임(月雇賃), 연고임(年雇賃) 등 표준(標準)의 안정(安定)', '피병사(避病舍) 설치와 구호자 수용', '천재시변(天災時變) 및 재난 시 상호원조', '고독자 질병 시 치료비 및 사망 시 자력(資力)이 없는 자에 대해 장비(葬費) 이(貳)원, 치료비 삼(參)원까지 지원', '무후사망자(無後死亡者)의 분묘(墳墓)에 대한 제초(除草)', '매년 제초(除草)의 수료(手料)를 오십전씩[五拾錢式] 지급' 등 계원 상호 간의 원조와 상부상조를 행했다. 이런 전통은 소농조합이 과거 초군청의 관행과 관례를 그대로 이어받았기 때문이다. 그 외에도 초군청은 지역사회에서 풍물, 대동단결의 줄다리기 행사 등을 주관했다.

2) 오늘날 순흥초군청의 현황

1900년 전후 초군청이 결성된 이래 초군청의 기능과 성격은 몇 차례 변화를 겪어 왔다. 초창기 초군청은 금송, 산림공유자원 확보, 비봉산 성황제와 두렛골 성황제 주관, 상부상조, 초군 권익 보호, 상호규검 등 여러 복합적인 역할과 기능을 수행하던 지역사회의 실질적인 구심점이었다. 초군청의 최고 어른인 좌상의 명령과 권위는 순흥부사에 맞먹었으며 조직 운영과 관리에서 좌상의 영향력은 절대적이었다.

하지만 일제강점기 '조선농회령(朝鮮農會令)'(1919년) 발표 이후 각 도에서는 "군도농회(群島農會)를 설치하기 위해 종래 지주회, 양잠조합, 면작조합, 가마니조합 등을 전부 통합"했는데, 군도농회는 그 아래 면농회(面農會)를 설치하여 면장을 장(長)으로 두었다(이기태, 1997: 107). 이런 시대적 상황 속에서 '경북영주순흥소농조합(慶北榮州順興小農組合)'이 초군청에서 별도로 분리되어 결성됐다. 소농조합의 결성 시기는 확실하지 않으나, '조선농회령'(1919) 발표 이후부터 1931년 사이로 추정된다. 1931년 소농조합은 '장농계(奬農契)'로 명칭이 변경됐는데, 소농조합 규약의 내용에서는 변화가 없었다.

초군청으로부터 소농조합이 별도로 분리·결성되면서, 초군청은 비봉산 성황제와 두렛골 성황제를 주관하는 조직으로 그 위상이 축소됐고 사실상 초군청이 소농조합으로 흡수됐다. 「순흥소농조합 규약」(1931년 前)에서 "좌상이하(座上以下)는 초청구례(焦廳舊例)에 준함"이라고 명시한 점으로 미루어 초군청의 조직은 그대로 유지됐던 것으로 보이지만, 사실상 소농조합의 하부조직으로 흡수됐다. "좌상(座上)은 조장(組長)의 지휘를 승(承)하여 일반노동자의 감독을 행함"이라는 규정에 따라 좌상은 일반노동자에 대한 감독자의 지위로 전락했고, 소농조합의 의결사항을 조합원에게 전달하고 집행하는 임원에 불과했다. 이에 비해, 소농조합은 농사 장려, 노임 결정, 조합원의 친목 도모, 상부상조, 재정 및 결산 등 주요 안건을 심의·의결하는 실질적인 권한을 가지게 됐다. 소농조합의 장은 면장이 겸하게 됐고, 3명 이상으로 구성된 평의원(評議員)들이 조합 내의 사업, 임원의 선정, 회칙의 개폐, 고임(雇賃)의 결정, 기타 중요사항들을 의결함으로써 실질적인 영향력을 행사할 수 있었다. 결국 소농조합이 총독부 산하 관변단체로 전락했음을 말해준다.

초군청은 해방 이후 소농조합(1931년 이후 장농계)과 통합되어 지역사회의 구심점인 주민자치조직으로 다시 자리매김했다. 일제강점기에도 가지고 있던 제의 주관 기능뿐만 아니라, 소농조합의 경제적 목적(농사 장려), 재정 및 결산, 상부상조 등 경제적·사회 통합의 역할과 기능이 다시 초군청으로 흡수됐다.

오늘날 초군청은 산업화, 근대화, 기계화 및 연료의 변화로 기존의 많은 역할과 기능은 없어지고 성황제를 주관하는 조직으로 제한되어 있다. 특히 초군청을 오랫동안 유지하고 지켜 온 세대들이 고령화되면서 초군청과 성황제의 전통을 계승하는 작업이 시급하게 요구되고 있다. 그럼에도 초군청은 매년 정월에 성황제를 주관하면서 여전히 순흥 지역사회의 상징으로 남아있다.

초군청은 자체 존립을 위한 경제적·재정적 기반을 마련하고 있다. 과거에 초군청에서 주관하던 성황제 관련 경비는 대부분 걸립과 찬조에 의존했다. 초군청 차원에서 무당을 동원해 굿판을 벌여 모금했고, 마을 단위 혹은 개인의 기부와 찬조를 통해서도 모금했다. 하지만 걸립과 찬조만으로는 경제적·재정적 기반이 미약하기 때문에 전답 구매, 식리 등을 통해 초군청 자체 재산을 확보하려는 노력을 경주하여 왔다. 또한 「순흥소농조합 규약」(1931년 前)에 "본조합(本組合) 형편에 의하여 해산할 시는 본조합은 유사한 공동사업에 기부하기로 함"이라는 규정에 근거하여, 해방 이후 초군청과 소농조합이 다시 통합되면서 소농조합의 재산이 초군청으로 귀속됐다. 이에 따라 일제강점기 소농조합이 소유하던 조선시대 객사(客舍)를 초군청이 인수할 수 있었다. 객사의 매각으로 1,302평의 논을 구입했고 이를 임대하여 성황제 비용을 일부 충당할 수 있었다. 이후 그 땅을 다시 처분하고 1,328평에 달하는 동답을 구입했다. 여기서 나온 곡식으로 성황제를 모시고 남은 곡식은 '장미(長米)'를 통해 재산을 증식시켰다. 또한 「두여고사기」(1948~1993년)에서 나타나듯이, 1948년에 두렛골 성황제를 위한 대규모 모금 행사로 현금 4만 9,970원, 백미 235되, 율미 8합, 소두 1되를 모금했다(이기태, 2012). 이렇게 마련된 기금은 주민에게 빌려주고 이자를 받는 식리행위를 통해 재산을 증식시켜 나갔다.145)

2. 순흥소농조합 규약

초군청의 조직 구조, 성립 목적, 권한 등에 대한 구체적인 문서와 자료가 현재 남아 있지 않다. 하지만 1919년 '조선농회령' 발표 이후 설립된 순흥소농조합은 초군청의 역할과 기능의 상당 부분을 흡수했으며, 특히 환난상휼, 노임 결정 등은 초군청의 역할과 기능을 그대로 답습한 것으로 보인다. 따라서 「순흥소농조합 규약」(1931년 前)을 통해 초군청의 구조와 역할을 어느 정도 유추할 수 있다. 「순흥소농조합 규약」(1931년 前)을 살펴보면 다음과 같다.

「순흥소농조합 규약(順興小農組合 規約)」
<정관(定款)>
一. 조합의 명칭
　순흥소농조합(順興小農組合)이라 칭함.
一. 조합의 위치
　영주군(榮州君) 순흥면(順興面) 읍내리(邑內里)로 정함.
一. 조합원모집구역(組合員募集區域) 조원(組員)은 순흥면내(順興面內)

145) 빌려주는 조건은 '모든 차용자는 보증인을 두어야 하며, 이자는 100원당 매월 5원씩이며, 반제일(返濟日)은 음력 11월 24일'이었다(이기태, 2012).

에 거주자로 함.

一. 조합설치기간(組間)

무기(無期)로 함.

一. 조합의 목적

농사장례급조원(農事獎勵及組員)의 친목(親睦)을 유지(維持)키로 주(主)함.

一. 자금의 모집

조합원 일인(一人)에 금이십전(金二十錢)으로 함.

一. 임원(任員)의 조성(組成)

조합장(組合長) 일인(一人) 총무(總務) 일인(一人)

평의원(評議員) 삼인이상(三人以上)

재무(財務) 이인이상(二人以上)

서기(書記) 일인(一人) 좌상(座上) 일인(一人)

단 좌상이하(座上以下)는 초청구례(焦廳舊例)에 준함.

一. 조장은 조합내(組合內)를 통할(統轄)하야 질서를 유지하고 업무를 증진키 위하야 총무이하(總務以下) 임원을 지휘감독하고 제반 사항을 결처(決處)케 함.

一. 총무는 조장의 지휘를 승(承)하여 조내(組內) 일절(一切) 사무를 총리(總理)함.

一. 평의원은 조내(組內) 사업의 경영·임원의 선택·회칙의 개폐(改廢)·고임(雇賃)의 표준급기타(標準及其他) 중요사항을 평결(評決)함.

一. 재무는 조내(組內)의 일반재정에 관한 사무를 장리(掌理)함.

一. 서기는 조내(組內)의 일반문서 정리(整理)함.

一. 좌상은 조장(組長)의 지휘를 승(承)하여 일반노동자의 감독을 행함.

一. 조합원 중 타도면(他道面) 우(又)는 타군(他郡)에 전거(轉居)할 시 약(若)은 조합을 문란(紊亂)케하거나 조합의 규약을 준수치 아니한 자는 본조합원(本組合員)의 자격을 실함.

一. 본조합(本組合) 형편에 의하여 해산할 시는 본조합(本組合)은 유사한 공동사업에 기부하기로 함.

一. 총회(總會) 일자(日字)는 정기총회(定期總會) 임시총회(臨時總會)로 하되 정기총회는 매년 정월(正月) 십육일(十六日)로 함. 단 임시총회를 요(要)할 사항이 유(有)할 시는 총무의 통지를 접하야 개회(開會)함. (조장은 조합장을 말함)

<세칙(細則)>

一. 농사 장려

가. 종자선택(種子選擇)의 연구

나. 비료제조(肥料製造)의 방법

다. 농구쇄신(農具刷新)의 방침

라. 각종부업(各種副業)의 장려

一. 매년 노동자의 일고임(日雇賃) 월고임(月雇賃) 연고임(年雇賃) 등 표준(標準)의 안정(安定)

一. 조합의 친목

가. 본조내(本組內)에서 피병사(避病舍)를 치(置)하야 조원중 질병에 리(罹)하여 구호자(救護者)가 수용케 함.

나. 본조합원 중 천재시변(天災時變) 급(及) 기타(其他) 재난에 리(罹)할 시는 상호원조하기로 함.

다. 본조합원중 고독자가 질병에 리(罹)하야 치료 급사망(及死亡)에 대(對)하야 자력(資力)이 무(無)한 자(者)난 본자금중(本資金中)으로 보조(補助)하되 장비(葬費) 이(貳)원 치료비(治療費) 삼(參)원에 초과(超過)함을 불득(不得)함. 단 총무가 좌상의 보고를 수(受)한 동시(同時) 평의(評議)에 부(付)하야 시행할 사(事).

一. 본조합원중(員中) 무후사망자(無後死亡者)에 대하야 본조합에셔 일년(一年) 일차(一次) 해분묘(該墳墓)에 제초(除草)를 행할 사(事). 단 차(此)의 노력은 당시 좌상이 행함.

一. 신미(辛未) 정월(正月) 십육일(十六日) 총회시(總會時) 공의(公儀)에 의하야 매년 제초(除草)의 수료(手料)를 오십전씩[五拾錢式] 지급하기로 함.

一. 정월(正月) 십육일(十六日) 총회를 매년(每年) 음십월(陰十月) 이십(二十) 결정함. 우(右)는 조합원(組合員) 의결로 정함.

3. 제도설계원칙 적용

1) 명확하게 정의된 경계

순흥지역은 주변에 산이 많지 않고 조선 후기로 내려오면서 재지사족과 지방토호세력이 주변 산을 분묘 등으로 사점화하면서 기층민들은 산림공유자원의 접근과 이용에 큰 어려움을 겪게 됐다. 따라서 초군청에서 관할하던 임야는 소백산 일대의 공유지였을 것으로 추측된다. 특히 1906년 초군청이 나서서 두렛골 성황당을 중수하게 된 이유는 소백산 일대 다른 지역은 이미 왕실, 토호, 사찰 등에 의해 점유되어 있었지만 두렛골이 산림공유지로 향하는 유일한 통행로였기 때문으로 보인다. 즉 산판작업은 늘 위험이 따르기 마련이므로 초군 자신들의 안전을 기원하는 제의처로 두렛골 성황당을 주목했던 것이다(이영재, 2008). 하지만 초군청 관할지역의 경계가 명확했는지에 대해서는 확인할 길이 없다.146)

146) 일부 연구에서는 산림공유지가 곶치재[串峙嶺] 일대였을 것으로 추정한다(이영

초군청의 인적 구성 측면에서 순흥지역에 거주하는 거의 모든 기층민이 초군청에 가입하여 참여했을 것으로 추측된다. 먼저 1948년 두렛골 성황제 경비의 모금 내역을 기록한 「두여고사기(斗餘告祀記)」에 보면, 모금 당시 읍1구(서부), 읍2구(동부), 읍3구(사현정), 내죽1구(속수동), 내죽2구, 내죽3구(송림), 청구1구, 청구2구, 청구3구, 태장1구, 태장2구(묵동), 태장3구, 석교1구, 석교2구(당촌), 석교3구, 지동1구, 지동2구, 순흥시장, 덕현, 배점1구, 배점2구, 고두암[147] 등 순흥지역 거의 모든 마을이 참여한 것으로 나타났다. 초창기 초군청에 가입할 때 추입금을 별도로 내지는 않았던 것으로 보인다. 하지만 일제강점기 동안 성황제의 주재 기능을 담당하는 초군청과 지역사회의 경제적·상부상조 기능을 담당하는 소농조합으로 분리되면서, 소농조합 조합원의 입회비로 나락 2말(〈정관〉에서는 20전)을 내도록 했다. 그리고 「순흥소농조합 규약」(1931년 前)에서 "좌상이하(座上以下)는 초청구례(焦廳舊例)에 준함", "좌상(座上)은 조장(組長)의 지휘를 승(承)하여 일반노동자의 감독을 행함"이라고 규정하고 있는 것으로 봐서, 초군청의 계원과 소농조합의 조합원은 일치했던 것 같다.

2) 사용 및 제공 규칙의 현지 조건과의 부합성

초군청은 다른 송계와 구별되는 몇 가지 현지 특수적인 특성을 지니고 있다. 우선 초군청이 지방토호세력인 대부호의 주도로 창설됐다는 점이다. 주도인사가 직접 초대 좌상을 선발하고 집과 전답을 후원한 점으로 볼 때, 초창기에는 주도인사의 영향을 상당히 받았을 것으

재, 2008).

147) 배영동(2013)에서는 '고현암'으로 나온다.

로 추측된다. 한편 초군청은 두레농민조직과 송계 조직의 특성을 모두 아우르고 있었다. 산림공유자원의 이용과 관리뿐만 아니라 두레의 전통이던 푸구행사를 직접 주관했고, 하루 품삯, 한달 품삯, 한해 품삯을 초군청에서 결정했다. 무엇보다도 비봉산 성황제와 두렛골 성황제의 제의 주체로서 종교적 기능과 지역사회 통합기능을 동시에 수행했다.

그러나 현재 남아있는 자료로는 송계산의 구역 및 경계, 순산 및 산림감시 활동, 송계원과 비송계원의 구분과 차등 여부, 범금행위 처벌 등에서 현지 특수적인 규칙, 관습 및 관례가 어떠했는지를 자세하게 알 수 없다.

3) 집합적 선택장치

초군청은 관청으로부터 인가를 받고 관인의 효력을 가지는 '순흥초군청인' 직인까지 받았다. 이것은 초군청이 관청으로부터 지역사회에서 상당한 자치권과 사법권을 부여받았음을 의미한다. 즉 초군청 직인은 관이나 지방토호세력과의 관계에서 대등한 지위와 자치권을 확보·유지했음을 말해준다.

초군청에서 주관하는 회의에 초군청 소속 마을의 동좌상, 총각대방 그리고 역원들이 함께 모여 주요 안건을 상의하고 의결했다. 이는 여러 마을이 참여하던 초군청의 집합적 의사결정 과정에 마을 주민 모두가 참여하기에는 실질적인 어려움이 있었기 때문이다. 각 마을별로 동좌상을 비롯한 역원들이 참여하여 마을의 입장을 대변하는 간접민주주의 방식으로 회의를 진행했다. 이런 방식은 다른 지역 연합송계에서도 보편적으로 나타나던 의사결정 방식이다. 충청남도 금산지역의 대표적인 연합송계인 신안골 열두송계나 수리너머재 송계도 간접민주주의 방식을 활용했다(강성복, 2001: 65; 강성복, 2003). 초군청의 대동회의는 매년 정월 15일에 열렸는데, 지난 해 재정 내역과 결산, 성황제, 푸구 행사와 길닦기, 노임 결정, 효부효행자 표창, 윤리 위반자와 공동체에 해를 끼친 자에 대한 제재와 처벌 등 전반적인 안건들을 논의하고 의결했다. 또한 초군청 좌상을 비롯한 역원이 모인 역원회의에서는 푸구 날짜 선정, 푸구날 제사, 길닦기 행사에서 마을별 작업 구간 설정 등을 논의했던 것으로 보인다. 다음은 초군청에서 길닦기 행사에 대한 증언이다.

> 매년 초군청 좌상과 각 동네의 역원들이 역원회의를 열어 풋굿날을 정했다. 이렇게 정해진 풋굿날은 역원들을 통해 마을로 전해지고, 모든 마을은 정해진 날에 일괄적으로 풋굿을 먹었다. 그 시기는 바쁜 농사일이 끝나는 7월 중순경이다. 초군청에서 일괄적으로 풋굿날을 정하지만, 풋굿 당일날은 마을별로 따로 먹었다. 풋굿 첫째 날에는 초군청 좌상을 중심으로 읍내1, 2, 3리 주민들이 모두 모여 은행나무 밑에서 제사를 지냈고, 순흥지역에서 물의를 일으킨 사람이 있으면 불러서 제재를 가하기도 했다. 풋굿 먹은 다음 날에는 함께 나무하러 가는 길을 닦으러 갔다.
>
> 읍내2리는 이틀 동안 풋굿을 먹었다. 이때 먹는 음식은 막걸리, 칼국수, 부침 등이다. 막걸리는 양조장에서 마을전체가 일괄적으로 맞춘다. 그런데 읍내2리의 경우 마을공동답으로 돈을 지불했다. 부침개는 대개 호박, 감자, 배추, 고추를 이용하여 만드는데, 전부 여자들의 몫이다. 주민들은 성의껏 음식을 가지고 오고, 부잣집은 더 많은 음식을 제공했다. 특히 머슴을 데리고 있던 부잣집에서는 머슴들에게 특별히 음식을 대접해 주기도 했다.
>
> 풋굿 먹은 다음 날에는 '물아래' 마을인 석교1, 2리, 지동1, 2, 3리 마을 주민들이 모여 소백산까지 나무하러 가는 길을 닦았다. 이때 '물

아래' 마을 주민들은 '農者天下之大本'이라고 쓰인 작은 농기를 들고, 풍물을 치며 읍내리로 올라온다. 초군청 좌상과 읍내1, 2리 주민들은 '農者天下之大本'이라고 쓰인 큰 농기를 들고 '물아래' 사람들을 맞이한다. 이때 모든 사람들은 풍물을 치고 한바탕 논 다음에 다 같이 순흥초등학교 배점분교장(배점1리)에 2차 집결을 한다. 이때 초군청 좌상은 동네별로 초암사 방향과 덕고개 방향으로 나누어 길을 닦게 한다. 이날도 술과 안주를 먹고 풍물을 치며 놀았다.[148)]

앞의 증언에서 알 수 있듯이, 초군청 좌상, 소속 마을 동좌상을 비롯한 역원들이 모인 역원회의에서 푸구 날짜가 정해지면 사발통문으로 초군청 소속 모든 마을에 전달됐다. 그 시기는 대략 음력 7월 중순이었다. 푸구 날짜가 정해지면, 모든 마을에서 당일 음식을 장만하여 마을마다 주민들이 모여 먹었다. 푸구를 먹은 다음 날[149)]에는 '물아래' 마을인 석교1, 2리, 지동1, 2, 3리 마을 주민들이 읍내에 들어오면 함께 소백산 아랫마을인 배점1리에 집결하여 길닦기 작업을 했다. 이로써 보건대, 길닦기 행사에는 소백산에서 비교적 멀리 떨어진 읍내리, 석교리, 지동리 주민들도 참여했던 것으로 보인다. 푸구 당일에 읍내리에서는 은행나무 밑에서 제사를 지냈으며, 순흥지역에 윤리 위반자와 공동체에 해를 끼친 자를 불러 제재와 처벌을 행하기도 했다. 다른 면담자의 증언에 따르면, 푸구 다음 날 초군청 좌상이 노임을 결정했다고 한다.[150)] 그렇지만 노임 결정은 지역사회에 중요한 사안이었

---

148) 영주시 순흥면 읍내2리 손상현(남, 1933년생) 씨의 도움말(2013.08.05.). 배영동(2014: 43)에서 재인용.

149) 푸구는 보통 2~3일 걸쳐 먹고 마시는 축제가 진행됐다(배영동, 2014). 따라서 푸구 행사 다음 날이면 푸구 시작 후 3~4일이 지나서이다.

150) 푸구 다음날 "초군청 좌상이 읍내리에서 노동품값을 정하기도 했다. 구체적으로 여자와 남자로 구분하여 정하기도 하고, 하는 일에 따라 품값을 정하기도 했다."

으므로, 좌상 단독으로 결정할 수 있었는지는 의구심이 든다.

무엇보다도 금산지역 연합송계에서 보이던 '초장길 닦기' 행사와 마찬가지로, 순흥지역에서는 푸구 행사와 겸하여 '나뭇길닦기' 작업이 이뤄졌다. 푸구가 있던 음력 7월 중순은 바쁜 농사일이 끝나는 농한기여서 노역 동원이 용이했다. 나뭇길닦기는 초군들이 소백산으로 목재와 땔감을 구하러 가는 길을 닦는 중요한 작업이었으며, 일시에 대규모 노동력을 투입해야 하는 일이었다. 따라서 푸구와 나뭇길닦기 행사의 결합은 초군청이 두레농민조직과 금송계 조직의 특성을 모두 가지고 있었음을 의미한다.

4) 감시 활동

초군청에서 소백산 산림공유지에 대한 금송과 산림감시 활동을 어떻게 수행했는지는 알 수 없다. 기록이나 증언이 남아 있지 않기 때문이다. 그럼에도 초군청 차원에서 순산과 산림보호 활동을 활발하게 전개했을 것으로 보인다.

5) 점증적 제재 조치

관청으로부터 공식 인가를 받아 결성된 초군청은 금송 위반자, 공동체 윤리위반자 등에 대한 처벌을 자체적으로 행사할 수 있는 자치법권을 갖고 있었다. 앞에서 언급했듯이, 푸구 다음날 초군청 좌상이

영주시 순흥면 지동3리 임상태(남, 1936년생) 씨의 도움말(2013.10.19.). 배영동(2014: 44)에서 재인용. 위의 면담 내용을 보면, 초군청 좌상 단독으로 노임을 결정한 것으로 증언하고 있다.

공동체에 위해를 끼친 자를 읍내로 불러들여 제재와 처벌을 초군청 차원에서 행했다는 것에서 이를 짐작할 수 있다. 점증적 제재 조치 또한 초군청 차원에서 행해졌을 것으로 보이는데, 현재 기록이나 증언이 없어 그 구체적인 방식은 알 수 없다.

추측컨대, 우선 마을 차원에서 금송 범금자, 윤리를 위반한 자, 공동체에 위해를 끼친 자 등에 대한 제재와 처벌이 행해졌을 것이다. 하지만 위반 정도가 심하거나 사소하더라도 반복적으로 위반 행위를 했을 경우, 초군청에 보고되어 초군청 차원에서 위반 행위자에 대한 제재와 처벌이 이뤄졌으리라 짐작된다. 물론 초군청 차원에서 행해지는 제재와 처벌 수위는 마을 차원보다 높았으리라 추측된다.

6) 갈등 해결 장치

초군청 내 구성원 간의 이견과 갈등뿐만 아니라, 순흥지역 외부와의 관계, 지방토호세력과의 관계, 순흥도호부 관청과의 관계에서 언제든 이견과 갈등이 발생할 수 있었다. 우선 초군청은 관으로부터 인가받고 '순흥초군청인' 직인을 가지고 있음으로써 대외관계에서 대등한 지위를 유지할 수 있었던 것으로 보인다. 좌상은 "순흥부사에 버금가는 힘을 가졌다"는 말이나(배영동, 2013: 57), "좌상은 왕이라. 좌상 명령이면 그만이라. 말 안 들으면 국물없어"라는 표현에서(이기태, 1997: 106) 알 수 있듯이, 좌상은 대내외적으로 상당한 권위와 권한을 가졌다. 이는 조직 외부와의 관계에서 발생했을 갈등 상황을 조정·해결하는 데 상당한 영향력을 발휘할 수 있었을 것이다.

한편 조직 내에서 발생했을 갈등과 알력은 외부기관, 이를테면 순흥도호부 관청이나 순흥부사에게 의존하지 않고 초군청 자체에서 해결했을 것으로 보인다. 왜냐면, 면좌상이나 동좌상은 "끝발이 대단했다"는 주민들의 증언(배영동, 2013: 56)에서도 알 수 있듯이, 이들의 권위와 권한에 의해 갈등은 자체적으로 해결됐을 개연성이 높다.

7) 최소한의 자치조직권 보장

초군청은 관청으로부터 인가를 받았고 '순흥초군청장' 직인을 가지고 있었으며, 면좌상과 동좌상에게는 상당한 권위와 권한이 있었다. 초군청은 자치조직권을 보장받았으며, 나름대로 조직 구조를 갖추고서 자치적이고 자율적으로 운영됐다. 초군청 수장인 좌상은 '면좌상(面座上)'으로도 불린다. 면좌상은 읍내리의 동좌상을 겸했고, 그 아래에 총각대방(혹은 대방)[151]이 있었다. 읍내리를 제외한 다른 마을에서는 '동좌상(洞座上)'이 있어 마을의 일을 전체 관장했으며, 그 아래에 총각대방과 역원(役員)이 있었다. 역원은 "동네마다 한명씩 추천해서 젊고 빠릿빠릿한 사람"으로 선발했고, "초군청에 일이 있을 때마다 돕는 역할"을 수행했다(배영동, 2013: 57). 총각대방의 역할은 확실치 않다. 총각대방 또는 대방과 같은 직임은 두레농민조직에서도 일반적으로 보인다. 충청남도 금산지역 송계 연구(강성복, 2001, 2003)에서 추측해보면, 총각대방(혹은 대방)은 각 마을단위에서 초군청의 실제 집행 업무를 담당했던 것으로 보인다. 아마도 마을별로 순산과 산림감시 업무는 총각대방의 주도로 이뤄졌을 가능성이 높다. 한편 일제강점기의 초군청은 좌상 아래 간사(혹은 총무)와 서기를 두었다고 한다.[152]

---

151) 배영동(2013)에 따르면, 초군청 조직이 순흥면의 경우 '면좌상—총각대방—대방', 마을의 경우 '동좌상—총각대방—대방—역원'으로 구성되었다고 한다. 하지만 총각대방이나 대방은 같은 직임이었으리라 추정된다.

일제강점기 동안 초군청의 기능을 흡수하고 초군청을 사실상 하위 조직으로 두었던 순흥소농조합의 「규약」에 따르면, 조합은 면장이 겸임하는 조합장 아래 총무(1명), 평의원(3명 이상), 재무(2명 이상), 서기(1명), 좌상 1명으로 구성됐다. 좌상은 조합장의 지휘와 감독을 받아 노동자에 대한 감독을 행하는 지위로 전락했다. 평의원들은 상당한 권한을 행사했는데, "조내(組內) 사업의 경영, 임원의 선택, 회칙의 개폐, 고임(雇賃)의 결정, 기타 주요 사안"을 의결할 수 있었다.

소농조합의 정기총회는 매년 정월 16일에 개최됐다. 이 날은 초군청이 비봉산 성황제와 두렛골 성황제를 주관하고 정월 15일 대동회의를 열고 난 다음 날이다. 그러다가 1931년(신미년) 정월 16일 총회의 결의에 따라 1932년부터는 매년 음력 10월 20일에 열렸다. 적어도 1931년까지 소농조합은 초군청의 전통을 이어받아 대동회의 바로 다음 날에 정기총회를 개최했음을 알 수 있다.

8) 중층적 사업단위

초창기에 초군청은 거의 모든 순흥지역 자연마을이 참여하던 연합송계의 성격을 지니고 있었다. 연합송계가 가지는 가장 큰 특징은 적어도 2개의 중층구조를 가지고 있다는 점이다. 일반적으로 마을회의에서 특정 안건에 대해 마을 차원의 의견을 수렴한 다음, 송계 차원의 회의에 동좌상을 비롯한 역원들이 참여하여 마을 전체 의견을 대변한다. 순흥지역에서 실제로 어떻게 작동됐는지 알 수 없으나, 적어도 두 가지 경우가 있을 수 있다. 첫째, 초군청 소속 마을들은 자신

---

152) 2007년 초군청 좌상 박백수 씨의 도움말(배영동, 2013: 각주36).

의 의견이나 목소리를 전혀 낼 수 없었고 초군청 차원에서 결정된 사항을 단순히 따르고 행하는 '집행기구'에 불과한 경우이다. 둘째, 만일 각 자연마을이 어느 정도 자율성을 가지고 있었다면, 마을 차원의 회의에서 논의·의결된 사항이 초군청 차원의 회의에서 재차 논의됐을 경우이다. 초군청의 경우 후자에 해당하는 것으로 추측되나, 앞으로 이에 대한 연구가 진행될 필요가 있다.

또한 초군청에 참여하던 자연마을들 사이에도 어느 정도 위계질서가 있었던 것으로 추측된다. 읍내리는 위치상 순흥도호부 관청의 소재지였고, 푸구 행사의 하나로 은행나무 밑에서 제사를 지냈으며, 성황제 제의에서도 주도적인 역할을 하던 마을이기 때문이다. 또한 초군청 좌상인 '면좌상'은 읍내리 '동좌상'을 겸직하고 있었다. 따라서 초군청에서 중요한 현안을 논의할 때 읍내리의 의견이 무게 있게 반영됐을 개연성이 높다.

4. 순흥초군청의 특징

순흥초군청은 농민자치조직이면서 나무꾼 조직이었으므로 두레와 금송계의 전통을 아우르는 특성을 가진다. 초군청 조직에 총각대방, 대방과 같은 직임이 있었던 점, 푸구 행사를 주관했던 점, 품삯을 정했던 점 등에서 두레 전통의 흔적을 어렵지 않게 발견할 수 있다. 또한 충청남도 금산지역 신안골 열두송계 '초장길 닦기'와 같은 행사를 초군청에서 주관했던 점, 기층민의 목재, 땔감 및 퇴비 확보에 목적을 두었던 점 등에서 금송계의 전통이 짙게 묻어 있었다.

특히 초군청의 두드러진 특징은 당시 순흥지역 대부호였던 김교림 1명의 주도와 지원 속에 결성됐다는 점이다. 김교림은 자신의 영향력과 재산을 행사하여 초군청의 결성과 운영에 결정적 기여를 한 '지역사회 기업가(community entrepreneur)'의 모습을 보여 주었다. 이것이 근대 개화지식인의 자각에 따른 기층민의 보호와 권익 신장을 위한 노력이었는지(배영동, 2013), 지역 내에서 자신의 권위와 영향력을 확대하기 위한 조치였는지(이기태, 1997), 아니면 순흥지역 초군들의 자각과 집단적인 영향력 행사를 미연에 방지하기 위해 그들의 요구를 미리 파악하여 수용한 것인지 등에 대해 통일된 견해가 있지 않다.

초군청은 거의 모든 순흥지역 자연마을이 참여한 연합송계로 금송과 산림공유자원의 확보뿐만 아니라, 비봉산 성황제와 두렛골 성황제의 주관, 상부상조, 초군의 권익 보호, 상호규검 등 여러 복합적인 역할과 기능을 수행했던 지역사회의 실질적인 구심점이었다.

오늘날 순흥초군청은 산업화, 근대화, 기계화 및 연료의 변화로 기존의 역할과 기능은 많이 없어지고 성황제를 주관하는 단체로 제한되어 있다. 특히 순흥초군청을 오랫동안 유지하고 지켜 온 세대들이 고령화되면서 순흥초군청과 성황제의 전통을 계승하는 작업이 시급하게 요구되고 있다. 그럼에도 매년 정월에 순흥초군청이 성황제를 주관하며 여전히 지역사회의 상징과 구심점 역할을 수행하고 있다.

제10절 소결

1. 금송계 유형

〈표 5-17〉은 시행주체, 시행목적, 조직범위, 송계원 구성, 촌계류

〈표 5-17〉 금송계의 유형

	시행주체 (박종채, 2000)	시행목적 (박종채, 2000)	조직범위 (강성복, 2001)	송계원 구성 (淺野力, 1918)	촌계류 조직과의 관계	비고
1. 福內二里松契	-재지사족 주도 -기층민 주도	-보용/보민 -퇴비/연료 확보	연합송계 (4리로 구성)	공유계 (마을공유계)	상위조직	-상하합계 -관으로부터 입안
2. 금산지역 송계 (163개 송계)	-대부분 기층민 주도 -일부 재지 사족 주도	-보용/보민 -퇴비/연료 확보	-대부분 독송계 -일부 리송계 -일부 연합송계	-대부분 (마을공유계) -일부 (정원공유계) -일부 연합계 (산주-지역민연합계)	상위조직, 전문조직, 촌계류 조직에의 예속 모두 나타남.	대부분 관으로부터 입안
3. 국사봉지역 송계 (6개 송계)	기층민 주도	-보용/보민 -퇴비/연료 확보	-연합송계 (향한리 송계, 향한리-엄사리 양동송계) -나머지는 독송계	정원공유계 (대우리 송계, 향한리 송계) -나머지는 마을공유계(추정)	상위조직, 전문조직, 촌계류 조직에의예속 모두 나타남.	-관으로부터 입안(향한리 송계, 엄사리 송계, 향한리-엄사리 양동송계)
4. 西湖松契	재지사족 주도	-마을 四山 보호 관리 -보역/보민	연합송계 (12개 자연마을)	공유계 (마을공유계) (추정)	전문조직	-상하합계 -관으로부터 입안 (추정)
5. 金鞍洞松契	재지사족 주도	-묘산금양 -보용/보민	연합송계	연합계(산주-지역민 연합계)	전문조직	-상하합계 -관으로부터 입안
6. 可座洞 禁松契	재지사족 주도	-묘산금양 -퇴비/연료 확보	연합송계 (추정)	공유계 (마을공유계) (추정)	전문조직	-상중하합계 -관으로부터 입안
7. 車牛里 木契	기층민 주도	보용/보민	연합송계 (6개 자연마을)	공유계 (마을공유계)	전문조직	
8. 順興樵軍廳	기층민 주도	퇴비/연료 확보	연합송계 (순흥지역 거의 모든 마을)	—	상위조직	관으로부터 입안

조직과의 관계에 따른 8개 금송계의 유형을 보여 준다. 대체로 지리적 특성과 여건, 사회적·경제적 배경, 구성원의 신분 구성, 구성원의 동질성 정도, 관과의 관계 등에 따라 금송계의 유형도 다양하게 나타남을 알 수 있다.

2. 제도설계원칙

〈표 5-18〉은 8개 금송계가 오스트롬(Ostrom, 1990)의 제도설계원칙에 얼마나 부합하는지를 정리한 것이다. 일부 금송계의 경우 자료부족으로 파악하기 어렵지만, 대부분의 금송계는 제도설계원칙에 부합하는 것으로 나타났다.

〈표 5-18〉 제도설계원칙 적용

	1. 명확하게 정의된 경계	2. 사용 및 제공 규칙의 현지 조건과의 부합성	3. 집합적 선택 장치	4. 감시 활동	5. 점증적 제재 조치	6. 갈등 해결 장치	7. 최소한의 자치 조직권 보장	8. 중층적 사업단위	비고
1. 福內二里松契	○	○	○	○	○	○	○	○	
2. 금산지역 송계 (163개 송계)	○	○	○	○	○	○	○	○	
3. 국사봉지역 송계 (6개 송계)	○	○	○	○	X	○	○	○	
4. 西湖松契	○	○	○	○	○	△	△	○	
5. 金鞍洞松契	○	○	○	○	○	○	○	○	
6. 可座洞 禁松契	○	○	○	○	○	X	○	X	
7. 車牛里 木契	○	○	○	○	X	X	X	○	
8. 順興樵軍廳	△	○	○	X	X	○	○	X	

*○: 존재, △: 개연성 높음, X: 자료 부족 또는 확인 불가.

제 6 장

전문가 면담 분석

제6장 전문가 면담 분석

제1절 전문가 면담 분석 개요

전통농경사회의 산림공유자원 보호와 관리 방식인 금송계에 관한 기존의 연구는 역사학, 민속학, 임학, 법학, 사회학 등의 분야에서 일부 학자들을 중심으로 진행되어 왔다. 하지만 그마저도 1990년대 후반부터 2000년대 초반까지는 꾸준히 이루어졌으나, 최근 들어 금송계에 대한 관심과 연구 활동이 정체된 상황이다.

연구진은 금송계 연구를 오랫동안 수행해 온 3명의 전문가를 대상으로 심층면담을 실시했다. 전문가 B는 면담 내용을 서면으로 작성하여 별도로 제출했다. 이 장은 전문가의 심층면담 결과와 서면 답변 내용을 중심으로 구성된다. 이들 전문가의 생생한 목소리와 의견을 통해 전통농경사회에서 활발하게 조직·운영되던 금송계의 전체적인 모습과 세부 내용들을 들여다볼 것이다. 먼저 금송계의 발생 배경, 금송계의 성공요인과 실패요인, 지역공동체의 유대의식, 오늘날의 시

사점 및 교훈 등을 중심으로 살펴보기로 한다. 그런 다음, 오스트롬(Ostrom, 1990)의 제도설계원칙이 금송계에 어느 정도 적용되는지, 금송계가 가지는 보편성과 특수성은 무엇인지 등을 자세히 들여다본다. 여기에서는 전문가의 의견과 목소리를 '직접' 담아내는 방식으로 제6장을 구성했다. 면담조사의 경우, 연구 목적과 의도와는 관련이 크지 않은 일부 내용을 생략했음을 밝힌다. 또한 글의 전개를 매끄럽게 하기 위해 전문가의 의도를 벗어나지 않는 범위에서 면담 내용에 대해 약간의 편집을 가했다. 전문가의 면담조사와 서면조사에 대한 연구진의 분석과 해석은 다음 제7장에서 상세하게 논의할 것이다.

제2절 금송계에 관한 일반 사항

1. 금송계를 연구하게 된 계기

1) 전문가 A의 답변

1980년대 후반 역사학의 한 조류가 향촌사회, 과거 중앙 중심의 역사에서 민(民)들의 존재가 조선시대에 어땠는가를 봤다(향촌사회사(鄕村社會史)라는 것이 곧 마을사). 조선시대 민들의 존재, 마을사, 민들의 동향과 같은 소위 향촌사회사(에 대한) 연구 붐이 있었다. 그때 학회를 가면 (많은 학자들이) 송계에 주목을 했었고, 사회학 쪽에서도 규장각의 많은 문서들을 중심으로 송계에 대해서 연구를 시작했다.

그것을 보면서 (송계가) 문서만 남고 사라진 과거의 조직인줄로만 알았었는데 그러한 조직이 (여전히) 있다는 것을 알게 됐다. 그런데 현장에서는 별로 조사가 안 됐었다. (충청남도) 금산(지역)에 많이 있다는 것은 알고 있었지만 구체적인 실체들은 잘 몰랐다. 연구된 바가 없었으니까. 그 무렵 금산지역 현장에 가서 문서도 찾고 송계를 찾아내서 이러한 송계가 아직도 이렇게 살아 있구나라는 것을 알게 되면서 연구하게 된 계기가 됐다.

2) 전문가 B의 서면 답변

조선시대 향촌사회에 관심이 있다. 특히 조선시대의 '마을공동체'는 한국만의 특수 상황으로 생각하고 대학원 진학(1986년) 이후로 계속 관심을 기울이고 있다. 마을공동체를 이끌었던 '동계'나 '촌계' 조직, 그리고 마을공동체 조직에 의해 이루어졌던 마을공동노동인 '두레'와 마을공동신앙인 '동제'도 마을공동체를 이끌던 힘이었다고 보여진다.

마을의 성격 즉 양반촌(반촌) 또는 백성촌(민촌)이라는 마을 형태에 따라 마을조직도 '동계' 또는 '촌계'의 모습을 갖추었지만, 이러한 마을계들은 마을공동체를 관장하는 조직으로, 마을의 형성과 함께 마을마다 형성됐다. 따라서 400년 전에 형성된 마을이라면 400년 동안 내려오는 마을계가 있고, 300년 역사의 마을이라면 300년간 내려오는 마을계가 있다는 것은 한국 전통사회의 특수성이라 할 수 있다.

한국의 마을들은 마을마다 대단한 유래와 역사를 가지고 있다. 오랜 역사를 관동하다 보니 마을계들은 시대에 걸맞은 옷을 입어야 했다. 이는 마을공동체 전체의 생존의 문제였다. 특히 지방 수령의 명이 있을 때는 마을계에서 적절히 이를 수용해야 했고 또한 이를 시행해야 했다. 마을계에 '서계(書契)'와 '향약(鄉約)', '송계(松契)' 등이 보이는 것은 모두 이러한 이유 때문이다. 그중에서도 송계(금송계)의 영향은 매우 컸다. 처음 시행이 관(수령)의 명에 의해서였든 또는 자발적으로 했든 마을공동체에서 금송계가 차지하는 비중은 매우 컸다. 시대와 시행주체, 시행목적에 따라 다양한 형태를 보여 주는 금송계 모습은 조선시대 마을공동체의 또 다른 모습을 보여 주고 있다.

마을공동체와 금송계에 오래전부터 관심을 가지고 현지 마을들을 조사했다. 그리고 금송계 사례들을 학술보고하거나 새로 발굴된 고문서를 영인하기도 했다.

3) 전문가 C의 답변

(1) 금송계를 연구하게 된 계기가 있는지?

석사논문을 준비하는 동안, 육지 쪽에 남아있는 금송계 사례에서 지역공동체가 어떻게 살아가는가를 봤었을 때는 양반 사족이 지방 향촌사회를 어떻게 통제할까를 주로 연구했다. 그런데 그때까지만 해도 땔감 문제나 묘지 문제는 생각을 못했다. 그래서 석사논문 쓸 때 자료가 있었음에도 불구하고 그 자료를 챙기지 못했다. (그 후에) 추가연구에서 영암(지역)이나 구림동과 같은 마을이 있는데, 그 마을 사람들은 그럼 묫자리하고 땔감을 어떻게 했을까? 이때부터 송계라고 하는 것이 궁금했고 연구하게 된 계기가 됐다.

(2) 금당도 차우리 목계에 주목하게 된 이유는 무엇인지?

우연하게 완도 금당도(金塘島) 답사를 가서 보니까, 여기에 행정과 경제라는 측면을 봤을 때 차우리(車牛里)라고 하는 공동체가 섬 전체를 관장하고 있었다. 차우리 사람들은 무엇을 가지고 섬 전체를 장악

했을까를 봤을 때 거기 원동력이 목계(木契)라고 하는 나뭇계가 있었다는 것을 알게 됐다.

그 목계가 어떤 연원을 가졌을까를 봤을 때 금당도 전체에 조선 후기 때 송전과 봉산이 있었다는 것을 거꾸로 알게 됐다. 섬 마을에 공유자원은 임야하고 바다가 주를 이룬다. 송계를 중심으로 연구를 하게 됐는데, 연구를 진행하면서 (송계가) 어장하고도 연관성이 있다는 것을 목계에서 처음 알게 됐다.

(3) 금당도 차우리 목계 사례에서 임야와 바다의 관계는 구체적으로 무엇이었는지?

차우리 목계 사례에서는 목계 운영 시스템이 바다 어장을 구획하는 데에 그대로 적용됐다. 엘리너 오스트롬의 연구에서 등장하는 사례들 역시 공동체 사회이며, 금당도 차우리의 경우에도 마찬가지로 더불어 사는 것(도와주지 않으면 서로 못사는 전통사회 분위기인 것)이 공통점이었다.

그런데 차우리 사례를 통해서 보니까 차우리는 그 시발점이 임야라는 특징이 있었다. (현지에서 사시는) 어르신들은 답사를 가게 되면 권역을 잘 알고 계셨다. 임야를 나누는 데 산의 봉우리, 모서리를 기준으로 자신들만의 산의 경계를 가지고 있었다. 또한 어장도 구획을 나누어 관리하고 있었는데 각 어장 구역별로 수확량이 다르다. 그래서 공동체 내에서 인구가 많으면 수확량이 많은 어장을 소유하는 데 암묵적으로 동의해 주는 방식으로 운영된다.

(이러한 공동체 내 분배는) 국가가 해주는 것이 아니라 공동체가 합의를 하는 것이다. 그 과정에서 이장 (한 분)이 '이번에 우리가 해보니까 그쪽에서 미역이 좀 많이 나오던데 우리한테 좀 더 주라' 그러면 이

장들이 서로 술 먹고 권리권을 주는 등 조정과정도 자연스레 발생한다. 이장이 그렇게 결정해버리면 끝나서 (다른 분쟁 없이) 동감하는 것은 모든 사람들이 동조한다는 말이다. 이 어장을 어떻게 (분란 없이) 구획했을까를 봤을 때, 이 공동체의 시발점은 목계를 운영했던 시스템이, 특히 목계를 주도했던 계장이 섬 전체의 경계를 정하는 데 개입할 수 있었다는 것이다. 그래서 어장 구획도를 보니까 어장 구획도가 목계를 운영했던 시스템이 그대로 바다에 적용되는 그런 양상을 볼 수 있는데 (그게 바로) 금당도 (차우리 목계) 사례이었다.

2. 금송계의 조직 · 운영이 성공적인 산림자원 관리 방식이었는지?

※ 전문가 A, C의 답변은 없음.

1) 전문가 B의 서면 답변

일제시대 조선토지조사사업에 참여했던 저곡선일(猪谷善一)이 자신의 저서, 「조선경제사」(1928년, 동경)에 "노목이 생육하여 창창했던 지방은 으레 송계가 발달했던 사실이 명백하다"고 저술한 점이 참조가 된다. 금송계는 1918년 임야조사사업의 실시 결과로 마을마다 공유입회지를 상실하게 되어 소멸의 길로 걷게 되는 것으로 보여진다. 그렇지만 소멸 이전의 조사를 살펴보면, 1917년 양양 지역 1개 군에만 무려 90여 개의 송계가 있음이 보고되고 있고(淺野力, 1918, 朝鮮彙報), 1912년 영동군에도 13개의 송계가 확인되고 있다(菱本長次, 1912, 朝鮮農會報).

금송계는 조선 후기 산림정책의 결과물로 생각된다. 그렇지만 시행 주체나 시행목적에 따라 금송계의 모습은 차이를 보였고, 결과 또한 차이가 컸던 것으로 보여진다. 금송계가 성공할 수 있는 경우는 관 주도의 강압적인 금송이 아닌, 마을 주도의 보용(補用)이나 연료 확보를 위해 자치적으로 이루어진 금송의 경우로 보여진다.

3. (관 주도가 아닌) 마을공동체에서 운영하던 금송계가 산림공유자원을 관리·보호하는 데 더 성공적이었는지? 금송계의 성공요인은 무엇인지? 그렇지 않다면, 실패요인은 무엇인지?

1) 전문가 A의 답변

당연히 성공적이었다는 입장이다. 일정 정도의 금지 하에 (산림자원을) 사용하게 함으로써 남벌을 막고 함부로 사용하는 것을 막을 수 있었다.

제일 중요한 것은 공동체적 원리라고 할 수 있을 것이다. 또 하나는 생활의 필요성이다. 실질적으로 공동체 원리를 누가 어기기 시작하면, 산림이라는 것은 언제든지 초토화될 수 있고 자원은 고갈될 수 있는 것이기 때문에 (공동체적 원리는) 정말 필요한 것이고, 생존을 위해서는 지켜야 하는 것이었다.

실패요인은 말씀드리기가 어렵다. 실패를 연구한 것이 아니기 때문이다.

2) 전문가 B의 서면 답변

마을이 주도하여 금송계를 시행했던 경우는 상당히 효율적인 산림자원 관리가 가능했을 것으로 보여진다. 우선 지리적인 측면에서 산림 현장을 가장 잘 알고 익숙해있던 현지 마을 사람들이 가장 효율적인 방법을 찾아 관리를 했을 것으로 보인다. 그리고 금안동의 경우(1681년)처럼 마을 현실에 맞게 법 적용을 하거나, 보성 이리송계처럼 마을 사람들에게 더 많은 혜택을 주거나, 담양 회룡마을처럼 금송계를 통해 마을의 공동 문제를 해결하는 경우, 그리고 금산의 독송계나 연합송계처럼 연료 확보의 대상이 되는 경우, 금송계는 마을 사람들에게 매우 유용한 조직이 되고 금송산은 마을공동체의 유용한 자산이 됐다.

반면에 관 주도의 금송계는 숙종대 갑자사목(1686년)이나 정조대 무신사목(1788년)을 통해 금송계를 권장하거나, 조선 후기 제법전들을 통해 강한 형률을 적용하여도 결과는 여러 순무사들이 보고했듯이 '민둥산'으로 나타났던 것으로 보면, 결코 성공적이라 할 수 없다. 또한 재지사족이 중심이 된 '묘산금양(墓山禁養)'을 목적으로 하는 금송계 역시 효과는 크다고 볼 수는 없을 것 같다. 그것은 금송의 영역이 묘산에 한정되어 있고 금송의 혜택 또한 일부 재지사족에 국한되어 있기에 마을 사람들의 금송 행위도 소극적일 수밖에 없을 것으로 생각된다.

전통의 마을공동체 조직인 마을계에 금송계가 가미되거나 채택된 경우, 마을 사람들의 자발적인 뜻이 모여졌기 때문에 이 경우 금송계의 가장 실질적인 성공 사례가 나타나는 것으로 보여진다.

3) 전문가 C의 답변

(송계의 경우) 너무 땔감을 많이 채취해도 안 되고, 방치해도 안 되는데, 그때 (그것을 관리하는) 관리자가 있었다. 대표자가 있고, 그것을 관리하는, 요즘 말로는 토지운영 같은 작인이라고도 할 수 있는데, 순산원이 조를 짜서 밤낮으로 관리를 했다.

밤에도 관리하는 그런 사례들이 있는데, 고하도 사례가 대표적이다. 고하도는 청소년을 선도 교육하는 청소년 교도소였는데 섬이 길쭉해서 토지가 없는, 그런 섬인데, 이쪽은 청소년 교도소가 있었고, 이쪽은 마을 하나가 있었다. 그런데 마을 사람들이 인구가 많고 이쪽(교도소 쪽)은 인구가 많지 않으니까 벌목하기 위해 밤마다 경계를 넘어갔었다. 그래서 밤에 야간근무하면서 서로 싸우고 경계했던 그런 얘기가 있다.

금송계는 성공적인 산림자원 관리체계였다. 조직과 관리 체계가 있고, 아무나 밤중에 가서 벌목할 수 없고, 벌목할 때에는 날짜를 정해서 각 가구에서 한 명씩 나와서 작업을 하기 때문에 관리가 됐던 것이다. 그러니까 임야를 한꺼번에 싹쓸이하는 게 아니라 먹을 만큼만 조금씩 조금씩, 그게 관리체계가 아닌가 싶다.

4. 금송계의 유형에 따라서 성공요인 혹은 실패요인은 다르게 나타나는지?

1) 전문가 A의 답변

(1) 독송계, 리송계, 연합송계에서 성공요인 및 실패요인은 무엇인지?

산림이라는 것이 과거에는 한 마을 단위로 될 수 있는 것이 아니었다. 여러 마을이 얽혀 있을 수밖에 없었고 산림 문제는 곧 생존의 문제였다. 과거에는 땔나무 문제뿐만 아니라 모든 것이 거기에서 나왔다고 해도 과언이 아니다. 농사에 제일 필요한 비료, 퇴비 모두 거기에서 나온다. 그리고 죽어서 가는 곳도 결국 산이었다. 또한 산이 많은 곳은 농사도 거기서 지었다. 이렇듯 웬만한 것이 다 산에서 상당 부분 이루어지다보니 일찍이 그 중요성을 알게 됐던 것이다.

특별히 독송계가 잘 된다거나 연합송계가 더 안 된다고는 말하기 어렵다. 굳이 상식적으로 생각해 본다면 독송계는 한 마을 단위이기 때문에 아무래도 관리가 쉬웠을 것이다. 독송계는 산에 다른 사람들이 침범하면 바로 그 동네 사람들이 모이겠지만, 연합송계 같은 경우에는 산림 구역도 광활한데다가 일반 초군이 말리기가 쉽지 않았을 것이다. 연합송계, 독송계에 따라 잘 되고 잘 안되고를 말씀드리기는 어렵다.

연합송계의 경우 소위 조직의 우두머리인 앉은대방, 초군대방 등 각 마을 책임자들이 분쟁을 해결하기도 하고, 특히 땔나무를 하는 시기를 조절하기도 하고 여러 가지 관과의 문제들을 자율적으로 해결해 나갔다. 특히 초장길 닦는 것이 중요했다. 이런 것들은 조직이 거미줄처럼 연결되어 있지 않으면 어렵다. 그렇게 자체 내에서 마을공동체를 넘어 지역공동체가 작동을 했던 것이다. 그래서 일부에서는 그런 유기적인 끈끈함이 있었기 때문에 19세기의 민란 중에 초군들이 상당 부분 들어가서 봉기의 선봉에 섰던 것이다.

(2) 관 주도 금송계, 재지사족 주도 금송계, 기층민 주도 금송계에서 성공요인 및 실패요인은 어떻게 나타나는지?

금송계가 마을 동계 안에서 움직이는 조직이 있고, 금송계가 따로 움직이는 경우가 있는데, (특히) 향약 조직 안에서 사족들 중심으로 움직이는 금송계는 향약의 틀 안에서 움직이는 경우가 있었다. 중층 구조이다. 정확히 말하기는 어렵지만 자연마을 단위로 송계가 있는 경우 송계 조직이 따로 있는 경우도 있지만, 대개는 그런 경우보다는 산 자체를 동계에서 관리하니까 그걸 송계라고 하기도 한다. 그래서 금을 긋기가 어려운 면이 있다.

촌락사회에서는 공동체적 강제력이 작동되기 때문에 누구든 한 번 정해 놓으면 그것을 거스를 수가 없었다. 그것은 공동체 구성원이면 당연히 해야 되는 것이었고, 설사 성문화된 규약이 없더라도 내려오는 관행에 의해서 작동이 되는 것이었다. 마을 단위에서 오래전부터 내려오는 관행에 의해서 유지가 될 수도 있다. 조사해 본 경험에 따르면 오히려 규약이 없는 경우가 더 많을 수도 있다. 제가 살펴본 바에 의하면, 공동체 내에서 소위 한학 쪽에 식견이 있는 경우이면 몰라도, 자연마을 단위에서 남아있는 문서가 없는 경우가 많다. 관행에 의해서 유지되고 있는 것이다. 예를 들어, 언제부터 땔나무를 하자는 마을 회의를 거쳐 해오던 관행에 따라서 유지되고 있는 것이다. 관행, 전통에 따라서 하는 것이고, 성문화된 것도 있지만 반드시 그렇지는 않다. 상당 부분이 성문화되지 않은 관행에서 내려왔다.

이것이 공동체의 힘이라고 본다. 큰 원리, 나름대로 내려오는 성문화되지 않은 그러한 것에 의해서 송계는 돌아가는 것이지 규약을 꼭 정해놓는 것은 아니다. 오히려 후대에 와서 그러한 규정을 만든 것이 아닌가 싶다. 동계든 촌계든 마을 조직 내의 관행이나 관습법에 의해서 시행되어 온 무언가가 있었을 것이다. 특히 경기도 쪽은 그럴 가능성이 높다. (왜냐하면 경기도에는) 명문가들이 일찍부터 있었고 사람들도 한양 주변으로 많이 몰려오기 때문이다. 땔감 문제 등도 사료를 보면 조선 초기부터 나온다.

관(국가, 지방정부)의 관여도 시대・시기에 따라 달랐다. 시대에 따라 산림정책이 다 달랐기 때문에 관이 어땠다고 일괄적으로 이야기하는 것은 말이 안 된다. 금송계가 지방관들의 허가를 받았어야 했는가와 관련해서 조선시대에는 그랬지만, 일제식민지 시대로 넘어오면 또 다를 것이다. 특히 1911년 산림령 무렵에는 장부가 없으니까 송계산을 상당부분 뺏겼다. 공동재산이기 때문이다. 조선시대에는 관에 허가를 받아야 했기 때문에 관과 밀접한 관계가 있었을 것이다.

관은 거의 개입을 하지 않는다. 그런데 송계산의 경계와 관련하여 마을과 마을이 싸우는 경우에는 관이 개입을 한다. 산송문제가 조선 후기에 오면 폭발적으로 늘어나는데 송계와 송계가 서로 자신의 것이라고 싸울 때에는 관에서 부득이하게 시시비비를 가려준다. 그런 것 외에는 관에서 제지하는 경우는 거의 없었던 것 같다. 사료에는 특별한 경우 관에 고발을 한다는 내용이 있지만, 이것도 마을에 따라 다 다르다. 어느 마을에서는 벌금을 내라고 할 수도 있고, 도저히 안 될 경우에는 관에 고발을 해서 조치를 하는 경우가 있을 수 있겠지만, 흔한 경우는 아닌 것 같다.

(3) 금송계의 시행목적, 즉 금송, 묘산금양, 보용 혹은 보역, 연료확보에 따라 금송계의 성공요인 및 실패요인은 어떻게 나타나는지?

산간마을에서 송계가 더 활성화됐을 것이다. 산간에 있는 사람들이 지게를 지고 60~70리를 걸어 다니면서 5일장이 형성되면 (땔나무를) 팔았다. 평야지역은 곡식이 풍부하게 나니까 그런 것을 가지고 땔나무를 사서 썼다. 산간 마을 사람들은 땔나무를 파는 것이 생계에 큰 도움이 됐다. 땅도 사고 밥도 사고 혹은 보릿고개 넘어갈 때에는 쌀도 바꿔오고 좁쌀도 바꾸고 생필품도 바꾸고 다 이렇게 했다.

산간에서는 먹고 사는 데에 나무를 파는 것이 굉장히 중요한 일이었다. 농번기가 지나면 가을부터 이듬해 봄까지는 땔나무로 먹고 살았던 동네가 많았다.

2) 전문가 B의 서면 답변

금송계는 금송의 영역이 있기 때문에 하고 싶다 해서 마음대로 할 수 있는 것은 아니고 관의 허가가 필요한 부분이다. 하동의 경우처럼 고을 전체 11개면 121개 마을이 하동부사의 주관에 의하여 시행된 경우도 보이지만, 결과는 성공적으로 보이지는 않는다. 이는 관 주도인 경우 시행주체인 관(수령)이 임지를 떠나는 경우 시행이 지속되기 어려운 사정에서 기인한다.

재지사족 주도의 금송계는 대부분 지역사회의 양반이 묘산금양을 목적으로 송계산을 소유하게 되지만, 시대가 내려오면서 점차 인구도 늘고, 또한 백성들의 공유지는 줄어들면서, 마을공동체가 금송계를 결성하고 금송지역을 설정하면서 지역사회의 한정된 송계산을 중심으로 마찰이 생기게 된다. 이 경우 지역의 힘 있는 양반이라면 백성들의 금송계를 침탈하는 경우도 발생하지만, 대부분 적당한 선에서 합의를 보게 된다. 재지사족이 주도하는 묘산금양을 목적으로 하는 금송계도 목적 자체가 금송보다는 묘산 보호에 있기 때문에 금송 측면에서 성공적으로 보이지는 않는다.

가장 성공적인 사례는 마을공동체 조직에 금송계가 안착하는 경우로 보인다. 마을 형태가 백성마을(민촌)인 경우, 마을공동체 조직(촌계)은 금송계를 결성하고 독송계 형태로 시행하거나 연합송계 형태로 참여하게 된다. 이 경우 금송계의 목적은 마을 공동의 목적인 연료를 확보하거나 공동의 부역에 대비하는 등 목적이 분명하다. 마을공동체가 자발적으로 금송계를 조직하고 연합송계 참여 여부를 결정하게 된다. 연합송계에 참여하는 경우 연합송계에서는 마을의 자율성을 최대한 존중해 주면서 운영하게 된다. 이 경우 금송계는 실질적인 효과를 가져오게 되고 마을 사람들에게도 실질적인 혜택이 부여되어 금송계는 오래 지속되게 된다.

마을 형태가 양반마을(반촌)과 백성마을(민촌)이 함께 하는 경우, 이미 시행되어 오는 동계에 금송계가 안착하는 모습을 보이게 된다. 이 경우 관에서는 마을의 자율성을 최대한 존중해 주고 있는 모습을 보인다. 예를 들면 조선 후기로 시대가 진행될수록 금송에 대한 체벌은 매우 무거워졌다. 1715년(숙종 41) 국가에서는 생송을 작벌한 자에 대해 장 1백에 도 3년의 아주 무거운 형벌을 가했지만, 같은 시기 금안동금송계(1715년)에서는 생송 큰나무라 하더라도 장 15에 처하고 있음을 볼 수 있다. 이는 사양산이라 형벌이 관대한 부분도 있지만, 마을 자체의 규율을 최대한 존중해주고 있다고 보여진다. 그래서 마을에서는 양반과 백성들이 한마음으로 금송에 임하게 되고, 양반은 매년 직월을, 그리고 백성들은 매달 감고를 내어 실질적으로 금송을 하게 된다.

마을공동체가 운영하는 금송계는 실질적으로 마을에 큰 도움이 된다. 금송계를 통하여 마을공동체는 공동자산을 확보할 수 있었고, 마을 사람들은 이를 통하여 마을에 부여된 국가 부세나 국가 잡역 등을 해결할 수 있었으며, 또한 마을 공동의 경비를 충당할 수 있었다. 더 나아가 마을에 어려운 형편의 노약자가 있는 경우, 이에 배려도 할 수 있었으며, 천재에 대비하여 들깨 씨나 청장과 같은 구황식품도 구비하는 등 마을공동 자산의 효용은 마을공동체를 지탱하는 주춧돌로 보여진다.

3) 전문가 C의 답변

그렇다. 왜냐하면 동네 산이 아니면 개인 소유가 되어버려서, 개발이 될 수도 있고 묘지가 더 많이 늘어나기도 하고 그러면 나무가 없어지게 되는데 그런 측면에서 얘기해 볼 수 있을 것 같다.

사족이 머무르는 곳은 문중 선산이 있기 때문에 숲이 아주 우거지기 마련이며 거긴 외부 사람이 무단으로 (장지를) 쓸 수 없기 때문에, 자기 직계만 (장지를) 쓴다. 그러니까 공동묘지처럼 싹쓸이로 벌목을 할 수가 없고 그러면 임야가 더 보존이 된다. 문중 선산을 관리하면서 문중답을 운영했던 사람들(산지기)도 땅이 있으니까 농사지으면서 산도 관리한다. (이런 경우에는 산을 경작하는 사람이) 묘지 쓰는 것도 관리하고, 목재 벌목, 땔감 모두 관리했을 것이다.

5. 금송계의 전통이 오늘날 산림자원과 같은 공유자원의 보존·관리에 어떠한 교훈을 줄 수 있는지? 금송계의 전통으로부터 배우고 전승해야 할 사항들은 무엇인지?

1) 전문가 A의 답변

더불어 사는 공동체, 그리고 자연과 사람의 조화로운 모습들이 핵심이다. 특히 송계의 경우에는 그러한 것이 극적으로 나타난 것이다. 자연을 보호한다는 것만을 말하는 것이 아니라, 우리의 마을공동체에는 그러한 모습이 DNA처럼 묻어져 있다고 본다. 상생, 조화로운 삶과 같은 기본 사고들이 문화적 DNA처럼 유전자가 대물림 되듯이 내려온 우리 마을 문화의 한 구조라고 할 수 있을 것 같다.

2) 전문가 B의 서면 답변

한마디로 말씀드리자면, 위로부터의 강압적인 행정 차원에서의 금송 정책은 큰 효과가 없었고, 마을공동체의 자발성에 의한 금송계는 매우 큰 효과를 보이고 있다. 단, 관에서 마을의 자율성을 최대한 존중했을 경우이다. 따라서 오늘날 산림자원과 같은 공유자원의 보존, 관리 차원에서 옛 경험을 살리려면 지역의 특성을 존중해주고, 지역민들의 자발성과 자율성을 최대한 존중해서 정책을 입안해야 할 것 같다는 생각을 해본다.

3) 전문가 C의 답변

우리가 공유수면이라고 하는(것이 있고), 바다를 매립해서 간척지 만드는 것이 있고, 어장이 있고, 임야가 있는데 (이런 곳의 관리에 적용 가능하지 않을까). 그러니까 간척지는 토지이지만 염전으로 가기도 하고, 공장부지로 가기도 하고, 또는 김 생산 공장, (물건을) 제작하는 그런 데가 될 수도 있고, 미역 건조(하는 장소)도 되고. 그러니까 이 간척지가 상당히 다양한 용도로 쓰인다. 공유수면이라고 하는 것, 매립지에 대한 변화, 바다 어장에 관한 것, 임야에 관한 것, 이런 것들이 되지 않을까 싶다. (따라서 금송계 전통과 같은 전통 공유자원 관리 방식이 오늘날에도 여전히 유효하다.)

6. 금송계가 발생하게 된 시대적 상황과 배경, 금송계를 만들 때 기층민들은 얼마나 절실했는지?

※ 전문가 A, C의 답변은 없음.

1) 전문가 B의 서면 답변

조선의 산림천택은 모든 백성들이 자유롭게 이용할 수 있는 공리지였다. 그런데 국가는 국가 운영 차원에서 도성내외산과 외방금산에 금산과 송전, 봉산 등 공용 산림을 설정할 수밖에 없었고, 궁가와 아문은 절수와 둔전을 통하여 나름 자기 영역을 확보해 갔다. 지역의 양반들도 입장(入葬)을 통하여 묘산(墓山)을 확보해 가다 보니 결국 백성들에게 공리지는 무의미하게 됐던 것이다. 그래서 백성들은 유민화하게 되고, 그리고 그나마 살아남기 위해 화전과 개간을 하면서 사양산을 확보하려 했지만 그것은 매우 어려운 일이었다. 백성들에게 그나마 가장 좋고 공식적인 방법은 금송계를 조직하여 관으로부터 허가를 받는 일이었다. 금송계는 백성들 입장에서 이 땅을 버리지 않는 유일한 방법이었다고 보여진다. 이렇게 만들어진 금송계를 통하여 마을 공동의 문제를 해결할 수 있었고, 17세기 이후 그 어려운 재난의 시대를 잘 관통할 수 있었던 것으로 보인다. 금송계는 백성들 차원에서는 생존의 문제였다고 보여진다.

7. 오늘날 공유자원 관리는 전통적 공유자원 관리로부터 무엇을 배울 수 있는지?

※ 전문가 A, C의 답변은 없음.

1) 전문가 B의 서면 답변

두레 공동노동에서는 비록 노동인력을 내지 못한다 하더라도 마을에서 공동으로 경작을 해준다. 그렇듯이 금송계에서도 마을공동체 차원에서 관리하여 마을의 어려운 문제를 공동으로 해결해 가는 모습을 볼 수 있다. 즉 어떤 집에서 비록 산지기와 감고를 내지 못한다 하더라도 (조건 없이) 마을공동체 혜택을 공유한다는 것이다. 또한 집안의 상례나 혼례 등 큰일이 있다 하더라도 마을공동체가 같이 해결하는 모습은 시대의 격차를 떠나 교훈적이라 생각한다.

제3절 제도설계원칙에 관한 사항

1. 명확하게 정의된 경계

1) 전문가 A의 답변

(1) 송계산의 구역 설정

조선 후기 송사는 굉장히 많다. 전경목 선생님 박사논문[1)]이 조선 후기 송사이다. 송사는 지금 재판과 똑같다. 증인(을) 심문하고 다 따져서 판결을 내린다. 송사가 송계 간에 많이 있었다.

(2) 송계산의 침범 및 작벌

범위가 넓은 송계의 경우 경계가 정해져 있더라도 다른 지역 사람이 넘어와 벌목을 많이 했다. 그러니까 다툼이 일어났다. 경계가 대략 있더라도 자신들의 산이 악산이라 나무가 별로 없으면 나무가 많은 산으로 건너가게 되어 싸움이 일어나는 것이다.

오스트롬은 자치공동체가 성공하려면 경계가 명확하게 그어져야 한다는 조건을 제시했지만, 그런 것이 있어도 분쟁은 있었다. 보통 분묘와 관련해서 가장 많이 일어났다.

(3) 송계산의 구역을 표시하던 금표(禁標)가 남아있는지?

사찰과 관련된 금표는 많이 남아있어도 경계를 명확하게 하는 금표는 많지 않다. 골짜기면 골짜기 그냥 이런 식으로. 옛날 경계라는 것이 서양에서 얘기하는 식으로 이루어진 것은 아니다. 금표는 특이한 몇몇 사례이다.

지금처럼 측량이 없었기 때문에 (특히) 사유림(에서)도 분쟁이 많이 일어났다. 측량이 들어온 것은 일제식민지 시대 때이다. 그래도 대략적인 것이지만 그 사람들 사이에서는 명확한 것으로 봐야 한다. 이게 지금의 측량 개념이 아니기 때문에 일부 분쟁이 있을 수 있었지만 명확한 것이었다고 본다.

---

1) 전경목. (1996). 「조선 후기 산송 연구」. 전북대학교 박사학위논문.

(4) 일반적으로 하나의 송계가 관리하던 구역은 어느 정도의 규모였는지?

이것은 너무 들쑥날쑥해서 금송계가 대략 면적이 어느 정도 된다고는 말하기 어렵다. 어떤 경우는 몇 백 평이 될 수도 있고, 연합송계 같은 경우에는 수십만 평이 될 수도 있다. 대략 평균치를 말하기는 어렵고 또 의미도 크게 없다.

(5) 송계산의 크기에 관한 문서가 많이 남아있는지?

땅문서는 못 봤고 근대 이후에는 볼 수 있다. 일제 때부터 도입이 되니까. 그러나 문서가 생각보다 없다. 관행으로 내려오는 대로 '우리 산이다, 송계산이다'라고 말하는 경우가 많다.

2) 전문가 B의 서면 답변

17세기 진주지방의 마을 구성 형태를 보면 반촌 대 민촌의 비율이 1 : 9 정도로 나타나고 있고, 안동지방은 17.4 : 82.6, 예안지방은 11.1 : 88.9의 비율을 보이고 있었다. 이는 어떤 지역에 마을이 있으면 양반마을(반촌) 1개 내지 2개를 중심으로 백성마을(민촌)이 8개 내지 9개가 있다는 것이다. 마을은 각기 반촌이나 민촌의 형태를 보이지만 실질적으로는 반상촌이 한 마을로 구성되는 게 일반적이었다. 양반마을인 경우는 1성 내지 2성으로 구성된 마을이라서 묘산금양을 위한 금송계가 필요했고, 백성마을인 경우 금산(지역에서의 송계)의 경우처럼 연료 확보 등 현실적인 문제를 해결하기 위해 독송계를 만들거나 연합송계에 참여하는 형태가 됐을 것이다. 그러나 반상촌인 경우에는 금안동의 경우처럼 상하합계의 형태를 띠며 양반은 양반 나름의 직책(직월 등)을 가지고, 백성은 백성 나름의 직책(감고 등)을 수행하며 금송계를 시행했던 것으로 보인다. 송사가 발생하는 경우는 양반마을의 묘산 영역을 둘러싸고 충돌하는 경우이다. 많은 산송들이 이러한 실례들이지만, 간혹 양반마을의 묘산과 금송계가 충돌하는 경우도 보인다. 이 경우 관아의 조정 하에 송사가 종결되기도 하지만, 양반마을과 금송계가 나름 조정을 거쳐 해결하는 모습도 많이 보인다.

반상촌을 중심으로 하는 금송계의 경우 마을의 의사 결정은 대부분 양반마을에 있고, 양반마을도 내부적으로는 혼인을 중심으로 형성된 마을이기 때문에 대부분 큰 의견 충돌은 없었다고 보여진다. 어떤 마을은 큰 마을이기도 하고 어떤 마을은 작을 수도 있지만, 오랜 마을공동체 운영상의 경험은 어떤 문제가 발생하더라도 관념상 큰 문제없이 해결됐을 것으로 보인다.

금표는 금송산의 경계를 설정해 주기도 하지만, 마을 금송계에서는 누구나 알고 있는 영역에 굳이 금표를 설치할 필요성은 없었을 것 같다. 금표가 세워진 경우는 대부분 국가가 금산이나 봉산, 송전으로 정해진 구역이 아니었나 생각된다. 금표가 세워진 곳에는 마땅히 양반들이 입장(入葬)할 수도 없었고, 백성들이 화전이나 개간을 해서도 안 되는 곳으로, 이를 어길 경우 형벌 또한 무거웠기 때문에, 개인적인 생각으로는 경계의 의미보다는 금벌하라는 상징적 의미가 크지 않았나 생각된다.

금산 지역은 잘 모르겠지만, 현재 알려지지 않은 금표 하나가 나주 운흥사터에 있는 것을 현지 조사 중에 발견할 수 있었다.

보성 이리송계의 사례를 보면 산을 중심으로 금송 구역이 배정되고 있는 것을 볼 수 있다. 즉 방동산과 가야산은 풍치, 진척, 서봉 등 3개 마을에서 2인씩 산지기를 내고, 계당산과 압곡산은 입석, 내동, 회령 등 3개 마을에서 2인씩 산지기를 내는 등 구역 경계가 관념상

정해지고 있음을 볼 수 있다. 반면에 반곡과 원당 2개 마을은 2인씩 산지기를 내되 전체 산을 관장하는 것을 볼 때, 보성 이리송계는 반곡과 원당마을이 반촌이고 나머지는 민촌이 아닌가 추측해 본다.

이처럼 반상촌의 경우 반촌이 중심이 되어 구획을 상정하기 때문에 큰 문제는 없었을 것으로 보인다.

송계구역의 관리 규모는 하동지역의 금송계의 경우 경계마다 금표를 세우고 금표 안의 넓이(周回長廣)를 기록한다는 문건은 보이나, 아직 구체적인 기록은 확인된 바 없다. 단지 1개 리에 산감과 산지기를 뽑고 10여 명의 통수가 금송하는 데 동원됐을 것으로 추정된다.

3) 전문가 C의 답변

(1) 송계산의 경계에 대한 다툼과 조정 사례가 있었는지?

제가 연구한 보성 복내면 이리, 금당도 차우리, 영암군 구림에서는 (송계산 경계를 두고 벌어진 갈등) 사례를 구전으로만 들었을 뿐이지 문서상으론 확인한 바가 없다.

금표라고 하는 것은 문중에만 있는 것이 아니라 절에도 있었다. (절에 속해 있는 임야가 따로 있었다). 절에는 동서남북 사방에 경계석이 있는데 그 경계 안에는 '절대 들어오지 마시오'라는 절집, 사찰의 금기가 있었다.

분명히 섬이나 육지에서도 이런 (갈등) 사례가 있을 것인데, 섬은 (그 자체가 하나의) 공동체이기 때문에 네 것 내 것이 조금 애매하고, 반면 육지는 문중에서 엄청 관리하는 편이었다. 돈이니까. 문중에서는 절집처럼 금표가 표시되어 있지는 않았다. 그래도 경계가 분명하고, 그것은 말하거나 법으로 정하지 않아도 그 지역공동체에서는 다 알기 마련이다. (따라서) 그 경계 안에 들어가지 않았다. 다툼에 대한 사례는 있었다는 말만 들었을 뿐이지 제가 직접 분석해서 논문을 쓴 것은 없다.

(2) 어장 경계 구획 과정은 구체적으로 어떻게 진행됐는지?

(매년) 정월에 농경 사회에서는 농사를 짓기 위한, 자기 논에 물대기 위한 회의를 하는 것처럼, 어장은 이때 바다 운영을 어떻게 할 것인가를 회의한다. 이날 풍물을 치면서 (집집마다) 돌아다니며 먹고 마시고, 공간 배정하고. 이게 법으로 되는 게 아니라 자기들끼리 규약을 정하고 시행하는 것이다. 이게 공동체(이다). 요즘으로 말하면 사회복지라 할 수 있다.

예를 들어서, 어장을 할 때에도 이 끝하고 저 끝이라고 하면 거기라고 다 (이해했다). 섬사람끼리 말하면 어느 끝자락, 또는 섬마을 같은 경우는 기미, 전라도에서는 기미라고 했다. 바다 쪽으로 튀어 나온 곳을 곶이라고 하는데, 전라도에서는 기미라고 했다. 무슨 기미부터 무슨 기미까지.

노력도 사례에서는 좋은 어장을 놓고 제비뽑기를 한다. 매년마다 정월에 제비뽑기를 하는데 반드시 마을 주민은 여기서 하나 구역, 저기서 하나 구역을 선정하게끔 되어 있다. 그러니까 A구역에서 공간을 나누면 이 전체를 내가 하는 게 아니라 여기서 한 꼭지하고, B구역 저기서 한 꼭지를 뽑으니까 얼마나 공평하겠는가. 그것도 이장이 너는 이것 해라가 아니라, 내 손으로 뽑은 어장인 것(이다). 또 하나는 이만큼 떨어진 데에 어장이 하나 더 있는데, 여기는 청소년을 위한 공간, 여기는 바다에 못 들어가는 노인들을 위한 공간이 구분되어 있었다.

2. 사용 및 제공 규칙의 현지 조건과의 부합성

1) 전문가 A의 답변

(1) 송계 세부규칙 사항이 지역별로 차이가 있었는지?

규칙은 마을마다 다 달라서 똑같은 경우는 없다. 벌칙 조항도 다 다르다. 그래서 이것을 일률적으로 이야기하기가 너무 어렵다. 규칙이라고 하는 것이 시대에 따라 변한다. 동계 규칙도 변하고 송계 규칙도 변한다. (세대가) 내려오면 다 변한다. 하나가 쭉 내려오는 것이 아니라, 시대에 안 맞는 부분은 새롭게 만들어진다.

규칙 변경의 경우 한 마을 단위 같은 경우에는 마을 전체가 한다. 동계든 어디든(직접민주주의 마냥). 연합송계는 이야기로만 들었지 문서를 본 바가 없다. 연합송계의 경우에는 금산의 예를 들어보면 대방이런 사람들이 소집을 해서 이야기를 전달했을 것이다. 보통 밑에서부터 올라와서 안건이 상정되기는 어려웠을 것이다. 보통 회의를 통해 이루어진다고 보면 된다. 송계 운영이라는 것이 그렇게 복잡한 것이 아니었기 때문이다. 큰 틀 몇 가지만 가지고 연합송계가 돌아가는 것이다. 단순하다. 몇 가지 (필요한) 관행만 하면 되기 때문에 제가 볼 때는 세세한 규칙이 있는 것 자체가 이상한 것이다. 공동체 원리만 가지고도 특별히 성문화하지 않아도 작동이 잘 됐던 것이다.

(2) 동계와 송계 조직은 밀접한 연관 관계가 있었는지 아니면 별도로 운영됐는지?

이것도 일괄적으로 이야기 할 수 없다. 송계가 경제적 토대가 크고 힘이 있으면 완벽하게 동계와 별도의 조직으로 운영되고, 같은 마을 구성원이라고 하더라도 동계원, 송계원이 다 겹치진 않는다. 동계원 중에는 송계에 못 들어가는 경우도 있을 수 있다.

2) 전문가 B의 서면 답변

지역별로 송계 세부 규칙은 다소 차이가 있었다고 보여진다. 송계 문서를 살펴보면 지역 사정을 반영했기 때문에 송계 임원이나 벌칙, 혜택 등이 다양하게 제시되고 있다.

마을의 동계 조직과 송계 조직은 따로 생각할 수가 없다. 마을 구성원이라면 동계나 송계 참여는 의무적이었다. 물론 마을공동체가 주관하는 두레 공동노동이나 마을 동제 등 마을공동의 행사에도 마을 구성원이라면 당연히 참여해야 했다.

대부분 마을의 형성과 함께 자연스레 마을계가 조직되고, 이 마을계가 운영되어 오다가 송계를 받아들이는 모습을 보이는 것 같다. 동계 따로 송계 따로 운영되는 사례는 아직까지 보지는 못했다. 동계의 경우, 필요한 경우에 따라 동계는 중수(重修)하게 된다. 동계 규칙인 절목을 수정하고 동계 구성원을 추가하기도 한다. 송계도 그러했을 것으로 보이지만 동계처럼 중수한 문서는 보기가 어려웠다.

3) 전문가 C의 답변

(1) 동계와 송계의 관계 및 송계의 조직범위

동(洞) 회의라고 하는 것은 아까 말한 대로 동 단위, 마을 단위로 이루어졌다. 이 동(洞)이라고 하는 것은 리(里)하고 동일한 것이다. [중략] 영보리[2]하게 되면 12개 동네니까 권역이 상당히 크다. 이게 연합인가, 아니면 이 중에서도 몇몇 성씨만 모여서 동산을 운영했는가. 이게 다를 것인데, 초창기에는 (몇몇 성씨 중심으로 운영됐던 게) 맞다. (초창기에는 독송계 혹은 리송계였더라도) 후대로 오면서 연합으로 통합되는 과정이 더 많다. 왜냐하면 여기에 모여 살던 사람들이 여기에 붙박이로 있는 게 아니라 토지를 따라 확장을 하게 되고, 여기 구성원이 이사 가게 되면, 특히 20리 밖으로 가게 되면 (송계에서) 빠져나가는 것은 당연한 것이었다. 그렇게 되면 계원으로 인정하지 않는 것인데, 20리 밖으로 이사 가는 것은 드문 일이었다. 그러면 사람들이 여기도 거주하고 저기서도 거주하니까 본의 아니게 연합 같이 되어 버리고 그래서 단독 송계라고 하는 것은 극히 드물었다고 본다.

(2) 송계 세부규칙 조항이 지역에 따라 차이가 있었는지?

산림공유자원을 관리하는 조건 자체가 지역별로 특징이 있기 때문에(섬에도 농지가 있는 섬이 있고 없는 섬도 있고, 이렇게 다 지역마다 현지 조건이 틀리기 때문에) 규약 이런 것도 거기에 맞게 어느 정도 차이는 있다.

그러나 규약은 다 비슷하다. 아까 말했듯이 상포계든, 결혼을 위한 자금부조금이든 어찌됐든 규약은 다 상부상조하자는 것이다. 큰 틀에서는 모두 향약에서 시작한다. 그러니까 이 조직에도 그 규약, 이 조직에도 그 규약, 그러니까 동갑계, 물레방아계 (등 여러 종류의) 별 계가 다 있는데 근본적인 것은 향약이라고 하는 것이다. 다만 지역의 용어는 약간 차이가 있을 뿐, 이를 테면 송계나 목계나 맬감계나 똑

2) 오늘날 행정구역으로 '전라남도 영암군 덕진면 영보리'를 지칭한다. '영보 12동네'는 내동, 서당동, 관곡, 참새굴[냉천], 노로동, 솔안, 홍암, 장동리, 운곡, 송석정, 선암, 세류정을 지칭한다. 출처: 디지털영암문화대전(http://yeongam.grandculture.net/Contents?local=yeongam&dataType=01&contents_id=GC04400002)(자료접근: 2017년 11월 23일).

같은 것이다.

(3) 도서지역 송계에서 규약과 같은 문서 자료가 적은 이유는 무엇인지?

왜냐하면 이분(도서지역 주민)들은 문(文)을 알지만 이게 꼭 필요한 것은 아니다. 여기서는 바다, 물길을 잘 아는 사람이 최고다. 그런데 육지에서는 글을 모르면 (안 된다.) (육지에서는) 문을 아는 사람이 향리 그룹이 되어 잘 살았던 것처럼, 섬에서도 이 일을 하는 (즉 문을 아는) 사람은 역시나 부를 축적하게 됐다. 어쨌든 도서지역에서는 육지처럼 글을 잘 아는 것이 크게 중요하지 않았으므로 글을 아는 사람도 상대적으로 적었고 기록으로 많이 남기지 않았다.

3. 집합적 선택 장치

※ 전문가 C의 답변은 없음.

1) 전문가 A의 답변

(1) 송계규약이 제정됐는지? 송계회의가 정기적으로 열렸는지?

송계 조직이 있는 경우에나 가능했지만, 조직이 없는 경우에는 산을, 예로 들면 송계산이라 하더라도 마을에서 관리하면 따로 송계회의가 없는 것이다. 동계에서 이루어지는 것이다.

(2) 마을에서 소장하고 있던 송계안을 직접 확인할 수 있는지?

대부분 없다. 일부 남아있는 것을 봤다.

2) 전문가 B의 서면 답변

동계가 그렇듯이 송계원의 범위는 마을공동체 성인 남자들이다. 반상촌인 경우에는 양반과 상민이 상하합계 형태로, 민촌인 경우에는 백성들이 송계원이 됐다. 규모는 일정치 않으나 조선시대 마을의 두레 성원을 감안해보면 마을당 20~30명 정도 되지 않을까 추정해 본다.

매년 초에는 어느 마을이나 촌회를 열고 마을의 대소지사를 논의하게 된다. 금산지역의 초군총회도 그러한 촌회의 일 형태로 보이는데, 여기에는 모든 송계원이 당연히 참여해야 한다. 마을 형태가 반상촌인 경우 금송계 문서가 남아 있을 수 있으나, 마을 형태가 민촌인 경우 문서를 남기지 않을 수도 있다. 시행범주에 비해 금송계 문서는 적게 남아 있을 수 있다.

4. 감시 활동

※ 전문가 C의 답변은 없음.

1) 전문가 A의 답변

(1) 산림감시 활동을 담당하던 순산원들은 어떻게 선정했는지?

이런 경우는 산이 커야 가능했다. 일률적인 것은 아니기 때문에, 송계산하고 가까운 마을에서 뽑기도 하고 마을 단위에서 순번제로 뽑기도 했다. 연합송계 같은 경우에 자리를 맡으신 분들(계임들)은 회의에서 뽑았다.

(2) 감시를 했던 시기가 따로 정해져 있는지 아니면 수시로 감시했는지?

감시는 땔나무 철에 했다. 평상시에는 농사를 짓기 때문에 감시를 할 수 없었다. 1년 내내 감시를 하는 것이 아니라 필요한 시기에 하게 되는데, 입산 철, 땔나무 철, 혹은 풀령을 내리는 풀 베는 철에 한다.

(3) 순산원 외에 송계 내부의 사람들도 자율적인 감시 역할을 수행했는지?

나무하러 가시는 분들도 자율적으로 감시 역할을 수행했다. 예를 들어, 연합송계에서 불도장이 없으면 안 되는 것이니까. 송계마다 불도장이 달랐을 것이다. 금산 같은 경우, 큰 연합송계들이 다 불도장이 있었던 것은 아니었던 것 같고 (나무지게에 불도장[火印]을 찍었던) 6~7개 연합송계를 확인했던 것 같다.

(4) 위반 사항을 적발한 사람에게는 특별한 보상이 있었는지?

(금송 위반자에게는) 벌금을 부과하는데 잡아낸 사람은 잘 모르겠다. 순번제가 아니라 의무적으로 할 때는 보상 같은 것은 없다. 국방의 의무처럼 당연한 의무이기 때문이다. 산림유사 같은 경우에는 (보상을) 받는다.

산전을 이용할 수 있는 권한을 주는 경우는 있다. 권한을 주면서 산을 관리하라고 할 수도 있는 것이다. 여러 가지가 있을 수 있지만 반드시 주는 것은 아니고, 의무적으로 주는 경우는 없다. 그런데 오래 그 사람을 유지하려면 뭔가를 줘야 하는데, 그런 경우에는 산전을 운영하게 하기도 하고 쌀 한두 되를 주기도 하고, 마을에서 산림유사의 경우에는 일 년에 조금씩 보상을 준다.

2) 전문가 B의 서면 답변

마을에서 순산원을 선정하면 연합송계에서는 대부분 그대로 수용하고 있다. 감시는 매일같이 하든지 아니면 수시로 하는 것으로 보인다. 따로 시기를 정하지는 않은 것 같다. 따라서 하동의 경우 1개리에 10여 명이 동원된다든지, 아니면 금안동의 경우 1개월에 1번씩 사람을 바꾸어주는 것은 매일같이 한다는 의미가 아닐까?

마을 뒷산에 타지인이 도끼를 들고 들어갔을 때 가만히 있을 마을 사람은 없을 것 같다. 비록 내부적으로 감시원을 선정은 하지만 금송은 마을공동체에서 너무나 중요한 사항이므로 누구나 관심을 가지고 지켜보았을 것 같다. 위반 사항을 적발한 사람에게 특별한 보상보다는 위반 사항을 어긴 사람에게 벌금[松贖米] 등을 부가하게 하여 마을공동체 경비로 사용하는 사례가 보인다.

5. 점증적 제재 조치

※ 전문가 C의 답변은 없음.

1) 전문가 A의 답변

(1) 금송 위반행위에 대해 다른 마을 사람(혹은 비송계원)과 송계원에게 내리는 처벌 수위에서 차이가 있었는지?

정해진 바가 없다. 마을마다 다 다른 것이다. 규정이 마을에 따라 다르고 상황에 따라 다르다. 심한 경우에는 두들겨 맞을 수도 있고 보상을 물릴 수도 있고, 지게 같은 것을 부술 수도 있다. 피해가 크면 관에 고발도 한다. 송계마다 다 다르다.

(2) 벌금과 장을 치는 것, 송계에서 추방하는 것 외의 제재 방식이 있었는지?

마을에서 쫓겨나는 경우는 거의 없었을 것이다. 매를 맞거나 벌금을 냈을 것이다. 과거에는 문란하거나, 부모를 모시지 않거나, 아니면 정말 음란행위를 한 것이 아니라면 쫓아내지는 않았다. 나무를 벤 것은 인륜과 관련된 것은 아니었기 때문에 쫓아내지는 않았다.

2) 전문가 B의 서면 답변

규칙 위반에 대한 벌의 차이는 없었고, 대신 송계원과 비송계원과의 혜택 차이는 명백했다. 가령 송계원이 송계산의 나무를 가지고 관을 짤 때와 비송계원이 나무를 이용할 때의 비용 차이가 2배 정도된다는 규정을 볼 때 그 혜택의 차이는 명백한 것 같다. 벌금과 장을 치는 것 이외에 내부적으로 관념적인 벌이 있겠지만, 문서상으로 수화불통(水火不通)의 벌칙이 보인다. 이 벌칙은 마을공동체에서 당사자에게 불씨를 나누어주지 않거나, 마을의 공동 우물을 쓰지 못하게 하는 등 일종의 격리 조치인데 당사자에게 이 벌은 매우 무섭고 치명적인 벌로 보여진다. 마을에서 멍석말이 등 작은 형벌을 가할 때도 마을 사람들 모두가 참여하는 것을 보면 송계에서 제재 사항이 있을 경우도 당연히 모든 계원들이 참여했을 것으로 생각된다. 제재와 관련된 문서도 획득 가능할 것 같다.

6. 갈등 해결 장치

1) 전문가 A의 답변

(1) 송계 간 혹은 송계원 간의 갈등이 있을 때 어떻게 해결했는지?

산송문제는 많은 사례가 있다. 벌칙과 관련해서는 그와 관련된 규칙이 있는 마을이 있다.

(2) 마을 송계의 갈등 해결에 있어서 마을 어르신들의 영향력이 있었는지?

독립된 송계가 있는 경우에는 가능하다. 아니면 마을 자체에서 할 것이다. 대부분의 독송계 같은 경우에는 동계나 촌계 마을 회의에서 산을 관리하기 때문에 따로 다른 것이 있을 수 없다. 따로 송계 조직이 있는 경우는 송계 책임자가 얘기를 할 것이다. 아니면 마을의 이장이나 동계장이 할 것이다. 마을에 따라 다 다르고 시대에 따라 다 다르다. 마을사에 대한 이해가 조금 필요하다.

2) 전문가 B의 서면 답변

송계 간의 갈등은 아직까지는 보지 못했다. 마을 송계의 갈등 해결에서 마을 어르신들의 영향력은 결정적일 것으로 보인다. 마을 구성원의 성씨 구성을 보면 1성 내지 2성으로 구성된 반촌마을 1개 내지 2개와 백성마을(민촌)이 8개 정도로 구성되는 경우가 많다. 이런 경우 반촌이 당연히 송계를 이끌 것이고, 그 안에서 어르신의 말씀은 그야말로 법이라 할 정도로 영향력이 있다고 보여진다.

3) 전문가 C의 답변

고하도 사례에서는 앞에서 말했듯이 교도소와 마을의 관계가 있다 보니까, 이게 아주 투석전으로 벌어지고 (그렇게 심각한 갈등이 있었다). 규칙을 어기게 되면, 태형이라고 (하여) 매를 몇 대 때린다고 하는 것은 동계에서도 마찬가지였다. 그래도 정 안되면 출동(조치를 했다). 마을에서 쫓아내는, 그래서 아예 명단을 보면 파내버린 것도 있고 그렇다. 동계에서 명단을 보면 칼질해버리는 경우도 있었다.

7. 최소한의 자치조직권 보장

※ 전문가 C의 답변은 없음.

1) 전문가 A의 답변

(1) 관아에서 송계에 미쳤던 영향은? 송계 운영은 관아에서 간섭하지 않았는지?

조선 후기에는 관의 개입이 좀 더 있었을 것이다. 그러나 송계가 있는 것이 없는 것보다 낫기 때문에 관에서도 간섭을 안 했다. 송계가 있어야 자체적으로 산도 관리하기 때문에 관도 좋고 마을도 좋았을 것이다. 그러나 시기마다 다를 것이기 때문에 일률적으로 말하기는 어렵다.

2) 전문가 B의 서면 답변

금송계는 금송산의 영역 문제가 있기 때문에 관아의 허가가 필수적이다. 그렇지만 하동처럼 관 주도 송계의 경우가 아니라면 내부 운영은 금안동의 경우처럼 자율성을 존중해 준 것으로 보인다. 아직까지 송계 내부의 문제로 관아의 송사까지 발전된 사례는 보지 못했다.

제4절 추가 질문사항

1) 전문가 A의 답변

(1) 금송계의 사례들 중에서 제도의 영향을 너무 강조한 나머지, 개인을 상대적으로 간과하여 사회적 효율성과 민주적 대응성을 훼손하거나 공공갈등을 심화시킨 사례는 없었는지?

송계 사례에 따라 다 다를 것이다. 대체적으로 보면 공동체적 강제력이라는 것은 분명히 가지고 있지만, 그것이 오늘의 법률과 같지는 않다. 답사를 가보면, 그 당시에는 그것이 상식인 것이다. 어떤 하나의 규정 때문에 하는 것이 아니라 그것은 (공동체 구성원인) 스스로 지킨다는 뜻이다.

(2) 자발적으로 설계한 원칙들(감시, 제재, 갈등 해소 장치 등)이 어떻게 등장하고 유지될 수 있었는지? 어떻게 협력을 유도할 수 있었는지?

공동체적 강제력은 누구나 받아들이는 상식이었던 것이다. 오히려 그것에 어긋나는 것이 이상한 것이었다. 초장길 닦기 같은 경우가 대표적이다. 그때가 엄청난 축제인데, 어렸을 때 추석 기다리듯이 이 날을 사람들이 기다리는 것이다. 그때는 일하러 가면서도 옷을 깨끗이 차려 입고, 농기 휘날리면서 신나서 가는 것이다. 그러니까 포인트를 어떻게 두느냐에 따라서 전혀 상반된 결론이 나올 수 있는데, 규약이나 이런 것이 있다고 하더라도, 사실은 그게 없어도 공동체는 그냥 돌아갔다. 규칙 때문에 송계가 유지된 것이 아니다.

(3) 호혜성에 기반하여 금송계에 참여했지만 더 이상 혜택이 없을 경우에 사람들의 참여와 협력을 어떻게 지속적으로 이끌어 낼 수 있었는지?

산림자원이 생존에 절실히 필요하지 않아졌을 때, 그때 송계가 깨지는 동네도 많았다. 어떤 공동체는 송계산을 유지하지만 어떤 곳은 나누어서 팔아버린 곳도 있었다.

제일 큰 것은 경제적인 요인이라고 본다. 과거처럼 작동이 안 된다. 생활환경도 달라지고, 종교도 생기고, 일제 이후 혹은 한국 전쟁 이후, 더 큰 것은 70년대 공업화 이후에는 공동체가 깨져 갔다. 이런 요인도 있는 것이다.

송계의 경우에는 경제적 요인이 근본적이라고 본다. 송계를 물려줘야 할 의미가 없어진 것이다. 전승이 될 수가 없으니까. 그래서 팔거나 아직 못 팔고 있는 곳은 유지가 되고 있는 것이다. 그러면서 새롭게 조직을 강화하고 규율을 만들면서 21세기에 맞게 새로운 기능이 추가됐다.

(4) 외부인에게 접근을 제한하는 폐쇄성이 집단 간 갈등을 촉진시킬 가능성이 있는데 금송계 사례에서는 이와 같은 모습이 보이지 않았는지?

침범하는 이유는 내가 필요한 땔나무를 확보하는 것도 있지만, 산골에서는 나무가 큰 자원이어서 그것을 베다가 파는 것이다. 과거에는 먹고 살기가 힘드니까 깊은 산에서 (땔나무를) 몰래 베어서 갖다 파는 것이다. 그러다보니 적발되면 얻어맞기도 하고 벌금을 물기도 하게 되는 것이다. 그래도 간다. 결국 살아야 하니까. 어떤 큰 마을과 마을의 분쟁이라기보다, 살기 위해 산을 가는 경우가 많았다.

(5) 타인에 대한 의무 수행이나 집단 규범의 준수 강요는 구성원들의 합리적 행동이나 혁신을 방해하는 역할을 하지는 않았는지?

동계는 기본적으로 풀뿌리 민주주의 기초이다. 마을 단위에서는 직접민주주의가 그대로 관통이 됐다고 봐야한다.

2) 전문가 B의 서면 답변

(1) 금송계의 사례들 중에서 제도의 영향을 너무 강조한 나머지, 개인을 상대적으로 간과하여 사회적 효율성과 민주적 대응성을 훼손하거나 공공갈등을 심화시킨 사례는 없었는지?

어려운 질문이다. 아직까지 그런 사례는 못 본 것 같다.

(2) 기타 질문사항

마을공동체는 이미 공동체 틀을 가지고 있었다. 그 틀 안에서 마을 사람들은 어려운 문제를 해결할 수 있었다. 오랜 공동체 틀 속에서 굳이 참여와 협력을 유도할 필요는 없었을 것 같다. 이미 마을공동체는 마치 한 가족과 같은 마음으로 유지되어 오고 있었기 때문이다.

외부인에게 접근을 폐쇄시키거나 결속력을 제한한다는 말 자체가 한국 전통시대의 마을공동체 사회에서는 생소한 단어일 것 같다. 마을공동체 구성을 보면 거의 혼인을 통해 이루어지고 있어서, 비록 외부인에 대한 폐쇄성을 가지지는 않았지만, 외부인이 마을에 들어와 적응하기란 쉽지는 않았을 것 같다.

마을공동체 성격을 볼 때, 마을공동체가 매년 초에 마을회의를 통해 마을의 중요한 일들을 결정하고 지켜나갈 때, 이를 지키지 않을 경우 마을공동체 구성원으로서 견딜 수 없는 관념적 장치들이 있었기 때문에 마을 사람들은 스스로 이를 지켰고, 이는 마을공동체를 유지할 수 있는 기반으로 작용할 수 있었던 것으로 보인다. 타인에 대한 의무 수행이나 집단 규범의 준수 강요가 있기 전에 마을공동체 성원들은 스스로 규약을 지켜나가고 있었던 것으로 보인다.

3) 전문가 C의 답변

(1) 유교(儒敎), 불교(佛敎), 무교(巫敎)의 공동체주의 관점이 금송계의 운영 및 관리에 미쳤던 영향은 무엇이라고 생각하는지?

유교와 관련해서는 향약을 기점으로 출발했던 것에서 시작한다. 향약이 상부상조가 주목적이라고 하는데, 향약을 깊이 들어가서 보면 사족이 민을 지배하는 규칙이었다. 규칙을 이렇게 정해서, 곧 유학의 논리에서 민은 왕에게 충성을 해야 하는 것이고, 충성은 효와 연결되기 때문에 충과 효는 삶의 근간이라고 설명한다. 그래서 부모에게 효도하는 것은 국가에 충성하는 것과 일맥상통하는 것이고, 그런 논리가 통치자는 사족을, 사족은 민을 지배하는 제어 원리라고 생각한다.

금송계에는 무속신앙만 따로 떨어져 있는 것은 아니고 함께 섞여 있는데, 예를 들면 동계나 당산제를 운영할 때, 양반 사대부가 주도가 됐을 때는, 예를 들면 경상도권에서는 주로 스님을 (초빙했다)(절차도 유교적인 방식). 하지만 민에서 주도했을 때는 무당을 불러서 굿을 하는 방식으로 무속적인 요소가 가미되기도 했다.

무속신앙을 하는 것은 민이 주도가 될 때는 무속이고, 섬 같은 경우는 남사당패를 불렀다. 남사당패가, 지금으로 보면 코미디언, 연예인이다. (금당도 차우리) 목계 출납부에서 지출 내역을 보니까, 남사당패를 초청하는 그 돈을 (목계에서) 지불하고 있었다.

(2) 공동체 소유에서 국가 소유로의 전환과 정부의 관여로 변화가 있었는지?

오스트롬의 이론도, 그런데 오스트롬의 책에서 보면 터키의 어장이 정부가 관여를 해서 이것을 할당해 주기 시작하면서 깨지기 시작했는데, 그게 어촌계이다.

전통시대에도 어촌계가 있었지만 우리나라 어촌계가 제도화된 것은 1970년대이었다. (지역공동체에서 자율적으로 어장 운용과 관리가 이루어지고 있었는데 1970년대 이후 어촌계라고 정부가 나서 만들면서 도리어 공동체 균형이 깨지게 됐다.) (제방의 경우에도) 공동체가 운영하다가 국가 제방으로 넘어간 것이 이때이다. 그러니까 지금 공동체가 없어졌다. 왜냐하면 제방이 무너질 것을 우리가 왜 걱정해. 국가 소유로 가버렸는데. 그러면(서) 공동체가 깨어지게 됐다. 왜냐하면 옛날에는 제방이 터지면 자기 것만 터지는 것이 아니라 다 터지게 된다. 연좌적으로. 그러니까 매일 둑을 관리할 수 없으니까, 관리인을 채용한다. 12개월 동안 계속 (둑에) 구멍(이 있는지)만 보고 다니라고.

(3) 제도 연구에서 주목할 사항이 있는지?

시기 문제와 제도는 연결되어 있다. (제도 연구의 대상으로 삼는) 시기가 전통 시기인가 한말 일제강점기인가, 한국 전쟁 이후인가, 또는 1960년 1970년 새마을 운동 때인가, 이에 따라서 완전히 제도는 달라지는 것이다. 반면 우리가 주로 연구하는 공동체는, 제도가 아무리 바뀌었다 하더라도, 밑바탕에 깔려있는 공동체(정신)는 변하지 않는다.

예를 들면 어촌계가 만들어졌다 하면, 그것은 일제가 말하는 근대화된 '제도'일 뿐이지 운영 원리는 공동체의 운영 원리가 (그대로) 적용되고 있다는 것이다. 따라서 근대화 속에서 제도가 만들어졌을 뿐이지 실제 운영 시스템은 (공동체를 포함한) 이중 구조라고 보는 것이 맞다. (일제강점기 동안) 공동체를 일본은 말살하려고 계 조직을 없애는 입장이었지만, (계 조직을) 없앴다고 하더라도 공동체의 구성원들의 마음속에는 늘 해왔던 그 방식대로 생활은 지속됐던 것이다. (따라서) (제도) 연구에 있어서 (연구 대상을) 어느 시기를 잡느냐가 중요하다. (여러 시기를 보려면) 시기를 구분해서 보는 것이 좋다.

(4) 도서지역에 관련 사료가 많이 남아있는지?

금당도 차우리의 경우에도 규약과 같은 사료는 존재하지 않는다. 섬마을은 육하원칙에 맞춘 문서가 남아 있지 않다. 그냥 돈이 얼만가가 중요하지 누가 언제 무엇을 계원은 몇 명이고 이게 안 나온다.

차우리 목계의 경우에도 분석하면서 계원이 몇 명인가를 유추해 볼 뿐이지 육지처럼 계장은 누구고 부계장은 누구고 이런 조직을 발견할 수는 없다. 요새로 말하면 금전 출납부만 남아 있지 (송계) 규약은 없다. 다만 이걸(출납부를) 통해서 규약을 유추해 볼 뿐이지, 돈을 어디다 썼는지가 나오니까. 그런데 (그렇게 역으로 추적하여 연구하자면) 시간이 너무 많이 걸린다. 그 분들이 (금전 출납부를) 갖고 있는 게 현재 시점이 중요하다. 돈이 얼마가 남아있는가. 그 대목만 중요하지 그 전의 것은 불쏘시개로 없어질 정도인데, 다행히 (금당도 차우리에서) 확인해서 볼 수 있었다. 조사 당시에는 이런 자료를 데이터화하는 과정이 없었으며 답사 나간 날 현장에서 복사한 걸 분석하는 방식으로 진행했다. 그 후에는 차우리 이장님을 안 만나봤기 때문에 어떻게 됐는지 (현재 사료의 잔존 유무는) 모른다.

제5절 소결

이 장에서는 개별 금송계의 분석 대신에 금송계 연구를 오랫동안 수행해 온 3명의 전문가를 대상으로 면담조사과 서면조사를 진행했다. 여기에서는 금송계 유형에 대한 논의는 생략하고 과거 전통사회에서 결성·운영되던 금송계 조직이 오스트롬(Ostrom, 1990)의 제도설계원칙에 어느 정도 부합하는지에 대한 3명의 전문가 면담 및 서면 답변 내용을 중심으로 살펴봤다.

〈표 6-1〉은 금송계가 제도설계원칙에 부합하는지에 대한 3명의 전문가 의견과 평가를 요약한 것이다. 오스트롬의 제도설계원칙이 금송계의 결성과 운영에도 대체로 적용된다는 것에 전문가 모두 동의했다. 특히 전문가들은 송계산의 경계와 구역, 송계원과 비송계원의 구분 등이 나름대로 명확하게 정의된다고 응답했다. 전문가들은 지역적 특수성, 송계산의 특성 등에 따라 산림공유자원의 사용·유지·관리를 위한 규칙이 금송계마다 달랐음을 확인해 주었다. 금송계는 나름대로 자치조직권, 자치경찰권, 자치사법권 등을 보장받아 자율적으로 결성·운영했다. 금송계는 송계산 구역 내 도벌과 남벌을 방지하기

〈표 6-1〉 금송계의 제도설계원칙 적용

	1. 명확하게 정의된 경계	2. 사용 및 제공 규칙의 현지 조건과의 부합성	3. 집합적 선택 장치	4. 감시 활동	5. 점증적 제재 조치	6. 갈등 해결 장치	7. 최소한의 자치조직권 보장	8. 중층적 사업 단위	비고
전문가 A의 면담	○	○	△	○	○	○	○	X	
전문가 B의 서면 답변	○	○	○	○	○	○	○	○	
전문가 C의 면담	△	○	X	X	△	X	○	X	

*○: 존재, △: 개연성 높음, X: 응답하지 않음.
**"8. 중층적 사업단위" 사항은 질문 문항에 포함되지 않음.

위한 순시와 감시를 수행했으며, 일부 금송계는 전문 감시원을 두어 순시 업무를 체계적으로 수행하여 실질적인 감시 활동이 이뤄질 수 있도록 했다. 그리고 금송계 혹은 지역공동체 차원에서 위반행위자에 대한 점증적인 제재와 처벌, 갈등과 분쟁의 해결을 위한 기제를 마련하여 자치적·자율적 조직 운영의 실질적인 효과를 거두고자 했다.

그 외에도 전문가 면담조사와 서면조사에서 발견한 몇 가지 주요 특징을 살펴보면, 첫째, 금송계의 결성과 존속에 가장 중요한 요인은 무엇보다도 지역공동체의 저변에 흐르고 있는 강한 공동체의식과 유대감이었음을 3명의 전문가 모두 지적했다. 즉 강한 공동체의식과 유대감을 바탕으로 했기 때문에 지역공동체 조직으로서 금송계가 장기 지속성을 유지할 수 있었다는 것이다. 둘째, 제도의 명문화된 규칙과 규정보다는 오히려 공동체 내에서 오랜 기간 동안 정착되어 온 관습, 불문율과 같은 비공식적 제도가 금송계를 유지하는 데 보다 중요한 역할을 수행했다는 것이다. 물론 금송계의 유형과 특성에 따라 공식적 제도와 비공식적 제도의 상대적 비중에서 차이가 있었다. 이를테면, 관 주도 금송계와 재지사족 주도 금송계는 기층민 주도 금송계보다 상세하고 구체적인 공식적 제도와 명문 규정을 마련하고 있었다. 그러나 금송계를 실질적으로 운영하는 데에는 관습과 불문율과 같은 비공식적 제도가 매우 중요한 역할을 했음은 분명해 보인다.

셋째, 송계의 인적 구성, 지리적 특수성, 시대 배경 등에 따라 금송계의 결성, 조직 구조 및 운영 방식은 다양한 모습을 띠었다는 것이다. 금송계가 산간지역 혹은 도서연안 지역에서 실시됐는지, 기층민 주도로 결성·운영됐는지 혹은 재지사족 주도의 상하합계 방식이었는지, 조선 후기, 일제강점기 혹은 해방 이후 산업화·도시화 기간에 운영됐는지 등에 따라 금송계의 색깔과 모습은 상당한 정도의 차이와 다양성을 띠었다. 따라서 전통농경사회에서 '금송계는 이렇다'라고 천편일률적으로 단정하기는 매우 어렵다는 것이다.

제 7 장
연구의 요약과 가설의 제안

제7장 연구의 요약과 가설의 제안

이 책은 전통농경사회에서 산림공유자원의 지속 가능한 이용과 보호·관리를 위해 결성·운영되던 금송계의 결성 배경, 조직 체계와 구성, 운영과 관리 방식, 상벌체계 등에 대한 이해를 심화하는 데 목적을 두고 있다. 연구의 완성도와 완결성을 높이기 위해 한두 가지 자료나 연구방법론에 의존하기보다는 다양한 자료와 정보, 여러 방법론을 활용하는 '다각화(triangulation)' 접근을 시도했다.

구체적으로, 26개 금송계규약에 대한 내용분석, 8개 금송계에 대한 심층사례분석, 3명의 전문가를 대상으로 심층면담과 서면조사를 수행했다. 이를 통해 우리는 조선 후기부터 결성·운영되어 온 금송계를 산림공유자원의 보호, 지속 가능한 이용과 관리, 조직과 제도의 운영, 공동체성 등 다양한 관점에서 이해의 폭을 깊고 넓게 할 수 있었다. 제7장에서는 연구의 핵심 내용을 요약하고 연구가설을 제안하고자 한다.

제1절 연구의 요약

1. 금송계 유형의 다양성

금송계 연구가 우리에게 안겨 주는 가장 값진 교훈은 '과거 우리 선조의 삶은 이러했다' 류의 단정적인 인식과 표현은 매우 위험하며 상당한 오류를 내포할 수밖에 없다는 것이다. 과거 지역공동체의 모습은 훨씬 다양하고 굉장히 역동적이었다. 조선 후기 산림공유자원의 보호 및 지속 가능한 이용과 관리를 담보하기 위한 주된 목적으로 결성된 금송계는 지리적 특성, 지역공동체의 구성원, 신분 관계, 사회적·경제적 배경, 관과의 관계 등에 따라 다양한 특성과 모습으로 존재했다. 따라서 전통사회에서 '금송계는 이러 했다'라는 단정은 일반화의 오류를 가질 수밖에 없다. 전문가 B의 서면 답변에서도 이를 확인할 수 있다.

> 처음 시행이 관(수령)의 명에 의해서였든 또는 자발적으로 했든 마을공동체에서 금송계가 차지하는 비중은 매우 컸다. 시대와 시행주체, 시행목적에 따라 다양한 형태를 보여 주는 금송계 모습은 조선시대 마을공동체의 또 다른 모습을 보여주고 있다.
>
> (전문가 B의 서면 답변, 2015년 6월 30일)

이 연구에서 조선 후기 금송계의 다양한 모습을 시행주체, 시행목적, 시행지역, 조직범위, 송계원의 구성, 다른 촌계류 조직과의 관계 등의 측면에서 자세하게 살펴볼 수 있었다. 먼저 금송계의 시행주체에 따라 중앙정부와 관 주도 금송계, 재지사족 주도 금송계, 기층민 주도 금송계 등으로 다양하게 나타났다. 금송계를 결성·운영하게 된 목적도 국가 수요의 공용산림(公用山林) 보호, 묘산금양(墓山禁養), 보용(補用) 및 보민(補民), 땔감과 퇴비 확보 등으로 다양했다. 대부분의 금송계에서 확인되듯이, 과거 금송계는 단순하게 한두 가지 목적에만 치중했기보다는 여러 목적을 가지고 운영됐다는 점이다. 금송계는 또한 시행지역에 따라 산간지역 금송계, 평야지역 금송계, 도서연안 지역 금송계로 대별할 수 있었다.

조직범위에 따라서는 자연마을 단위로 조직된 독송계(獨松契), 법정리에 속한 자연마을들의 참여로 조직된 리송계(里松契), 2개 이상 법정리 소속 자연마을들이 연합하여 조직한 연합송계(聯合松契) 등 여러 유형의 금송계가 두루 존재했다. 또한 금송계 내 송계원의 구성에 따라 크게 공유계(共有契), 연합계(連合契), 부분계(部分契), 혼합계(混合契) 등의 모습으로 다양하게 나타났다. 먼저 공유계에서는 송계원이면 누구나 송계산을 함께 소유하고 송계산에서 창출되는 수익을 일정한 방식으로 공평하게 분배했다. 연합계는 일정한 규모의 산림 소유자(들)나 산림 소유권이 없으나 산림 주변에 거주하는 지역민들이 연합하여 금송계를 결성한 경우이다. 부분계는 지역 거주민들이 금송계를 결성하여 타인 소유의 산림에 대해 금송 및 금양을 실시하던 경우로 산림 소유자는 대부분 금송계에 참여하지 않았다. 그리고 혼합계는 공유계, 연합계, 부분계 중에서 두 유형 이상의 금송계 특성들을 가지고 있어 확실하게 구분되지 않던 금송계를 말한다.

한편 금송계는 동계(洞契), 촌계(村契), 차일계(遮日契), 상여계(喪輿契), 서계(書契)와 같은 다른 촌계류 조직과의 관계에 따라, ① 다른 촌계류 조직의 상위기관 지위를 갖고 지역공동체의 구심점으로 역할과 기능을 수행하던 금송계, ② 산림공유자원의 보호 및 지속 가능한 이용과 관리를 위한 전문조직으로 특화되어 운영되던 금송계, ③ 다른 촌계류 조직에 예속되어 하부조직으로 기능하던 금송계 등으로 다양한 모습을 보였다.

2. 금송계 관리제도의 중요성

전통농경사회에서 결성·운영되던 금송계 사례들은 오스트롬(Ostrom, 1990)이 제안한 8개의 제도설계원칙을 대체로 충족했던 것으로 나타났다. 기초자료와 정보가 충분하지 못하여 결론을 도출하기에는 다소 무리가 따르더라도, 26개 금송계규약에 대한 내용분석, 8개 금송계에 대한 사례분석, 3명의 전문가 면담조사와 서면조사에서 이를 일관되게 확인할 수 있었다.

특히 오스트롬(1990)의 8개 제도설계원칙 중에서 3개 원칙, 즉 '집합적 선택장치', '갈등해결장치', '최소한의 자치조직권 보장'은 과거 금송계 조직의 운영·관리에 중요하게 작동했던 것으로 보인다. 기층민 주도 금송계는 국가나 관으로부터 어느 정도 자율성과 독립성을 확보했고, 공동체 현안에 대해서 구성원 전원이 참석하여 함께 해결방안을 논의하고 결정할 수 있었다. 이렇게 지역공동체 내에 모든 정보와 자료가 투명하게 공개되고 함께 논의하고 결의할 수 있는 장이 마련됐다는 것은 공동체 구성원 간의 높은 신뢰 수준과 사회적 자본이 구축됐음을 의미한다. 또한 금송계의 운영 과정에서 필연적으로 나타날 수밖에 없던 갈등 상황을 미연에 방지하여 갈등 발생의 기회를 최소화했고, 갈등 상황이 실제로 발생하더라도 이를 슬기롭게 대처·해결할 수 있는 장치를 마련하고 있었다.

1) 명확하게 정의된 경계

관 주도 금송계의 송계산 구역이나 사찰에서 보호・관리하던 송계산 구역의 경계를 표시하기 위해 금표를 설치한 경우도 있었다. 대부분의 금송계에서 금표와 같은 경계 표식이 없었더라도 지역공동체 구성원들은 누구나 송계산의 구역과 경계를 인지하고 있었다.

또한 송계원과 비송계원(혹은 외지인) 간의 구분도 명확했다. 금송계가 기층민 주도로 결성됐거나, 촌계류의 조직에 예속됐거나, 금송계가 지역사회를 관장했던 대부분의 송계에서 공동체 구성원이면 누구에게나 송계 가입이 열려 있었던 것으로 보인다. 일반적으로 가을 정기총회에서 공식 입계와 같은 일정한 수순을 밟도록 했으며 추입금과 같은 일정한 기여를 하게끔 했다. 일부 금송계에서는 원계원의 차자 및 차손은 타지에서 이사 온 전입자의 경우보다 추입금 및 기타 기여를 적게 내도록 하여 일정 정도 차등을 두기도 했다. 송계원 수가 많았던 일부 금송계에서는 송계원의 지게에 불도장을 찍어서 비송계원이나 외지인의 무단 입산과 범작을 방지하도록 했다.

2) 사용 및 제공 규칙의 현지 조건과의 부합성

지역공동체에서 신분 구성이나 구성원의 동질성, 자연환경, 사회적・경제적 여건 등에 부합되게 각 금송계에서 세부적인 규정과 규칙을 마련하고 있었다. 아래와 같이 3명의 전문가 면담과 서면 답변에서 이를 확인할 수 있다.

> 규칙은 마을마다 다 달라서 똑같은 경우는 없다. 벌칙 조항도 다 다

르다. 그래서 이것을 일률적으로 이야기하기가 너무 어렵다. 규칙이라고 하는 것이 시대에 따라 변한다. 동계 규칙도 변하고 송계 규칙도 변한다. (세대가) 내려오면 다 변한다. 하나가 쭉 내려오는 것이 아니라. 시대에 안 맞는 부분은 새롭게 만들어진다.

(전문가 A의 면담, 2017년 5월 12일)

지역별로 송계 세부규칙은 다소 차이가 있었다고 보여진다. 송계 문서를 살펴보면 지역 사정을 반영했기 때문에 송계 임원이나 벌칙, 혜택 등이 다양하게 제시되고 있다.

(전문가 B의 서면 답변, 2015년 6월 30일)

공유산림자원을 관리하는 조건 자체가 지역별로 특징이 있기 때문에 (섬에도 농지가 있는 섬이 있고 없는 섬도 있고, 이렇게 다 지역마다 현지 조건이 틀리기 때문에) 규약 이런 것도 거기에 맞게 어느 정도 차이는 있다.

(전문가 C의 면담, 2015년 6월 2일)

3) 집합적 선택장치

금송계는 계 조직의 운영, 송계산의 보호와 관리, 송계원의 추입, 탈퇴 및 상벌 등에 관한 제반 사항을 논의하고 결정하던 집합적 선택장치를 마련하고 있었다. 금송계의 정기모임은 초군총회(樵軍總會), 강신회(講信會), 대동회의(大同會議) 등 다양하게 불렸으며, 대체로 매년 봄과 가을에 개최됐다. 일반적으로 독송계의 경우에는 마을 구성원 누구나 참여하여 의견을 개진할 수 있었던 반면, 리송계나 연합송계와 같이 규모가 컸던 금송계에서는 마을 대표(들)가 회의에 참여하여 마을의 취합된 의견을 전달하고 마을을 대변했다.

4) 감시 활동

지리적 특성과 금송계 유형에 따라 송계산 구역 내 산림자원에 대한 관리감독 체계, 감시 활동 빈도, 감시원 순번제 등에서 차이가 있었지만, 순산과 산림감시 활동은 자체적으로 활발하게 이뤄졌던 것으로 보인다. 전문 산림감시원을 선정하고 이들에게 별도의 보수를 지급하여 산림감시 활동에 만전을 기하기도 했고, 삽작돌림 방식으로 순시원을 선발하여 정기적으로 순산 활동이 이뤄지기도 했다. 일부 금송계에서는 산림감시원에게 순산패를 지참하도록 하여 범금행위의 감시와 적발 활동에 권위와 권한을 부여했다.

5) 점증적 제재 조치

대부분의 금송계에서 범금의 심각성, 빈도 등에 따라 처벌 수위를 달리했고 점증적인 제재 조치를 마련하고 있었다. 범금의 정도가 가벼운 경우에는 마을 주민과 송계원이 모인 자리에서 도덕적 비난, 멍석말이, 속전(贖錢)과 같은 가벼운 제재를 가했다. 그러나 범금의 횟수가 잦거나 범금의 심각성이 큰 경우에는 마을공동체에서 범금자에게 불씨를 빌려주지 않고 마을 우물을 사용하지 못하도록 하거나[水火不通], 계에서 범금자를 쫓아내거나[黜契], 마을에서 내쫓거나[黜洞], 관에 고발조치하는 등 극단적인 제재도 가할 수 있도록 했다.

6) 갈등 해결 장치

어느 조직에서나 갈등이나 분쟁이 발생할 수 있는 상황은 항상 있기 마련이다. 이런 상황을 어떻게 미연에 방지하고 실제 발생할 때 어떻게 조정·해결할 수 있는가가 조직의 지속 가능성을 담보하는 데 매우 중요하다. 과거 금송계에서는 대체로 비공식적 기제와 공식적 기제를 함께 마련하고 있었던 것으로 보인다. 지역공동체를 기반으로 금송계가 결성·운영되는 경우가 많았기 때문에 술자리모임, 길거리 대화, 집안회의 등 비공식적인 방법으로 갈등의 조정·해결을 모색할 수 있었다. 또한 임시회의, 정기회의 등 갈등상황이 논의되고 조정·해결될 수 있는 공식적 기제가 마련되어 있었다. 하지만 공식적·비공식적인 차원에서도 해결이 어려운 경우에는 관에 고소하여 관의 중재나 법정 소송으로까지 이어지기도 했다. 일례로 계룡산 국사봉지역 향한리–엄사리 양동송계는 비공식적 해결 방식과 공식적 기제가 없었거나 제대로 작동하지 않았기 때문에 두 마을 간의 갈등이 증폭됐고 종국에는 관에 고발하여 법정 소송으로까지 이어지게 됐다.

7) 최소한의 자치조직권 보장

금송 및 산림공유자원의 이용과 보호·관리 기능이 동계나 촌계 등 촌계류 조직에 예속되어 있는 경우를 제외하면, 많은 금송계는 상당한 수준의 자치조직권을 향유하고 있었던 것으로 보인다. 촌계류 조직에 예속되어 있던 경우에는 산림유사(山林有司), 송유사(松有司), 금송유사(禁松有司), 산림순시원(山林巡視員)과 같은 계임을 두어 송계산의 순산과 산림감시 활동을 수행하도록 했다.

하지만 금송계가 지역공동체에서 다른 촌계류 조직의 상위조직이나 산림자원의 보호와 관리에 특화된 전문조직으로 운영됐던 경우에는 나름대로 체계적인 자치조직을 갖추고 있었다. 예를 들어, 여섯 자연마을이 연합하여 결성된 계룡시 국사봉지역 향한리 송계에서는 ① 상유사(上有司, 송계의 수장), ② 공사원(公司員, 상유사 보좌), ③ 조유사(租有司, 송계 자산의 식리, 산세와 도조, 추입조 등 출납과 관리), ④ 전유사(錢有司, 조유사와 함께 송계의 재정 담당, 주로 금전 출납과 관리), ⑤ 별유사(別有司, 조유사와 전유사의 기능 담당), ⑥ 금송유사(禁松有司, 송계산의 순산과 감시업무, 각 마을에서 1명씩 선발), ⑦ 곡물유사(穀物有司, 산제와 거리제의 준비와 진행 주관) 등 정교한 자치조직 체계를 갖추고 있었다.

8) 중층적 사업단위

여러 자연마을들이 연합하여 결성한 리송계나 연합송계에서는 계 조직을 운영하는 데 중층적 사업구조를 갖추고 있었다. 대체로 '동계・촌계─리송계・연합송계─관청'이라는 3층적 사업구조를 띠었던 것으로 보인다. 대표적인 사례로 보성군 복내이리송계에서는 '촌계─이리송계─관청'의 3층적 사업구조였던 것으로 추측된다. 한편 재지사족 주도 금송계이었던 영암군 구림촌 서호송계에서는 '촌계─서호송계─구림대동계─관청'의 4층적 사업구조 속에서 운영됐을 것으로 추측된다. 나주목 금안동송계에서도 '촌계─송계─동계─관청'의 4층적 사업구조를 띠고 있었던 듯하다.

3. 공동체의 중요성

우리는 이 연구에서 산림공유자원의 보호·관리 방식인 금송계에 대한 온전한 이해를 위해서는 지역공동체라는 거시적이고 포괄적인 차원에서의 접근이 요구된다는 것을 알 수 있었다. 또한 금송계의 결성과 운영의 밑바탕에는 강한 공동체 유대의식과 공동체정신이 깔려 있었다. 금송계는 단순히 목재, 퇴비, 땔감, 목재와 시초 판매를 통한 경제적 수익 등을 확보하기 위한 목적으로 창설되고 운영됐던 것은 아니었다. '지역공동체 구성원 모두의 공존과 공영'이라는 보다 거시적인 시각에서 접근해야만 비로소 금송계의 결성, 조직의 구성·운영·관리 등을 제대로 이해할 수 있다.

이제까지 우리나라 전통사회 지역공동체 연구는 주로 제도주의적 관점과 접근에 치중해 왔다. 제도주의적 접근은 지역공동체의 결성, 운영, 관리 및 지속 가능성을 이해하는 데 상당한 정도의 설명력을 가지는 게 사실이다. 그러나 제도주의적 접근만으로는 전통사회 지역공동체의 밑바탕에 공동체의식, 유대감, 신뢰라는 주춧돌이 깔려 있었다는 사실을 적절하게 설명하지 못한다. 따라서 제도주의적 관점과 접근 못지않게, 전통사회 지역공동체의 기저에 흐르는 정신, 당시 기층민들이 가지고 있던 자연관, 세계관, 인간관으로 대표되는 삶의 철학을 이해하려는 노력이 병행돼야 할 것이다. 전문가 A와 B의 면담과 서면 답변에서 이를 확인할 수 있다.

> 공동체적 강제력은 누구나 받아들이는 상식이었던 것이다. 오히려 그것에 어긋나는 것이 이상한 것이었다. 초장길 닦기 같은 경우가 대표적이다. 그때가 엄청난 축제인데, 어렸을 때 추석 기다리듯이 이 날을

사람들이 기다리는 것이다. 그때는 일하러 가면서도 옷을 깨끗이 차려 입고, 농기 휘날리면서 신나서 가는 것이다. 그러니까 포인트를 어떻게 두느냐에 따라서 전혀 상반된 결론이 나올 수 있는데, 규약이나 이런 것이 있다고 하더라도, 사실은 그게 없어도 공동체는 그냥 돌아갔다. 규칙 때문에 송계가 유지된 것이 아니다.

(전문가 A의 면담, 2015년 5월 12일)

두레 공동노동에서는 비록 노동인력을 내지 못한다 하더라도 마을에서 공동으로 경작을 해준다. 그렇듯이 금송계에서도 마을공동체 차원에서 관리하여 마을의 어려운 문제를 공동으로 해결해가는 모습을 볼 수 있다. 즉 어떤 집에서 비록 산지기와 감고를 내지 못한다 하더라도 (조건없이) 마을공동체 혜택을 공유한다는 것이다. 또한 집안의 상례나 혼례 등 큰 일이 있다 하더라도 마을공동체가 같이 해결하는 모습은 시대의 격차를 떠나 교훈적이라 생각한다.

마을공동체는 이미 공동체 틀을 가지고 있었다. 그 틀 안에서 마을 사람들은 어려운 문제를 해결할 수 있었다. 오랜 공동체 틀 속에서 굳이 참여와 협력을 유도할 필요는 없었을 것 같다. 이미 마을공동체는 마치 한 가족과 같은 마음으로 유지되어 오고 있었기 때문이다. [중략] 마을공동체 성격을 볼 때, 마을공동체가 매년 초에 마을회의를 통해 마을의 중요한 일들을 결정하고 지켜나갈 때, 이를 지키지 않을 경우 마을공동체 구성원으로서 견딜 수 없는 관념적 장치들이 있었기 때문에 마을 사람들은 스스로 이를 지켰고, 이는 마을공동체를 유지할 수 있는 기반으로 작용할 수 있었던 것으로 보인다. 타인에 대한 의무 수행이나 집단 규범의 준수 강요가 있기 전에 마을공동체 성원들은 스스로 규약을 지켜나가고 있었던 것으로 보인다.

(전문가 B의 서면 답변, 2015년 6월 30일)

관이나 재지사족 주도 금송계에 비해 지역사회 기층민 주도 금송계가 훨씬 지속적이고 효과적이었던 사실에 비추어볼 때, 산림공유자원의 지속 가능하고 성공적인 운영과 관리를 위해 지역공동체 구성원의 유대의식과 공동체정신이 얼마나 중요했는지 짐작할 수 있다. 지역공동체 내 끈끈하고 강한 유대의식과 공동체정신은 외지인에 대해서는 '배타성'을 지닐 수 있다. 그러나 이러한 배타성은 구성원의 소속감과 유대감을 강화시켜 지역공동체의 장기지속성에 일정 부분 기여하기도 한다.

4. 관습과 불문율의 중요성

보성군 복내이리송계, 영암군 구림리 서호송계, 나주목 금안동송계, 양성현 가좌동 금송계 등 일부 금송계에서는 구체적인 명문 규정을 남겨 놓기도 했다. 그럼에도 금송계를 실제 운영·관리하는 데 명문 규정만으로는 한계가 있을 수밖에 없었으며, 오랜 기간 동안 한 지역사회에서 형성된 관습과 불문율에 상당 부분 의존하여 금송계 조직을 운영·관리했던 것으로 보인다.

일부 금송계에서 명문화된 규정이 있더라도 그 내용이 극히 단순하고 간략했다. 대부분의 경우 과거부터 전래되어 오던 불문율, 관례, 관습 전통에 의존하여 금송계를 운영·관리했다. 이것이 금송계 관련 자료와 정보가 많이 남아 있지 않은 가장 큰 이유이기도 하다. 특히 기층민 주도로 결성된 금송계에서 이러한 현상이 보편적으로 나타난다. 전문가 A의 면담에서도 이를 확인할 수 있다.

촌락사회에서는 공동체적 강제력이 작동되기 때문에 누구든 한 번

정해 놓으면 그것을 거스를 수가 없었다. 그것은 공동체 구성원이면 당연히 해야 되는 것이었고, 설사 성문화된 규약이 없더라도 내려오는 관행에 의해서 작동이 되는 것이었다. 마을 단위에서 오래전부터 내려오는 관행에 의해서 유지가 될 수도 있다. 조사해 본 경험에 따르면 오히려 규약이 없는 경우가 더 많을 수도 있다. 제가 살펴본 바에 의하면 공동체 내에서 소위 한학 쪽에 식견이 있는 경우이면 몰라도, 자연마을 단위의 경우 남아있는 문서가 없는 경우가 많다. 관행에 의해서 유지되고 있는 것이다. 예를 들어, 언제부터 땔나무를 하자는 마을 회의를 거쳐 해오던 관행에 따라서 유지되고 있는 것이다. 관행, 전통에 따라서 하는 것이고, 성문화된 것도 있지만 반드시 그렇지는 않다. 상당 부분이 성문화되지 않은 관행에서 내려왔다. 이것이 공동체의 힘이라고 본다. 큰 원리, 나름대로 내려오는 성문화되지 않은 그러한 것에 의해 송계는 돌아가는 것이지 규약을 꼭 정해놓는 것은 아니다. 오히려 후대에 와서 그러한 규정을 만든 것이 아닌가 싶다. 동계든 촌계든 마을 조직 내에서 관행이나 관습법에 의해서 시행되어 온 무언가가 있었을 것이다.

(전문가 A의 면담, 2015년 5월 12일)

5. 금송계의 위상과 중요성

전통농경사회에서 금송계의 위상은 매우 높았다. 농사에 필요한 퇴비, 땔감, 목재, 먹거리 등을 산림자원에서 확보해야만 했던 전통사회에서 금송계의 결성과 운영은 지역공동체와 구성원의 생존과 번영에 직결될 수밖에 없었다. 이에 더하여 금송계의 운영을 통해 공동 자산과 공동기금을 조성하고 국가와 관청에서 부과하던 각종 부세, 요역, 잡세 등에 공동으로 대처할 수 있었다. 그리고 마을의 산제, 당산제, 성황제와 같은 공동체 행사의 경비를 지원했고 혼상 부조, 극빈자 구제, 천재지변과 환난 대비 등 환난상휼과 상부상조의 기능을 수행했다. 또한 금송계는 지역공동체의 신분질서 유지, 도덕윤리 위반자에 대한 제재 등 상호규검 기능도 함께 수행했다. 이렇게 금송계가 지역공동체의 존속과 번영에 중요한 역할을 수행했음을 알 수 있다.

한 예로, 나주목 금안동송계는 송계산 시초를 방매하여 마련한 동중재산을 과부와 노약자 배려, 봄과 가을 강신회 경비, 쌍계정(雙溪亭)·차일(遮日) 등의 보수와 수리, 들깨씨·청장(淸漿)과 같은 천재와 구황에 대한 대비 등에 활용했다(박종채, 1995; 박종채, 1996: 195~196). 보성군 복내이리송계도 송계산을 기반으로 식리(殖利), 송계 전답의 도조 수입, 자마목(煮痲木) 판매, 소나무 판매, 분묘 대가 등을 통해 공동기금을 마련하여 통호조, 구마조, 예죽조 등 요역 및 부역을 함께 대처했으며, 세찬대 지급 등 환난상휼과 상부상조의 기능을 담당했다.

전문가 B와 C의 면담과 서면 답변에서도 금송계가 단순히 금송과 산림공유자원의 보호·관리에만 머물렀던 게 아니라 지역공동체의 존속과 번영에 깊숙이 연계되어 있었음을 알 수 있다.

> (금당도 차우리에서) 어장을 어떻게 (분란 없이) 구획했을까를 봤을 때, 이 공동체의 시발점은 (차우리) 목계를 운영했던 시스템이, 특히 목계를 주도했던 계장이 섬 전체의 경계를 정하는 데 개입할 수 있었다는 것이다. 그래서 어장 구획도를 보니까 어장 구획도가 목계를 운영했던 시스템을 그대로 바다에 적용되는 그런 양상을 볼 수 있었다.
>
> (전문가 C의 면담, 2015년 6월 2일)

> 마을공동체가 운영하는 금송계는 실질적으로 마을에 큰 도움이 된다. 금송계를 통하여 마을공동체는 공동자산을 확보할 수 있었고, 마을 사람들은 이를 통하여 마을에 부여된 국가 부세나 국가 잡역 등을 해

결할 수 있었으며, 또한 마을공동의 경비를 충당할 수 있었다. 더 나아가 마을에 어려운 형편의 노약자가 있는 경우, 이에 배려도 할 수 있었으며, 천재에 대비하여 들깨씨나 청장과 같은 구황식품도 구비하는 등 마을공동 자산의 효용은 마을공동체를 지탱하는 주춧돌로 보여진다.

(전문가 B의 서면 답변, 2015년 6월 30일)

6. 경제적 이해관계의 중요성

금송계의 성공과 지속 가능성을 확보하는 데 지역사회 기저에 흐르는 공동체 유대의식과 동질의식이 아주 중요한 역할을 했음을 앞에서 언급했다. 그렇더라도 금송계의 운영에 따른 경제적 이해관계 또한 결코 소홀히 할 수 없는 요인이었다. 금송계의 운영을 통해 실질적인 경제적 혜택을 창출했을 경우 금송계의 성공 가능성과 지속 가능성은 더욱 높아질 수 있었다.

계룡산 국사봉지역 향한리 송계, 보성군 복내이리송계, 장흥부 차우리 목계와 같이, 금송계는 송계산뿐만 아니라 전답 등 상당한 규모의 부동산을 소유하기도 했다. 송계산에서 목재, 퇴비 등의 판매로 수익을 창출했고 전답으로부터 도조를 거둬들였다. 또한 곗돈을 각출하여 이자를 불려나가 상당 규모의 공동기금을 마련하기도 했다. 향한리 송계는 2016년 송계산 매각 이전에 약 444,752평의 부동산을 소유했고, 복내이리송계는 2015년 1월 22일 당시 송계산과 송계 전답을 포함하여 약 752,291평을 소유하고 있었다.

금송계의 운영으로 마련된 공동 자금은 지역공동체의 생존과 번영에 긴요하게 활용됐다. 한 예로, 영암군 구림리 서호송계는 송계 재산과 마을 사산의 운영으로 당산제 비용과 같은 마을의 공동경비 지출, 청장년 교육을 위한 문사재(文士齋)와 양사재(養士齋)의 창건과 이전, 구한말–일제 초기 약 10년 동안 사립학교 운영(1907~1917년), 1917년 구림공립보통학교 설립 기금으로 계답(契畓), 현금 및 부지 기증, 구림실업고등학교 부지 기증 등 지역공동체 내 다양한 활동을 적극 지원할 수 있었다.

7. 기타 중요사항

그 외에도 금송계 연구에서 몇 가지 중요한 사실들을 발견할 수 있다. 조선시대 산림정책은 '자생하는 소나무'에 대한 소극적인 보호 차원에만 머물러 있었다. 이렇게 자생하는 소나무에만 치중한 나머지, 식림과 조림을 위한 사업과 시책을 적극적으로 추진하지 않았다.[3] 또한 소나무 외에 잣나무, 상수리나무, 밤나무, 단풍나무 등 다른 수종에는 크게 관심을 기울이지 않았다. 이와 같은 한계점은 금송계의 운영에서도 여실히 드러난다. 양성현 가좌동 금송계와 같이 봄과 가을에 소나무를 식재하여 가꾸던 금송계도 있었지만, 대부분의 금송계는 주로 자생하는 소나무에 대한 소극적인 보호·관리 차원에 머물렀다.

국가 차원의 식림·조림사업은 일제강점기에 와서 본격적으로 실시됐다. 일제는 금송계나 산림조합으로 하여금 묘목을 적극 심고 가꾸도록 했다. 1915년에 결성된 청계산식림계(清溪山殖林稧)의 「규칙」에 "본 계는 계원의 애림사상을 함양하고 또 필요한 땔감 용재의 수요를 충당하기 위하여 청계산 국유임야를 대부받아 조림하는 것을 목적으로 한다. 전항의 목적을 달성하기 위하여 묘포(苗圃)를 설치하고

3) 이런 사실은 정약전의 〈송정사의(松政私議)〉(1804년, 순조 4년)에서도 확인된다.

묘목을 기른다. 단, 묘목을 생산할 때까지는 구입 묘목을 심어야 한다"라고 명시하고 있다(3조). 이렇게 일제는 금송계나 산림조합을 통해 식림과 조림을 적극 추진했던 것이다.

제2절 가설의 제안

전통농경사회에서 활발하게 결성·운영되던 금송계에 대한 연구로부터 우리는 몇 가지 중요한 가설을 도출할 수 있다. 장래에 산림공유자원의 운영·관리 방식인 금송계뿐만 아니라, 동계, 촌계, 상여계, 혼구계, 학계 등 과거 지역공동체 조직에 대한 심층적이고 체계적인 연구를 통해 이러한 가설들을 검증할 필요가 있다. 또한 전통사회에서 어장, 목장, 관개수로 등 공유자원의 지속 가능한 이용과 보호·관리 방식인 각종 계 조직에 대한 지속적인 연구와 분석을 통해 가설의 검증과 정교화 작업이 진행되어야 할 것이다. 잠정적이지만 본 연구를 통해 아래와 같이 주요 가설들을 도출할 수 있다.

가설 1: 구성원의 동질성이 강한 금송계일수록 명문 규정보다는 불문율, 관례 및 관습에 더 의존한다.

금송계가 비슷한 신분이나 친인척 등으로 구성됐을 경우 구성원의 동질성은 매우 높을 수밖에 없다. 송계산의 규모, 지역의 특성(예: 산간 지역, 평야 지역, 도서연안 지역 등), 식자층의 존재 여부 등 다른 현지 조건이 동일하다면, 구성원의 동질성이 높은 금송계 조직의 운영과 관리에 명문 규정보다는 불문율, 관례 및 관습에 상대적으로 더 많이 의존한 것으로 나타났다.

가설 2: 금송계의 규모가 작을수록 명문 규정보다는 불문율, 관례 및 관습에 더 의존한다.

몇 개의 자연마을이 연합하여 결성한 리송계 혹은 연합송계보다는 독송계에서 명문 규정이 있더라도 대체로 조항 수가 많지 않고 간략하였다. 대신 오랜 세월동안 전래되어오던 불문율, 관례 및 관습에 주로 의존하여 금송계가 운영·관리됐다.

일례로 충청남도 금산지역 송계의 조직범위를 살펴보면, 〈표 5-6〉에서 보는 바와 같이, 156개 금송계 중에서 독송계가 107개로 약 69%를 차지했는데, 이들 독송계에서는 금송계 관련 규칙이나 규약이 거의 발견되지 않았다(강성복, 2001). 따라서 대부분의 독송계는 마을공동체에서 과거로부터 전래되어 온 불문율, 관례 및 관습에 의해 자치적으로 운영됐던 것이다.

가설 3: 금송계 구성원의 신분이 다양할수록 명문 규정에 더 의존한다.

금송계가 다양한 신분이 참여하는 '상하합계', '상중하합계'일수록 업무 분장, 계임 구성, 범금 사항, 처벌 수위 등에서 더 세분화되어 있었고 명문 규정을 더 많이 두었다. 예를 들어, 보성군 복내이리송계는 1920년에 작성한 「송계안(松稧案)」(13권) 〈송계규약조례(松契規約條例)〉에서 8개 조목(條目) 64개 례(例)의 명문 규정을 마련했다. 나주목 금안동송계의 「송금동약안(松禁洞約案)」(1715년, 숙종 41년) 〈약규(約規)〉에는 24개 조목(條目)이 실려 있다. 양성현 가좌동 금송계의 「금송계좌목(禁松契座目)」(1838년, 헌종 4년) 〈입의(立議)〉에는 20개 조목이 실려 있다.

가설 4: 기층민이 주도하는 금송계에서는 불문율, 관례 및 관습에 더 의존한다.

문자를 읽고 쓸 줄 아는 식자층인 재지사족의 주도로 결성된 금송계에서 대체적으로 더 세분화·명문화된 규정에 의존했다. 대표적인 사례로는 영암군 구림리 서호송계, 나주목 금안동송계, 보성군 복내 이리송계, 양성현 가좌동 금송계 등이 있다. 또한 하동부 「송계절목(松稧節目)」(1800년, 정조 24년)에서와 같이, 관 주도의 금송계도 세부적인 명문 규정을 많이 두고 있었다.

이에 비해, 기층민이 주도하던 금송계는 거의 대부분이 상식과 불문율, 관례 및 관습에 의존하여 운영·관리됐다. 비록 명문 규정을 마련했더라도 비교적 간략했다. 전문가 A의 면담에서도 이를 확인할 수 있다.

> 공동체 내에서 소위 한학 쪽에 식견이 있는 경우이면 몰라도, 자연마을 단위의 경우 남아있는 문서가 없는 경우가 많다. 관행에 의해서 유지되고 있는 것이다. 예를 들어, 언제부터 땔나무를 하자는 마을 회의를 거쳐서 하던 관행에 따라서 유지되고 있는 것이다. 관행, 전통에 따라서 하는 것이고, 성문화된 것도 있지만 반드시 그렇지는 않다. 상당 부분이 성문화되지 않은 관행에서 내려왔다.
>
> (전문가 A의 면담, 2015년 5월 12일)

가설 5: 여러 자연마을이 연합하여 결성한 금송계일수록 지도자의 영향력이 더 크게 나타난다.

여러 자연마을이 연합하여 결성한 리송계나 연합송계에서는 구성원의 동질성이 상대적으로 낮기 때문에, 갈등 상황이나 분쟁이 발생할 경우 이를 조정하고 해결하는 방식에서 동질성이 강한 금송계와는 차이가 있을 수밖에 없었다. 리송계나 연합송계에서 갈등을 조정하고 해결하는 데 수장의 권위와 역할은 매우 중요했던 것으로 보인다.

예를 들어, 순흥도호부 순흥초군청의 수장인 좌상(座上)에 대해 "순흥부사에 버금가는 힘을 가졌다"(배영동, 2013: 57), "끝발이 대단했다"(배영동, 2013: 56), "좌상은 왕이라. 좌상 명령이면 그만이라. 말 안 들으면 국물없어"(이기태, 1997: 106) 등의 증언에서도 알 수 있듯이, 좌상은 대내외적으로 상당한 권위와 권한을 가졌다. 이렇듯 수장의 영향력이 조직 내에서나 외부와의 관계에서 발생하는 갈등 상황과 위기 상황을 해결하는 데 상당한 효력을 발휘할 수 있었을 것이다.

이 같은 내용은 금산지역 리송계나 연합송계에서도 확인된다. 과거 금산지역에서 "대방 한 번 하는 것이 군수보다 낫다", "대방으로 선출되는 것이 군수 되기보다 어렵다"는 말들이 회자됐듯이 학식과 덕망을 갖춘 지역사회 유력자들이 대방으로 선출됐다(강성복, 2001: 33~34). 이렇게 대방의 언행은 송계 안에서 상당한 영향력과 파급력을 가졌을 것으로 추측된다. 초장길 닦기 행사에서 대방의 절대적 권위를 다음 글에서 가늠해 볼 수 있다.

> 유사시 대방의 명령과 지시 사항은 절대적인 것이어서 초군들은 감히 이의를 제기하거나 거역하지 못했다. 실제 그 권위가 얼마나 대단했던지 초장길 닦는 날 싸움이 일어나면 일본 순사도 말리지 못하는 험

악한 상황을 앉은대방의 말 한마디면 수습이 됐고, 군수나 경찰서장이 부임하면 인사를 올 정도로 초군들 사이에서 신임을 받았다는 것이다. (강성복, 2001: 34)[4]

또한 갈등 상황에서 지역 유지가 가지는 절대적인 영향력은 전문가 B의 서면 답변에서도 확인할 수 있다.

마을 송계의 갈등해결에서 마을 어르신들의 영향력은 결정적일 것으로 보인다. 마을 구성원의 성씨 구성을 보면 1성 내지 2성으로 구성된 반촌마을 1개 내지 2개와 백성마을(민촌)이 8개 정도로 구성되는 경우가 많다. 이런 경우 반촌이 당연히 송계를 이끌 것이고, 그 안에서 어르신의 말씀은 그야말로 법이라 할 정도로 영향력이 있다고 보여진다.
(전문가 B의 서면 답변, 2015년 6월 30일)

가설 6: 구성원의 동질성이 강할수록 금송계의 지속 가능성과 성공 가능성이 높아진다.

금송계의 구성원이 친척, 인척, 동문수학 등으로 끈끈하게 연결되어 있는 경우, 구성원 간의 유대감과 동질성이 강하게 형성되어 있으므로, 금송계의 운영 과정에서 나타날 수 있는 이견, 갈등 및 분쟁을 다양한 비공식적 경로로 사전에 예방하고 발생 후에도 이를 원만하게 조정·해결할 수 있었으리라 생각된다.

한 사례로 보성군 복내이리송계를 들 수 있다. 이리지역 자연마을들이 한 골짜기와 복내천을 따라 들어서 있어 구성원들 간에 접촉과

4) 강성복의 1998년 12월 8일과 2001년 5월 23일 두 차례 현지조사에서 금산읍 음지리 장동이 양귀석(남, 90세) 씨, 남이면 하금리 고촌 정태옥(남, 85세) 씨의 도움말.

왕래가 잦을 수밖에 없었고 구성원 대부분이 친척, 인척, 동문수학 등으로 끈끈하게 얽혀 있었다. 따라서 갈등이나 분쟁이 발생해도 극단적인 반목과 대립으로까지 치닫지 않았던 것이다. 이런 내용은 복내면 이리지역 현장조사(2017년 7월 21일)에서도 확인된다.

> 애착심이라고 (할 수 있습니다). 2리 동네가 복내면 한 골짜기지 않습니까. 전부 다 친척이고 인척 관계가 많이 맺어져 있고. 통행 방법이 한골이에요. 아무튼간 자주 만나고 그 다음에, 시장이 형성이 되어 있고 그래가지고 5일마다 매주 모여 만나서 같이 놀고 이렇게 일도 하면서.[5)]

가설 7: 관 주도 금송계나 재지사족 주도 금송계보다 기층민 주도 금송계의 지속 가능성과 성공 가능성이 더 높다.

관이나 재지사족 주도 금송계에 비하여 기층민 주도 금송계의 장기 지속성이 높게 나타나는 가장 큰 이유는 금송계의 운영과 관리가 곧 자신의 생존과 직결됐기 때문이다. 공동 재산과 공동기금의 운영으로 목재, 땔감, 퇴비 등 생존에 꼭 필요한 물품을 확보하고 마을 공동체의 유지와 번영에 크게 도움이 됐기 때문이다. 전문가 A와 B의 면담과 서면 답변을 통해 보다 구체적인 이유와 요인을 확인할 수 있다.

> 제일 중요한 것은 공동체적 원리라고 할 수 있을 것이다. 또 하나는 생활의 필요성이다. 실질적으로 공동체 원리를 누가 어기기 시작하면, 산림이라는 것은 언제든지 초토화될 수 있고 자원은 고갈될 수 있는 것이기 때문에 정말 필요한 것이고, 생존을 위해서는 지켜야 하는 것이

5) 현장조사(2015.07.21.)에서 이리송계 총무 손육근 씨의 도움말.

었다. [중략] 산림이라는 것이 과거에는 한 마을 단위로 될 수 있는 것이 아니었다. 여러 마을이 얽혀 있을 수밖에 없었고 산림의 문제는 곧 생존의 문제였다. 땔나무 문제뿐만 아니라 모든 것이 과거에는 거기에서 나왔다고 해도 과언이 아니다. 농사에 제일 필요한 비료, 퇴비가 모두 거기에서 나온다. 그리고 죽어서 가는 곳도 결국 산이었다. 또한 산이 많은 곳은 농사도 거기서 지었다. 그러다 보니 웬만한 것이 다 산에서 상당 부분 이루어지다보니 일찍이 그 중요성을 알게 됐던 것이다.

(전문가 A의 면담, 2015년 5월 12일)

마을이 주도하여 금송계를 시행했던 경우는 상당히 효율적인 산림자원 관리가 가능했을 것으로 보여진다. 우선 지리적인 측면에서 산림현장을 가장 잘 알고 익숙해있던 현지 마을 사람들이 가장 효율적인 방법을 찾아 관리를 했을 것으로 보인다. 그리고 금안동의 경우(1681년)처럼 마을 현실에 맞게 법 적용을 하거나, 보성 이리송계처럼 마을 사람들에게 더 많은 혜택을 주거나, 담양 회룡마을처럼 금송계를 통해 마을의 공동문제를 해결하는 경우, 그리고 금산의 독송계나 연합송계처럼 연료확보의 대상이 되는 경우, 금송계는 마을 사람들에게 매우 유용한 조직이 되고 금송산은 마을공동체의 유용한 자산이 됐다.

반면에 관 주도의 금송계는 숙종대 갑자사목(1686년)이나 정조대 무신사목(1788년)을 통해 금송계를 권장하거나, 조선 후기 제법전들을 통해 강한 형률을 적용하여도 결과는 여러 순무사들이 보고했듯이 '민둥산'으로 나타났던 것으로 보면, 결코 성공적이라 할 수 없다. 또한 재지사족이 중심이 된 '묘산금양(墓山禁養)'을 목적으로 하는 금송계 역시 효과는 크다고 볼 수는 없을 것 같다. 그것은 금송의 영역이 묘산에 한정되어 있고 금송의 혜택 또한 일부 재지사족에 국한되어 있기에 마을 사람들 금송 행위도 소극적일 수밖에 없을 것으로 생각된다.

(전문가 B의 서면 답변, 2015년 6월 30일)

가설 8: 규모가 작은 금송계일수록 직접민주주의 방식에 따른 집합적 의사결정이 이뤄질 가능성이 높아진다.

하나의 자연마을이 참여하는 독송계, 리송계, 소규모의 연합송계에서는 정기적인 모임에 송계원이면 누구나 참여하여 자유롭게 의견을 개진할 수 있었다. '전원 참석, 전원 합의'로 의사결정이 이뤄졌던 것이다. 이러한 직접민주주의 방식을 통해서 절차적 합리성, 참여의 자율성, 숙의성과 성찰성을 보장하여 풀뿌리민주주의 전통을 유지할 수 있었으리라 추측된다. 한편 여러 마을이 참여하는 대규모의 연합송계에서는 송계원의 참여가 쉽지 않았기 때문에 마을 대표(들)로 구성된 정기회의에서 의사결정이 이뤄졌다. 한 예로 금산지역 산안골 열두송계에서는 매년 가을걷이가 끝나고 송계의 수장인 솔대방이 각 마을 대표들을 소집하여 정기계회를 개최하고 "기금의 결산, 호당 산림조합비 거출, 솔대방을 비롯한 역원의 선출" 등 송계 관련 사항들을 논의하고 결정했다(강성복, 2003).

가설 9: 재정 기반이 탄탄한 금송계일수록 지속 가능성과 성공 가능성이 높아진다.

담양군 회룡마을, 계룡산 국사봉지역 향한리 송계, 보성군 복내이리송계, 영암군 구림리 서호송계, 나주목 금안동송계 등 많은 사례에서 확인되는 바와 같이, 재정적 기반이 탄탄하게 마련되어 있던 금송계는 기근, 요역 및 부역 등 지역공동체가 직면한 현안 문제들을 적극 대처할 수 있었다. 또한 탄탄한 재정 기반은 금송계로 하여금 지역공동체 내 구심점 역할을 담당할 수 있도록 했다.

1970년대 이후 산업화, 이농 현상, 연료의 변화 등으로 금송계의 위상은 과거에 비하여 급격하게 하락했다. 그럼에도 과거 송계산, 전답 등 재산을 소유하고 여전히 탄탄한 재정 기반을 갖춘 금송계는 오늘날에도 건재하여 지역사회의 중추 기능을 맡고 있다. 이러한 예는 보성군 복내이리송계, 계룡시 국사봉지역 향한리 송계 등에서 확인된다.

제 8 장

나오며

제8장 나오며

제1절 연구의 의의

금송계 연구가 가지는 가장 큰 의의는 바로 자율적 자치공동체의 공유자원 관리 역량과 가능성을 보여준다는 사실이다. 이제까지 공유자원을 보호하고 관리하는 데 국가에 의한 강력한 '규제 중심적 접근' 혹은 사적 재산권을 설정하거나 시장 기제를 활용한 '시장중심적 접근'을 주로 활용하여 왔다. 하지만 최근에는 제3의 접근 방식으로 지역공동체 차원에서 자치적·자율적인 공유자원 관리 방식이 주목받고 있다.

전통농경사회에서 산림공유자원의 관리 방식이었던 금송계에 대한 연구를 통해 우리는 공유(公有)와 사유(私有)를 넘어서 공유(共有)의 지혜에 대한 가능성을 제시할 수 있었다. 전통사회에서 지역공동체가 주도하여 자치적으로 결성·운영한 금송계는 산림공유자원을 지속가능하게 이용하고 관리할 수 있었다. 이제는 과거에 행해지던 공유(共有)의 지혜에 주목할 필요가 있다.

공유자원의 보호와 관리에 중앙과 지방정부의 필요 이상의 개입은 자칫 공동체의 자율적인 책임을 경감시키고 구성원의 참여 노력을 방해할 수 있다. 이는 결국 공유자원의 관리 실패와 파괴로 귀결될 가능성이 높아지게 되는 것이다. 한 전문가의 의견에 귀를 기울여보자.

> 전통시대에도 어촌계가 있었지만 우리나라(에서) 어촌계가 제도화된 것은 1970년대이었다. (지역공동체에서 자율적으로 어장 운영관리가 이루어지고 있었는데 1970년대 이후 어촌계라고 정부가 나서서 만들면서 도리어 공동체 균형이 깨지게 됐다.) (제방의 경우에도) 공동체가 운영하다가 국가 제방으로 넘어간 것이 이때이다. 그러니까 지금 공동체가 없어졌다. 왜냐하면 제방 무너질 것을 우리가(지역공동체민이) 왜 걱정해. 국가 소유로 가버렸는데. 그러면(서) 공동체가 깨지게 됐다. 왜냐하면 옛날에는 제방이 터지면 자기 것만 터지는 것이 아니라 다 터지게 된다. 연좌적으로. 그러니까 매일 둑을 관리할 수 없으니까 관리인을 채용한다. 12개월 동안 계속 (둑에) 구멍(이 있는지)만 보고 다니라고.
>
> (전문가 C의 면담, 2015년 6월 2일)

'천연' 공유자원뿐만 아니라 '인공' 공유자원의 지속 가능하고 성공적인 보호와 관리를 위해서도 공유자원을 사용하여 실질적인 편익을 누리는 지역공동체와 구성원들의 참여와 협조가 절실하다는 사실을 금송계 연구에서 다시 한 번 확인할 수 있었다. 지역공동체가 처한 특수한 여건과 상황을 최대한도로 배려하고, 구성원에게 자발성과 자율성을 보장하고 이를 증진시킬 수 있을 때에만 공유자원 관리의 실질적인 효과를 담보할 수 있는 것이다. 금송계를 오랫동안 연구한 두 전문가의 답변을 직접 들어보자.

더불어 사는 공동체, 그리고 자연과 사람의 조화로운 모습들이 핵심이다. 특히 송계의 경우에는 그러한 것이 극적으로 나타난 것이다. 자연을 보호한다는 것만을 말하는 것이 아니라, 우리의 마을공동체에는 그러한 모습이 DNA처럼 묻어져 있다고 본다. 상생, 조화로운 삶과 같은 기본 사고들이 문화적 DNA처럼 대물림되듯이 내려온 우리 마을문화의 한 구조라고 할 수 있을 것 같다.

(전문가 A의 면담, 2015년 5월 12일)

한마디로 말씀드리자면, 위로부터의 강압적인 행정 차원에서의 금송정책은 큰 효과가 없었고, 마을공동체의 자발성에 의한 금송계는 매우 큰 효과를 보이고 있다. 단, 관에서 마을의 자율성을 최대한 존중했을 경우이다. 따라서 오늘날 산림자원과 같은 공유자원의 보존, 관리 차원에서 옛 경험을 살리려면 지역의 특성을 존중해주고, 지역민들의 자발성과 자율성을 최대한 존중해서 정책을 입안해야 할 것 같다는 생각을 해본다.

(전문가 B의 서면 답변, 2015년 6월 30일)

이 연구의 또 다른 의의는 바로 산림공유자원의 지속 가능한 보호와 관리를 위한 조직인 금송계에 대한 체계적이고 종합적인 연구를 수행했다는 점이다. 이제까지 금송계 연구는 민속학, 역사학, 산림자원학, 법학, 사회학 등 일부 분야에서 몇몇 연구자에 국한되어 진행되어 왔다. 안타깝게도 행정학, 정책학 등 사회과학 전반에서 산림자원을 포함한 공유자원의 지속 가능한 이용과 보호·관리에 대한 연구가 체계적으로 이뤄지지 않았다.

〈부록 표 1〉에서 보듯이, 이 연구는 많은 금송계 사례들을 발굴했고, 26개 금송계규약에 대한 내용분석을 실시했다. 더불어, 1차 및 2차

자료가 풍부한 8개 금송계에 대한 심층사례 분석을 수행했으며, 역사학과 민속학 분야에서 오랫동안 금송계 연구에 매진해온 3명의 전문가를 대상으로 심층면담과 서면조사를 수행했다. 금송계 사례에 대한 체계적이고 종합적인 연구와 분석은 금송계의 결성 배경, 인적 구성, 조직 및 운영 방식 등에 대한 심층적인 이해를 높이는 데 일정 정도 기여할 수 있으리라 기대한다. 우리의 연구가 앞으로 산림자원을 포함한 공유자원의 보호와 관리에 대한 관심과 연구를 자극하는 계기가 되기를 희망한다.

부차적일 수도 있겠으나, 우리의 또 다른 연구 목적 중 하나는 기존의 흩어져 있던 1차 및 2차 사료와 자료를 수집·발굴하는 것이었다. 급속도로 진행된 산업화와 도시화로 과거 전통사회의 사료와 자료들이 망실되어 가고 있는 상황에서 사료와 자료를 수집·발굴하여 이를 정리·보존하는 것이야말로 학문 후속세대를 위해 절실히 요구되는 작업이라고 생각한다. 아무쪼록 앞으로 이들 사료와 자료가 적극 활용될 수 있기를 기대한다.

제2절 연구의 한계 및 향후 연구과제

많은 시간과 노력을 기울였지만, 우리의 금송계 연구에서 여러 아쉬움이 남는다. 34개 금송계를 분석대상으로 했고 일부 금송계의 1차 사료를 직접 발굴하고 수집할 수 있었지만, 여전히 많은 금송계를 이 연구에 포함하지 못했다. 시간과 재원의 제약 때문이었음을 부인하기 어렵다. 일제식민시대 금송계의 현황 조사에 따르면, 강원군 양양군에만 무려 90여 개의 송계가 존재했고(淺野力, 1918), 충청북도 영동군에도 13개의 송계가 존재하는 것으로 확인됐다(菱本長次, 1912). 강성복(2001)의 현지조사에 따르면, 금산지역에서 송계의 수는 162개로 자연마을의 송계 가입율이 95%에 달했다고 한다. 이로써 보건대, 과거 전통사회에서는 전국에 걸쳐 많은 수의 송계가 지역사회에 존재했음을 알 수 있다.

오늘날까지 지역사회에서 전승되고 있는 금송계의 발굴과 1차 사료의 수집이 시급히 요구된다. 산업화와 도시화에 따라 지역공동체는 급격하게 붕괴되고 있으며 지역사회의 공동화 현상은 심각하게 진행되고 있다. 금송계 관련 고문서와 같은 1차 사료는 망실되고 있고 과거의 경험과 기억은 빠른 속도로 사라지고 있다. 금송계 자료와 정보를 체계적으로 발굴·수집하고 데이터베이스(database)화하는 작업이 절실히 필요한 이유이다.

이 연구에서 우리는 26개 금송계규약에 대한 내용분석을 실시했다. 이미 여러 번 언급했듯이, 과거 금송계는 명문화된 규정보다는 주로 관습, 관례, 불문율에 의존하여 운영됐다. 따라서 명문화된 규정의 해석과 이해만으로 금송계 전반을 파악하려는 시도는 상당한 편파성과 왜곡을 불러올 수 있음을 지적하고 싶다. 특히 대부분의 금송계가 기층민 주도로 결성·운영됐던 점을 상기할 때, 명문 규정만으로 금송계를 파악하려는 시도는 바람직하지 않다. 장래 연구에서는 금송계에 대한 보다 다차원적·다각적인 접근이 필요한 이유다. 금송계규약 분석뿐만 아니라, 법적 소송 기록, 관의 판결, 재정 수입 및 지출 내역, 개인 소장 문서 및 문집 등에 대한 광범한 접근과 분석이 요구된다. 법적 소송의 경우에도 송계원 간의 소송, 금송계–외지인의 소송, 금송계–금송계의 소송, 금송계–재지사족의 소송 등 여러 형태로 존재한다.

이 연구에서 또 하나 아쉬운 점은 시대가 바뀌면서 금송계가 어떻게 변해왔는지에 크게 주목하지 못했다는 것이다. 조선 후기, 일제강점기, 해방 이후 산업화 등 시대 변천에 따라 금송계의 특성과 모습이 달라져 왔다는 것을 이 연구로 어느 정도 확인할 수 있었다. 따라서 추후 연구에서는 시대 변천에 따른 금송계 결성·운영의 역동성과 동태성을 올곧이 파악하기 위한 노력이 있어야 할 것이다.

이와 더불어, 앞으로 산림자원뿐만 아니라 다른 공유자원에 대한 사료와 자료를 체계적으로 발굴·수집해야 할 것이다. 과거 지역사회의 어장, 관개 수로, 제방, 목장 등 공유자원의 자치적·자율적 관리에 대한 심층적이고 종합적인 연구와 분석이 절실하게 요구된다.

개인이나 개인의 총합인 사회는 오랜 과거에서부터 축적되어 온 전통으로부터 결코 자유로울 수 없다. 격동의 근현대사를 겪으면서 우리는 자신의 본래 모습을 애써 잊으려고만 했지 자신의 진면목을 찬찬히 들여다보려는 노력은 소홀히 하여 왔다. 생명 경시, 자연과의 조화 파괴, 천민자본주의의 극성과 돈에 대한 맹신, 공공성 실종, 공동체 붕괴 등 오늘날 우리 사회의 각종 위기 현상은 우리 자신의 본모습을 잃게 되면서 나타난 현상이라고 생각하면 지나친 비약일까. 오늘날 우리 사회의 현상과 문제의 근원을 올곧이 이해하기 위해서는 과거의 전통을 되짚어봐야 할 것이다. 즉 우리는 온고(溫故)하여 지신(知新)하고 법고(法故)하여 창신(創新)하려는 관심과 노력이 필요한 시점에 서있다. 이런 관심과 노력만이 현 세대뿐만 아니라 미래 세대에게도 유익하고 귀중한 지혜와 혜안을 제공할 수 있을 것이기 때문이다.

부 록

〈부록 표 1〉 금송계 현황 및 내역

일련번호	자료 명칭	작성 시기	시행지역	출전(소장)
박종채. (2000). 「조선 후기 금송계 연구」. 중앙대학교 박사학위논문.				
1	파산금송계첩(坡山禁松契帖)	1665년	坡山先塋	損庵集卷4
2	송금동약안(松禁洞約案)	1715년	(羅州) 金鞍洞	나주시 노안면 금안동(金鞍洞)
3	송명동금송계첩(松明洞禁松稧帖)	1763년	(槐山) 松明洞 (三洞)	김한3, 621~625쪽
4	송계완의(松稧完議)	壬戌年	(善山縣) 마을 四山 추정	四方 博, 75쪽; 김한3, 649~655쪽
5	송계절목(松稧節目)	1800년	河東府 관할지역	김한3, 645~648쪽
6	이리송계안(二里松稧案)	1803년 부터	(福城縣) 二里	보성군 복내면 반석리(盤石里)
7	순산계(巡山稧)	1805년	(楊州牧) 於屯里	四方 博, 75쪽; 김한3, 657~660쪽
8	촌제축판(村祭祝板)	1816년	(潭陽) 村中柴場	담양읍 회룡마을
9	온정동금송절목(溫井洞禁松節目)	1819년	(延豊縣) 溫井洞	한국법제연구원, 255~256쪽
10	금송계좌목(禁松契座目)	1838년	(陽城縣) 所古尼面 可坐洞	김한3, 626~632쪽
11	임천리농상계(林泉里農桑契)	1840년 즈음	(襄陽) 西面 北坪里	田添元, 69~70쪽; 淺野力, 141쪽
12	267/268	1857년	(尙州) 內南面 曲木里/穀城里 當村後山[1]	서고4, 62~64쪽
13	송계절목(松契節目)	1854년 이전	夫餘 지방	김한3, 640~644쪽
14	269	1861년	(尙州) 內南面 曲木里 本里後山[2]	서고4, 654쪽
15	270	1865년	(尙州) 內南面 曲木里 村後洞山[3]	서고3, 66쪽
16	중도문리송계(中道門里松契)	1913년 이전	(襄陽) 道川面 中道門里	田添元, 71~72쪽; 淺野力, 144쪽
17	성곡소동송계(星谷小洞松契)	1903년	(金堤) 陰·陽村·新村松界와 自己山	이각종
18	394	1903년	(鎭南) 西面 局峙洞	서고4, 152쪽
19	585	1903년	只尙谷道坪	서고4, 263-264쪽

20	402	1903년	(鎭南) 光三面 安井洞 曳城村	서고4, 156쪽
21	서사면송계(西四面松契)	1909년	(勵山) 西四面	이각종
22	금원산송계안 (金猿山松契案)	1909년	(居昌) 渭川面 金猿山	이각종
23	송금계규칙서 (松禁禊規則書)	1909년	益山 지방	四方 博, 77쪽
24	삼림수호세칙 (森林守護細則)	1909년	(金堤) 邑內	四方 博, 77쪽
25	운전동동내입의 (雲田洞洞內立議)	1909년	(井邑) 雲田洞	四方 博, 79쪽
26	성동송계(城洞松契)	100년 전	(忠州) 甘勿面 城洞	菱本長次
27	소산동산림계 (素山洞山林契)	100년 전	(安東) 素山洞	한국법제연구원, 215쪽
28	금송계입의(禁松禊立議)	丁亥	—	김한3, 661~662쪽
29	농암금송계좌목 (籠巖禁松禊座目)	辛亥	—	김한3, 633~639쪽
30	분동심씨산하리계안 (紛洞沈氏山下里禊案)	甲申	(淸州) 南州內面 紛洞 山下里	김한2, 515~517쪽
31	271/272/273	—	(尙州) 山北面 大土里 陰地陽地 兩山	서고4, 67~69쪽
32	547/549	—	(青山) 東面板籔	서고4, 233~235
33	583	—	南宮村	서고4, 263쪽
34	초평면송계 (草坪面松契)	1912년조사 당시 존재	(鎭川) 草坪面	菱本長次
35	하단리송계 (下丹里松契)	1912년조사 당시 존재	(永東) 下丹里	菱本長次
36	장현리송계 (長峴里松契)	1912년조사 당시 존재	(永東) 長峴里	菱本長次
37	마군천리송계 (馬郡川里松契)	1912년조사 당시 존재	(永東) 馬郡川里	菱本長次
38	목적리송계 (目赤里松契)	1912년조사 당시 존재	(永東) 目赤里	菱本長次
39	하왕도리송계 (下旺道里松契)	1918년조사 당시 존재	(襄陽) 下旺道里 · 鶴浦里	淺野力, 142쪽

1) 곡목리(曲木里)와 곡성리 해당 마을 뒷산[當村後山].
2) 곡목리(曲木里) 뒷산[本里後山].
3) 곡목리(曲木里) 마을 뒤 동네산[村後洞山].

40	중도문리송계 (中道門里松契)	1918년조사 당시 존재	(襄陽) 中道門里	淺野力, 144~145쪽
41	우암리송계 (牛岩里松契)	1918년조사 당시 존재	(襄陽) 牛岩里 天乙街 所在 林野	淺野力, 145쪽
42	입암리조합금송규약 (笠岩里組合禁松規約)	1918년조사 당시 존재	(襄陽) 笠岩里內 大谷 瑞雲庵 炭坑陷 檟木谷	淺野力, 146쪽
43	하양혈리탄동송계 (下陽穴里炭洞松契)	1918년조사 당시 존재	(襄陽) 下陽穴里 炭洞所在	淺野力, 146쪽
44	임호정리송계 (臨湖亭里松契)	1918년조사 당시 존재	(襄陽) 臨湖亭里 內 大 洑谷에서 八洞谷까지 山林	田添元, 70-1; 淺野力, 143쪽
45	선흘리 산림계 (善屹里 山林契)	1992년 조사	(濟州) 朝天邑 善屹里 冬栢洞山	한국법제연구원, 94쪽
46	오곡리 산림계 (梧谷里 山林契)	1992년 조사	(蔚珍) 平海邑 梧谷里 附屬土地	한국법제연구원, 160~161쪽
47	송리계 계칙 (松梨契 契則)	1992년 조사; 약 200년전 창설	(尙州) 牟東面 上梨洞과 松山洞	한국법제연구원, 182~185쪽
48	운곡동 송계 (雲谷洞 松契)	1992년 조사	(尙州) 洛冬眠 云坪里 雲谷洞 洞山	한국법제연구원, 180쪽
전영우. (1993). 안정사의 금송패.「숲과 문화」				
49	안정사(安靜寺) 봉산(封山) 금송패(禁松牌)	1900년 제작	慶尙南道 統營市 安靜寺 솔숲	전영우(1993), 5~8쪽; 전영우(2004), 107~113쪽
강성복. (2009). 계룡산 국사봉 주변마을의 송계 관행.「민속학연구」				
50	향한리 송계	2009년 조사	충남 계룡시 엄사면 향한리	강성복(2009); 향한리 송계 추입기(마을소장), 향한리송계장부 (마을소장), 향한리송계규칙 (마을소장)
51	엄사리 송계	2009년 조사	충남 계룡시 엄사면 엄사리	강성복(2009)
52	대명리 송계	2009년 조사	충남 논산시 상월면 대명리	강성복(2009)
53	대우리 송계	2009년 조사	충남 논산시 상월면 대우리	강성복(2009)
54	유동리 송계	2009년 조사	충남 논산시 엄사면 유동리	강성복(2009)

김경옥. (2006). 18~19세기 西南海 島嶼·沿岸地域 松契의 조직과 기능. 「역사학연구」.				
55	서호송계(西湖松契) 혹은 구림송계(鳩林松契)	1768년	全羅南道 靈岩郡 郡書面 鳩林里	김경옥(2006)
56	車牛里 木契	—	(長興府) 金塘島 車牛里	김경옥(2006)
강성복. (2001). 일제하 해방이후 '송계'연구: 충남 금산지역을 중심으로. 「금산의 송계」.				
57	요광리 오동송계	2001년 조사	충남 금산군 부추면	강성복(2001)
58	비례리 골말 송계	2001년 조사	충남 금산군 부추면	강성복(2001)
59	마음동 송계	2001년 조사	충남 금산군 부추면	강성복(2001)
60	신평리 송계	2001년 조사	충남 금산군 부추면	강성복(2001)
61	서대리 송계	2001년 조사	충남 금산군 부추면	강성복(2001)
62	장대리 장터 송계	2001년 조사	충남 금산군 부추면	강성복(2001)
63	자부리 송계	2001년 조사	충남 금산군 부추면	강성복(2001)
64	용진리 마당재 열두송계	2001년 조사	충남 금산군 복수면	강성복(2001)
65	백암리 분동 송계	2001년 조사	충남 금산군 복수면	강성복(2001)
66	개티 송계	2001년 조사	충남 금산군 복수면	강성복(2001)
67	원백암 송계	2001년 조사	충남 금산군 복수면	강성복(2001)
68	목소리 송계	2001년 조사	충남 금산군 복수면	강성복(2001)
69	구례리 운곡 송계	2001년 조사	충남 금산군 복수면	강성복(2001)
70	곡남리 골내미 송계	2001년 조사	충남 금산군 복수면	강성복(2001)
71	수심대 송계	2001년 조사	충남 금산군 복수면	강성복(2001)
72	수영리 송계	2001년 조사	충남 금산군 복수면	강성복(2001)
73	신안골 열두송계	2001년 조사	충남 금산군 제원면	강성복(2001)
74	용화리 독송계	2001년 조사	충남 금산군 제원면	강성복(2001)
75	화상동 삼동송계	2001년 조사	충남 금산군 제원면	강성복(2001)
76	퇴수골 사동송계	2001년 조사	충남 금산군 제원면	강성복(2001)
77	소골 육동송계	2001년 조사	충남 금산군 제원면	강성복(2001)
78	길곡리 윗말 · 새터 송계	2001년 조사	충남 금산군 제원면	강성복(2001)
79	재두 송계	2001년 조사	충남 금산군 제원면	강성복(2001)
80	천내리 천내 · 인홍 송계	2001년 조사	충남 금산군 제원면	강성복(2001)
81	난들 · 원골 송계	2001년 조사	충남 금산군 제원면	강성복(2001)

82	짚은장선이 송계	2001년 조사	충남 금산군 제원면	강성복(2001)
83	동곡리 동곡 송계	2001년 조사	충남 금산군 제원면	강성복(2001)
84	구억말·새뱅이 양동송계	2001년 조사	충남 금산군 제원면	강성복(2001)
85	신안리 송계	2001년 조사	충남 금산군 제원면	강성복(2001)
86	수당리 토성·사담 송계	2001년 조사	충남 금산군 제원면	강성복(2001)
87	대산리 송계	2001년 조사	충남 금산군 제원면	강성복(2001)
88	성재산 오동송계	2001년 조사	충남 금산군 제원면	강성복(2001)
89	금성리 송계	2001년 조사	충남 금산군 제원면	강성복(2001)
90	저곡리 송계	2001년 조사	충남 금산군 제원면	강성복(2001)
91	신안리 두루골 열두송계	2001년 조사	충남 금산군 군북면	강성복(2001)
92	천을리 일월산 오동송계	2001년 조사	충남 금산군 군북면	강성복(2001)
93	국사봉 노론이·뫼덕이 송계	2001년 조사	충남 금산군 군북면	강성복(2001)
94	상곡리 안골내미송계	2001년 조사	충남 금산군 군북면	강성복(2001)
95	구석말 송계	2001년 조사	충남 금산군 군북면	강성복(2001)
96	진의말 송계	2001년 조사	충남 금산군 군북면	강성복(2001)
97	보광리 송계	2001년 조사	충남 금산군 군북면	강성복(2001)
98	산안리 자진뱅이송계	2001년 조사	충남 금산군 군북면	강성복(2001)
99	두두리 가나물 송계	2001년 조사	충남 금산군 군북면	강성복(2001)
100	샘골 송계	2001년 조사	충남 금산군 군북면	강성복(2001)
101	헌대 송계	2001년 조사	충남 금산군 군북면	강성복(2001)
102	양짓담 송계	2001년 조사	충남 금산군 군북면	강성복(2001)
103	호티리 배원이 송계	2001년 조사	충남 금산군 군북면	강성복(2001)
104	외부리 새터가마실 송계	2001년 조사	충남 금산군 군북면	강성복(2001)
105	월봉재 열두송계	2001년 조사	충남 금산군 금성면	강성복(2001)
106	대암리 송계	2001년 조사	충남 금산군 금성면	강성복(2001)
107	화림리 월곡 송계	2001년 조사	충남 금산군 금성면	강성복(2001)
108	숯목 송계	2001년 조사	충남 금산군 금성면	강성복(2001)
109	상신리 상신 송계	2001년 조사	충남 금산군 금성면	강성복(2001)
110	중신 송계	2001년 조사	충남 금산군 금성면	강성복(2001)

111	마수리 · 돌고개 송계	2001년 조사	충남 금산군 금성면	강성복(2001)
112	상마수 송계	2001년 조사	충남 금산군 금성면	강성복(2001)
113	양전리 음전 · 추동 송계	2001년 조사	충남 금산군 금성면	강성복(2001)
114	도곡리 알미 · 잔실 송계	2001년 조사	충남 금산군 금성면	강성복(2001)
115	도곡리 못안이 송계	2001년 조사	충남 금산군 금성면	강성복(2001)
116	배티재 육동송계	2001년 조사	충남 금산군 진산면	강성복(2001)
117	묵산리 당디 · 접바우 · 울음실 송계	2001년 조사	충남 금산군 진산면	강성복(2001)
118	행정리 살구쟁이 송계	2001년 조사	충남 금산군 진산면	강성복(2001)
119	교촌리 새터말 송계	2001년 조사	충남 금산군 진산면	강성복(2001)
120	두지리 두지 · 다리골 송계	2001년 조사	충남 금산군 진산면	강성복(2001)
121	지방리 지방골 송계	2001년 조사	충남 금산군 진산면	강성복(2001)
122	장대울 송계	2001년 조사	충남 금산군 진산면	강성복(2001)
123	가사벌 송계	2001년 조사	충남 금산군 진산면	강성복(2001)
124	막현리 원매현 송계	2001년 조사	충남 금산군 진산면	강성복(2001)
125	마근대미 송계	2001년 조사	충남 금산군 진산면	강성복(2001)
126	만악리 송계	2001년 조사	충남 금산군 진산면	강성복(2001)
127	만악골 송계	2001년 조사	충남 금산군 진산면	강성복(2001)
128	부암리 뜬바우 송계	2001년 조사	충남 금산군 진산면	강성복(2001)
129	목동 송계	2001년 조사	충남 금산군 진산면	강성복(2001)
130	삼가리 삼가동 송계	2001년 조사	충남 금산군 진산면	강성복(2001)
131	방각골 송계	2001년 조사	충남 금산군 진산면	강성복(2001)
132	국사봉 삼동송계	2001년 조사	충남 금산군 진산면	강성복(2001)
133	청징이 송계	2001년 조사	충남 금산군 진산면	강성복(2001)
134	석막리 송계	2001년 조사	충남 금산군 진산면	강성복(2001)
135	오항리 일양골 · 오항동 송계	2001년 조사	충남 금산군 진산면	강성복(2001)
136	봄가리골 송계	2001년 조사	충남 금산군 진산면	강성복(2001)
137	바깥지량이 송계	2001년 조사	충남 금산군 진산면	강성복(2001)
138	평촌리 매너머 팔동송계	2001년 조사	충남 금산군 부리면	강성복(2001)
139	물페기 송계	2001년 조사	충남 금산군 부리면	강성복(2001)
140	어재리 성주산 팔동송계	2001년 조사	충남 금산군 부리면	강성복(2001)
141	수통리 수통골 송계	2001년 조사	충남 금산군 부리면	강성복(2001)

142	도파 송계	2001년 조사	충남 금산군 부리면	강성복(2001)
143	현내리 살선산 열두송계	2001년 조사	충남 금산군 부리면	강성복(2001)
144	쇠고무골 송계	2001년 조사	충남 금산군 부리면	강성복(2001)
145	노티 송계	2001년 조사	충남 금산군 부리면	강성복(2001)
146	양곡리 미랭이 송계	2001년 조사	충남 금산군 부리면	강성복(2001)
147	경당 송계	2001년 조사	충남 금산군 부리면	강성복(2001)
148	예미리 예미 송계	2001년 조사	충남 금산군 부리면	강성복(2001)
149	승재 송계	2001년 조사	충남 금산군 부리면	강성복(2001)
150	창평리 나천 송계	2001년 조사	충남 금산군 부리면	강성복(2001)
151	불이리 불이 송계	2001년 조사	충남 금산군 부리면	강성복(2001)
152	불이·말골 양동송계	2001년 조사	충남 금산군 부리면	강성복(2001)
153	매봉산 삼동송계	2001년 조사	충남 금산군 부리면	강성복(2001)
154	대낭골 삼동송계	2001년 조사	충남 금산군 부리면	강성복(2001)
155	두억이 사동송계	2001년 조사	충남 금산군 부리면	강성복(2001)
156	배정이 송계	2001년 조사	충남 금산군 부리면	강성복(2001)
157	관천리 바깥담 송계	2001년 조사	충남 금산군 부리면	강성복(2001)
158	신촌리 새터 송계	2001년 조사	충남 금산군 부리면	강성복(2001)
159	안담 송계	2001년 조사	충남 금산군 부리면	강성복(2001)
160	황풍리 삼동송계	2001년 조사	충남 금산군 남일면	강성복(2001)
161	마장리 마장·호미동 송계	2001년 조사	충남 금산군 남일면	강성복(2001)
162	삼태 송계	2001년 조사	충남 금산군 남일면	강성복(2001)
163	상동리 송계	2001년 조사	충남 금산군 남일면	강성복(2001)
164	다릿골 삼동송계	2001년 조사	충남 금산군 남일면	강성복(2001)
165	초현리 송계	2001년 조사	충남 금산군 남일면	강성복(2001)
166	덕기봉 오동송계	2001년 조사	충남 금산군 남일면	강성복(2001)
167	덕천 송계	2001년 조사	충남 금산군 남일면	강성복(2001)
168	월평 송계	2001년 조사	충남 금산군 남일면	강성복(2001)
169	벌대부 송계	2001년 조사	충남 금산군 남일면	강성복(2001)
170	두어기재 송계	2001년 조사	충남 금산군 남일면	강성복(2001)
171	신천리 무주티 오동송계	2001년 조사	충남 금산군 남일면	강성복(2001)
172	음대리 음대부 송계	2001년 조사	충남 금산군 남일면	강성복(2001)
173	신동리 신동 송계	2001년 조사	충남 금산군 남일면	강성복(2001)
174	사기소 송계	2001년 조사	충남 금산군 남일면	강성복(2001)

175	수천 송계	2001년 조사	충남 금산군 남일면	강성복(2001)
176	신정리 신정 송계	2001년 조사	충남 금산군 남일면	강성복(2001)
177	홍도 송계	2001년 조사	충남 금산군 남일면	강성복(2001)
178	성곡리 귀덕이 칠동송계	2001년 조사	충남 금산군 남이면	강성복(2001)
179	구석리 원구석 송계	2001년 조사	충남 금산군 남이면	강성복(2001)
180	높은논이 송계	2001년 조사	충남 금산군 남이면	강성복(2001)
181	광대정 송계	2001년 조사	충남 금산군 남이면	강성복(2001)
182	흑암리 검바우 송계	2001년 조사	충남 금산군 남이면	강성복(2001)
183	성산 송계	2001년 조사	충남 금산군 남이면	강성복(2001)
184	하금리 용동 송계	2001년 조사	충남 금산군 남이면	강성복(2001)
185	원하금 송계	2001년 조사	충남 금산군 남이면	강성복(2001)
186	신대·고촌 송계	2001년 조사	충남 금산군 남이면	강성복(2001)
187	상금리 원상금 송계	2001년 조사	충남 금산군 남이면	강성복(2001)
188	간운이 송계	2001년 조사	충남 금산군 남이면	강성복(2001)
189	활골 송계	2001년 조사	충남 금산군 남이면	강성복(2001)
190	보내 송계	2001년 조사	충남 금산군 남이면	강성복(2001)
191	대양리 원대양 송계	2001년 조사	충남 금산군 남이면	강성복(2001)
192	신대 송계	2001년 조사	충남 금산군 남이면	강성복(2001)
193	백암 송계	2001년 조사	충남 금산군 남이면	강성복(2001)
194	입석 송계	2001년 조사	충남 금산군 남이면	강성복(2001)
195	울고지 송계	2001년 조사	충남 금산군 남이면	강성복(2001)
196	삼뱅이 송계	2001년 조사	충남 금산군 남이면	강성복(2001)
197	두문동 송계	2001년 조사	충남 금산군 남이면	강성복(2001)
198	버둥골 송계	2001년 조사	충남 금산군 남이면	강성복(2001)
199	역평리 송계	2001년 조사	충남 금산군 남이면	강성복(2001)
200	중역평 송계	2001년 조사	충남 금산군 남이면	강성복(2001)
201	상역평 송계	2001년 조사	충남 금산군 남이면	강성복(2001)
202	건천리 송계	2001년 조사	충남 금산군 남이면	강성복(2001)
203	개직이 송계	2001년 조사	충남 금산군 남이면	강성복(2001)
204	암삼 송계	2001년 조사	충남 금산군 남이면	강성복(2001)
205	신대 송계	2001년 조사	충남 금산군 남이면	강성복(2001)
206	숫돌바우 송계	2001년 조사	충남 금산군 남이면	강성복(2001)
207	일양골 송계	2001년 조사	충남 금산군 남이면	강성복(2001)

김무진. (2011). 조선 후기 식목활동에 관한 연구. 「한국학논집」.				
208	—	-호남기록문화 고문서 -철종 10년 (1859년) 송계 유사 한응유(韓應裕)의 송계산 매매문서	전라도 구례현 용천면	김무진(2011)
209	중방송계(中方松契)	호남기록문화 고문서	전라도 남원부 중방방 두포동	김무진(2011)
210	두포동송계 (杜浦洞松契)	호남기록문화 고문서	전라도 남원부 중방방 두포동	김무진(2011)
211	소의방송계 (所義坊松契)	호남기록문화 고문서	전라도 남원부 중방방 두포동	김무진(2011)
강성복. (2007). 청계산 식림계원의 산림지키기 (1편 3장). 과천시지편찬위원회. 「과천, 우리 삶 우리 이야기」. 果川市誌 제5권.				
212	청계산 식림계 (淸溪山 殖林契)	1915년	始興郡 果川面 莫溪里, 官門里, 新東面 新院里 등	강성복(2007)
213	관악산 식림계 (冠岳山 殖林契)	1915년 전후로 추정	始興郡 果川面 官門里, 文原里, 下里 등	강성복(2007)
저자 파악				
214	부용산계(芙蓉山契)	—	전라남도 장흥군 용산면 칠리안속마을 -금곡(하금), 상금, 송전, 초당, 정장, 유동, 관지 등 7개 자연마을	최순권·손대원·김지애(2011), 25쪽
215	오동면 송계절목(松稧節目)	己酉	—	국립산악박물관
216	성전주룡금송절목 (聖殿主龍禁松節目)	—	(茂長) 茂長鄕校	전라남도 고창군 무장면 무장향교
217	남산송계서(藍山松契序)[4]	—	(長城) 藍山	二憂堂遺稿
218	문중 완의(門中 完議)[5]	—	(長城) 漢陽趙氏先山禁養	二憂堂遺稿
219	청해면수상송계안 (靑海面水上松契案)	1802년 이전	(茂長) 청해면(靑海面) 평지(平地), 와룡(臥龍), 신흥(新興) 등 12개 마을	국립중앙박물관
220	남산송계절목 (南山松契節目)	乙丑年 추정	金氏, 安氏, 禹氏 등 세 집안의 先山 禁養	김경숙(2012), 146~148쪽; 국립중앙박물관 소장 고문서. No. 구573

221	남산송계절목 (南山松契節目)	—	—	삼척시립박물관
222	산림금양조합규약 (山林禁養組合規約)	1908년	仁川府 南村面	「面吏員 選奬 報告」(1913)
223	산림보호조합 (山林保護組合)	1913년 이전	仁川府 朱安面	「面吏員 選奬 報告」(1913)
224	포천군 서면 금송계 (抱川郡 西面 禁松契)	1913년 혹은 이전	抱川郡 西面	「面吏員 選奬 報告」(1913)
225	용인군 수여면 금송계 (龍仁郡 水余面 禁松契)	1910년	龍仁郡 水余面	「面吏員 選奬 報告」(1913)
226	양지군 고동면 금송계 (陽智郡 古東面 禁松契)	1913년 혹은 이전	陽智郡 古東面	「面吏員 選奬 報告」(1913)
227	이천군 호면 금송계 (利川郡 戶面 禁松契)	1913년 이전	利川郡 戶面	「面吏員 選奬 報告」(1913)
228	안성군 거곡면 송계 (安城郡 居谷面 松契)	1913년 혹은 이전	安城郡 居谷面	「面吏員 選奬 報告」(1913)
229	수원군 남부면 식림조합 (水原郡 南部面 殖林組合)	1913년 혹은 이전	水原郡 南部面	「面吏員 選奬 報告」(1913)
230	수원군 동북면 식림조합 (水原郡 東北面 殖林組合)	1913년 혹은 이전	水原郡 東北面	「面吏員 選奬 報告」(1913)
231	김포군 검단면 금송계 (金浦郡 黔丹面 禁松契)	1912년 12월	金浦郡 黔丹面 (各里마다 禁松契 設立)	「面吏員 選奬 報告」(1913)
232	강화군 송정면 금송계 江華郡 松亭面 禁松契	1913년 혹은 이전	江華郡 松亭面	「面吏員 選奬 報告」(1913)
233	고양군 구이면 금송계 (高陽郡 九耳面 禁松稧)	1913년 이전 설립 (1913년 4월 19일 植木稧 재편)	高陽郡 九耳面	「面吏員 選奬 報告」(1913)
234	교하군 와동면 금송계 (交河郡 瓦洞面 禁松契)	1913년 현재 各里 마다 금송계 설립 계획 중이었음	交河郡 瓦洞面	「面吏員 選奬 報告」(1913)
235	풍덕군 군중면 식림계 (豊德郡 郡中面 植林契)	1913년 春	豊德郡 郡中面	「面吏員 選奬 報告」(1913)
236	송약(松約)[6]	1821년	(長城)	박경하(1992); 한미라(2011)

4) 조유상(趙柳祥, 1634~?)의 「이우당유고(二憂堂遺稿)」에 수록되어 있다.

5) 조유상(趙柳祥, 1634~?)의 「이우당유고(二憂堂遺稿)」에 수록되어 있다.

6) 1821년 장성(長城)에서 변근용(邊槿容)이 입약(立約)했는데, 금송 및 산림보호뿐만 아니라 약원(約員)들 간의 상부상조, 상호규검(相互糾檢)의 성격을 반영했다(박경하,

237	장내송계서 (帳內松契序)[7]	—	(長城) 長城邑 長安里 추정	碁翁遺稿
238	개입의(改立議)[8]	18세기 후반	(稷山) 南陽 洪氏 宗契	김경숙(2012), 144쪽
239	사초계(莎草契)	—	온서면 창우리, 신동면 점돌촌	김경숙(2012), 144-146쪽; 김한3, 275쪽
240	종계완의좌목 (宗楔完議座目)[9]	1796년 혹은 이후	—	김경숙(2012), 146쪽; 김한3, 47-48쪽
241	덕동 송계(德洞 松契)	—	포항시 북구 기북면 오덕리 덕동 마을	오마이뉴스 (2013.06.29.)
242	비봉리 송계	영조(英祖) 재위 기간(1724～1776) 추정	의성군 의성읍 비봉리	http://yul6629a. tistory.com/973 (2017년10월23일 자료 접근)
243	개호종송금호의서 (開湖種松禁護議序)	1615년	安東市 臨河面 川前里	안동 천전 의성김씨
	동중추완의 (洞中追完議)	1737년		
	개호금송완의 (開湖禁松完議)	1757년		
244	도문면(道門面) · 강현면(降峴面) 여섯 금송계(禁松契)	1906년	(襄陽) 道門面과 降峴面에서 上道門里, 中道門里, 下道門里, 上福洞, 中福洞, 下福洞 혹은 下福里, 降仙里 등 참여	淺野力, 147～148쪽
245	순흥초군청 (順興樵軍廳)	1900년 전후	順興 지역	배영동(2013, 2014); 이기태(1997, 2012); 이영재(2008)

1984, 1992; 한미라, 2011).

7) 변종락(邊宗洛, 1792～1863)의 「기옹유고(碁翁遺稿)」에 수록되어 있으며, 현재 국립중앙도서관에 소장되어 있다.

8) 남양 홍씨 종계에서 작성한 〈개입의(改立議)〉에서 선산수호 · 금양에 관한 항목을 추가로 규정했다(김경숙, 2012: 144).

9) 선산수호 · 금양을 위해 청송 심씨 양혜공(良惠公) 종계에서 작성했다(김경숙, 2012: 146).

246	호림규약(護林規約)	1907년	(臨陂郡)	月報 2권 6호
247	대초청(大樵廳)	—	정선군 북면 여량1리	김진순(1994); 이기태(1997)
248	완문(完文)	—	—	국립산악박물관
249	노상추일기 (盧尙樞日記)	—	(善山)	문숙자(2009), 251쪽;「盧尙樞日記」
250	용성동송계산야조사표 (龍星洞松契山野調査表)	—	義城郡 丹村面 長林里 지역	배수호 소장
251	산성리금림조합 (山城里禁林組合) 혹은 남한산금림조합(南漢山禁林組合)	1927년 3월 7일	광주시 남한산성면 산성리 주변 산록	동아일보 (1929.03.23.)
252	의룡송계(儀龍松契) <명안(名案)>과 <완의절목(完議節目)>	일제 강점기 (추정)	—	배수호 소장

1. 損庵集권4: 趙榮祏 간행. (1749). 趙根. 『損庵集』(8권 4책).
2. 김한3: 김인걸・한상권 편. (1986). 『朝鮮時代社會史硏究史料叢書』(三). 보경문화사.
3. 四方 博: 四方 博. (1956). 李朝時代に 於ける 契規約の 硏究. 『朝鮮社會經濟史硏究』. 東京: 國書刊行會.
4. 한국법제연구원: 한국법제연구원. (1992). 『慣習法調査硏究(1)-豫備調査篇』.
5. 田添元: 田添元. (1924.5.). 襄陽郡の 松契林. 『朝鮮山林會報』, 24, 27-28p.
6. 淺野力: 淺野力. (1918). 江原道襄陽郡に於ける松契に就て. 『朝鮮彙報』, 37, 135-148p.
7. 서고4: 서울대학교 도서관 편. (1987). 『古文書』4(官府文書).
8. 서고3: 서울대학교 도서관 편. (1987). 『古文書』3(官府文書).
9. 이각종: 李覺鐘. (1923). 朝鮮民政資料 契に 關する 調査. 『朝鮮』, 7月號.
10. 菱本長次: 菱本長次. (1912). 忠淸北道 契に 關する 調査. 『朝鮮農會報』, 7권 7-10호.
11. 전영우(1993): 전영우. (1993). 안정사의 금송패. 『숲과 문화』, 7, 5-8p.
12. 전영우(2004): 전영우. (2004). 『우리가 정말 알아야 할 우리 소나무』. 현암사.
13. 강성복(2009): 강성복. (2009). 계룡산 국사봉 주변마을의 송계(松契) 관행. 『민속학연구』 24, 95-121p.
14. 김경옥(2006): 김경옥. (2006). 18~19세기 西南海 島嶼沿岸地域 松契의 조직과 기능. 『역사학연구』, 26, 1-55p.
15. 강성복(2001): 강성복. (2001). 일제하 해방 이후 '송계' 연구: 충남 금산지역을 중심으로. 『금산의 송계』. 금산문화원.
16. 김무진(2011): 김무진. (2011). 조선 후기 식목활동에 관한 연구. 『한국학논집』, 43, 249-282p.
17. 강성복(2007): 강성복. (2007). 청계산 식림계원의 산림지키기 (1편 3장). 과천시지편찬위원회. 『과천, 우리 삶 우리 이야기』. 果川市誌 제5권.
18. 최순권 손대원 김지애(2011): 최순권 손대원 김지애. (2011). 『칠리안

속 상금마을』. 국립민속박물관.
19. 二憂堂遺稿: 조이원 간행. (1976). 趙柳祥. 『二憂堂遺稿』(4권 2책).
20. 김경숙(2012): 김경숙. (2012). 『조선의 묘지소송』. 문학동네.
21. 『面吏員 選奬 報告』: 조선총독부. (1913). 『面吏員 選奬 報告』. 대전 국가기록정보센터 관리번호 (CJA0002544).
22. 박경하(1992): 박경하. (1992). 「朝鮮後期 鄕約硏究－鄕約의 性格變化를 중심으로」. 중앙대 박사학위논문.
23. 한미라(2011): 한미라. (2011). 조선 후기 가좌동 禁松契의 운영과 기능: 경기 양성현 「禁松契座目」을 중심으로. 『역사민속학』, 35호: 141-173p.
24. 碁翁遺稿: 변시연 간행. (1975). 邊宗洛. 『碁翁遺稿』 (2권 1책).
25. 오마이뉴스(2013.06.29.): 오마이뉴스. (2013.06.29.). "소나무에서 돈이 나온다"... 이런 곳도 있군요. [한국의 아름다운 숲26: 포항시 북구 기북면 오덕리 덕동마을 숲].(자료 출처: http://www.ohmynews.com/NWS_Web/View/at_pg.aspx?CNTN_CD=A0001876709)(자료 접근: 2017년 10월 22일).
26. 안동 천전 의성김씨: 한국정신문화원. (1990). 『고문서집성 6－의성김씨천상각파편(II)』.
27. 배영동(2013): 배영동. (2013). 근대시기 '순흥초군청(順興樵軍廳)' 결성의 배경과 의의. 『실천민속학연구』, 22, 41-66p.
28. 배영동(2014): 배영동. (2014). 영주시 순흥면 일대 풋굿[초연] 의례의 양상과 이중구조. 『지방사와 지방문화 연구방법론』. 2014년 역사문화학회 전남대학교 사학과 춘계 학술대회, 19-50p.
29. 이기태(1997): 이기태. (1997). 지역사회의 변화에 따른 지역민 조직의 성격 변화. 『민속연구』, 7: 99-123p.
30. 이기태(2012): 이기태. (2012.07.27). 영주읍내리성황제문서. 자료접근: 2015년 7월 10일(http://folkency.nfm.go.kr/munhak/dicPrint.jsp?DIC_ID=5247&xslUrl=dicPrint_Pop.jsp&printYN=Y).
31. 이영재(2008): 이영재. (2008). 순흥(順興) 읍치성황제(邑治城隍祭)의 형성과 변화. 『민속학연구』, 23, 33-55p.

32. 月報 2권 6호: 『朝鮮總督府 月報』 2권 6호.
33. 문숙자(2009): 문숙자. (2009). 『68년의 나날들, 조선의 일상사무관: 노상추의 일기와 조선후기의 삶』. 너머북스.
34. 盧尙樞日記: 국사편찬위원회. (2005-2006). 『盧尙樞日記』(1-4).
35. 김진순(1994): 김진순. (1994). 정선지방의 마을 대초청(大樵廳)에 대하여. 『임영민속연구』, 창간호, 115-139p.
36. 박종채(2000): 박종채. (2000). 「朝鮮後期 禁松契 硏究」. 중앙대학교 박사학위논문.
37. 동아일보(1929.03.23.): 동아일보. (1929.03.23.). 南漢山禁林組合記念日.

〈부록 2〉 전문가 면담을 위한 질문문항

가. 금송계 연구 관련 일반 질문문항

[가-1] 금송계를 연구하신 계기가 있으신지?

[가-2] 금송계의 조직·운영 전통이 성공적인 산림자원 관리 방식이라고 생각하는지? 왜 그렇다고 생각하는지?

[가-3] 마을공동체에서 운영하던 금송계가 산림자원을 관리·보호하는 데 성공적이었다고 생각하는지? 만일 그렇다면, 금송계의 성공요인들은 무엇인지? 그렇지 않다면, 실패요인들은 무엇인지?

[가-4] 금송계의 유형에 따라서 성공요인 혹은 실패요인은 다르게 나타나는지?

(ㄱ) 독송계, 리송계, 연합송계에서 성공요인 혹은 실패요인은 무엇인지?

(ㄴ) 관(官) 주도 금송계, 재지사족 주도 금송계, 기층민 주도 금송계에서 성공요인 혹은 실패요인은 어떻게 나타나는지?

(ㄷ) 금송계의 시행목적, 즉 금송(禁松), 묘산금양(墓山禁養), 보용(補用) 혹은 보역(補役), 연료확보에 따라 금송계의 성공요인 혹은 실패요인은 어떻게 나타나는지?

[가-5] 금송계의 전통이 오늘날 산림자원과 같은 공유자원를 보호·관리하는 데 어떠한 교훈을 주고 있는지? 오늘날 우리가 금송계의 전통으로부터 배우고 전승해야 할 사항은 무엇이 있는지?

[가-6] 피면담자께서 파악하신 금송계 중에서 피면담자의 논문이나

책자에 언급하지 않으신 금송계 사례가 더 있는지?

[가-7] 연구진이 현장방문과 면담을 계획하고 있는데, 추천할만한 금송계 사례가 있는지? 소개가 가능한지?

[가-8] 마을을 방문하여 계임과 주민 면담으로 충분한 자료 확보가 가능한지? 아직도 금송계에 참여하던 어르신들이 계시는지?

[가-9] 금송계가 발생하게 된 시대 상황과 배경, 금송계를 만들 때 기층민들은 얼마나 절실했는지?

[가-10] 오늘날 지속 가능한 공유자원의 보호·관리를 위해 전통적 공유자원 관리의 전통과 경험으로부터 배워야 할 교훈은 무엇인지?

나. 제도설계원칙 관련 질문문항

[나-1] 명확하게 정의된 경계

(ㄱ) 관아에 많은 송사가 있었던 것으로 보아 송계산의 구역과 경계를 놓고 송계 간의 다툼이 심했을 것으로 추정되는데 어떻게 구역이 설정됐는지? 주로 관아의 조정 하에 결정됐는지 혹은 마을 대표 간의 합의로 정해졌는지?

(ㄴ) 송계산의 구역은 실제로 굉장히 넓었던 것으로 추정되는데 경계가 정해져 있더라도 실제로는 사사로이 침범되지 않았는지?

(ㄷ) 송계산에서 당시 구역을 설정했던 금표(禁標)와 같은 것을 아직도 찾아볼 수 있는지?

(ㄹ) 하나의 송계가 관리하던 구역은 일반적으로 어느 정도의 규모였는지?

(ㅁ) 각 송계가 관리하던 지역이 어디서부터 어디였는지에

대한 명시적인 문서를 혹시 지금도 찾을 수 있는지?

[나-2] 사용 및 제공 규칙의 현지 조건과의 부합성

(ㄱ) 송계 세부규칙 사항이 지역별 차이가 있었는지?

(ㄴ) 마을의 동계와 송계 조직은 밀접한 연관 관계가 있었는지 혹은 따로 운영됐는지?

(ㄷ) 해마다 다른 환경(가령 겨울에 혹한이 있어 나무가 더 필요했다거나 병충해, 혹서 등으로 삼림이 황폐화된다든지 등)에서 규칙은 변경되기도 했는지?

[나-3] 집합적 선택장치

(ㄱ) 송계의 규약을 제정하고 새로 개정하는 등의 회의에 참여했던 송계원의 범위 혹은 규모는?

(ㄴ) 모든 송계원이 규칙을 잘 이해하고 있었는지?

(ㄷ) 매년 열리는 초군총회 등 정기회의에는 모든 송계원이 참여했는지?

(ㄹ) 마을에서 소장하고 있는 송계안을 직접 확인할 방법이 있는지?

[나-4] 감시 활동

(ㄱ) 감시 활동을 담당하던 순산원들은 어떻게 선정됐는지?

(ㄴ) 감시 활동을 수행하던 시기가 따로 정해져 있는지 아니면 수시로 감시했는지?

(ㄷ) 별도의 순찰자 외에 송계 내부의 사람들도 자율적인 감시 역할을 수행했는지?

(ㄹ) 위반 사항을 적발한 사람에게는 특별한 보상이 있었는지?

[나-5] 점증적 제재 조치

(ㄱ) 금송 위반행위를 한 타동 사람(혹은 비송계원)과 송계원에게 내리는 제재 조치에서 차이가 있었는지?

(ㄴ) 제재 조치를 받는 데 억울함을 호소하는 일은 없었는지, 혹 있었다면 그런 것을 조정해 주는 방법은 없었는지?

(ㄷ) 벌금과 장을 치는 것, 송계에서 추방하는 것 외의 제재 방식이 있었는지?

(ㄹ) 제재를 가할 때 결정과 시행 과정에 모든 계원들이 참여했는지?

(ㅁ) 금송위반자 명단, 위반 사항, 처벌 수위 등 금송위반과 제재 조치를 기록한 사료와 고문서를 확보할 수 있는지?

[나-6] 갈등 해결 장치

(ㄱ) 송계 간, 혹은 송계원 간의 갈등이 있을 때 어떻게 해결했는지?

(ㄴ) 실제로 있었던 갈등을 해결한 사례 등을 남겨놓은 기록이 있는지?

(ㄷ) 마을 송계의 갈등 해결에 있어서 마을 어르신들의 영향력이 어느 정도였는지?

[나-7] 최소한의 자치조직권 보장

(ㄱ) 관청이 송계에 미쳤던 영향력은 어떠했는지? 송계 운영에 대해 관아에서 간섭하지 않았는지?

(ㄴ) 송계 내부의 문제가 관아의 송사로 발전했던 일은 없었는지?(관아에 직접 억울함을 호소하여 해결하는 경우 등)

다. 금송계 관련 추가 질문문항

[다-1] 금송계의 사례에서 제도의 영향을 너무 강조한 나머지, 개

인을 상대적으로 간과하여 사회적 효율성과 민주적 대응성을 훼손하거나 공공갈등을 심화시킨 사례는 없었는지?

[다-2] 자발적으로 설계한 원칙들(감시, 제재, 갈등해소 장치 등)이 어떻게 등장하고 유지될 수 있었는지? 어떻게 협력을 유도할 수 있었는지?

[다-3] 호혜성과 상호이익에 기반하여 금송계에 참여했지만, 더 이상 혜택을 기대할 수 없는 경우에 사람들의 참여와 협력을 어떻게 지속적으로 이끌어 낼 수 있었는지?

[다-4] 외부인에게 접근을 제한하는 폐쇄성은 집단 간 갈등을 촉진시킬 가능성이 있는데, 금송계 사례에서는 이와 같은 모습이 보이지 않았는지?

[다-5] 타인에 대한 의무 수행이나 집단 규범의 준수 강요는 구성원들의 합리적 행동이나 혁신을 방해하는 역할을 하지는 않았는지?

[다-6] 앞에서 제시됐던 제도설계원칙 이외에 추가적으로 성공요인 혹은 실패요인은 없는지?

| 참고문헌 |

1. 일차 사료(고문서 자료 등)

• 복내면 이리송계 관련 고문서 및 자료

「이리송계안(二里松契案)」 總15卷, 1803年 이후, 全南 寶城 福內面 磐石里 소장.

「복내 향약안(福內 鄕約案)」.

「이리송계출납장부(二里松契出納帳簿)」(1908-1934년).

「이리송계출납장부(二里松契出納帳簿)」(1972-2014년).

「이리송계회의록」(1985-2014년).

• 가좌동 금송계 관련 고문서 및 자료

「금송계좌목(禁松契座目)」 憲宗 4年(1838) 戊戌年, 陽城縣 所古尼面 可左洞, 서울대 소장.

• 순흥초군청 및 성황제 관련 고문서 및 자료

「성황사이건기(城隍祠移建記)」.

「성황사중수기(城隍祠重修記)」.

「모연문(募緣文)」.

「순흥소농조합 규약(順興小農組合 規約)」.

「임원록(任員錄)」.

「두여고사기(斗餘告祀記)」.

「소임급찬조방명록(所任及贊助芳名錄)」.

• 기타 참고 고문서 및 자료
「조선왕조실록(朝鮮王朝實錄)」.
「조선총독부 월보(朝鮮總督府 月報)」.
「식목실총(植木實總)」 植木節目, 奎 9953.
「제도금송사목(諸道禁松事目)」 松禁事目, 奎 957.
「송계절목(松契節目)」, 哲宗 5年(1854) 甲寅年, 夫餘縣, 서울대 소장(古 5129-54).
「송계완의(松契完議)」, 壬戌年, 善山縣, 서울대 소장(古 5129-30).
「금송계입의(禁松契立議)」, 丁亥年, 奎 27029.
「송금동약안(松禁洞約案)」, 1715年, 全南 羅州 金鞍洞 所藏 古文書.
「촌제축판(村祭祝板)」, 1816年, 全南 潭陽邑 佳山里 回龍마을 남인철 씨 소장.
김인휴・한상권 편. (1986). 『朝鮮時代社會史研究資料叢書』(三). 보경문화사.
서울대학교 도서관 편. (1987). 『古文書』4(官府文書).
최재율. (2004). 鳩林大洞契의 역사와 성격. 『鳩林大洞契誌』 (靈巖郡鳩林大洞契舍復元推進委員會편). 17-60p.
田添元. (1924). 「襄陽郡の 松契林 (承前)」. 『朝鮮山林會報』, 22, 68-72p.
田添元. (1924). 「襄陽郡の 松契林」. 『朝鮮山林會報』, 24, 27-28p.
淺野力, (1918). 江原道襄陽郡に於ける松契に就て. 『朝鮮彙報』, 37, 135-148p.

2. 단행본

강성복. (1992). 『용화리의 역사와 민속』. 금산문화원.
강성복. (1999). 『장동이 민속지』. 금산문화원.
강성복. (2001). 일제하 해방 이후 '송계' 연구: 충남 금산지역을 중심으로. 『금산의 송계』. 금산문화원.
강성복. (2010). '산림문화'의 진수 국사봉 송계와 동제. 『계룡시 향한리: 향적산 자락의 상서로운 송계마을』. 충남대학교 마을연구단.
강판권. (2013). 『조선을 구한 신목, 소나무』. 문학동네.
국사편찬위원회. (2005-2006). 『盧尙樞日記』(1-4).
김경숙. (2012). 『조선의 묘지소송』. 문학동네.
김경옥. (2004). 『朝鮮後期 島嶼硏究』. 혜안.

김대길. (2006). 『조선 후기 우금 주금 송금 연구』. 경인한국학연구총서(47). 경인문화사.

김동진. (2017). 『조선의 생태환경사』. 푸른역사.

김정호 외. (1992a). 『왕인과 도선의 마을 구림』. 향토문화진흥원.

김정호 외. (1992b). 『호남3대명촌 금안동』. 향토문화진흥원.

김훈. (2011). 『黑山』. 학고재.

김현숙. (2010). 광무양안을 통해 본 대한제국기 향한리와 그 주민들. 『계룡시 향한리: 향적산 자락의 상서로운 송계마을』. 충남대학교 마을연구단.

문숙자. (2009). 『68년의 나날들, 조선의 일상사무관: 노상추의 일기와 조선 후기의 삶』. 너머북스.

박봉우. (1993). 황장목과 황장봉산. 『숲과 문화 총서』(1). 116-122p.

박순. (1996). 호남지방의 향약・동계. 『韓國의 鄕約・洞契』 (鄕村社會史研究會편). 신용협동조합중앙회. 129-168p.

박종채. (1996). 조선 후기 동계의 운영과 향촌조직: 나주 금안동계의 사례를 중심으로. 『韓國의 鄕約・洞契』 (鄕村社會史研究會 편). 신용협동조합중앙회. 169-198p.

배재수 외. (2002). 『조선 후기 산림정책사』. 임업연구원.

보성군복내면향토지편찬위원회. (1995). 『복내면향토지』. 성문당.

서울대학교 도서관편. (1987). 『古文書』4 (官府文書).

심희기. (1992). 『한국법사연구: 토지소유와 공동체』. 영남대학교출판부.

오환일. (1996). 경기지방의 향약・동계. 『韓國의 鄕約・洞契』 (鄕村社會史研究會 편). 신용협동조합중앙회. 35-52p.

유보경. (2010). 사회생활과 마을의 변화. 『계룡시 향한리: 향적산 자락의 상서로운 송계마을』. 충남대학교 마을연구단.

이연숙. (2010). 마을의 역사적 전개. 『계룡시 향한리: 향적산 자락의 상서로운 송계마을』. 충남대학교 마을연구단.

전영우. (1993). 안정사의 금송패. 『숲과 문화』(7). 5-8p.

전영우. (1997). 『산림문화론』. 국민대학교 출판부.

전영우. (2004). 『우리가 정말 알아야 할 우리 소나무』. 현암사.

정재근. (2002). 구림대동계의 성격 변화와 그 추이. 『호남지역 마을공동체의 기본구조와 변용』. 전남대학교 호남문화연구소. 2000년도 한국학술진흥재단 중점연구소 지원사업 최종보고서 제4세부과제.

최재율. (1988). 金安洞鄕約의 歷史와 性格. 『羅州地方樓亭文化의 綜合的 考察』. 전남대학교 호남문화연구소.

최재율. (2004). 鳩林大洞契의 역사와 성격. 『鳩林大洞契誌』 (靈巖郡鳩林大洞契舍復元推進委員會편). 17-60p.

한국법제연구원. (1992). 『慣習法調査研究(1)-豫備調査篇』.

猪谷善一.(1928). 『朝鮮經濟史』. 東京 大鐙閣.

Beck, Ulrich. (1986). Risk Society: Towards A New Modernity. Sage Publications.

Carson, R (1962). Silent Spring. Penguin Books.

Dawkins, R. (1976). The Selfish Gene. Oxford University Press.

Ehrenfeld, D. (1972). Conserving Life on Earth. Oxford University Press.

Olson, M. (1971). The Logic of Collective Action: Public Goods and the Theory of Groups. Harvard University Press.

Ophuls, W. (1973). Leviathan or Oblivion, in Daley, H. (ed.), Toward A Steady State Economy. W. H. Freeman.

Ostrom, E. (1990). Governing the Commons: The Evolution of Institutions for Collective Action. Cambridge University Press.

Poteete, A. R., Janssen, M. A., & Ostrom, E. (2010). Working Together: Collective Action, the Commons, and Multiple Methods in Practice. Princeton University Press.

Robert L. Heilbroner. (1974). Inquiry into the Human Prospect. WW Norton & Co; First Edition.

3. 논문

강성복. (2003). 송계의 전승현장과 민속문화: 금산 신안골 열두송계를 중심으로. 『실천민속학연구』, 2003(8), 143-165p.

강성복. (2009). 계룡산 국사봉 주변마을의 송계(松契) 관행: 19세기 후반~20세기 향한리 송계를 중심으로. 『민속학연구』, 24, 97-121p.
권순구. (2007). 조선 후기 봉산정책의 분석. 『한국정책과학학회보』, 11(1), 81-104p.
김경옥. (2001). 朝鮮後期 金塘島 移住民의 入島와 封山運營. 『島嶼文化』, 17, 13-48p.
김경옥. (2005). 19세기 후반~20세기 전반 金塘島 車牛里 木契의 조직과 기능. 『古文書硏究』, 27, 113-144p.
김경옥. (2006). 18~19세기 西南海 島嶼·沿岸地域 松契의 조직과 기능. 『역사학연구』, 26, 1-55p.
김무진. (2011). 조선 후기 식목활동에 관한 연구. 『한국학논집』, 43집, 249-282p.
김민주. (2015). 공유자산의 자치적 관리 모델에 대한 비판적 검토: 부산 가덕도 대항마을의 숭어들이 사례를 중심으로. 『한국행정학보』, 49(3), 51-77p.
김선경. (1993). 조선 후기 산송과 산림 소유권의 실태. 『동방학지』, 497-535p.
김연석. (1998). 「송계의 성격과 기능에 관한 연구: 금산군을 중심으로」. 국민대 석사학위논문.
김진순. (1994). 정선지방 마을 대초청(大樵廳)에 대하여. 『임영민속연구』, 창간호, 115-139p.
김필동. (1989). 「조선시대 계의 구조적 특성과 그 변동에 관한 연구」. 서울대 박사학위논문.
김홍선. (2008). 조선 후기 산림정책 및 산림황폐화: 시장주의적 고찰과 그에 대한 비판. 『한국지역개발학회지』, 20(2), 169-192p.
나선하. (2011). 16~17세기 羅州 士族의 존재양상과 鄕權의 추이. 『지방사와 지방문화』, 14(1), 79-112p.
박경하. (1984). 「倭亂 直後의 鄕約에 대한 硏究—高坪洞 洞契를 중심으로」. 중앙대 석사학위논문.
박경하. (1992). 「朝鮮後期 鄕約硏究—鄕約의 性格變化를 중심으로」. 중앙

대 박사학위논문.

박원표. (1988). 「鳩林大同契의 地方教育 支援活動에 관한 研究」. 전남대학교 교육대학 석사학위논문.

박종채. (1995). 조선 후기 금송정책(禁松政策)과 금안동 금송계(金鞍洞 禁松契). 『숲과 문화』, 4(2), 17-22p.

박종채. (2000). 「朝鮮後期 禁松契 研究」. 중앙대학교 박사학위논문.

박혜숙. (2008). 18~19세기 문헌에 보이는 화폐단위 번역의 문제. 『민족문학사연구』, 38, 203-233p.

배영동. (2013). 근대시기 '순흥초군청(順興樵軍廳)' 결성의 배경과 의의. 『실천민속학연구』, 22, 41-66p.

배영동. (2014). 영주시 순흥면 일대 풋굿[초연] 의례의 양상과 이중구조. 『지방사와 지방문화 연구방법론』. 2014년 역사문화학회·전남대학교 사학과 춘계 학술대회, 19-50p.

손정목. (2004). 도시 50년사 (25) 기획연재: 과천시의 탄생(上). 『도시문제』, 39(426), 102-112p.

심준섭. (2008). 행정학 연구의 대안적 방법으로서의 방법론적 다각화(Triangulation): 질적 방법과 양적 방법의 결합. 『한국행정연구』, 17(2), 3-31p.

안대회. (2002). 정약전과 송정사의. 『문헌과 해석』, 20, 신안문화원. (2004). 〈松政私議〉. 『운곡잡저(雲谷雜櫂卷之一)』, 신안향토사료지(112-124p)에 재수록.

안도경. (2012). 공유의 비극을 넘어: 공유자원 관리를 위한 제도의 진화. 『한국경제포럼』, 5(3), 117-129p.

윤순진. (2003). 전통적인 공유지이용관행에서 살펴본 지속 가능한 발전의 방향: 송계의 경험을 중심으로. 『한국환경사회학회 2003년도 춘계 학술대회』, 66-88p.

이기태. (1997). 지역사회의 변화에 따른 지역민 조직의 성격 변화. 『민속연구』, 7, 99-123p.

이명석. (1995). 공유재 문제의 자치적 해결 가능성. 『한국행정학보』, 29(4),

1291-1312p.

이명석. (2006). 제도, 공유재 그리고 거버넌스. 『행정논총』, 44(2), 247-275p.

이영재. (2008). 순흥(順興) 읍치성황제(邑治城隍祭)의 형성과 변화. 『민속학연구』, 23, 33-55p.

이해준. (1988). 조선 후기 영암지방 동계의 성립배경과 성격. 『전남사학』, 2, 전남사학회.

전경목. (1996). 「朝鮮後期 山訟硏究: 18・19세기 古文書를 중심으로」. 전북대 박사학위논문.

최재송・이명석・배인명. (2001). 공유재 문제의 자치적 해결: 충남 보령시 장고도 어촌계의 사례를 중심으로. 『한국행정연구』, 10(2), 152-172p.

한미라. (2008). 「18~19세기 경기 陽城 可坐洞禁松契 연구」. 중앙대학교 사학과 석사학위논문.

한미라. (2011). 조선 후기 가좌동 禁松契의 운영과 기능: 경기 양성현 「禁松契座目」을 중심으로. 『역사민속학』, 35, 141-173p.

Bates, R. H. (1988). Contra Constractarianism: Some Reflections on the New Institutionalism. Politics and Society, 16, 377-401p.

Chun, Y. W., & Tak, K. I. (2009). Songgye, A Traditional Knowledge System for Sustainalble Forest Management in Choson Dynasty of Korea. Forest Ecology and Management, 257(10), 2022-2026p.

Coase, R. H. (1960). The Problem of Social Cost. Journal of Law and Economics, 3, 1-44p.

Demsetz, H. (1967). Toward A Theory of Property Rights. American Economic Review, 57(2), 347-359p.

Sinn, H-W. (1984). Common Property Resources, Storage Facilities and Ownership Structures: A Cournot Model of the Oil Market. Economica, 51(203), 235-252p.

Hardin, G. (1968). The Tragedy of the Commons, Science, 162(3859), 1243-1248p.

Hayes, T., & Ostrom, E. (2005). Conserving the World's Forests: Are Protected Areas the Only Way? Indiana Law Review, 38(3), 595-617p.

Ostrom, E. (1999a). Self-governance and Forest Resources. CIFOR Occasional Paper No.20. Bogor, Indonesia: Center for International Forestry Research (CIFOR).

Ostrom, E. (1999b). Coping with Tragedies of the Commons. Annual Review of Political Science, 2, 193-535p.

Ostrom, E. (2009). A General Framework for Analyzing Sustainability of Social Ecological Systems. Science, 325, 419-422p.

Ostrom, E. (2010). Beyond Markets and States: Polycentric Governance of Complex Economic Systems. American Economic Review, 100(3), 641-72p.

Ostrom, E., Burger, J., Field, C. B., Norgaard4, R. B., & Policansky, D. (1999). Revisiting the Commons: Local Lessons, Global Challenges. Science, 284(5412), 278-282p.

Poteete, A. R., & Ostrom, E. (2008). Fifteen Years of Empirical Research on Collective Action in Natural Resource Management: Struggling to Build Large-N Databases Based on Qualitative Research. World Development, 36(1), 176-195p.

Smith, R. J. (1981). Resolving the Tragedy of the Commons by Creating Private Property Rights in Wildlife. Cato Journal, 1(2), 439-468p.

van Gevelt, T. (2014). Community-based Management of Tricholoma Matsutake (S. Ito and S. Imai) Singer: A Case Study of South Korean Mountain Villages. International Journal of the Commons, 8(1), 134-154p.

Welch, W. P. (1983). The Political Feasibility of Full Ownership Property Rights: The Cases of Pollution and Fisheries. Policy Sciences, 16(2), 165-180p.

菱本長次. (1912). 忠清北道 契に 關する 調査. 『朝鮮農會報』, 7권 (7-10호).

四方 博. (1956). 李朝時代に 於ける 契規約の 硏究. 『朝鮮社會經濟史硏究』. 東京 國書刊行會.

李覺鐘. (1923). 朝鮮民政資料 契に 關する 調査. 『朝鮮』, 7月號.

4. 기타 자료

아시아뉴스통신. (2016.03.21). 계룡시 송계, 향적산 64억 매각 전격 결정 자료접근: 2017년 1월 30일(http://www.anewsa.com/detail.php?number=989051).

이기태. (2012.07.27). 영주읍내리성황제문서. 자료접근: 2015년 7월 10일 (http://folkency.nfm.go.kr/munhak/dicPrint.jsp?DIC_ID=5247&xslUrl=dicPrint_Pop.jsp&printYN=Y).

오마이뉴스. (2013.06.29.) "소나무에서 돈이 나온다"... 이런 곳도 있군요. [한국의 아름다운 숲26: 포항시 북구 기북면 오덕리 덕동마을 숲]. 자료 접근: 2017년 10월 22일(http://www.ohmynews.com/NWS_Web/View/at_pg.aspx?CNTN_CD=A0001876709).

| 찾아보기 |

ㅈ

ㅊ

아산재단연구총서

001 전환기의 중국경제
김윤환 외 | 단국대 경제학과

002 폴란드 경제의 변천 개혁과 그 전망
김광수 | 숭실대 경제학과

003 재소한인
이광규 외 | 서울대 인류학과

004 소련산림과 임업
홍성천 외 | 경북대 임학과

005 아세안의 정치경제
김국진 외 | 외교안보연구원

006 태국의 사회변동과 경제발전
최석만 외 | 전남대 사회학과

007 중국의 사회경제 통계분석
신한풍 외 | 고려대 통계학과

008 중국의 정치와 경제
박두복 외 | 외교안보연구원

009 동유럽의 개혁과 시장경제의 도입
허만 외 | 부산대 사범대학

010 동유럽의 개혁운동
박영신 | 연세대 사회학과

011 현대 러시아 연구
기연수 외 | 한국외대 노어과

012 전략적 선택과 기업의 국제경쟁력
이장호 | 서강대 경영대학

013 협동사회의 정착과 정부의 역할
이종범 외 | 고려대 행정학과

014 한국 제조기업 생산성의 동적 분석
노부호 외 | 중앙대 경영대학

015 분배의 정의
변형윤 외 | 서울대 경제학과

016 도덕적 행동의 강화
이훈구 외 | 연세대 심리학과

017 관료부패와 통제
김해동 외 | 서울대 행정대학원

018 한국경제의 내실 있는 성장
정창영 외 | 연세대 경제학과

019 한국국민정신운동의 역사와 발전방향
박수명 외 | 부산대 사범대학

020 한국대학생의 가치성향과 상담효과
이영희 외 | 숙명여대 교육학과

021 가출청소년과 학교관리체제
안창규 외 | 부산대 교육학과

022 동북아 정세변화와 한 · 일관계
한승조 외 | 고려대 정치외교학과

023 언론과 부정부패
정대철 외 | 한양대 신문방송학과

024 한국의 고등학교 교육
이원호 외 | 부산대 교육학과

025 가족과 방송
김학수 외 | 서강대 신문방송학과

026 재정개혁의 전망과 재산세제의 개편과제
오연천 | 서울대 행정대학원

027 청소년을 위한 전자게임 프로그램의 규제 및 평가체계 개발
박혜원 외 | 울산대 가정관리학과

028 정신장애자 가족의 사회심리적 특성
이근후 외 | 이화여대 의과대학

029 가족의 관계역동성과 문제인식
이광규 외 | 서울대 인류학과

030 현대인과 한국전통음식
승정자 | 숙명여대 식품영양학과

031 기업의 초고속정보통신망활용
안중호 | 서울대 경영학과

032 지역발전을 위한 교육자치제의 개선방안
김남순 | 조선대 사범대학

033 전환기의 공무원 가치관
조경호 | 울산대 행정학과

034 지방자치와 사회복지의 과제
김영모 | 중앙대 사회복지학과

035 WTO체제하의 지방중소기업 지원정책
최명주 외 | 계명대 통상학부

036 현대한국의 시민운동
이효선 | 중앙대 사회학과

037 기업 세계화의 단계 및 정도의 측정
허영도 외 | 울산대 경영학과

038 가족복지를 위한 가족주치의 시범사업의 효과
이혜리 외 | 연세대 가정의학교실

039 한국대학생의 삶의 만족도
김재은 외 | 이화여대 교육심리학과

040 지역경제와 지역산업구조의 개편방향
정기화 외 | 전남대 경제학부

041 중국기업의 소유형태별 경영특성
노철화 외 | 부산대 무역학과

042 남북한의 인성 · 사상교육
한승조 외 | 고려대 정치외교학과

043 연계적 뇌기능 조언을 위한 의료용 멀티미디어 시스템의 설계
유선국 | 연세대 의용공학교실

044 다민족국가의 민족문제와 한인사회
최협 외 | 전남대 인류학과

045 저소득층지역 청소년 여가문화와 소집단 활성화
박문수 외 | 서강대 사회학과

046 삶의 질의 국제비교와 지역간 비교분석
이재기 외 | 울산대 경제학과

047 21세기 지역주민의 삶의 질
양종회 외 | 성균관대 사회학과

048 삶의 질에 대한 국가간 비교
조명한 외 | 서울대 심리학과

049 외국인 노동자의 노사관계와 사회적 적응
석현호 외 | 성균관대 사회학과

050 한국의 사법제도와 발전 모델
정종섭 | 건국대 법학과

051 고령화사회와 중상층 노인의 사회활동
조성남 외 | 이화여대 사회학과

052 한국의 서비스 시장 개방정책
한홍렬 | 한양대 경제학부

053 한국과 AFTA간의 교역증진 및 경제 협력방안
손일태 외 | 경희대 경제통상학부

054 물류비 절감을 위한 무역업체의 정보화전략
이영수 외 | 경북대 경제통상학부

055 사회주의 체제전환과 사회정책
오정수 외 | 충남대 사회복지학과

056 남북통일 이후 농업생산체계 개편
홍성규 외 | 건국대 농업경제학과

057 국제화와 세계화
하영선 외 | 서울대 외교학과

058 IMF 개혁정책의 평가와 한국경제의 신(新) 패러다임
조동근 | 명지대 경제학과

059 구조개혁과 실업대책
박동운 | 단국대 경제무역학부

060 21세기 신노사관계
심윤종 외 | 성균관대 사회학과

061 학교에서의 집단 따돌림
이춘재 외 | 가톨릭대 심리학과

062 한국노인의 정신건강실태와 건강증진
조맹제 외 | 서울대 의과대학

063 혁명과 개혁 속의 중국 농민
김광억 | 서울대 인류학과

064 중국의 경제환경과 한국기업의 진출 전략
지용희 외 | 서강대 경영학과

065 김대중 대통령의 시스템 사고
김동환 | 중앙대 공공정책학부

066 실업과 가족해체
최일섭 외 | 서울대 사회복지학과

067 합리적 부채비율 조정방안
오상근 | 동아대 경제학과

068 한국 중산층의 생활문화
문숙재 외 | 이화여대 소비자 · 인간발달학과

069 계층간 갈등상태에서 최적소득세
김진욱 | 건국대 경상학부

070 글로벌 경쟁력 제고를 위한 기업전략과 조직구축
이만우 외 | 고려대 경영학과

071 의료보험과 국민연금의 관리효율화를 위한 통합방안
사공진 외 | 한양대 경제학부

072 정부개혁의 과제와 전략
박우서 외 | 연세대 행정학과

073 책임운영기관 제도에 관한 비교분석
김근세 | 가톨릭대 행정학과

074 새로운 패러다임하에서의 한국기업의 바람직한 지배구조
최운열 외 | 서강대 경영학과

075 현대 한국사회의 계층구조
양춘 외 | 고려대 사회학과

076 한국의 산업정책과 산업구조조정
강인수 | 숙명여대 경제학부

077 기업구조조정
김석진 | 경북대 경영학부

078 지식경영을 위한 인적자원 개발 및 관리체계
장영철 | 경희대 경영학부

079 뉴 비즈니스 모델
전성현 | 국민대 정보관리학부

080 중산층의 정체성과 소비문화
함인희 외 | 이화여대 사회학과

081 외국관광객 유치를 위한 마케팅 전략
박상규 | 강원대 경영학과

082 한국인의 세대별 문학의식
이동순 | 영남대 국문과

083 공공부문의 효율성 평가와 측정
김재홍 외 | 울산대 사회과학부

084 한국 청소년의 정치의식과 형성요인
김광웅 외 | 숙명여대 아동복지학과

085 한국 대학생의 정치의식
배한동 | 경북대 윤리교육과

086 산업의 정보화와 산업발전
이기동 | 계명대 통상학부

087 한국 제조업의 고용조정 분석
이종원 외 | 성균관대 경제학부

132 평생학습 사회에서의 인적자원개발을 위한 사회적 파트너십 구축
김영화 | 홍익대 교육학과

133 한국 공교육의 새로운 구상과 전략
권대봉 외 | 고려대 교육학과

134 한국의 정부개혁
김태룡 | 상지대 행정학과

135 지방정부 생산성 측정의 이론과 실제
이은국 외 | 연세대 행정학과

136 불가 시문학론
배규범 | 경희대 학술연구 교수

137 남북경제교류의 법적 문제
제성호 | 중앙대 법학과

138 경제위기와 청소년 발달
구인회 | 서울대 사회복지학과

139 생명과학기술의 응용과 기본권보호적 한계
정상기 외 | 한남대 법학과

140 경제발전과 정치환경의 한 · 일 비교분석
정갑영 외 | 연세대 동서문제연구원

141 한국 공교육의 진단
윤정일 외 | 서울대 교육학과

142 우리나라 지방자치 발전을 위한 자치단체장의 역할
정성호 외 | 경기대 사회과학부

143 의료보험제도의 개혁방안
권순원 | 덕성여대 경제학과

144 중등 도덕교육의 현실과 문제
손동현 외 | 성균관대 철학과

145 사이버공동체 발전론
이명식 | 상명대 경영학과

146 남북경협 확대에 대비한 북한 담보제도의 정비방안
박훤일 | 경희대 법과대학

147 한국 공무원 인사제도 개혁
김판석 | 연세대 행정학과

148 교사화법 교육
임칠성 외 | 전남대 국어교육과

149 세계화의 문화정치학
임혁백 외 | 고려대 정치외교학과

150 효과적인 e-SCM을 위한 의사결정조정 시스템 모형
이원준 | 성균관대 경영학부

151 환경거버넌스
김종순 외 | 건국대 행정학과

152 자동차산업의 인적자원관리
이덕로 | 서원대 경영학부

153 한국과 영국 간 지식기반산업 비교
이명호 | 한국외대 경영학과

154 한국 벤처기업의 기술네트워킹 및 기술마케팅 전략
장영일 | 인제대 경영학부

155 회사변호사의 윤리
오승종 | 성균관대 법과대학

156 미디어교육론
이정춘 | 중앙대 신문방송학과

157 조선시대 서원과 양반
윤희면 | 전남대 역사교육과

158 환경문제와 철학
박찬국 | 서울대 철학과

159 노인보건복지 이론과 실제
김명 외 | 이화여대 보건교육학과

160 북한의 법체계
권재열 외 | 숭실대 법학과

161 생명공학기술의 안전성 확보에 관한 법적 고찰
이재협 | 경희대 법학부

162 청소년복지학
김성이 외 | 이화여대 사회복지학과

163 변화하는 세계, 변화하는 복지국가
조영훈 | 동의대 사회복지학과

164 의리의 윤리와 한국의 유교문화
김낙진 | 진주교대 도덕교육과

165 미국의 통상정책과 통상법
윤충원 | 전북대 무역학과

166 사회복지 프로그램 평가
김학주 | 경상대 사회복지학과

167 환경주의와 지속가능한 발전
정대연 | 제주대 사회학과

168 무역과 환경
김기홍 외 | 경기대 경제학부

169 산업계 유해폐기물의 위험과 관리
김금수 | 호서대 경상학부

170 백범 김구의 지적 계발과정 탐색
문용린 | 서울대 교육학과

171 태평양전쟁 발발 이후 일제의 인적 지배와 그리스도교계의 대응
윤선자 | 전남대 사학과

172 거버넌스 상황에서 갈등관리를 위한 대체적 분쟁해결제도
서순복 | 광주대 법정학부

173 시장경제의 유형과 민주주의
최배근 | 건국대 경상학부

174 일본고전소설 총론
김현정 | 국립한국전통문화학교

175 국어 교육을 위한 국어 문법론
이관규 | 홍익대 국어교육과

176 율곡의 군주론
전세영 | 부산교대 윤리교육과

177 동북아시아 환경협력
정서용 | 명지대 법학과

178 기후변화협약과 기후정책
신의순 외 | 연세대 경제학과

179 인터넷과 국제 학술정보 네트워크-하이퍼링크 분석
박한우 | 영남대 언론정보학과

180 국내 기업복지의 활성화 방안
최수찬 | 연세대 사회복지대학원

181 세계화와 인간안보
김우상 외 | 연세대 정치외교학과

182 세계문화유산 종묘 이야기
지두환 | 국민대 국사학과

183 한국 평생교육의 사회철학적 과제
곽삼근 | 이화여대 교육학과

184 강점모델
정순둘 | 이화여대 사회복지학과

185 글로벌시대의 계약법
박영복 | 한국외대 법과대학

186 배심제와 시민의 사법참여
안경환 | 서울대 법학과

187 동북아공동체
김재한 | 한림대 정치외교학과

188 정치 참여와 탈물질주의
김욱 | 배재대 정치외교학과

189 퍼지전문가회로망을 이용한 금융기관의 사이버 기업여신결정 지원시스템의 개발
권혁대 | 목원대 경영학과

190 환경정책과 환경법
송인성 | 전남대 지역개발학과

191 포스트모던 시대의 평생교육학
한숭희 | 서울대 교육학과

192 현대 한국인의 세대경험과 문화
박길성 외 | 고려대 사회학과

193 서구의 근로연계복지
김종일 | 건국대 사회복지학과

194 사회복지운동론
현외성 | 경남대 사회복지학과

195 외국의 역모기지 사례
유선종 | 건국대 부동산학과

196 옛이야기와 어린이문학
이지호 | 진주교대 국어교육학과

197 노인사회복지관광의 정책과제와 방안
김창수 | 경기대 관광학부

198 복지서비스의 민간위탁 시스템 분석
김순양 | 영남대 행정학부

199 새로운 빈곤층의 대두와 정부의 정책과제
김진욱 | 건국대 경제학과

200 문화행정론
김정수 | 한양대 행정학과

201 스칸디나비아 노인용 코하우징의 계획과 적용
최정신 외 | 가톨릭대 생활과학부

202 북한의 자연생태계
공우석 | 경희대 지리학과

203 통계로 이해하는 러시아
전홍찬 | 부산대 정치외교학과

204 사회복지법인의 경영과 회계
이동규 | 충남대 회계학과

205 의약분업 정책과정
차흥봉 | 한림대 사회복지학과

206 지역공동체와 평생교육
오혁진 | 동의대 평생교육학부

207 아동보호서비스의 실제
한미현 | 백석대 사회복지학부

208 그린마케팅
박재기 | 충남대 경영학부

209 아동권리와 아동복지
이혜원 | 성공회대 사회복지학과

210 국제 이주와 인도인 디아스포라
김경학 | 전남대 인류학과

211 질병과 의료의 사회학
조병희 | 서울대 보건대학원

212 북한이탈주민의 사회통합을 위한 지역복지실천의 모색
이기영 | 부산대 사회복지학과

213 치매노인케어론
조유향 | 초당대 간호학과

214 노인상담입문
서혜경 외 | 한림대 대학원 사회복지학과

215 '통일 이후 통일과정'으로서의 독일 통일영화
이준서 | 이화여대 독어독문학과

216 중국의 사회보장
오정수 | 충남대 사회복지학과

217 환경자원의 경제적 가치와 환경오염의 사회적 비용
김재홍 | 울산대 사회과학부

218 사회복지프로그램의 경제적 평가방법
박창제 외 | 상주대 사회복지학과

219 자유의지와 결정론
안건훈 | 강원대 철학과

220 심리학자들이 쓴 행복한 결혼의 심리학
채규만 외 | 성신여대 심리학과

221 현대 해석학 강의
양해림 | 충남대 철학과

222 한국인의 주거 빈곤과 공공주택
하성규 | 중앙대 도시및지역계획학과

223 IMF 경제위기와 한국 출산력의 변화
김두섭 | 한양대 사회학과

224 동아시아의 영토분쟁과 국제법
이석우 | 인하대 법학부

225 독일 복지국가와 사회복지서비스
정재훈 | 서울여대 사회사업학과

226 사회복지사를 위한 실용 비모수통계
엄명용 | 성균관대 사회복지학과

227 피해자학 연구
이윤호 | 동국대 경찰행정학과

228 광고언어창작론
박영준 외 | 부경대 국어국문학과

229 환경규제 패러다임의 전환
한철 | 한남대 법학과

230 고령사회의 노동환경변화와 고용 시스템의 문제점 및 법적 대응
고준기 | 국립군산대 법학과

231 세계화와 소득불평등
이성균 외 | 울산대 사회과학부

232 유비쿼터스 사회의 이해
안중호 외 | 서울대 경영학과

233 국제환경책임법론
박병도 | 건국대 법학과

234 한국의 선거와 민주주의
윤종빈 | 명지대 정치외교학과

235 한국 시민운동의 구조와 동학
조대엽 외 | 고려대 사회학과

236 또래관계
송영혜 | 대구대 재활심리학과

237 해외 한국기업과 현지인 노동자
석현호 외 | 에스콰이아학술문화재단

238 독일 국가복지에서 민간복지단체의 역할과 의미
차성환 외 | 한일장신대 사회복지학부

239 청정공학
조정호 | 동양대 생명화학공학과

240 한국전통연희론
심상교 | 부산교육대 국어교육학과

241 정신장애와 가족
서미경 | 경상대 사회복지학부

242 빈곤통계의 작성과 활용
김주환 | 동국대 정보통계학과

243 인터넷과 한국정치
강원택 | 숭실대 정치외교학과

244 북한의 시장경제이행
정영화 외 | 서경대 법학과

245 시스템사고로 본 지속가능한 도시
문태훈 | 중앙대 도시및지역계획학과

246 실버산업과 유비쿼터스 컴퓨팅
고일상 | 전남대 경영학부

247 재활상담과 사례관리
나운환 | 대구대 직업재활학과

248 영유아교육기관에서의 장애 이해 교육
유수옥 | 우석대 유아특수교육과

249 장애의 사회적 의미와 사회통합
박수경 | 대진대 사회복지학과

250 경제분석의 수리적 기초
조인성 | 공주대 경제통상학부

251 비영리부문의 비교연구
김승현 | 서울산업대 행정학과

252 고등교육경제학
반상진 | 전북대 교육학과

253 과학윤리교육의 이론과 방법
조희형 | 강원대 과학교육학부

254 결혼이민자가족의 이해
김오남 | 대불대 사회복지학과

255 동아시아 국가의 공공부조
신동면 | 경희대 사회과학부

256 특수아동 진단 및 평가
이나미 | 대불대 특수교육과

257 계약형 사회복지와 권리옹호시스템
이명현 | 경북대 상주캠퍼스 사회복지학과

258 실내공기질 및 위해성 관리
양원호 | 대구가톨릭대 산업보건학과

259 충남 방언 문법
한영목 | 충남대 국어국문학과

260 교육권론
노기호 | 군산대 법학과

261 도시경관계획론
임승빈 | 서울대 조경 · 지역시스템공학부

262 교통의 새로운 패러다임
김형철 | 경원대 도시계획 · 조경학부

263 노인의 삶의 질 향상을 위한 주거환경 디자인
천진희 | 상명대 디자인대학 실내디자인전공

264 사회복지와 문화
박병현 | 부산대 사회복지학과

265 장애인복지의 이론과 실제
이선우 | 인제대 사회복지학과

266 창의성 개발을 위한 디자인교육 콘텐츠
김선영 | 인천가톨릭대 조형예술대학 환경디자인학과

267 구성주의 사회복지 실천 기술론
고미영 | 서울신학대 사회복지학과

268 장애아교육학
김기홍 | 부산교육대 유아교육과

269 지역사회복지와 자원부문
한상진 외 | 울산대 사회학과

270 환경관리회계
육근효 | 부산외국어대 회계학부

271 인권 관점에서 보는 장애인복지
유동철 | 동의대 사회복지학과

272 정신증상
송지영 | 경희대 의과대학병원 신경정신과

273 사이버공간의 사회심리학
이성식 외 | 숭실대 정보사회학과

274 노인에 대한 사회적 돌봄과 돌봄서비스의 질 보장
최희경 | 신라대 가족노인복지학과

275 아동 심리치료의 실제
신현균 | 전남대 심리학과

276 사회복지와 위험관리
노충래 | 이화여대 사회복지전문대학원

277 국제 탄소시장의 이해
양승룡 | 고려대 식품자원경제학과

278 타자의 초상
신문수 | 서울대 영어교육과

279 한국정치와 환경정치
나정원 | 강원대 정치외교학과

280 북한이주민
윤인진 | 고려대 사회학과

281 음주의 사회경제적 비용
정우진 외 | 연세대 보건대학원

282 지방정치와 동북아 도시거버넌스
박재욱 | 신라대 행정학과

283 노숙인 복지론
남기철 | 동덕여대 사회복지학과

284 유럽통합과정과 지역협력
이규영 | 서강대 국제대학원

285 사회복지재정 연구
지은구 | 계명대 사회과학대학 사회복지학과

286 지역사회 교육개혁을 위한 시민사회 조직의 참여
김영화 | 홍익대 교육학과

287 복지사회를 대비한 국민연금의 구조개혁
박영석 외 | 서강대 경영학부

288 한미 FTA 지재권 협상에 따른 의약품 분야 사회후생 변화
오근엽 | 충남대 무역학과

289 산업입지, 환경 그리고 지역경제
이기동 외 | 계명대 국제통상학과

290 감성지능 개발을 통한 삶의 질 향상
김경수 외 | 전남대 경영학부

291 교육복지론
이용교 외 | 광주대 사회복지학부

292 인간과 행복에 대한 철학적 성찰
박찬국 | 서울대 철학과

293 유럽연합의 사회통합 사례와 교훈
이무성 | 명지대 정치외교학과

294 민영화와 사회후생
이상호 | 전남대 경제학부

295 북한의 교육학 체계 연구
최영표 외 | 동신대 교육대학원

296 한국 지속가능발전의 구조와 변동
정대연 | 제주대 사회학과

297 우리나라의 공익 연계 마케팅에 관한 연구
임승희 | 전주대 경영학부

298 시각장애인복지론
김영일 | 조선대 특수교육과

299 그린에너지와 환경촉매
정석진 | 경희대 화학공학과

300 취약학교 초등학생을 위한 온라인 보건교육 프로그램
박경옥 | 이화여대 보건관리학과

301 신탁제도를 통한 고령자의 보호와 지원
최수정 | 서강대 법학전문대학원

302 사회적 약자계층에 대한 실태분석 및 정책방안
이은우 외 | 울산대 경제학과

303 한류 문화와 동북아 공동체
최혜실 | 경희대 국어국문학과

304 노동유연화와 해고보호법
권혁 | 부산대 법학전문대학원

305 사회복지 위험관리의 이해
박미은 | 한남대 사회복지학과

306 의료기관의 회계와 세무
노준화 | 충남대 경영학부

307 여성인적자원의 전문성 확보를 위한 경력개발
백지연 | 이화여대 국제사무학과

308 정신병리
강선경 | 서강대 신학대학원

309 바다의 반란 적조
윤양호 | 전남대 해양기술학부

310 한국 장애인 복지 발달사
이성규 | 서울시립대 사회복지학과

311 서양예술 속의 동양 탐색
진상범 | 전북대 독어독문학과

312 한국인의 도덕성 발달 진단
문용린 | 서울대 교육학과

313 영국정치와 국가복지
고세훈 | 고려대 공공행정학부

314 인간학적 사유를 여는 중도 · 중복장애 교육학
이숙정 | 단국대 특수교육과

315 개별화 교육과정
이소현 | 이화여대 특수교육과

316 인간의 긍정적 성품
권석만 | 서울대 심리학과

317 지방자치와 지역여성의 전망
이혜숙 | 경상대 사회학과

318 한국 현대 노년소설 연구
전흥남 | 한려대 교양학부

319 정보격차 해소를 위한 창의적 정보교육 프로그램
이영준 외 | 한국교원대 컴퓨터교육과

320 한국 가족과 젠더
손승영 | 동덕여대 교양학부

321 한국의 복지혼합
김진욱 | 서강대 신학대학원

322 사회자본과 자원봉사
김태룡 외 | 상지대 행정학과

323 농촌교육복지연구
박삼철 | 단국대 교양학부

324 사회정체성 평가 차원에 대한 국제비교조사
이명진 | 고려대 사회학과

325 캐나다 복지국가 연구
조영훈 | 동의대 사회복지학과

326 한국의 소수자운동과 인권정책
전영평 외 | 서울대 행정대학원

327 한국과 미국의 보육서비스 전달체계와 품질 비교분석
김근세 외 | 성균관대 국정관리대학원

328 한국사회의 소득불평등과 국민 의료이용
이용재 | 호서대 사회복지학과

329 정보시대의 인간안보
조화순 | 연세대 정치외교학과

330 가족의 사회경제적 특성과 아동발달
김광혁 | 전주대 사회복지학과

331 초 · 중 · 고등학생의 학업소진 진행과정 및 경로분석
이상민 | 고려대 교육학과

332 다문화사회의 사법통역
이지은 | 이화여대 통역번역대학원

333 동아시아 지역주의
유현석 | 경희대 정치외교학과

334 환경친화적 공공시설관리와 지역공동체의 삶의 질
이소영 | 중앙대 실내디자인 · 주거환경학과

335 의료보험의 법정책
김나경 | 성신여대 법과대학

336 양극화 시대 가족해체와 청소년의 적응에 관한 한국과 미국의 비교 연구
오승환 외 | 울산대 사회복지학과

337 기업의 사회적 책임과 지역경제사회 발전 연구
허영도 외 | 울산대 경영학부

338 노인의 삶의 질 향상을 위한 온라인 소셜 네트워크 구축 방안
김진우 | 연세대 경영학과

339 청소년 생활역량
윤명희 외 | 동의대 평생교육학과

340 외국인 배우자의 다양성과 국제결혼의 안정성
김두섭 | 한양대 사회학과

341 정보인권의 규범구체화
이민영 | 가톨릭대 법학과

342 한국 사회복지실천의 고유성
최성재 외 | 서울대 사회복지학과

343 스웨덴의 환경책임 실천모형
최희경 | 경북대 행정학부

344 자율운동과 주거공동체
윤수종 | 전남대 사회학과

345 한국인의 공공봉사동기
김상묵 | 서울과학기술대 행정학과

346 한국 이혼가정 아동의 성장
김혜숙 | 경인교육대 교육학과

347 동양 사상과 노인 복지
홍승표 외 | 계명대 사회학과

348 노동과 사회보장의 연계
오문완 | 울산대 법학과

349 학습장애 위험군 아동의 조기선별을 위한 읽기검사 표준화 연구
김애화 외 | 단국대 특수교육학과

350 신 · 재생에너지에 기초한 녹색성장과 사회통합
김인호 | 이화여대 법학전문대학원

351 문화교류역량과 다문화 경영이 기업 경영성과에 미치는 영향
임병학 외 | 부산외대 경영학부

352 빈곤영유아의 발달과 적응
정익중 외 | 이화여대 사회복지학과

353 민사법질서와 인권
양천수 | 영남대 법학전문대학원

354 성년후견제도와 사회복지제도의 연계
신권철 | 서울시립대 법학전문대학원

395 정신장애인의 인권
서미경 | 경상대 사회복지학과

396 취약계층 비만청소년들의 체중관리를 위한 건강증진 프로그램의 효과
김영호 | 서울과학기술대 스포츠과학과

397 한국 전통의 돈의 문학사, 나눔의 문화사
서신혜 | 한양대 창의 · 융합교육원

398 와이파이 공간과 모바일 정보 격차
이건학 | 서울대 사회과학대학

399 도시정비사업의 법적 쟁점과 해설
성중탁 | 경북대 법학전문대학원

400 사회서비스 제공기관의 조직요인과 성과
신창환 | 경북대 사회복지학부

401 도시 사운드스케이프 디자인
전진용 외 | 한양대 건축공학부

402 지방의회 의원윤리연구
김택 | 중원대 경찰행정학과

403 발달장애인 자립생활 증진을 위한 역량탐색 및 주거로서의 해결과제
김라경 | 광주교육대 교육학과

404 외국인고용제도개선과 인권
김상호 외 | 경상대 법과대학

405 사회복지연구에서 질적방법과 분석
김인숙 | 가톨릭대 사회복지학과

406 현대미술에서의 예술적 성장과 창의적 인재양성
백경미 | 울산과학기술원 기초과정부

407 현대인의 삶과 문화예술교육
곽삼근 | 이화여대 교육학과

408 문화적 배경과 체화된 인지
민동원 | 단국대 경영학부

409 아동 섭식행동평가 척도 표준화 및 섭식문제 현황 조사
정경미 | 연세대 심리학과

410 잊혀질 권리: 이상과 실현
문재완 | 한국외대 법학전문대학원

411 인권의 지역화: 일상생활의 인권 증진을 위하여
김중섭 | 경상대 사회학과

412 다문화 시대 이주민의 한국어 의사소통
민병곤 외 | 서울대 국어교육과

413 다문화 시대의 문화교육 커리큘럼
윤여탁 외 | 서울대 국어교육과

414 다문화 시대의 통일교육
박성춘 외 | 서울대 윤리교육과

415 다문화 시대 사회 통합을 위한 시민 교육
이진석 외 | 부산대 일반사회교육과

416 다문화 관련 법률 및 제도
박성혁 외 | 서울대 사회교육과

417 생태복원의 인문학적 상상력
김성도 외 | 고려대 언어학과

418 다국내 출생 다문화가정 청소년의 아픔과 분투: 사회적 차별로부터의 회복과 성장
서영석 | 연세대 교육학과

419 종교심리학의 이해: 죽음인식의 논의를 중심으로
김재영 | 서강대 종교학과

420 글로벌 시대의 사회통합: 세계적 추세와 한국의 위상
장용석 외 | 연세대 행정학과

421 소규모 사회적기업과 소셜미디어 마케팅
박철 | 고려대 글로벌비즈니스대학

422 동아시아 가면극의 역사와 전승양상
전경욱 | 고려대 국어교육과

423 무엇이 우리를 행복하게 하는가?
구교준 외 | 고려대 행정학과

424 디지털 중독의 이해와 대응 방안
오원석 외 | KAIST 경영대학

425 지속가능발전목표(SDG) 시대 한국의 복지와 행복지표 측정
한준 외 | 연세대 사회학과

426 지방정부 간 사회복지 불균형과 시민 행복
장용석 외 | 연세대 행정학과

427 일 · 여가의 변화와 행복 복지
유홍준 외 | 성균관대 사회학과

428 가족시간과 삶의 질
이윤석 외 | 서울시립대 도시사회학과

429 사회복지사의 유데모니아: 사회복지의 가치와 보람, 그리고 행복
송인한 외 | 연세대 사회복지대학원

430 행복을 위한 움직임
안문경 | 국민대 교양대학

431 읽기 장애 조기 선별검사의 측정학적 적합성 연구
여승수 | 부산교육대 유아교육학과

432 문화적 다양성과 창의성: 심리학적 관점
장재윤 | 서강대 심리학과

433 내일의 종언(終焉)? 가족자유주의와 사회재생산 위기
장경섭 | 서울대 사회학과

434 산림공유자원관리로서 금송계 연구
배수호 외 | 성균관대 행정학과

아산재단연구보고서

001 한국인의 도덕성 연구
배해수 | 고려대 국문학과

002 산업화와 청소년 진로
이원호 | 울산대 교육학과

003 공동체의식과 시민운동
김영섭 | 한양대 행정학과

004 한국청년의 삶의 의미 충족도와 만족적 태도
안정수 | 경희대 철학과

005 중국조선족의 사회발전과 한 · 중관계의 위상
손장권 | 고려대 사회학과

006 해송림 "솔껍질깍지벌레"의 천적 및 주요 종의 생태
김규진 | 전남대 농생물학과

007 사회정의와 실천윤리
박종대 | 서강대 철학과

008 동구개혁의 영향
김달중 | 연세대 정치외교학과

009 한국청소년의 의식세계
김문조 | 고려대 사회학과

010 고강도 철근 콘크리트 구조의 실용화
정헌수 | 중앙대 건축학과

011 신기술의 연관형태 및 출현예측의 구조모형
권철신 | 성균관대 산업공학과

012 민간기업의 연구개발을 위한 조세정책
권영훈 | 한양대 경제학부

013 기술개발 활성화방안
송승구 | 울산대 화학공학부

014 부패의 현상과 진단
이문조 | 영남대 정치외교학부

015 연구투자의 지역적 편중화와 부산지역의 기초과학연구 활성화방안
윤웅찬 | 부산대 화학과

016 GATT의 신구 덤핑방지협정과 그 대응 방안
전창원 | 동국대 무역학과

017 한국사회의 도덕성 제고를 위한 진단과 처방
황경식 | 서울대 철학과

018 새로운 노사관계 방향
이진규 외 | 고려대 경영학과

019 21세기 동북아 정세예측과 한국의 전략적 대응방안
최평길 외 | 연세대 행정학과

020 소련의 한국에 대한 정책목표분석
신승권 | 한양대 정치외교학과

021 메모리 커패시터용 $Pb(Zr_xTi_{1-x})O_3$ 강유전체 박막의 제작과 특성
장지근 외 | 단국대 전자공학과

022 러시아 국제법학의 전통
김용구 | 서울대 외교학과

023 유럽연합의 현황과 전망
김동현 외 | 성균관대 행정학과

024 중국의 정치동원
송영우 외 | 건국대 정치외교학과

025 산업적 활용을 위한 이동로보트 시스템의 개발
박민용 외 | 연세대 전자공학과

026 중국조선족의 정치사회화과정과 동화적 국민통합의 방향
전인영 외 | 이화여대 사회생활학과

027 공적부조의 이론과 실제
최일섭 외 | 서울대 사회복지학과

028 대외통상환경의 변화와 법제개편
서헌제 | 중앙대 법학과

029 기업금융의 국제화
최생림 | 한양대 경영학부

030 자동차부품공업의 노사관계
김호진 외 | 고려대 행정학과

031 산업화 과정에서의 한국가족의 실태와 전망
정창수 외 | 성균관대 사회학과

032 공무원 가치관 실태와 정립방안
배병룡 외 | 경상대 행정학과

033 해외귀국청소년의 국내적응연구
이장영 | 국민대 사회학과

034 초고속정보통신망에서 LAN서비스 제공방안
이재용 | 연세대 전자공학과

035 WTO체제의 정책적 대응
김병진 외 | 경희대 행정학과

036 유럽의 통합정치
최수경 외 | 충남대 정치외교학과

037 유기질폐기물을 이용한 고단백사료원인 조류의 생산공정
최정우 외 | 서강대 화학공학과

038 초고속정보통신망의 수용성과 정책방향
박영상 외 | 한양대 신문방송학과

039 중국의 강남사회와 한중교섭
조영록 외 | 동국대 사학과

040 세계화시대의 사회 · 문화의식
신행철 외 | 제주대 사회학과

041 국내 외국인 노동자의 문제와 대책
성규탁 외 | 연세대 사회복지학과

042 노인인력 활용정책과 프로그램
김정후 외 | 강원대 법과대학

043 한일간 학술교류 현황과 활성화방안
정홍익 외 | 서울대 행정대학원

044 계량모형에 의한 한일 경제관계의 이해
김명직 외 | 한양대 경제학부

045 직장인의 음주행태와 삶의 질
진기남 외 | 연세대 보건행정학과

046 유통정보 시스템의 구조와 설계
정용길 | 충남대 경영학과

047 남북통일 이후 사회통합을 위한 교육의 역할
안기성 외 | 고려대 교육학과

048 대중음악에 심취한 청소년들의 심리적 특성
김인경 외 | 연세대 인간행동연구소

049 멀티미디어 시스템을 활용한 교육환경의 개선방안
김한일 | 제주대 컴퓨터교육학과

050 탈냉전기 한일관계의 쟁점
최상룡 | 고려대 정치외교학과

051 자치시대 새로운 '삶의 질' 지표의 모색
김형기 외 | 경북대 경제통상학부

052 유럽통합의 역내외 협력과 갈등
이호재 외 | 고려대 정치외교학과

053 21세기를 대비한 신노사관계
김재원 | 한양대 경제학부

054 대학의 시간제학생 등록제
안규철 외 | 전남대 교육학과

055 21세기에 대비한 방송통신정책
한진만 외 | 강원대 신문방송학과

056 주민참여를 통한 혐오시설 관리운영방안
박균성 외 | 경희대 법학부

057 여성의 정치적 권리인식과 정치참여
전경옥 외 | 숙명여대 정치외교학과

058 한국인 위장질환과 식생활 · 환경요인 및 *H. pylori* 감염과의 관계
이양자 외 | 연세대 식품영양학과

059 학생과 시민의 자원봉사활동
윤정일 외 | 서울대 교육학과

060 동북아 환경문제와 지역환경협력의 모색
신연재 외 | 울산대 정치외교학과

061 노인 자원봉사활동을 통한 사회통합 프로그램 개발
김동배 | 연세대 사회복지학과

062 물류정보 시스템
김태현 | 연세대 경영학과

063 전자식 문서교환을 이용한 항공화물 운송체계
민재형 | 서강대 경영학과

064 청소년과 성
이근후 | 이화여대 의과대학

065 민족통합과 무궁화호 위성의 남북한 공동활용방안
방정배 | 성균관대 신문방송학과

066 채식주의가 20대 여성의 영양상태와 에스트로겐 대사에 미치는 영향
성미경 | 숙명여대 식품영양학과

067 가상정보공간을 통한 지역개발 활성화 전략
유재천 외 | 한림대 언론정보학부

068 조산아 관리현황 및 정책수립 방안
박상기 외 | 조선대 의과대학

069 남북한관의 의식조사와 통일교육 개선 방안
김동규 외 | 고려대 북한학과

070 동양 전통 자연사상 탐구
장동순 | 충남대 환경공학과

071 초고속정보망의 시뮬레이터 구현
한기준 | 경북대 컴퓨터공학과

072 유통원가 시스템의 유효성
정다미 | 명지대 경영학과

073 국악과 문화관광의 만남
정익준 외 | 동아대 국제관광통상학부

074 기업의 지식경영 활용사례
김창은 | 명지대 산업공학과

075 선진국과 한국의 직업교육 · 훈련제도의 특성과 한계
정주연 | 고려대 경제학과

076 제주지역 성인 여성의 자원봉사활동
이상철 외 | 제주대 사회학과

077 M&A와 문화충돌 관리
박원우 | 서울대 경영학과

078 폐금속광산 인근 주민들의 중금속 오염실태
정종학 외 | 영남대 의학과

079 북한 농촌 · 농업실태와 인력자원개발 시스템을 통한 북한 농민의 구호방안
박성열 | 건국대 교육공학과

080 중소 소매점의 경쟁력과 소매성과
채명수 외 | 한국외대 무역학과

081 고령자를 위한 쾌적한 실내온도와 착의량의 설정
정운선 | 안동대 의류학과

082 지역문화 이벤트 PR
박종민 | 경희대 언론정보학부

083 인터넷 지역정보화의 실태와 전략
유평준 외 | 연세대 행정학과

084 여성 삶의 질 향상을 위한 사회교육 활성화 방안
김양희 | 중앙대 가족복지학과

085 벤처기업과 벤처금융
강대석 외 | 충남대 무역학과

086 구조조정기에 있어서 실업대책과 사회 안전망 구축
박천익 | 대구대 경제학과

087 한국 유아의 조기교육
이명조 외 | 한국외대 교육대학원

088 남북한 경제공동체 형성전략
이상만 | 중앙대 경제학과

089 지방자치회계의 투명성과 주민의 알 권리
권찬태 외 | 경북대 경영학부

090 정치지도자의 정책리더십
이해영 | 경일대 행정학과

091 경제위기와 한국인의 복지의식
신광영 외 | 중앙대 사회학과

092 북한의 노동
김강식 | 한국항공대 경영학과

093 우리나라 중소기업의 정보기술 활용 현황과 경쟁력 강화를 위한 제안
정승호 | 부산외대 정보시스템학과

094 인간배아복제의 법적 · 윤리적 문제점과 그 해결방안
최병규 | 한경대 법학부

095 가치변화에 따른 투표행태
조찬래 외 | 충남대 정치외교학과

096 인터넷 경매에서의 계약체결과 소비자 보호
이기수 외 | 고려대 법과대학

097 세계화시대 남북한 통합의 방향과 과제
윤민재 | 서울대 사회발전연구소

098 글로벌 시대 지방정부의 문화마케팅 전략
박흥식 | 중앙대 행정학과

099 대졸여성실업의 실태분석 및 대학-노동시장 간 효율적 연계방안
이은우 외 | 울산대 사회과학부

100 그린 투어리즘의 분석
이응진 | 대구대 관광학부

101 지방자치단체장의 부정부패
오일환 | 한양대 아태지역연구센터

102 산업화가 유교체제하 중국여성의 지위에 미친 영향
천성림 | 배재대 사회과학연구소

103 움직이는 말하기
유혜숙 외 | 나사렛대 교양학부

104 장애학생을 위한 특수교육공학의 활용
김용욱 | 대구대 중등특수교육과

105 지식기반사회의 평생교육 이해와 평생교육 프로그램 개발
박성열 | 건국대 교육공학과

106 N세대의 미술교육
김동철 | 대구교육대 미술교육학과

107 노후계획과 투자
권택호 | 여수대 국제통상학과

108 영화산업
양영철 | 경성대 연극영화학부

109 동유럽의 변혁과 언론의 역할
정대수 | 경남대 정치언론학부

110 환율, 임금, 물가가 국제경쟁력 및 수출입산업에 미치는 영향
하인봉 | 경북대 경제통상학부

111 일본기업의 기술혁신 전략
위정현 | 중앙대 상경학부

112 노후보장정책과 역저당연금제도
조덕호 외 | 대구대 행정학과

113 유비쿼터스 라이프와 미래 사회
김석수 | 한남대 멀티미디어공학과

114 죽음과 관련된 생명윤리적 문제들
구인회 | 가톨릭의과대 인문사회과학교실

115 경제적 세계화와 빈곤문제, 그리고 국가
김준현 | 한일장신대 인문사회과학부

116 한국의 세계불교유산
김종명 | 한국학중앙연구원 한국학대학원

117 복지레저서비스론
고태규 | 한림대 국제학부

118 자생적 철학체계로서 인간중심철학
선우현 | 청주교대 윤리교육과

119 전략적 통합과 한반도 평화체제
김승채 | 고려대 정책대학원

120 환경사법론
전경운 | 경희대 법학부

121 인터넷 자료를 통해 본 한국의 이혼문화와 사회복지
성정현 외 | 협성대 사회복지학과

122 유럽연합의 사회정책에 관한 연구
문진영 | 서강대 신학대학원 사회복지학과

123 여성건강의 통합적 관점
김혜원 | 관동대 간호학과

124 복잡계 네트워크 과학
강병남 | 서울대 물리천문학부

125 경제적인 3세대 전원주택 개발
박근준 | 호서대 건축공학과

126 사회복지와 인적자원개발
이상일 | 인제대 국제경상학부